应用型人才培养实用教材

普通高等院校机械类“十二五”规划教材

机械制造工程技术基础

主　编　陈勇志　李荣泳

副主编　何伟锋　陈海彬

主　审　钟守炎

西南交通大学出版社

·成 都·

图书在版编目（CIP）数据

机械制造工程技术基础 / 陈勇志，李荣泳主编. —
成都：西南交通大学出版社，2015.2
应用型人才培养实用教材 普通高等院校机械类“十
二五”规划教材
ISBN 978-7-5643-3752-0

Ⅰ. ①机… Ⅱ. ①陈… ②李… Ⅲ. ①机械制造工艺
－高等学校－教材 Ⅳ. ①TH16

中国版本图书馆 CIP 数据核字（2015）第 034103 号

应用型人才培养实用教材
普通高等院校机械类“十二五”规划教材
机械制造工程技术基础
主编 陈勇志 李荣泳

责任编辑	孟苏成
封面设计	何东琳设计工作室
出版发行	西南交通大学出版社 （四川省成都市金牛区交大路 146 号）
发行部电话	028-87600564 028-87600533
邮政编码	610031
网址	http://www.xnjdcbs.com
印刷	成都蓉军广告印务有限责任公司
成品尺寸	185 mm × 260 mm
印张	16.75
字数	417 千
版次	2015 年 2 月第 1 版
印次	2015 年 2 月第 1 次
书号	ISBN 978-7-5643-3752-0
定价	36.00 元

课件咨询电话：028-87600533
图书如有印装质量问题 本社负责退换

前　言

《机械制造工程技术基础》的主要内容是金属工艺理论与实习，主要包括材料及其成型技术、机械加工技术以及现代加工技术等内容，是机械类各专业学生学习工程材料及机械制造基础等课程必不可少的内容，是非机类有关专业教学计划中重要的实践教学环节。这些内容不仅对于培养学生的动手能力至关重要，而且可以使学生了解传统的机械制造工艺和现代机械制造技术。传统的金工实习体系已经逐步向现代工程训练体系转化，结合这些变化以及高等院校工程训练课程改革与建设的需要，我们编写了这本工程训练指导教材——《机械制造工程技术基础》。

针对大学生的动手实践能力比较薄弱的情况，处于学校和社会过渡阶段的大学就承担了培养学生实践能力的任务。金工实习就是培养学生实践能力的有效途径。基于此，同学们必须充分重视这门课，利用金工实习的机会，提高自己的动手能力，掌握基本的机械加工流程和方法，为以后学习设计相关机械产品和加工零件打下坚实的基础。

《机械制造工程技术基础》的编写思路是注重实际训练，举例实用，便于操作。因此，编写时我们认真总结了各兄弟院校关于本课程教学内容和课程体系教学改革的经验，借鉴了国内兄弟院校的教学改革成果，结合编者的教学实践经验和工程训练的实际内容，以高等院校常用的设备为例，介绍传统加工和现代加工的基本制造技术和工艺。每章的后面还有思考题和练习题，以帮助学生消化、巩固和深化教学内容以及进行实际工程训练和实验；某些章节的思考与练习题中要求学生结合实际设计并制造出有一定创意和使用价值的作品，以便在实习中开展创新设计与制造活动。因篇幅限制，本教材以必需和够用为原则，内容作了必要的精简，文字力求简洁，同时注意知识的系统性和科学性。

本教材让学生了解机械制造生产过程实质上是一个资源向产品或零件的转变过程，机械制造是一个将大量设备、材料、人力和加工过程等有序结合的一个大的生产系统。一个月的时间不可能使我们完全掌握机械制造技术，但是最起码我们应该了解一些机械制造的一般过程，熟悉机械零件的常用加工方法，并且应初步具备选择加工方法、进行加工分析和制订工艺规程的能力。这样可以为后续课程打下坚实的基础。

本教材由东莞理工学院机械工程学院的陈勇志、李荣泳主编，何伟锋、陈海彬任副主编，吴鹏、杨宇辉、叶静、廖梓龙、黄泳波等老师参加编写，钟守炎教授审核了本教材。教材第1章由陈勇志编写，第2章由陈勇志、廖梓龙编写，第3章、第6章由李荣泳编写，第4章、第5章由吴鹏编写，第7章、第10章由陈海彬编写，第8章、第11章由杨宇辉编写，第9章由陈志勇、黄泳波编写，第12章、第13章由何伟锋编写，第14章由叶静编写。东莞理工学院王卫平教授、孙振忠教授对本书提出了许多宝贵的意见，在此谨表衷心的感谢。

本教材是对应用型地方本科院校工程训练的教学内容改革的初步尝试，由于编者水平所限，书中难免会有错误与欠妥之处，恳请读者批评指正。

编　者

2015年1月

目　录

第1章 绪 论

制造是人类最主要的生产活动之一，它是指人类按照所需的目的，利用主观掌握的知识和技能，通过手工或可以利用的客观的物质工具和设备，采取有效的方法，将原材料转化为有用的物质产品的过程。

机械制造泛指从事各种动力机械、起重运输机械、农业机械、冶金矿山机械、化工机械、纺织机械、机床、工具、仪器、仪表及其他机械设备等生产的过程。机械制造业是工业的基础，由于它为整个国民经济提供技术装备，也是我们国家的支柱产业。机械制造的发展水平是国家工业化程度的主要标志之一。

1.1 机械制造的概念

任何一种机械都是由许许多多的零件组成，因为要完成规定的设计功能，所以这许许多多的零件不是任意的，而必须满足规定的性能、形状、尺寸和精度等要求。因此，一个合格的零部件以及到装配成机器必须经过一系列的制造过程，这种从原材料到成品的一系列的制造过程称为机械制造。

机械制造一般有两个任务：一是直接为最终用户提供消费品；二是为国民经济各行业提供生产技术装备。

1.2 机械制造的一般过程

在将原材料转化为有用的物质产品的过程当中，机械制造大致可分为生产技术准备、毛坯制造、零件加工、产品检测和装配等过程。

1.2.1 生产技术准备过程

机械制造生产前，必须做好各项技术准备工作。其中最主要的一项是制订工艺规程，这是直接指导各项技术操作的重要文件。此外，正确选择材料，标准件购置，刀具、夹具、模具、装配工具等的预制，热处理设备和检测仪器的准备等，都在本过程中准备完成。

1.2.2 毛坯制造过程

毛坯可由不同方法获得。合理选择毛坯，可显著提高生产率和降低成本。常用的毛坯制造方法有：型材、铸造、锻压、焊接和粉末冶金等。

（1）型材。型材是铁或钢或其他金属以及具有一定强度和韧性的材料（如塑料、玻璃纤维等）通过轧制、挤出、铸造等工艺制成的具有一定几何形状的物体。圆棒料、板料、管料、角钢、槽钢、工字钢等均为型材，其中以圆棒料应用最广，用作螺钉、销钉、小型盘状零件和一般轴类零件的坯料，使用方便。板料、角钢、槽钢、工字钢等则普遍用于金属结构。

（2）铸造。一般来说，结构复杂，特别是内腔复杂的零件或大型零件采用铸造方法形成毛坯。某些小型或结构简单的零件，在生产批量很大时，也往往采用铸造方法成型。

（3）锻压。承受重载荷的零件，如主轴、连杆、重要齿轮等，常采用锻压加工获得毛坯，因为金属材料经锻压后内部组织得到改善，提高了力学性能。

（4）焊接。焊接的工艺过程较铸造简单，近年来，由于焊接技术的提高，现代工程中的一些金属结构和零件普遍采用焊接成型。

（5）粉末冶金。粉末冶金是用几种不同的金属材料（或金属与非金属的混合物），以粉末的形式经过混合、成型和烧结，制造金属材料、复合材料以及各种其他类型制品的一种工艺技术方法。由于粉末冶金法可生产难熔金属及其化合物，可制取高纯度的材料，以及可大幅度地节省材料，等等，这一系列的优点使它成为解决新材料问题的利器，在新材料的发展中起着举足轻重的作用。

1.2.3 零件加工过程

金属切削加工是目前加工零件的主要方法。通用的加工设备有车床、钻床、镗床、刨床、铣床和磨床等。此外，还有各种专用机床、特种加工机床。选择加工方法，选用机床设备和刀具，需要广博的专业知识。例如，轴可用车床加工，也可用磨床加工，哪种方案合理，需视具体情况而定。车床的加工精度一般低于磨床，但在车床上采用高切削速度以及小进给量，也能达到较高的精度，满足零件的技术要求。不过，这种做法不利于生产率的提高，经济效益也差。所以，必须具有“经济精度”的概念。所谓经济精度，就是指某种加工方法只宜达到某种精度，超过这个精度将失去经济性，这些问题在制订工艺规程时均应考虑。

1.2.4 产品检测和装配过程

由若干个零件组成的机器，其精度为各个零件精度的总体反映。设计者按机器工作要求，提出各项技术条件。我们必须掌握零件精度与总体精度之间的关系，采取合理的工艺措施，使用合适的机床和工装夹具，以保证每个零件的精度要求。每一个加工工序，都不可避免地会产生加工误差，如何检验这些误差，在哪些工序之后设定检验工序，采用何种量具等问题，都必须全面考虑，合理安排。除了几何形状和尺寸之外，还有表面质量和内部性能的检验，例如缺陷检验、力学性能检验和金相组织检验等。

装配过程必须严格遵守技术条件规定。例如，零件清洗、装配顺序、装配方法、工具使用、接合面修磨、润滑剂施加以及运转跑合，甚至油漆色泽和包装，都不可掉以轻心，只有这样才能生产出合格产品。

1.3 机械制造技术在国民经济中的地位及发展趋势

1.3.1 机械制造技术在国民经济中的地位与作用

机械制造业担负着向国民经济各部门提供技术装备的任务。国民经济各部门的生产技术水平和经济效益在很大程度上取决于机械制造业所能提供装备的技术性能、质量和可靠性。因此，机械制造业的技术水平和规模是衡量一个国家工业化程度和国民经济综合实力的重要标志。1949年以来，我国的制造业得到了长足发展，一个比较完整的机械工业体系基本形成。改革开放以来，我国的制造业充分利用国内外两方面的技术资源，有计划地进行企业技术改造，引导企业走依靠科技进步的道路，使制造技术、产品质量和水平以及经济效益都有了很大提高，为繁荣国内市场，扩大出门创汇，推动国民经济的发展起到了重要作用。

据统计，在经济快速发展阶段，制造业的发展速度一般要高出整个国民经济的发展速度。如美国68%的财富来自于制造业，国民总值的49%是由制造业提供的。中国的制造业在工业总产值中也占有40%的比例。由此可见，制造业为人类创造着辉煌的物质文明，是一个国家的立国之本。制造技术是制造业发展的后盾，先进的制造技术使一个国家的制造业乃至国民经济处于竞争力较强的地位。忽视制造技术的发展将会导致制造业的萎缩和国民经济的衰退。美国是制造业的大国，但第二次世界大战以后一度不重视制造业的发展和制造技术的开发，而日本则十分重视制造技术的开发，政府大力支持制造业的发展，结果，在20世纪70~80年代，日本的汽车、家电等不仅大幅度地抢占了美国原来的国际市场，而且大量进入美国国内市场，使美国制造业受到极大挑战，从而造成了20世纪90年代初期美国经济的衰退。这使美国决策者不得不重新调整自己的产业政策，先后制定并实施了一系列振兴制造业的计划，并特别将1994年确定为美国的制造技术年，制造技术是美国当年财政政策扶持的唯一领域。这些措施的实施使先进制造技术在美国得到长足发展，促进了美国经济的全面复苏，重新占领了许多原先失去的市场。

我国的机械制造业经过60多年的发展，从经营规模来说已成为制造业的大国，制造技术也已进入发展最迅速、实力增强最快的新阶段。但长期以来，由于经济体制、产业政策等很多方面的制约，与工业发达国家相比，我国的制造技术还存在着十分明显的差距。例如，在微电子产品加工方面，性能可靠的微电子产品多数依靠进口，严重制约了我国电子工业与计算机工业的发展。在机械工业领域，由于许多产品的精度、自动化程度及综合使用性能不高，我国机械产品的国际市场竞争能力明显偏弱，高技术附加值的国内市场也被大量外国产品占领。有关资料表明，1996年我国进口精密机床价值达23亿美元，相当于当年我国机床行业的总产值。近几年，机械产品的进出口贸易中，逆差值都很大。随着经济全球化、贸易化程度的不断加深，国际市场竞争更加激烈，我国制造业正承受着前所未有的巨大压力。

鉴于机械产品是装备国民经济各部门的物质基础，强大而完备的机械工业是实现国家现代化和社会进步的必要条件；而基础机械、基础零部件、基础工艺的发展缓慢又是机械工业产品难以提高的重要原因之一，其关键问题是要优先发展现代制造技术。为此，应与各工业发达国家一样把现代制造技术列为国家关键技术并优先发展，鼓励有志于制造业的莘莘学子的投入和献身，为使中国的制造业达到工业发达国家的技术水平而奋斗。

1.3.2 机械制造技术的发展趋势

近年来，随着现代科学技术的不断发展，特别是计算机技术的进一步发展，促使传统的机械制造技术与数控技术、精密检测技术相互结合，向高精度、高效率、柔性化、集成化、智能化的方向发展，使生产效率和质量大幅度提高。纵观机械制造的渊源及发展，其发展趋势主要表现在以下几个方面：

（1）向高速、强力切削方向发展。金属切削机床结构设计与制造水平的提高和新型刀具材料的应用，使切削加工效率大为提高。目前，数控机床已得到进一步的发展，其主轴转速已达到 10 000 r/min，而工业发达国家有的加工中心的主轴转速已达到 70 000 r/min，高速铣床的主轴转速已经达到 100 000 r/min，机床进给系统采用直流或交流伺服电动机驱动、大导程滚珠丝杠螺母传动，其快进速度最高可达 60 m/min，当采用直线电动机传动装置时，快进速度可达 10 ~ 150 m/min。采用新型刀具材料，如涂层硬质合金、陶瓷、立方氮化硼等，使常规切削速度提高了 5 ~ 10 倍。

（2）向超精密及细微加工技术方向发展。随着微电子技术的迅猛发展，各种精密、超精密加工技术、细微加工与纳米加工技术在微电子芯片、光电子芯片、微机电系统（MEMS）等尖端技术及国防装备领域中大显身手，机械加工精度已从 20 世纪初的 1 μm 提高到 0.001 μm，最近已达到 0.001 μm ~ 0.1 nm，即超精密加工。超精密加工的发展有力地推动了各种新技术的发展，已成为在国际竞争中掌握竞争主动权的关键技术。

（3）制造系统的自动化。为适应市场的不断变化，机电产品更新换代的频率在加快，多品种、中小批量的生产将成为今后一种主要生产类型，因此，自动制造技术将进一步向柔性化、集成化、智能化、网络化方向发展。CAD/CAPP/CAE/CAM（计算机辅助设计/计算机辅助工艺规程/计算机辅助分析/计算机辅助制造）等技术进一步地完善，提高了多品种、中小批量产品的质量和加工效率。精益制造（LP）、敏捷制造（AM）等先进制造管理模式将主导 21 世纪的制造业。

（4）绿色制造技术。综合考虑社会、环境、资源等可持续发展因素的绿色制造（无浪费制造）技术，将朝着能源与原材料消耗最少，所产生的废弃物最少并尽可能回收利用，在产品的整个生命周期中对环境无害等方向发展，它是精益生产、柔性生产、敏捷制造的延伸和发展。

1.4 课程的目的与主要内容

1.4.1 课程的主要内容

按照机械制造的一般过程，课程的主要内容包括切削加工、加工与装配、热加工、特种加工、数控加工和特种制造。

（1）切削加工主要包括车削、铣削及磨削，这是传统切削加工的主要内容，教材以切削加工理论为基础，同时以刀具理论为主导，详细论述车削、铣削及磨削过程中材质的变形与变化，力求简单明了，针对性强。

（2）加工与装配主要是钳工，这也是传统冷加工的另一重点，钳工也包括一部分磨削加工的内容，但其内容中的划线、攻丝和套丝（见螺纹加工）、矫正、弯曲和铆接等，则主要涉及装配的范畴。

（3）热加工包括焊接、铸造和锻造。狭义的热加工是金属学的范畴，是指在高于金属再结晶温度的加工。机械制造中，热加工范围更广，既包括金属再结晶温度以上的加工，也包括再结晶温度以下的加工，甚至包括金属常温下的塑性加工。本教材中的热加工包括两部分，即常温或常温以上温度下的加工。在外力作用下改变金属材质的外形尺寸和内部金属组织的加工，通常称之为锻造，将金属熔化再凝固成型的加工方法，通常称之为铸造和焊接。

（4）特种加工包括电火花成型加工、电火花线切割加工以及激光加工。特种加工属于现代加工的范畴。电火花成型加工和电火花线切割加工的原理相同，是在电极上施加脉冲电压将工作液击穿，产生火花放电，在放电的微细通道中瞬时集中大量的热能使一点的工作表面局部微量的金属材料立刻熔化、气化，从而加工成型。激光加工是最近30年才被广泛应用的新工艺，它是利用激光束与物质相互作用的特性对材料（包括金属与非金属）进行切割、焊接、表面处理、打孔及微加工等的一门加工技术。

（5）数控加工包括数控车和数控铣。数控加工是泛指在数控机床上进行零件加工的工艺过程。数控机床加工与传统机床加工的工艺规程从总体上说是一致的，但也发生了明显的变化。数控机床是一种用计算机来控制的机床，用来控制机床的计算机，不管是专用计算机、还是通用计算机都统称为数控系统。数控加工是用数控系统和程序来控制零件和刀具位移的机械加工方法，它是解决零件品种多变、批量小、形状复杂、精度高等问题和实现高效化和自动化加工的有效途径。

（6）特种制造是指粉末冶金。粉末冶金是一种成型方法，本书之所以把它归类为机械制造方法，首先在于粉末冶金从本质上看是一种基于机械制造的成型方法，其次，随着现代制造技术的迅猛发展，越来越多的粉末冶金方法和制品被广泛应用到机械制造中，从比较传统的硬质合金刀具材料、磁性材料、多孔材料到充满现代气息的碳化硼、立方氮化硼等超硬陶瓷材料，无一不是粉末冶金方法的应用及其延伸。应该说，对于超硬材料、硬脆材料的制造和成型，粉末冶金是目前唯一高效的工艺方法。

1.4.2　课程的目的及特点

本课程的目的是通过本课程的学习，学生能够掌握机械制造技术的基本知识和基本技能，为提高工程素质、综合素质和综合能力，培养创新精神和实践能力，增强岗位适应能力打下坚实的基础。

机械制造技术基础是应用型本科院校工学类、管理学类专业的一门重要的基础课或专业基础课。本课程具有以下特点：

（1）对传统的理论及实践教学内容进行重新选择和整合，增添了一些新知识、新技术、新工艺和新方法，以满足新时期教学需要。

（2）注重与并行课、后续课教学内容的衔接。既注重传统制造技术基础内容的系统性、实用性和科学性，又在一定程度上反映较成熟的先进制造技术，在实践教学环节，既详细讲解每种设备和每个工序，又强调制造过程、制造系统乃至先进制造系统的观念。

（3）强调制造技术的理论性、实践性、实用性及理论与工程实际的紧密结合。既详细讲解理论，又培养学生具有操作一般设备和加工一般零件的实践技能，并具有选择加工方法、制订工艺参数和工艺分析的能力。

（4）注重培养学生科学的思维方式、方法和创新能力，同时注重学生的基本工程素质、职业规范及文明生产、安全生产等的养成教育，注重培养学生的质量意识和经济观念，培养其严谨务实的工作作风。

1.5 课程学习的方法与要求

本课程是一门综合性的应用科学，从实践中来到实践中去，学习本课程必须理论联系实际，从实践到认识，从认识到实践，循序渐进，不断深入。本课程所涉及的问题往往是复杂的，是由于多种因素的影响而造成的，因此，在分析问题和解决问题中，不能片面地、孤立地去分析一个问题或追求一个指标，要全面地进行分析，抓住主要矛盾，兼顾其他，才能够采取最有力措施，达到解决实际问题的目的。

通过本课程的学习，同学们能达到以下要求：

（1）掌握切削加工、加工与装配、热加工、特种加工、数控加工和特种制造等的基本知识与基本原理。

（2）具有编制和实施中等复杂工件工艺规程的能力，具有分析和解决机械制造中质量问题的初步能力。

（3）具有选择、使用一般机床和工艺装备的基本能力。

（4）掌握常见工件的加工技术及其控制技术。

第2章　车　削

车削是利用车床进行零件加工的过程。车床加工主要用车刀对旋转的工件进行加工。在车床上还可用钻头、扩孔钻、铰刀、丝锥、板牙和滚花工具等进行相应的加工。车床主要用于加工轴、盘、套和其他具有回转表面的工件，是机械制造和修配工厂中使用最广的一类机床。例如，车削外圆（见图 2-1），工件需要作旋转运动，车刀需要作纵向的直线进给运动。

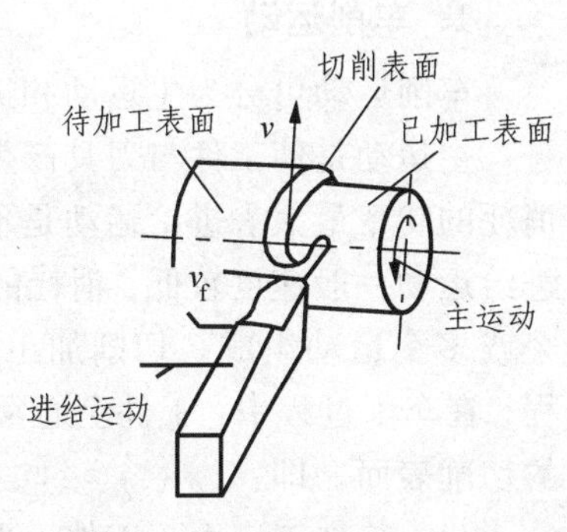

图 2-1　车削外圆示意图

车削主要用于回转体表面的加工，车削加工主要工艺范围如图 2-2 所示，加工的尺寸公差等级为 IT11 ~ IT6，表面粗糙度 R_a 值为 12.5 ~ 0.8 μm。

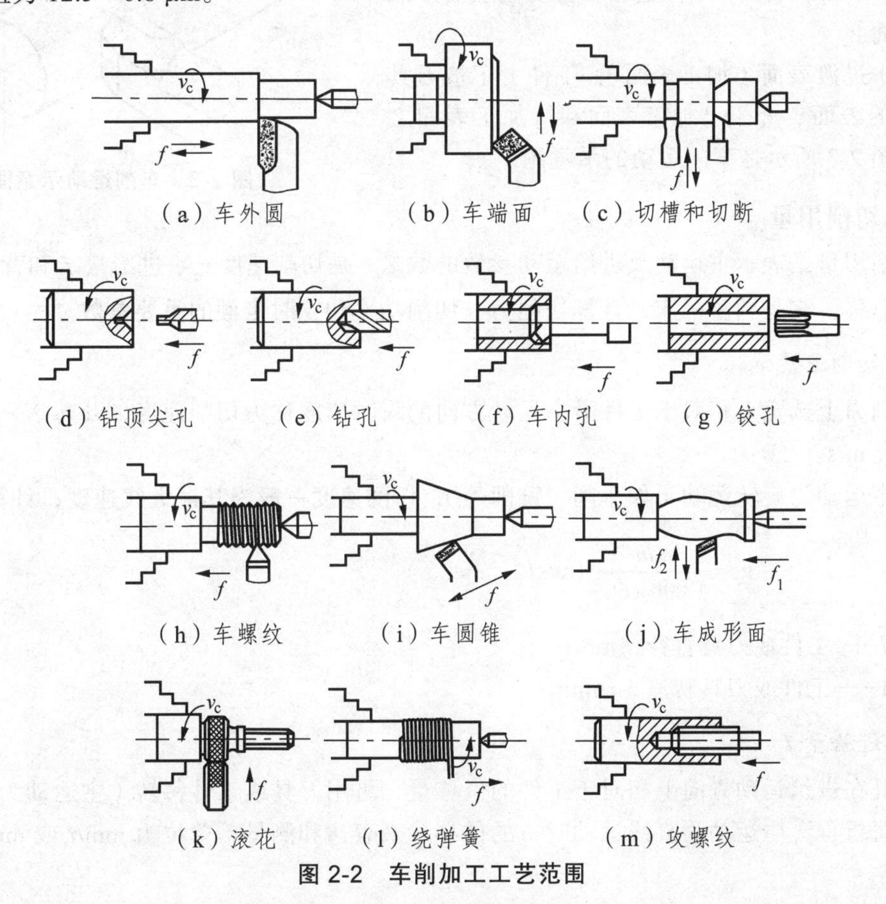

图 2-2　车削加工工艺范围

2.1 车削加工基本知识

车削加工是在车床上利用刀具将毛坯上多余的金属材料切去，从而使工件达到规定精度和表面质量的机械加工方法。为了切除多余的金属，刀具和工件之间必须有相对运动，即车削运动。

2.1.1 车削运动与切削用量

1. 车削运动

车削运动可分为主运动和进给运动。

主运动是使工件与刀具产生相对运动以进行切削的最基本运动，主运动的速度最高，所消耗的功率最大。进给运动是不断地把被切削层投入切削，以逐渐切削出整个表面的运动。进给运动一般速度较低，消耗的功率较少，可由一个或多个运动组成。切削加工过程是一个动态过程，在车削过程中，工件上通常存在3个不断变化的切削表面。即：

（1）待加工表面：工件上即将被切除的表面。

（2）已加工表面：工件上已切去切削层而形成的新表面。

（3）过渡表面（加工表面）：工件上正被刀具切削着的表面，介于已加工表面和待加工表面之间。如图2-3所示是车削运动的示意图。

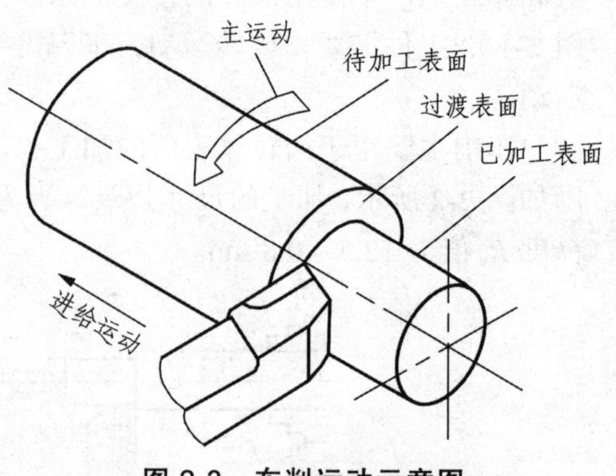

图2-3 车削运动示意图

2. 切削用量

切削用量是表示主运动及进给运动参数的数量，是切削速度 v_c、进给量 f 和背吃刀量 a_p 三者的总称。它是调整机床，计算切削力、切削功率和工时定额的重要参数。

1）切削速度 v_c

切削刃上选定点相对于工件沿主运动方向的瞬时速度称为切削速度，以 v_c 表示，单位为m/min或m/s。

若主运动为旋转运动（如车削、铣削等），切削速度一般为其最大线速度，计算公式为

$$v_c = \frac{\pi dn}{1\,000 \times 60} \quad (\text{m/s})$$

式中 d——工件或刀具直径，mm；

n——工件或刀具转速，r/min。

2）进给量 f

刀具在进给运动方向上相对于工件的位移量，可用刀具或工件每转（主运动为旋转运动时）或每行程（主运动为直线运动时）的位移量来表达和测量，单位为mm/r或mm/行程。

切削刃上选定点相对工件的进给运动的瞬时速度称为进给速度 v_f，单位为 mm/s。它与进给量之间的关系为

$$v_f = nf = nf_z z$$

3）背吃刀量 a_p

在通过切削刃上选定点并垂直于该点主运动方向的切削层尺寸平面中，垂直于进给运动方向测量的切削层尺寸，称为背吃刀量，以 a_p 表示，单位为 mm。车外圆时，a_p 可用下式计算：

$$a_p = \frac{d_w - d_m}{2} \text{ (mm)}$$

式中 d_w——工件待加工表面直径，mm；

d_m——工件已加工表面直径，mm。

钻孔时，a_p 可用下式计算：

$$a_p = \frac{d_m}{2} \text{ (mm)}$$

式中 d_m——工件已加工表面直径，即钻孔直径，mm。

2.1.2 车削基本原理

车削是在车床上进行的零件加工，一般机械制造中使用的材料都是钢、铁、铜、铝、铅、锌等金属材料，因此本书对金属车削的过程及原理进行初步探讨。

1. 切削变形区的划分

切削层金属形成切屑的过程就是在刀具的作用下发生变形的过程。如图 2-4 所示是在直角自由切削工件条件下观察绘制得到的金属切削滑移线和流线示意图。流线表明被切削金属中的某一点在切削过程中流动的轨迹。切削过程中，切削层金属的变形大致可划分为 3 个区域：

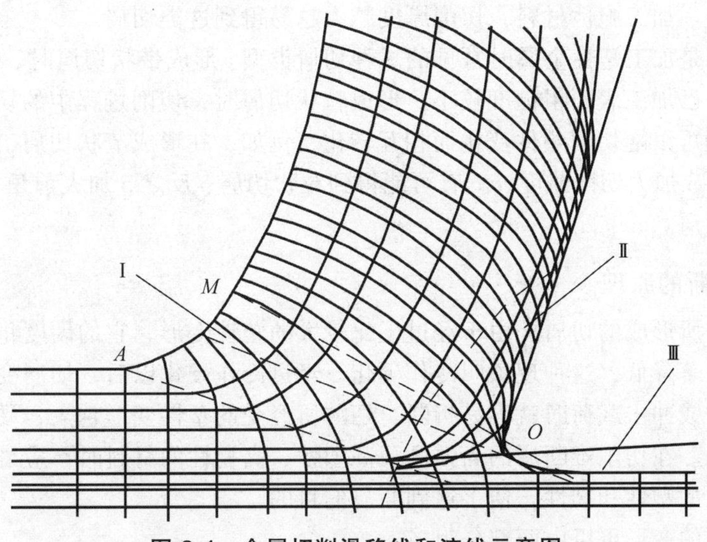

图 2-4 金属切削滑移线和流线示意图

（1）第一变形区。从 *OA* 线开始发生塑性变形，到 *OM* 线金属晶粒的剪切滑移基本完成。从 *OA* 线到 *OM* 线区域（图中Ⅰ区）称为第一变形区。

（2）第二变形区。切屑沿前刀面排出时进一步受到前刀面的挤压和摩擦，使靠近前刀面处的金属纤维化，基本上和前刀面平行。这一区域（图中Ⅱ区）称为第二变形区。

（3）第三变形区。已加工表面受到切削刃钝圆部分和后刀面的挤压和摩擦，造成表层金属纤维化与加工硬化。这一区域（图中Ⅲ区）称为第三变形区。

2. 切屑的类型

由于工件材料不同，切削条件各异，切削过程中生成的切屑形状是多种多样的。切屑的形状主要分为带状、节状、粒状和崩碎 4 种类型，如图 2-5 所示。

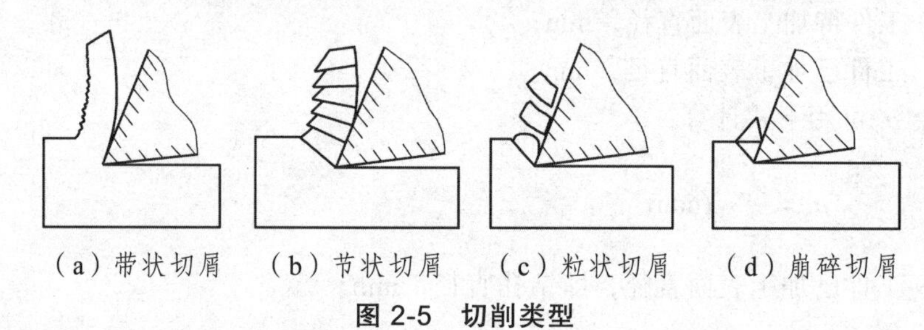

图 2-5　切削类型

（1）带状切屑。这是最常见的一种切屑。它的内表面是光滑的，外表面呈毛茸状。加工塑性金属时，在切削厚度较小、切削速度较高、刀具前角较大的工况条件下常形成此类切屑。

（2）节状切屑。又称挤裂切屑。它的外表面呈锯齿形，内表面有时有裂纹。在切削速度较低、切削厚度较大、刀具前角较小时常产生此类切屑。

（3）粒状切屑。又称单元切屑。在切屑形成过程中，如剪切面上的剪切应力超过了材料的断裂强度，切屑单元从被切材料上脱落，形成粒状切屑。

（4）崩碎切屑。切削脆性金属时，由于材料塑性很小、抗拉强度较低，刀具切入后，切削层金属在刀具前刀面的作用下，未经明显的塑性变形就在拉应力作用下脆断，形成形状不规则的崩碎切屑。加工脆性材料，切削厚度越大越易得到这类切屑。

前 3 种切屑是加工塑性金属时常见的 3 种切屑类型。形成带状切屑时，切削过程最平稳，切削力波动小，已加工表面粗糙度较小。形成粒状切屑时，切削过程中的切削力波动最大。前 3 种切屑类型可以随切削条件变化而相互转化，例如，在形成节状切屑工况条件下，如进一步减小前角，或加大切削厚度，就有可能得到粒状切屑；反之，加大前角，减小切削厚度，就可得到带状切屑。

3. 切屑折断的原理

切削过程中所形成的切屑，由于经过了比较大的塑性变形，它的硬度将会有所提高，而塑性和韧性则显著降低，这种现象叫冷作硬化。经过冷作硬化以后，切屑变得硬而脆，当它受到交变的弯曲或冲击载荷时就容易折断。切屑所经受的塑性变形越大，硬脆现象越显著，折断也就越容易。在切削难断屑的高强度、高塑性、高韧性的材料时，应当设法增大切屑的变形，以降低它的塑性和韧性，便于达到断屑的目的。

所以，切屑的变形可以由两部分组成：

第一部分是切削过程中所形成的，我们称之为基本变形。用平前刀面车刀自由切削时所测得的切屑变形，比较接近于基本变形的数值。影响基本变形的主要因素有刀具前角、负倒棱、切削速度3项。前角越小，负倒棱越宽、切削速度越低，则切屑的变形越大，越有利于断屑。所以，减小前角、加宽负倒棱、降低切削速度可作为促进断屑的措施。

第二部分是切屑在流动和卷曲过程中所受的变形，我们称之为附加变形。因为在大多数情况下，仅有切削过程中的基本变形还不能使切屑折断，必须再增加一次附加变形，才能达到硬化和折断的目的。迫使切屑经受附加变形的最简便的方法，就是在前刀面上磨出（或压制出）一定形状的断屑槽，迫使切屑流入断屑槽时再卷曲变形。切屑经受附加的再卷曲变形以后，进一步硬化和脆化，当它碰撞到工件或后刀面上时，就很容易折断了。

4. 切屑的控制

在生产实践中，往往会看到不同的排屑情况。有的切屑呈螺卷状，到一定长度时自行折断；有的切屑折断呈C形、6字形；有的呈发条状卷屑；有的碎成针状或小片，四处飞溅，影响安全；有的带状切屑缠绕在刀具和工件上，易造成事故。不良的排屑状态会影响生产的正常进行，因此切屑的控制具有重要意义，这在自动化生产线上加工时尤为重要。

切屑经第Ⅰ、第Ⅱ变形区的剧烈变形后，硬度增加，塑性下降，性能变脆。在切屑排出过程中，当碰到刀具后刀面、工件上过渡表面或待加工表面等障碍时，如某一部位的应变超过了切屑材料的断裂应变值，切屑就会折断。

研究表明，工件材料脆性越大（断裂应变值小）、切屑厚度越大、切屑卷曲半径越小，切屑就越容易折断。可采取以下措施对切屑实施控制。

（1）采用断屑槽。通过设置断屑槽对流动中的切屑施加一定的约束力，使切屑应变增大，切屑卷曲半径减小。断屑槽的尺寸参数应与切削用量的大小相适应，否则会影响断屑效果。常用的断屑槽截面形状有折线形、直线圆弧形和全圆弧形，如图2-6所示。前角较大时，采用全圆弧形断屑槽刀具的强度较好。断屑槽位于前刀面上，一般的形式有平行、外斜、内斜3种，外斜式常形成C形屑和6字形屑，能在较宽的切削用量范围内实现断屑；内斜式常形成长紧螺卷形屑，但断屑范围窄；平行式的断屑范围居于上述两者之间。

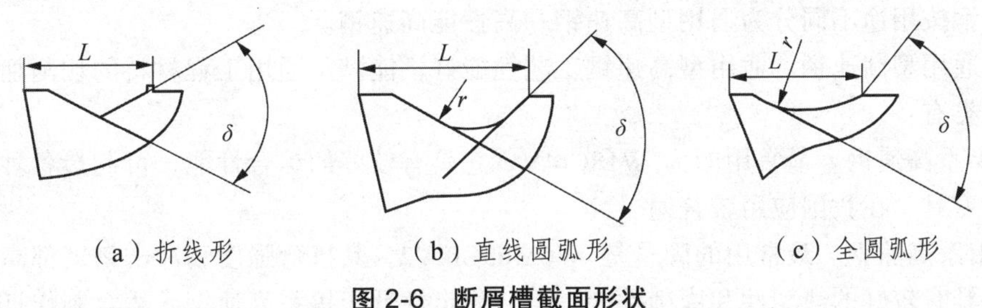

（a）折线形　（b）直线圆弧形　（c）全圆弧形

图2-6 断屑槽截面形状

（2）改变刀具角度。增大刀具主偏角κ_r，切削厚度变大，有利于断屑；减小刀具前角可使切屑变形加大，切屑易于折断；刃倾角λ_s可以控制切屑的流向，λ_s为正值时，切屑常卷曲后碰到后刀面折断，形成C形屑或自然流出形成螺卷屑；λ_s为负值时，切屑常卷曲后碰到已加工表面折断，呈C形屑或6字形屑。

（3）调整切削用量。提高进给量f使切削厚度增大，对断屑有利，但会增大加工表面粗糙度；适当地降低切削速度使切削变形增大，也有利于断屑，但这会降低材料切除效率。需要根据实际条件适当选择切削用量。

2.1.3 刀具材料和刀具主要几何角度

1．对刀具材料的基本要求

在切削加工时，刀具切削部分与切屑、工件相互接触的表面上承受了很大的压力和强烈的摩擦，刀具在高温下进行切削的同时，还承受着切削力、冲击和振动，因此要求刀具切削部分的材料应具备以下基本条件：

（1）高硬度。刀具材料必须具有高于工件材料的硬度，常温硬度应在60HRC以上。

（2）耐磨性。耐磨性表示刀具抵抗磨损的能力，通常刀具材料硬度越高，耐磨性越好，材料中硬质点的硬度越高，数量越多，颗粒越小，分布越均匀，则耐磨性越好。

（3）强度和韧性。为了承受切削力、冲击和振动，刀具材料应具有足够的强度和韧性。

（4）耐热性。刀具材料应在高温下保持较高的硬度、耐磨性、强度和韧性，并有良好的抗扩散、抗氧化的能力，这就是刀具材料的耐热性，它是衡量刀具材料综合切削性能的主要指标。

（5）工艺性。为了便于刀具制造，要求刀具材料有较好的可加工性，包括锻、轧、焊接、切削加工、可磨削性和热处理特性等。

2．常用刀具材料

刀具材料种类很多，常用的有碳素工具钢、合金工具钢、高速钢、硬质合金等。碳素工具钢和合金工具钢，因其耐热性较差，仅用于手工工具。当今，用得最多的刀具材料为高速钢和硬质合金。

1）高速钢

高速钢是在合金工具钢中加入了较多的钨、铬、钼、钒等合金元素的高合金工具钢。高速钢具有较高的硬度（热处理硬度可达63～66HRC）和耐热性（600～650 °C），高的强度（抗弯强度为一般硬质合金的2～3倍）和韧性，能抵抗一定的冲击振动。它具有较好的工艺性，可以制造刃形复杂的刀具，如钻头、丝锥、成形刀具、拉刀和齿轮刀具等。

高速钢按用途不同分为通用型高速钢和高性能高速钢。

（1）通用型高速钢。通用型高速钢工艺性能好，能满足通用工程材料的切削加工要求。常用的种类有：

① 钨系高速钢。最常用的为W18Cr4V，它具有较好的综合性能，可制造各种复杂刀具和精加工刀具，在我国应用较普遍。

② 钼系高速钢。最常用的牌号是W6Mo5Cr4V2，其抗弯强度和冲击韧度都高于钨系高速钢，并具有较好的热塑性和磨削性能，但热稳定性低于钨系高速钢，适合制作抵抗冲击刀具及各种热轧刀具。

（2）高性能高速钢。高性能高速钢是在普通型高速钢中加入钴、钒、铝等合金元素，以进一步提高其耐磨性和耐热性等。

2）硬质合金

硬质合金是在高温下烧结而成的粉末冶金制品。具有较高的硬度和良好的耐磨性。可加工包括淬硬钢在内的多种材料，因此获得广泛应用。常用硬质合金按其化学成分和使用特性可分为3类：钨钴类（YG）、钨钛钴类（YT）和钨钛钽钴类（YW）。

（1）钨钴类硬质合金。它是由硬质相碳化钨（WC）和黏结剂钴（Co）组成的，其韧性、磨削性能和导热性好。主要适用于加工脆性材料如铸铁、有色金属及非金属材料。代号 YG 后的数值表示钴（Co）的含量，合金中含钴量越高，其韧性越好，适用于粗加工；含钴量少的，用于精加工。

（2）钨钛钴类硬质合金。它是由硬质相碳化钨（WC）、碳化钛（TiC）和黏结剂（Co）组成的，由于在合金中加入了碳化钛（TiC），从而提高了合金的硬度和耐磨性，但是抗弯强度、耐磨削性能和热导率有所下降；低温脆性较大，不耐冲击，因此，这类合金适用于高速切削一般钢材。代号 YT 后的数值表示碳化钛（TiC）的含量，当刀具在切削过程中承受冲击、振动而容易引起崩刃时，应选用 TiC 含量少的牌号，而当切削条件比较平稳，要求强度和耐磨性高时，应选用 TiC 含量多的刀具牌号。

（3）钨钛钽钴类硬质合金。在钨钛钴类硬质合金中加入适量的碳化钽（TaC）或碳化铌（NbC）稀有难熔金属碳化物，可提高合金的高温硬度、强度、耐磨性、黏结温度和抗氧化性，同时，韧性也有所增加，具有较好的综合切削性能，所以人们常称它为“万能合金”。但是，这类合金的价格比较贵，主要用于加工难切削材料。

3. 刀具主要几何角度

金属切削刀具切削部分的结构要素和几何角度等都大致相同，现以具代表性的车刀为例说明刀具主要几何角度。

车刀切削部分由前刀面、主后刀面、副后刀面、主切削刃、副切削刃和刀尖组成，如图 2-7 所示。

（1）前刀面。刀具上切屑流过的表面。

（2）主后刀面。刀具上与工件上的加工表面相对并且相互作用的表面，称为主后刀面。

（3）副后刀面。刀具上与工件上的已加工表面相对并且相互作用的表面，称为副后刀面。

（4）主切削刃。刀具上前刀面与主后刀面的交线称为主切削刃。

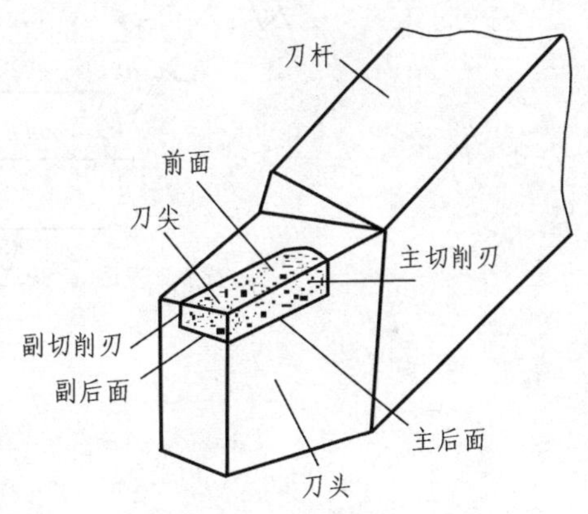

图 2-7 车刀切削部分组成

（5）副切削刃。刀具上前刀面与副后刀面的交线称为副切削刃。

（6）刀尖。主切削刃与副切削刃的交点称为刀尖。刀尖常磨出圆弧或直线过渡刃。

4. 车刀切削部分的主要角度

1）测量车刀切削角度的辅助平面

为了确定和测量车刀的几何角度，设想在切削刃上建立起 3 个互相垂直的辅助平面，来表述刀面及切削刃的空间位置，所以，辅助平面又叫刀具标注角度参考系。这 3 个辅助平面是切削平面、基面和正交平面，如图 2-8 所示。

（1）切削平面 P_s。切削平面是通过主切削刃某一选定点并垂直于刀杆底平面的平面。

（2）基面 P_r。基面是过主切削刃某一选定点并平行于刀杆底面的平面。

（3）正交平面 P_0。通过主切削刃上选定点并同时垂直于基面和切削平面的平面。

可见，这 3 个坐标平面相互垂直，构成一个空间直角坐标系。

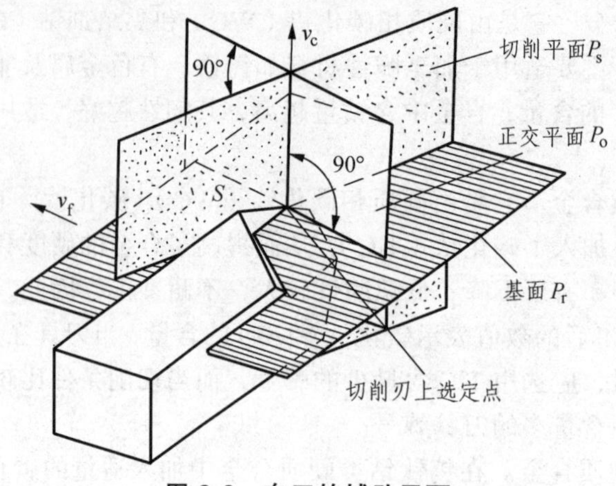

图 2-8　车刀的辅助平面

2）车刀的主要角度

车刀的主要角度如图 2-9 所示。

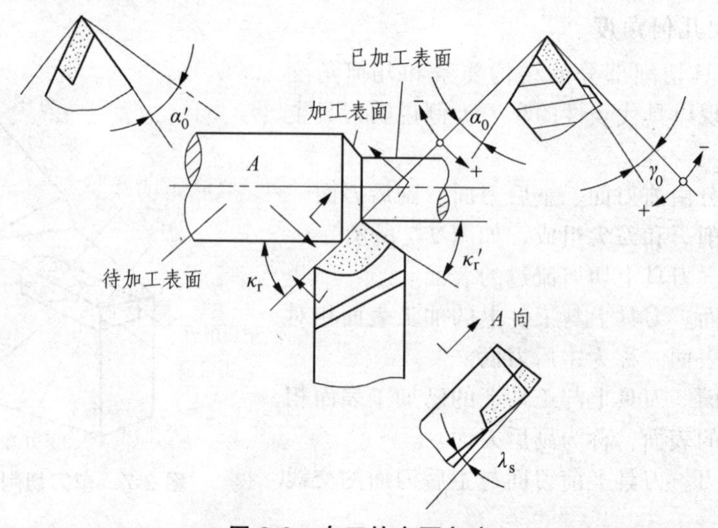

图 2-9　车刀的主要角度

（1）前角 γ_0。在正交平面内测量的前刀面与基面间的夹角。前角有正、负和零度之分，当前面与切削平面夹角小于 90°时前角为正值，大于 90°时前角为负值，前面与基面重合时为 0°前角。

（2）后角 α_0。在正交平面内测量的主后刀面与切削平面间的夹角。当后面与基面夹角小于 90°时后角为正值。为减小刀具和加工表面之间的摩擦等，后角一般不能为 0°，更不能为负值。

（3）主偏角 κ_r。在基面内测量的主切削刃在基面上的投影与假定进给运动方向间的夹角。它总是为正值。

（4）副偏角 κ_r'。在基面内测量的副切削刃在基面上的投影与进给运动反方向的夹角。副偏角一般为正值。

（5）刃倾角λ_s。在切削平面内测量的主切削刃与基面间的夹角。当刀尖是主切削刃的最高点时刃倾角为正值，当刀尖是主切削刃的最低点时，刃倾角为负值，当主切削刃与基面重合时，刃倾角为 0°，如图 2-10 所示。

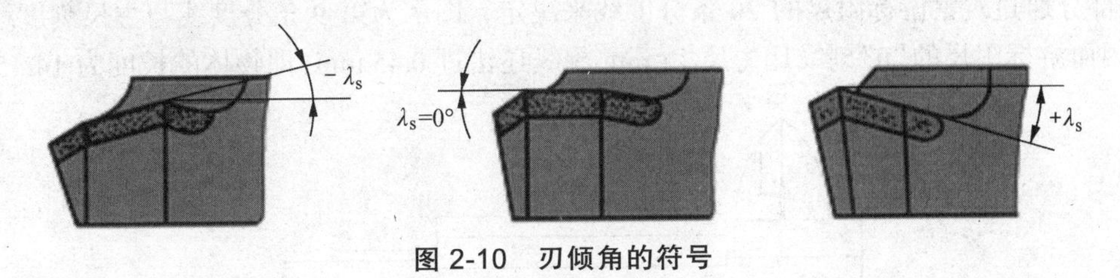

图 2-10　刃倾角的符号

2.2　常用量具及其使用方法

2.2.1　游标卡尺

游标卡尺是一种测量长度、内外径、深度的精密测量工具。游标卡尺由主尺和附在主尺上能滑动的游标两部分构成。主尺一般以毫米为单位，而游标上则有 10、20 或 50 个分格，根据分格的不同，游标卡尺可分为分 0.1 mm、0.05 mm、0.02 mm 3 种。游标卡尺的主尺和游标上有两副活动量爪，分别是内测量爪和外测量爪，内测量爪通常用来测量内径，外测量爪通常用来测量长度和外径，如图 2-11 所示。

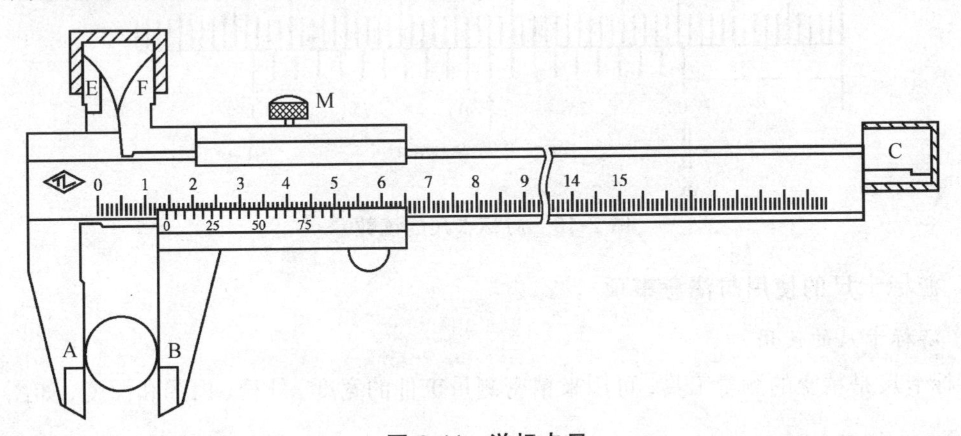

图 2-11　游标卡尺

A、B—外测量爪；C—测杆；E、F—内测量爪；M—螺钉

1．游标卡尺的工作原理与读数方法

以分度值为 0.05 mm 的游标卡尺为例，具体说明游标的工作原理与读数方法。当使游标卡尺的外测量爪并合时，游标上的 0 刻线正对主尺上的 0 刻线（见图 2-12）。游标上有 20 个分度，总长为 39 mm。这样，游标上每个分度的长度为 1.95 mm，它比主尺上 2 个分度差 0.05 mm。当游标附尺向右移 0.05 mm，则游标上第一条分度线就与主尺 2 mm 刻度线对齐，这时外测量爪张开 0.05 mm；游标向右移 0.10 mm，游标第二分度线就与主尺 4 mm 刻度线对齐，外测量爪张开 0.10 mm，依次类推。所以游标附尺在 1 mm 内向右移动的距离，可由游标中哪一条分度线与主尺某刻线对齐来决定，看是第几条分度线与主尺刻线对得最齐，游标附尺

向右移动的距离就是几个 0.05 mm。图 2-13 是图 2-11 中游标位置的放大图，待测物体长度的毫米以上的整数部分看游标“0”刻线指示主尺上的整刻度值，图中所示为 14 mm，毫米以下的小数部分通过观察游标附尺的 20 条分度线来决定，图示为第 9 条分度线与主尺刻度线对得最齐，因而游标附尺的“0”刻线比主尺 14 mm 刻线还错过 0.45 mm，即物体的长度为 14.45 mm。

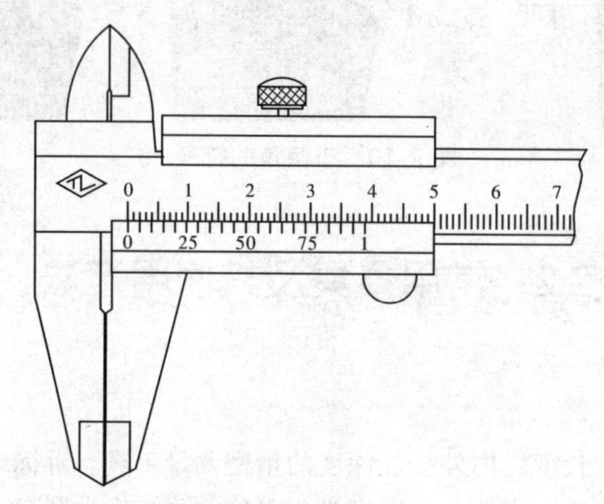

图 2-12 游标长度

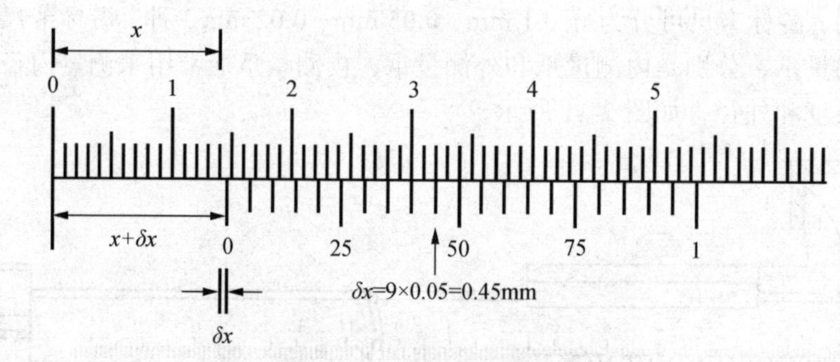

图 2-13 游标卡尺的读数

2. 游标卡尺的使用与注意事项

1）游标卡尺的使用

游标卡尺是精密的测量工具，可用来精密测量工件的宽度、外径、内径和深度，如图 2-14 所示。

2）使用游标卡尺的注意事项

使用游标卡尺时应注意如下事项：

（1）游标卡尺是比较精密的测量工具，使用时不要用来测量粗糙的物体，以免损坏量爪，不使用时应置于干燥中性的地方，远离酸碱性物质，防止锈蚀。

（2）测量前应把卡尺揩干净，检查卡尺的两个测量面和测量刃口是否平直无损，把两个量爪紧密贴合时，应无明显的间隙。

（3）移动尺框时，活动要自如，不应有过松或过紧，更不能有晃动现象。

（4）当测量零件的外尺寸时，卡尺两测量面的连线应垂直于被测量表面，不能歪斜。测量时，可以轻轻摇动卡尺。

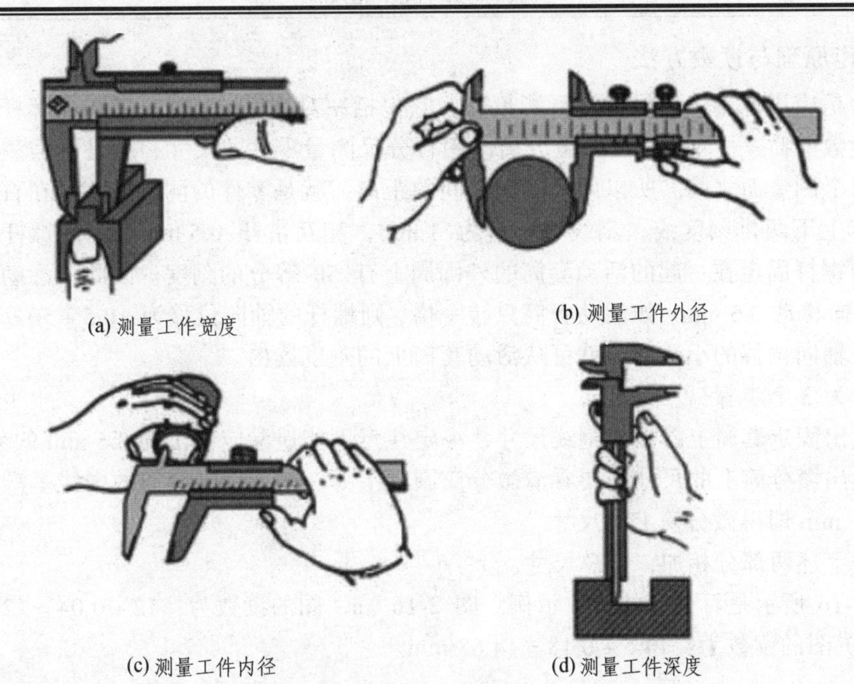
(a) 测量工作宽度　(b) 测量工件外径　(c) 测量工件内径　(d) 测量工件深度

图 2-14　游标卡尺的应用

（5）用游标卡尺测量零件时，不要过分地施加压力，所用压力应使两个量爪刚好接触零件表面。

（6）在游标卡尺上读数时，应把卡尺水平地拿着，使人的视线尽可能和卡尺的刻线表面垂直，以免由于视线的歪斜造成读数误差。

（7）为了获得正确的测量结果，可以多测量几次。即在零件的同一截面上的不同方向进行测量。对于较长零件，则应当在全长的各个部位进行测量，确保获得一个比较正确的测量结果。

2.2.2　百分尺

百分尺是利用螺旋原理制成的精确度很高的测量工具，与游标卡尺相比，其测量精度更高，精确度为 0.01 mm。百分尺主要分为外径百分尺和内径百分尺，其中应用最广泛的是外径百分尺（见图 2-15）。

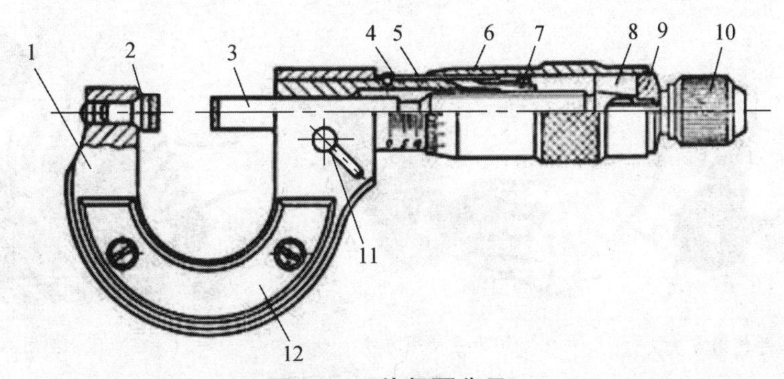

图 2-15　外径百分尺

1—尺架；2—固定测砧；3—测微螺杆；4—螺纹轴套；5—固定刻度套筒；6—微分筒；7—调节螺母；8—接头；9—垫片；10—测力装置；11—锁紧螺钉；12—绝热板

1. 工作原理与读数方法

百分尺是应用螺旋读数机构进行测量的，它包括一对精密的螺纹——测微螺杆与螺纹轴套和一对读数套筒——固定套筒与微分筒。用百分尺测量零件的尺寸，就是把被测零件置于百分尺的两个测量面之间。所以两测砧面之间的距离，就是零件的测量尺寸。在百分尺的固定套筒上有上下两排刻度线，刻线每小格为 1 mm，相互错开 0.5 mm。测微螺杆的螺距为 0.5 mm，与螺杆固定在一起的活动套筒的外圆周上有 50 等分的刻度。因此，活动套筒转一周，螺杆轴向移动 0.5 mm。如活动套筒只转一格，则螺杆的轴向位移为：$0.5 \div 50 = 0.01$ mm。因此，螺杆轴向位移的小数部分就可从活动套筒上的刻度读出。

读数分为 3 个步骤：

（1）读出固定套筒上露出的刻线尺寸，一定注意不能遗漏应读出的 0.5 mm 的刻线值。

（2）读出微分筒上的尺寸，要看清微分筒圆周上哪一格与固定套筒的中线基准对齐，将格数乘 0.01 mm 即得微分筒上的尺寸。

（3）将上述两部分相加，即总尺寸。

如图 2-16（a）所示是百分尺的读数示例。图 2-16（a）图的读数为：$12 + 0.04 = 12.04$ mm；图 2-16（b）图的读数为：$14.5 + 0.18 = 14.68$ mm。

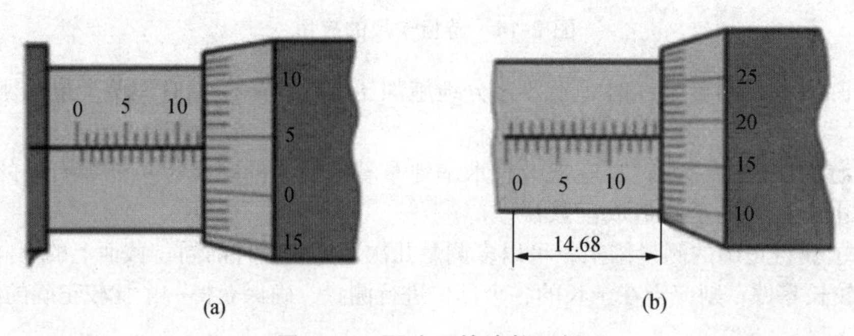

图 2-16　百分尺的读数示例

2. 百分尺的使用方法

1）使用方法

使用百分尺可分为单手操作法和双手操作法，如图 2-17 所示。

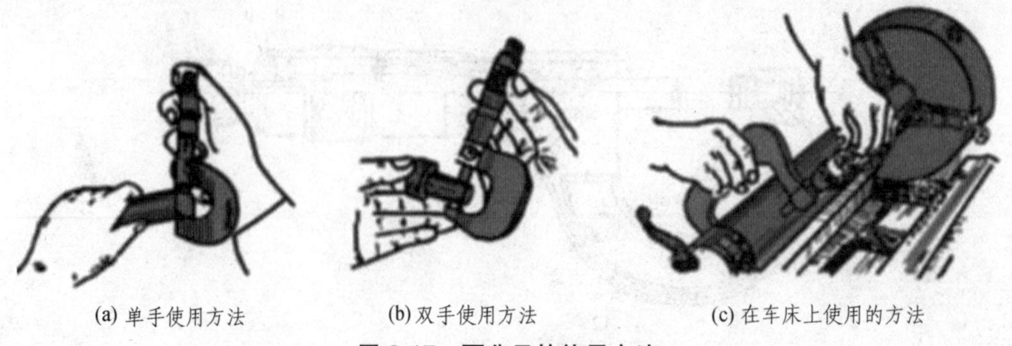

图 2-17　百分尺的使用方法

2）使用百分尺应注意事项

使用百分尺时时应注意下列事项：

（1）使用时应先校对零点，若零点未对齐，应根据原始误差修正测量读数。

（2）测量前将测量杆和砧座擦干净，测量时需把工件被测量面擦干净。

（3）工件较大时应放在V形铁或平板上测量。

（4）拧活动套筒时需用棘轮装置。

（5）不要拧松后盖，以免造成零位线改变。

2.2.3 百分表

1. 工作原理与读数方法

百分表是一种精度较高的测量仪器，其工作原理是将测尺寸（或误差）引起的测杆微小直线移动，经过齿轮传动和放大，变为指针在刻度盘上的转动，从而读出被测尺寸（或误差）的大小。百分表主要用于测量形状和位置误差，也可用于机床上安装工件时的精密找正。百分表的读数准确度为 0.01 mm。百分表的结构原理如图 2-18 所示。当测量杆 1 向上或向下移动 1 mm 时，通过齿轮传动系统带动大指针 5 转一圈，小指针 7 转一格。刻度盘在圆周上有 100 个等分格，各格的读数值为 0.01 mm。小指针每格读数为 1 mm。测量时指针读数的变动量即为尺寸变化量。刻度盘可以转动，以便测量时大指针对准零刻线。

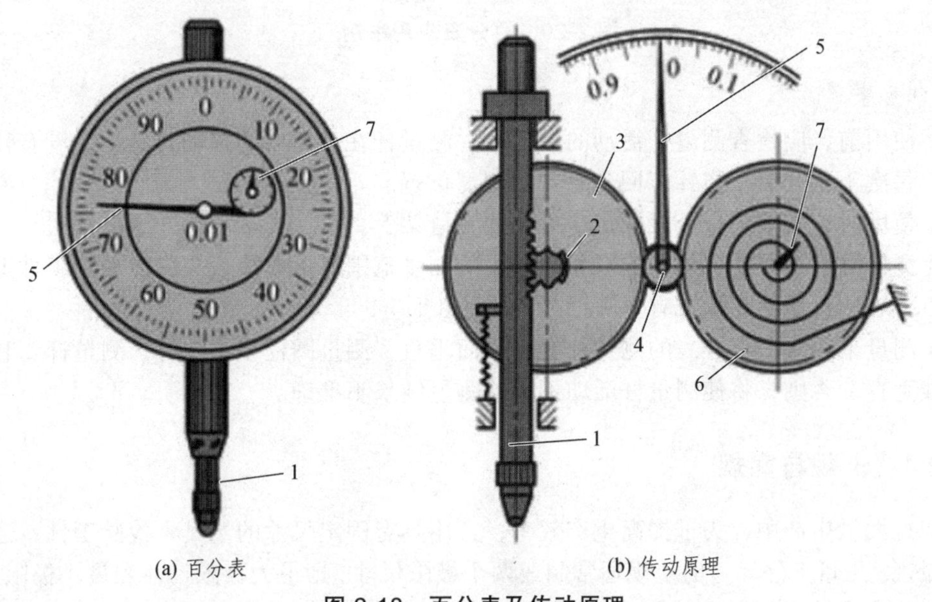

(a) 百分表　　(b) 传动原理

图 2-18　百分表及传动原理

1—测量杆；2、3、4、6—齿轮；5—大指针；7—小指针

2. 使用与注意事项

1）百分表的使用

百分表常装在表架上使用，如图 2-19 所示。

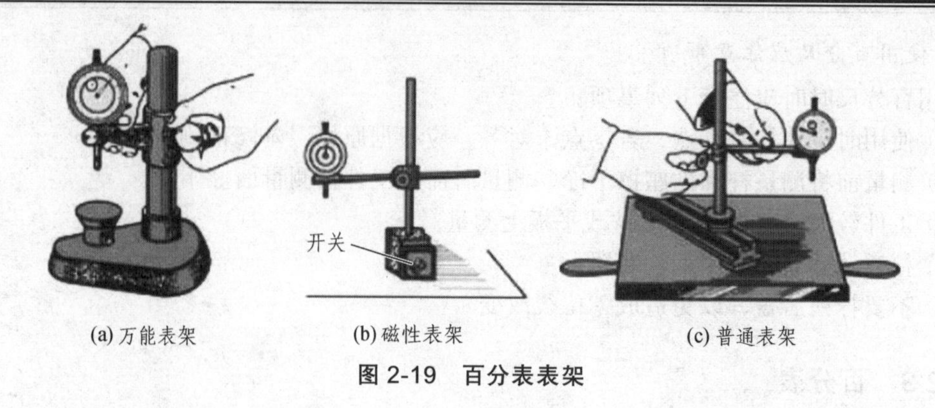

(a) 万能表架　(b) 磁性表架　(c) 普通表架

图 2-19　百分表表架

百分表可用来精确测量零件圆度、圆跳动、平面度、平行度和直线度等形位误差，也可用来找正工件，如图 2-20 所示。

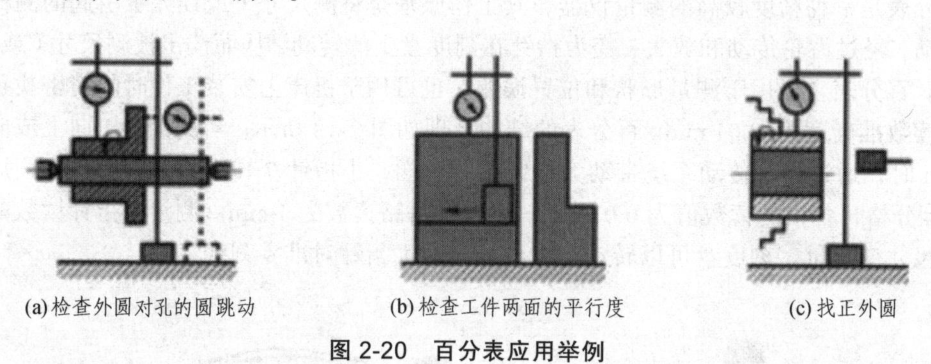

(a) 检查外圆对孔的圆跳动　(b) 检查工件两面的平行度　(c) 找正外圆

图 2-20　百分表应用举例

2）注意事项

（1）使用前，应检查测量杆活动的灵活性。测量杆在套筒内的移动要灵活，没有任何卡滞现象，每次手松开后，指针能回到原来的刻度位置。

（2）使用时，必须把百分表固定在可靠的夹持架上。

（3）测量时，不要使测量杆的行程超过它的测量范围，不要使表头突然撞到工件上，也不要用百分表测量表面粗糙或有显著凹凸不平的工件。

（4）测量平面时，百分表的测量杆要和平面垂直，测量圆柱形工件时，测量杆要和工件的中心线垂直，否则，将使测量杆活动不灵或测量结果不准确。

2.2.4　卡规与塞规

在成批大量生产中，为了提高生产效率，常用具有固定尺寸的量具来检验工件，这种量具叫作量规。测量工件尺寸的量规通常制成两个极限尺寸，即最大极限尺寸和最小极限尺寸。测量光滑的孔或轴用的量规叫光滑量规。光滑量规根据用于测量内外尺寸的不同，分卡规和塞规两种。

1. 卡　规

卡规用来在批量生产中测量圆柱形、长方形、多边形等工件的尺寸。图 2-21 所示是卡规的一种，卡规制成的最大极限尺寸和最小极限尺寸分别为止端与通端，测量时，如果卡规的通端能通过工件，而止端不能通过工件，则表示工件合格；如果卡规的通端能通过工件，而止端也能通过工件，则表示工件尺寸太小，已成废品；如果通端和止端都不能通过工件，则表示工件尺寸太大，不合格，必须返工。

2. 塞　规

塞规是用来批量测量工件的孔、槽等内尺寸的。它也做成最大极限尺寸和最小极限尺寸两种。即止端与通端，常用的塞规形式如图 2-22 所示，塞规的两头各有一个圆柱体，长圆柱体一端为通端，短圆柱体一端为止端。检查工件时，合格的工件应当能通过通端而不能通过止端。

图 2-21　卡规　　　　图 2-22　塞规

2.2.5　厚薄规

厚薄规是用来检验两个相结合面之间间隙大小的片状量规（见图 2-23），它由一组薄钢片组成，其厚度为 0.03 ~ 0.3 mm，横截面为直角三角形，在斜边上有刻度，利用锐角正弦直接将短边的长度表示在斜边上，这样就可以直接读出缝的大小了。

厚薄规使用前必须先清除塞尺和工件上的污垢与灰尘。使用时可用一片或数片重叠插入间隙，以稍感拖滞为宜。测量时动作要轻，不允许硬插。也不允许测量温度较高的零件。

图 2-23　厚薄规

2.3　卧式车床

卧式车床是普通车床的一种，因其主轴以水平方式放置故称为卧式车床。卧式车床能对轴、盘、环等多种类型工件进行多种工序加工，常用于加工工件的内外回转表面、端面和各种内外螺纹，采用相应的刀具和附件，还可进行钻孔、扩孔、攻丝和滚花等。卧式车床是车床中应用最广泛的一种，约占车床类总数的 65%。

2.3.1 卧式车床结构

1. 型 号

卧式车床用C62×××来表示，其中C—机床类型的代号，表示车床类机床；6—机床组别代号，表示普通卧式落地车床；2—型系列代号：马鞍车床（落地车床0，普通车床1，马鞍车床2……）。其他表示车床的有关参数和改进号，如C6232A型卧式车床中“32”表示主要参数代号（最大回转直径为320 mm），“A”表示重大改进序号（第一次重大改进）。

2. 卧式车床各部分的名称和用途

C6232A普通车床的外形如图2-24所示。

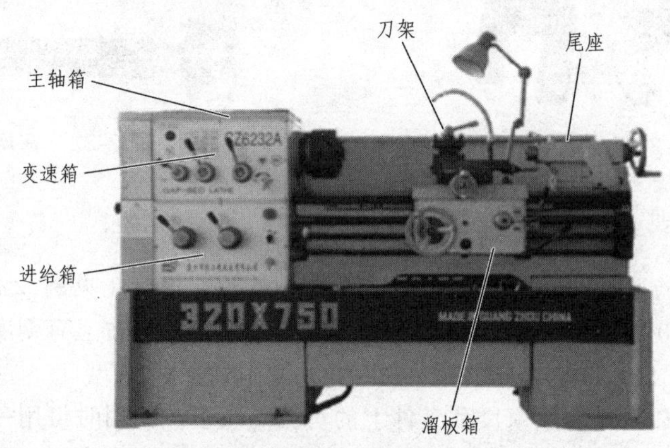

图2-24 C6232A普通车床的外形

（1）变速箱。变速箱用来改变主轴的转速，主要由传动轴和变速齿轮组成。通过操纵变速箱和主轴箱外面的变速手柄来改变齿轮或离合器的位置，可使主轴获得12种不同的速度，主轴的反转是通过电动机的反转来实现的。

（2）主轴箱。主轴箱内有主轴部件和主运动变速机构，调整这些变速机构，可得到不同的主轴转向、转速和切削速度。主轴的前端能安装卡盘或顶尖等用于夹持工件，工件在主轴的带动下实现回转主运动。

（3）挂轮箱。挂轮箱用来搭配不同齿数的齿轮，以获得不同的进给量。主要用于车削不同种类的螺纹。

（4）进给箱。进给箱内有进给运动变速机械；主轴箱的运动通过挂轮传给进给箱，进给箱再通过光杠（或丝杠）将运动传给床鞍及刀架，改变机动进给量的大小（或螺纹的导程）。

（5）溜板箱。溜板箱固定在床鞍的前侧，用途是把进给箱传来的运动传递给刀架，使刀架作纵向（或横向）进给、车螺纹或快速运动。

（6）刀架。刀架主要由方刀架、小滑板、中滑板、转盘以及床鞍组成。刀架的作用是装夹车刀并使车刀作纵向、横向或斜向进给运动。刀架结构如图2-25所示。

方刀架安装在小滑板上，可同时装夹4把车刀，松开锁紧手柄，即可转动方刀架，把所需要的车刀更换到工作位置上；小滑板安装在中滑板上，并可沿中滑板上的导轨移动；中滑板安装在床鞍上，并可以沿床鞍上的导轨移动；转盘与中滑板用螺钉紧固，松开螺钉便可在水平面内将转盘扳转任意角度。床鞍安装在床身上，并可以沿床身上的纵向导轨移动。

（7）尾座。尾座用于安装后顶尖以支持工件，或安装钻头、铰刀等刀具进行孔加工。尾座的结构如图2-26所示，它主要由套筒、尾座体、底座等几部分组成。转动手轮，可调整套筒伸缩一定距离，并且尾座还可沿床身导轨推移至所需位置，以适应不同工件加工的要求。

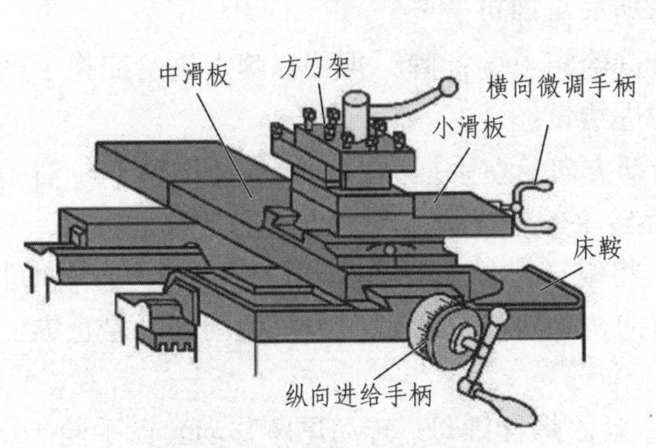

图2-25 刀架结构示意图

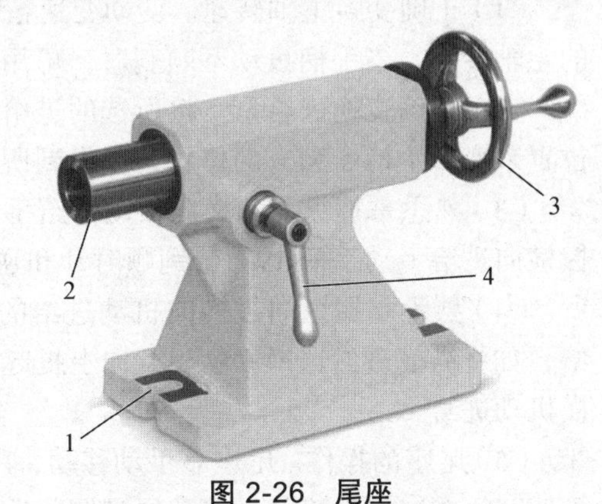

图2-26 尾座

1—底座；2—项尖套筒；3—尾座锁紧手柄；4—锁定

（8）床身。床身固定在床腿上，床身是车床的基本支承件，床身的功用是支承各主要部件并使它们在工作时保持准确的相对位置。

2.3.2 卧式车床的各种手柄和基本操作

1. 卧式车床的调整及手柄的使用

C6232A车床的调整主要是通过变换相应的手柄位置进行的，如图2-27所示。

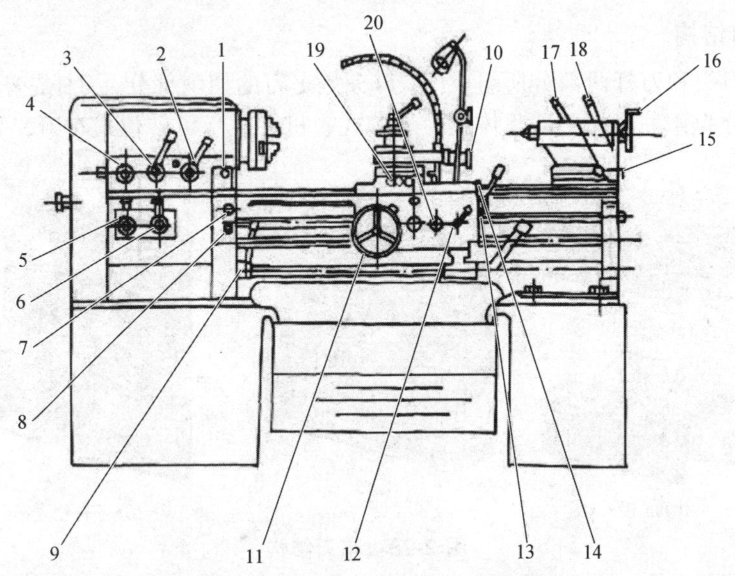

图2-27 C6232A车床的调整手柄

1—电机变速开关；2—主轴变速手柄；3—主轴变速手柄；4—左右螺纹转换手柄；5—螺距进给量选择手柄；6—螺距进给量选择手柄；7—急停按钮；8—冷却泵开关；9—正反车手柄；10—小刀架进给手柄；11—床鞍纵向移动手轮；12—开合螺母手柄；13—床鞍锁紧螺钉；14—纵横进给选择手柄；15—尾座调整螺钉；16—套筒移动手轮；17—套筒夹紧手柄；18—尾座体锁紧手柄；19—刀架横向移动手轮；20—手泵润滑手柄

2. 卧式车床的基本操作

1）停车练习（主轴正反转及停止手柄 9 在停止位置）

（1）正确变换主轴转速。变动变速箱和主轴箱外面的变速手柄 2、3，可得到各种相对应的主轴转速。当手柄拨动不顺利时，可用手稍转动卡盘即可。

（2）正确变换进给量。按所选的进给量查看进给箱上的标牌，再按标牌上进给变换手柄位置来变换手柄 5 和 6 的位置，即得到所选定的进给量。

（3）熟悉掌握纵向和横向手动进给手柄的转动方向。左手握纵向进给手动手轮 11，右手握横向进给手动手柄 19。分别顺时针和逆时针旋转手轮，操纵刀架和溜板箱的移动方向。

（4）熟悉掌握纵向或横向机动进给的操作。将纵横进给选择手柄 14 向下压即可纵向进给，如将纵横进给选择手柄 14 向上提起即可横向机动进给。分别向中间扳动则可停止纵、横机动进给。

（5）尾座的操作。尾座靠手动移动，其固定靠紧固螺栓螺母。转动尾座移动套筒手轮 16，可使套筒在尾架内移动，转动尾座锁紧手柄 18，可将套筒固定在尾座内。

2）低速开车练习

练习前应先检查各手柄位置是否正确，无误后进行低速开车练习。

（1）主轴启动—电动机启动—操纵主轴转动—停止主轴转动—关闭电动机；

（2）机动进给—电动机启动—操纵主轴转动—手动纵横进给—机动纵横进给—手动退回—机动横向进给—手动退回—停止主轴转动—关闭电动机。

2.3.3 车刀的结构及安装

1. 车刀的结构

车刀是由刀头和刀杆两部分所组成的，刀头是车刀的切削部分，刀杆是车刀的夹持部分。车刀从结构上分为 4 种形式，即整体式、焊接式、机夹式、可转位式车刀，如图 2-28 所示。

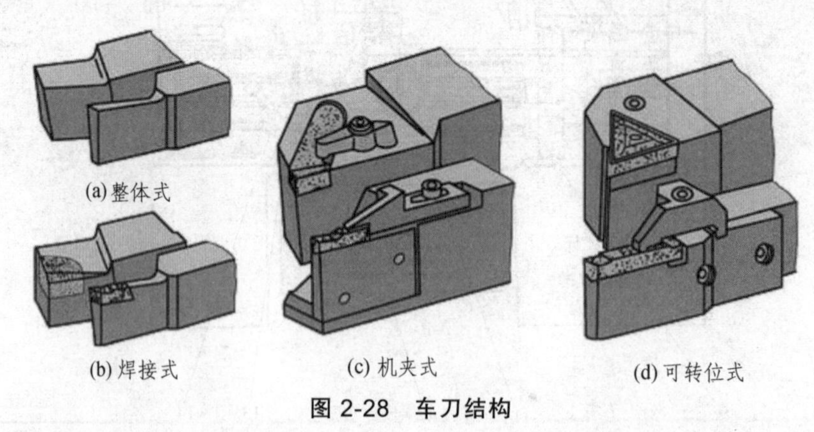

图 2-28 车刀结构

2. 车刀的安装

车刀必须正确牢固地安装在刀架上，如图 2-29 所示。安装车刀应注意以下几点：

（1）刀头不宜伸出太长，否则切削时容易产生振动，影响工件加工精度和表面粗糙度。一般刀头伸出长度不超过刀杆厚度的两倍。

（2）刀尖应与车床主轴中心线等高。车刀装得太高，后刀面与工件加剧摩擦；装得太低，切削时工件会被抬起。刀尖的高低，可根据尾架顶尖高低来调整。

（3）车刀底面的垫片要平整，并尽可能用厚垫片，以减少垫片数量。调整好刀尖高低后，至少要用两个螺钉交替将车刀拧紧。

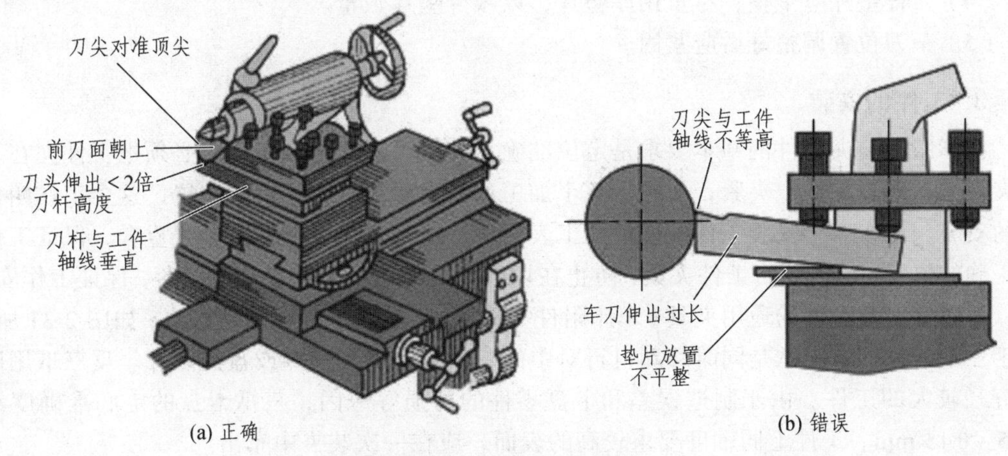

(a) 正确　(b) 错误

图 2-29　车刀安装示意图

2.3.4　车外圆、端面和台阶

车外圆就是将工件装夹在卡盘上作旋转运动，车刀安装在刀架上作纵向移动。车削这类零件时，除了要保证图样的标注尺寸、公差和表面粗糙度外，一般还应注意形位公差的要求，如垂直度和同轴度的要求。

常用的量具有钢直尺、游标卡尺和分厘卡尺等。

1．外圆车刀的选择

常用外圆车刀有尖刀、弯头刀和偏刀。外圆车刀常用主偏角有 15°、75°、90°。

车外圆可用如图 2-30 所示的各种车刀。尖刀主要用于粗车外圆和没有台阶或台阶不大的外圆。弯头刀用于车外圆、端面和有 45°斜面的外圆，特别是 45°弯头刀应用较为普遍。主偏角为 90°的左右偏刀，车外圆时，径向力很小，常用来车削细长轴的外圆和加工台阶轴。

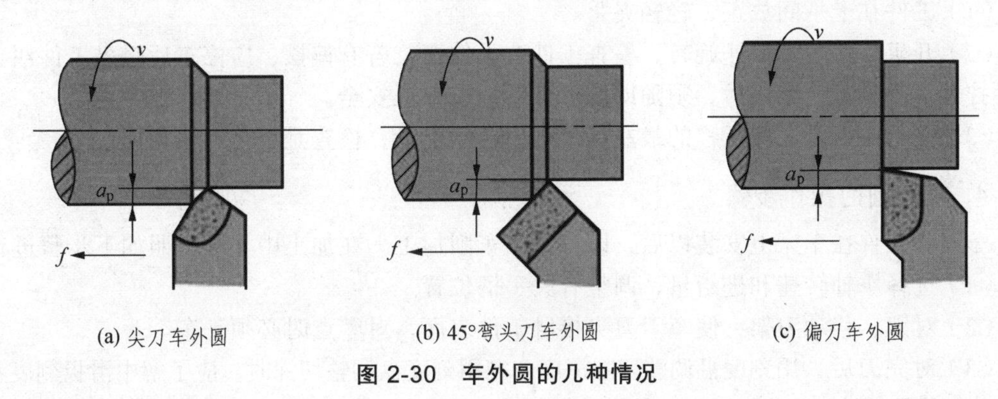

(a) 尖刀车外圆　(b) 45°弯头刀车外圆　(c) 偏刀车外圆

图 2-30　车外圆的几种情况

2. 外圆车刀的安装要点

（1）刀尖应与工件轴线等高。

（2）车刀刀杆应与工件轴线垂直。

（3）刀杆伸出刀架不宜过长，一般为刀杆厚度的 1.5 ~ 2 倍。

（4）刀杆垫片应平整，尽量用厚垫片，以减少垫片数量。

（5）车刀位置调整好后应紧固。

3. 工件的安装

在车床上装夹工件的基本要求是定位准确，夹紧可靠。所以车削时必须把工件夹在车床的夹具上，经过校正、夹紧，使它在整个加工过程中始终保持正确的位置，这个工作叫作工件的安装。在车床上安装工件应使被加工表面的轴线与车床主轴回转轴线重合，保证工件处于正确的位置；同时要将工件夹紧，防止在切削力的作用下工件松动或脱落，保证工作安全。

车床上安装工件的通用夹具（车床附件）很多，其中三爪卡盘用得最多，如图 2-31 所示。由于三爪卡盘的 3 个爪是同时移动自行对中的，故适宜安装短棒或盘类工件。反三爪用以夹持直径较大的工件。由于制造误差和卡盘零件的磨损等原因，三爪卡盘的定心准确度约为 0.05 ~ 0.15 mm。工件上同轴度要求较高的表面，应在一次装夹中车出。

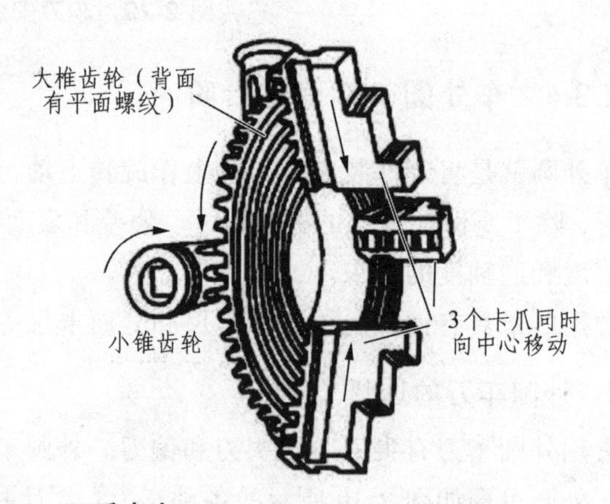

图 2-31 三爪卡盘

三爪卡盘安装工件的步骤：

（1）工件在卡爪间放正，轻轻夹紧。

（2）开机，使主轴低速旋转，检查工件有无偏摆。若有偏摆，应停车后轻敲工件纠正，然后拧紧 3 个卡爪，紧固后，须随即取下扳手，以保证安全。

（3）移动车刀至车削行程的最左端，用手转动卡盘，检查是否与刀架相撞。

4. 车外圆的操作步骤

车刀和工件在车床上安装以后，即可开始车削加工。在加工中必须按照如下步骤进行：

（1）选择主轴转速和进给量，调整有关手柄位置。

（2）对刀，移动刀架，使车刀刀尖接触工件表面，对零点时必须开车。

（3）对完刀后，用刻度盘调整切削深度。在用刻度盘调整切深时，应了解中滑板刻度盘的刻度值，就是每转过一小格时车刀的横向切削深度值。然后根据切深，计算出需要转过的格数。

（4）试切。检查切削深度是否准确，横向进刀，步骤如图 2-32 所示。

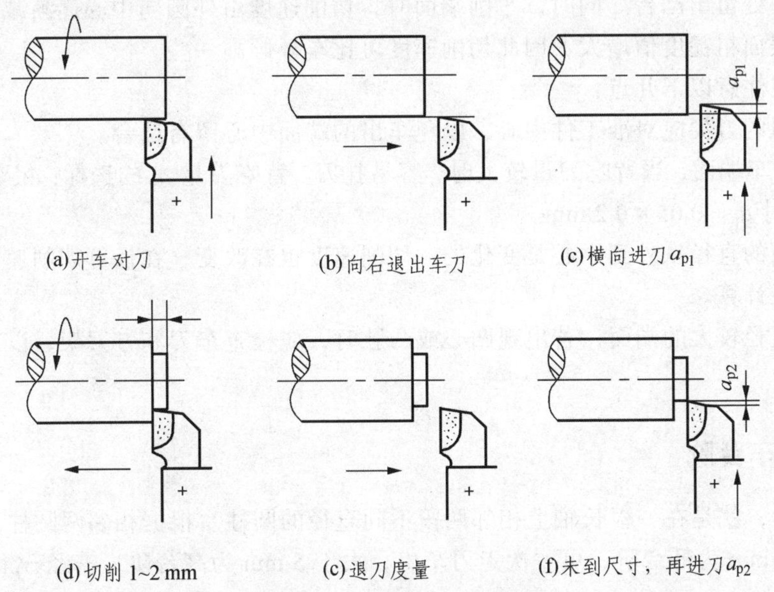

图 2-32　切外圆的试切步骤

在车削工件时要准确、迅速地控制切深，必须熟练地使用中滑板的刻度盘。中滑板刻度盘装在横丝杆轴端部，中滑板和横丝杆的螺母紧固在一起。由于丝杆与螺母之间有一定的间隙，进刻度时必须慢慢地将刻度盘转到所需的格数。如果刻度盘手柄摇过了头，或试切后发现尺寸太小而须退刀时，为了消除丝杆和螺母之间的间隙，应反转半周左右，再转至所需的刻度值上。

（5）纵向自动进车外圆。

（6）测量外圆尺寸。对刀、试切、测量是控制工件尺寸精度的必要手段，是车床操作者的基本功，一定要熟练掌握。

2.3.5　车端面

用车削的方法加工与主轴轴线垂直的平面称为车端面。常用的车刀是偏刀和弯头车刀，其加工方法如图 2-33 所示。

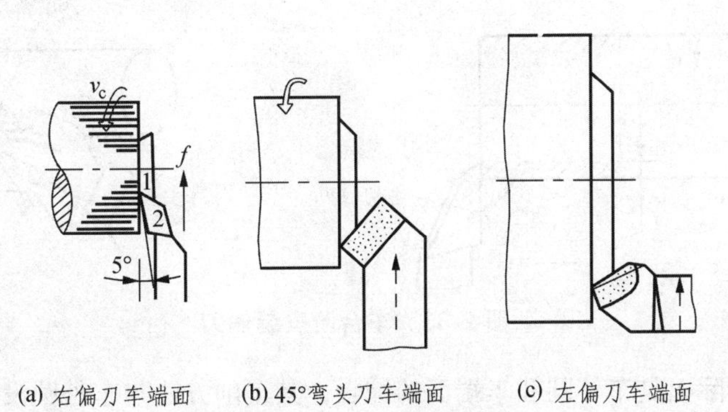

图 2-33 车端面的常用车刀

车削端面，可用卡盘将工件夹持，露出端面。车削前必须将刀尖对准旋转中心，以免最后在端面中心处留出凸台。同时，车削端面时，切削速度由外圆向中心逐渐减少，当切削速度降低时，表面粗糙度值增大，因此切削速度可比车外圆高一些。

车端面应注意以下几点：

（1）车刀的刀尖应对准工件中心，以免车出的端面中心留有凸台。

（2）偏刀车端面，当背吃刀量较大时，容易扎刀。背吃刀量 a_p 的选择：粗车时 $a_p = 0.2 \sim 1$ mm，精车时 $a_p = 0.05 \sim 0.2$ mm。

（3）端面的直径从外到中心是变化的，切削速度也在改变，在计算切削速度时必须按端面的最大直径计算。

（4）车直径较大的端面，若出现凹心或凸肚时，应检查车刀和方刀架，以及大拖板是否锁紧。

2.3.6　车台阶

所谓台阶，就是在一根长轴上相邻两段不同直径的圆柱。根据相邻两圆柱直径之差，相差高度小于 5 mm 为低台阶，可一次走刀车出；大于 5 mm 为高台阶，需经若干次走刀完成，如图 2-34 所示。

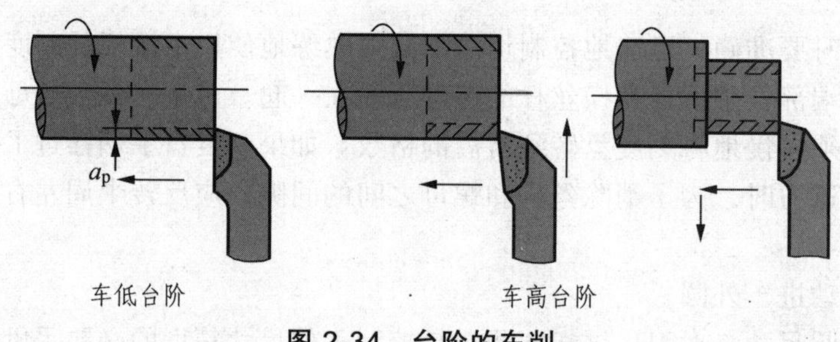

图 2-34　台阶的车削

车台阶时，常用角尺安装偏刀，以保证主切削刃与工件轴线垂直，如图 2-35 所示。台阶长度一般用钢直尺来确定，用尖刀划出痕迹。车削台阶的方法与车削外圆基本相同，但在车削时应兼顾外圆直径和台阶长度两个方向的尺寸要求，还必须保证台阶平面与工件轴线的垂直度要求。

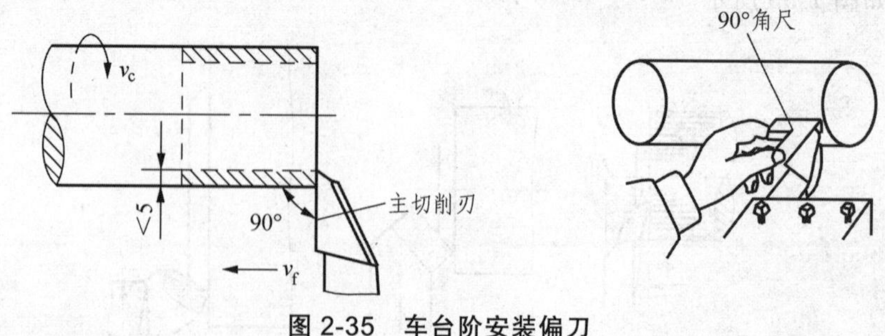

图 2-35　车台阶安装偏刀

台阶的车削实际上是车外圆和车端面的综合，其车削方法与车外圆没有什么显著的区别，主要应注意以下几点：

（1）车削台阶时，需要兼顾外圆的尺寸和台阶长度的要求，准确掌握台阶长度尺寸的关键是必须按图纸找出正确的测量基准（对于多台阶的工件尤为重要），否则将会产生积累误差而造成废品。

（2）相邻两圆柱体直径差值较小的低台阶可以用车刀一次车出。由于台阶面应与工件轴线垂直，所以必须用90°偏刀车削，装刀时要使主刀刃与工件轴线垂直。

（3）相邻两圆柱体直径差值较大的高台阶宜用分层切削。粗车时可先用Φ<90°的车刀进行车削，再用主偏角为93°～95°车刀，用几次走刀来完成。在最后一次走刀时，车刀在纵走刀结束后，用手摇动中拖板手柄，将车刀慢而均匀地退出，把台阶面车一刀，使台阶与工件外圆垂直。

2.3.7　切槽、切断、车成型面

1. 切　槽

1）切　槽

在工件表面上车沟槽的方法叫切槽，如图2-36所示。槽的形状有外槽、内槽和端面槽。常选用高速钢切槽刀切槽，切槽刀的几何形状和角度如图2-37所示。

图2-36　切槽加工

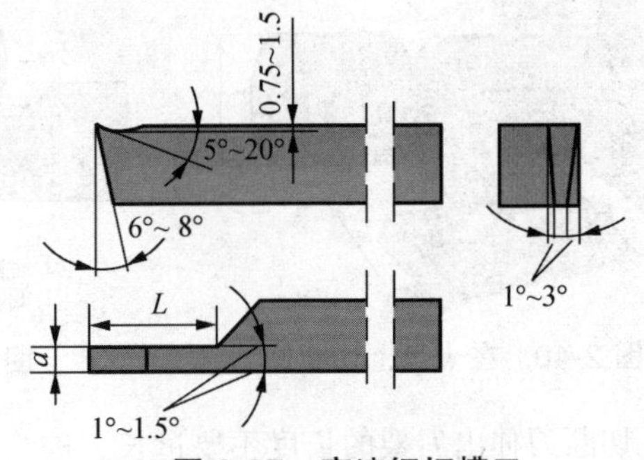

图2-37　高速钢切槽刀

2）切槽的方法

车削精度不高的和宽度较窄的矩形沟槽，可以用刀宽等于槽宽的切槽刀，采用直进法一次车出。精度要求较高的，一般分两次车成。

车削较宽的沟槽，可用多次直进法切削，并在槽的两侧留一定的精车余量，然后根据槽深、槽宽精车至尺寸。

车削较小的圆弧形槽，一般用成形车刀车削。较大的圆弧槽，可用双手联动车削，用样板检查修整。

车削较小的梯形槽，一般用成形车刀完成，较大的梯形槽，通常先车直槽，然后用梯形刀直进法或左右切削法完成。

2. 切　断

切断要用切断刀，如图2-38所示。切断刀的形状与切槽刀相似，但因刀头窄而长，很容易折断。常用的切断方法有直进法和左右借刀法两种，如图2-39所示。直进法常用于切断铸铁等脆性材料；左右借刀法常用于切断钢等塑性材料。

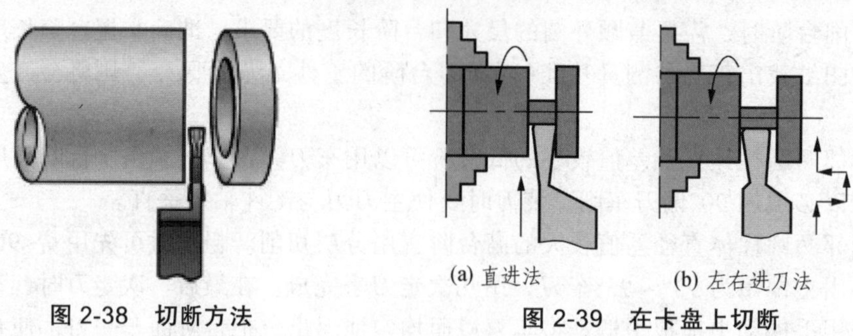

图 2-38 切断方法

图 2-39 在卡盘上切断

切断时应注意以下几点：

（1）切断一般在卡盘上进行，如图 2-40 所示。工件的切断处应距卡盘近些，避免在顶尖安装的工件上切断。

（2）切断刀刀尖必须与工件中心等高，否则切断处将剩有凸台，且刀头也容易损坏（见图 2-41）。

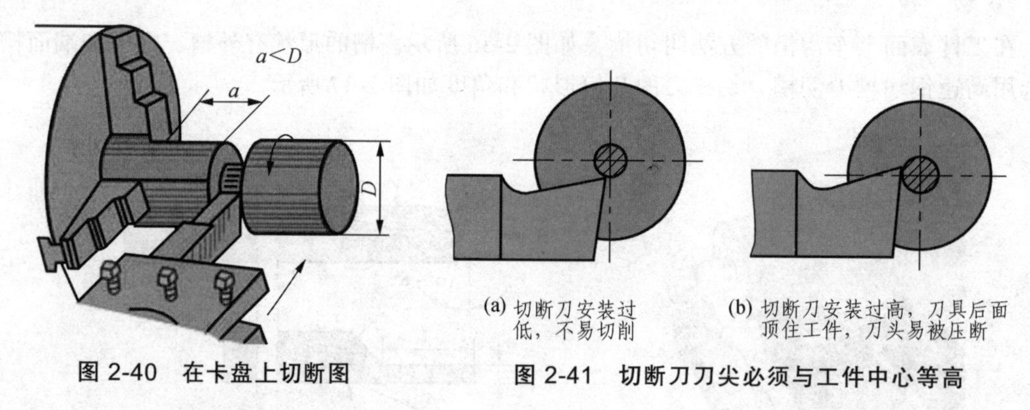

图 2-40 在卡盘上切断图

图 2-41 切断刀刀尖必须与工件中心等高

（3）切断刀伸出刀架的长度不要过长，进给要缓慢均匀。将切断时，必须放慢进给速度，以免刀头折断。

（4）切断钢件时需要加切削液进行冷却润滑，切铸铁时一般不加切削液，但必要时可用煤油进行冷却润滑。

2.3.8 车圆锥面

将工件车削成圆锥表面的方法称为车圆锥。常用车削锥面的方法有宽刀法、转动小刀架法、靠模法、尾座偏移法等几种。

1. 宽刀法

车削较短的圆锥时，可以用宽刃刀直接车出，如图 2-42 所示。其工作原理实质上是属于成型法，所以要求切削刃必须平直，切削刃与主轴轴线的夹角应等于工件圆锥半角 $\alpha/2$。同时要求车床有较好的刚性，否则易引起振动。当工件的圆锥斜面长度大于切削刃长度时，可以用多次接刀方法加工，但接刀处必须平整。

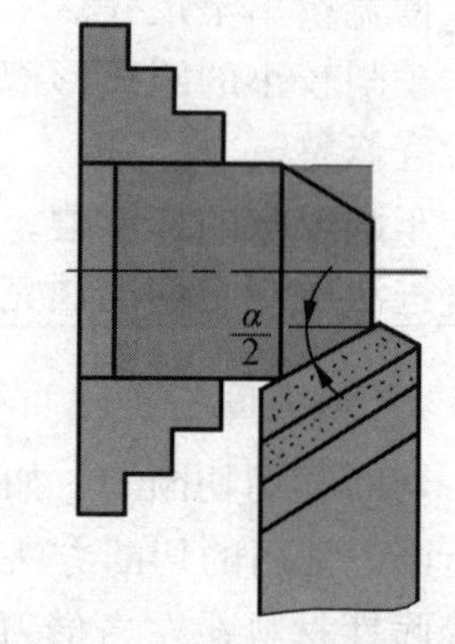

图 2-42 用宽刃刀车削圆锥

特点：宽刀刀刃必须平直，刃倾角为零，主偏角等于工件的圆锥斜角（α）；安装车刀时，必须保持刀尖与工件回转中心等高；加工的圆锥面不能太长，要求机床-工件-刀具系统必须具有足够的刚度；此法加工的生产率高，工件表面粗糙度值 R_a 可达 6.3 ~ 1.6 μm。

应用：适用于大批量生产中加工锥度较大，长度较短的内、外圆锥面。

2. 转动小刀架法

当加工锥面不长的工件时，可用转动小刀架法车削。车削时，将小滑板下面转盘上的螺母松开，把转盘转至所需要的圆锥半角 $\alpha/2$ 的刻线上，与基准零线对齐，然后固定转盘上的螺母，如果锥角不是整数，可在锥附近估计一个值，试车后逐步找正，如图 2-43 所示。

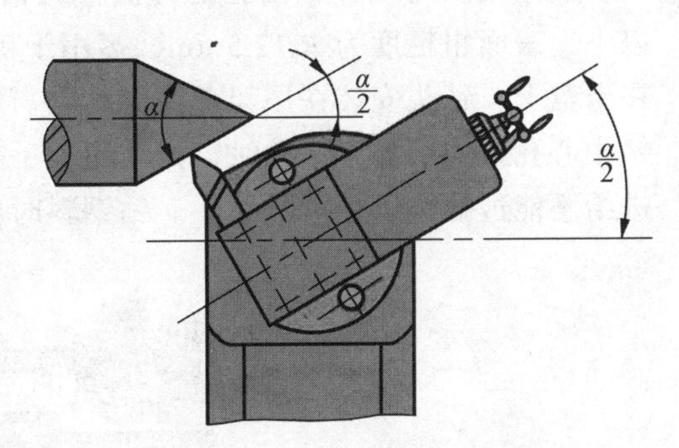

图 2-43 转动小滑板车圆锥

3. 尾座偏移法

当车削锥度小，锥形部分较长的圆锥面时，可以用偏移尾座的方法，如图 2-44 所示。将尾座上滑板横向偏移一个距离 s，使偏位后两顶尖连线与原来两顶尖中心线相交一个 $\alpha/2$ 角度，尾座的偏向取决于工件大小头在两顶尖间的加工位置。尾座的偏移量与工件的总长有关，如图 2-44 所示，尾座偏移量可用下列公式计算：

$$s = \frac{D-d}{2L} L_0$$

式中 s——尾座偏移量；

L——工件锥体部分长度；

L_0——工件总长度；

D、d——锥体大头直径和锥体小头直径。

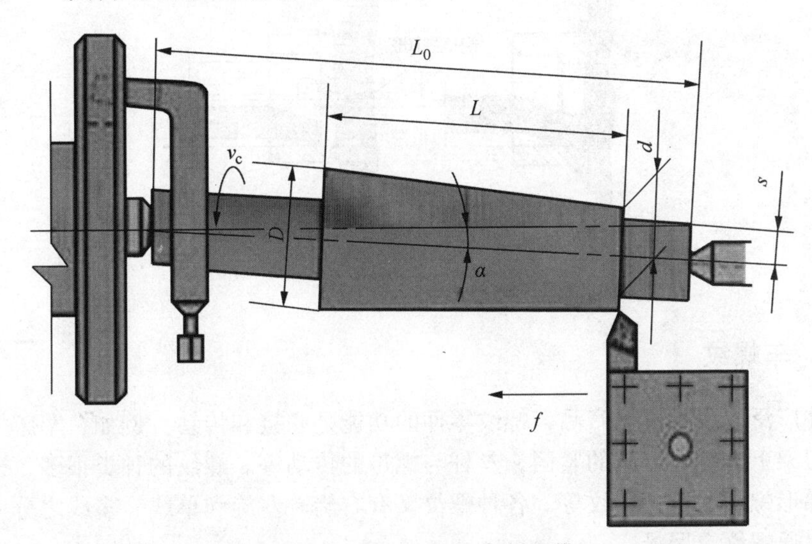

图 2-44 尾座偏移法车削圆锥

2.3.9 孔加工

车床上可以用钻头、镗刀、扩孔钻头、铰刀进行钻孔、镗孔、扩孔和铰孔。下面介绍钻孔和镗孔的方法。

1. 钻 孔

利用钻头将工件钻出孔的方法称为钻孔。钻孔的精度等级较低，一般公差等级为 IT10 以下，表面粗糙度为 R_a12.5 μm，多用于粗加工孔。在车床上钻孔如图 2-45 所示，工件装夹在卡盘上，钻头安装在尾架套筒锥孔内。钻孔前先车平端面并车出一个中心孔或先用中心钻钻中心孔作为引导。钻孔时，摇动尾架手轮使钻头缓慢进给，注意经常退出钻头排屑。钻孔进给不能过猛，以免折断钻头。钻钢料时应加切削液。

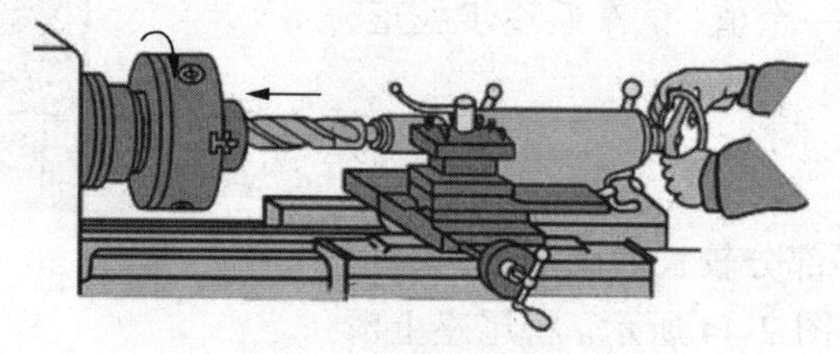

图 2-45 车床上钻孔

2. 镗 孔

在车床上对工件的孔进行车削的方法叫镗孔（又叫车孔），镗孔可以作粗加工，也可以作精加工。镗孔分为镗通孔和镗不通孔，如图 2-46 所示。镗通孔基本上与车外圆相同，只是进刀和退刀方向相反。粗镗和精镗内孔时也要进行试切和试测，其方法与车外圆相同。镗通孔常用普通镗刀，为减小径向切削分力，以减小刀杆弯曲变形，一般主偏角为 45°~75°，常取 60°~70°，不通孔镗刀主偏角常大于 90°，一般取 95°~100°，刀头处宽度应小于孔的半径。

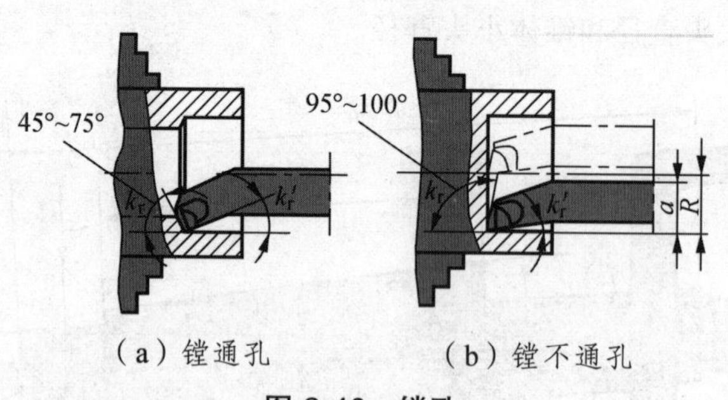

（a）镗通孔 （b）镗不通孔

图 2-46 镗孔

2.3.10 车螺纹

螺纹零件广泛应用于机械产品，螺纹零件的功能是联接和传动。例如，车床主轴与卡盘的联接，方刀架上螺钉对刀具的紧固，丝杆与螺母的传动等。螺纹的种类很多，按牙型分有三角螺纹、梯形螺纹、方牙螺纹等。各种螺纹又有右旋、左旋和单线、多线之分，其中以单线、右旋的普通螺纹应用最广。

将工件表面车削成螺纹的方法称为车螺纹。螺纹按牙型分主要有三角螺纹、方牙螺纹、梯形螺纹等（见图 2-47）。其中普通公制三角螺纹应用最广。

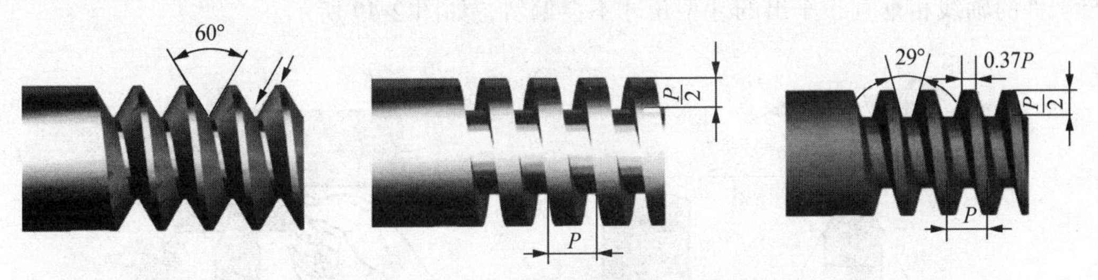

图 2-47 三角螺纹、方牙螺纹、梯形螺纹

1. 普通三角螺纹的基本牙型

普通三角螺纹的基本牙型如图 2-48 所示，各基本尺寸的名称如下：

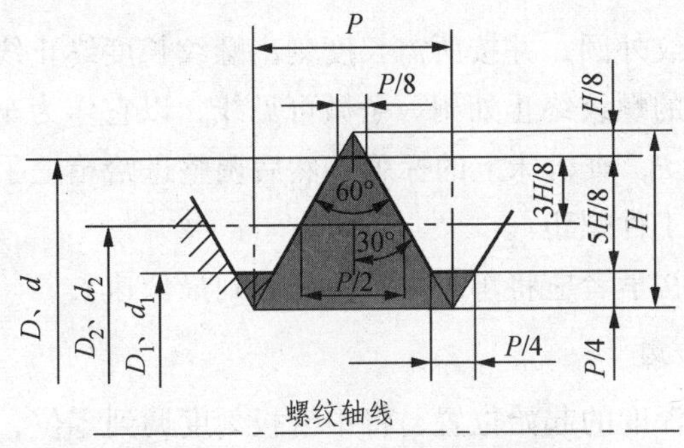

图 2-48 普通三角螺纹基本牙型

D——内螺纹大径（公称直径）；
d——外螺纹大径（公称直径）；
D_2——内螺纹中径；
d_2——外螺纹中径；
D_1——内螺纹小径；
d_1——外螺纹小径；
P——螺距；
H——原始三角形高度。

决定螺纹的基本要素有 3 个：

（1）牙型角 α 。螺纹轴向剖面内螺纹两侧面的夹角。公制螺纹 $\alpha=60°$，英制螺纹 $\alpha=55°$。

（2）螺距 P。它是沿轴线方向上相邻两牙间对应点的距离。

（3）螺纹中径 D_2（d_2）。它是平螺纹理论高度 H 的一个假想圆柱体的直径。在中径处的螺纹牙厚和槽宽相等。只有内外螺纹中径都一致时，两者才能很好地配合。

2. 车削外螺纹的方法与步骤

1）准备工作

（1）安装螺纹车刀时，车刀的刀尖角等于螺纹牙型角 $\alpha=60°$，其前角 $\gamma_0=0°$ 才能保证工件螺纹的牙型角，否则牙型角将产生误差。只有粗加工时或螺纹精度要求不高时，其前角可取 $\gamma_0 = 5° \sim 20°$。安装螺纹车刀时刀尖对准工件中心，并用样板对刀，以保证刀尖角的角平分线与工件的轴线相垂直，车出的牙型角才不会偏斜，如图 2-49 所示。

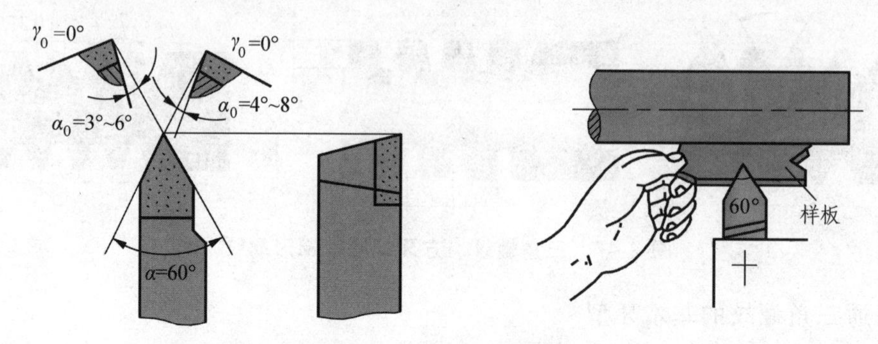

图 2-49　螺纹车刀几何角度与用样板对刀

（2）按螺纹规格车螺纹外圆，并按所需长度刻出螺纹长度终止线。先将螺纹外径车至尺寸，然后用刀尖在工件上的螺纹终止处刻一条微可见线，以它作为车螺纹的退刀标记。

（3）根据工件的螺距 P，查机床上的标牌，然后调整进给箱上手柄位置及配换挂轮箱齿轮的齿数以获得所需要的工件螺距。

（4）确定主轴转速。初学者应将车床主轴转速调到最低速。

2）车螺纹的方法和步骤

（1）确定车螺纹切削深度的起始位置，将中滑板刻度调到零位，开车，使刀尖轻微接触工件表面，然后迅速将中滑板刻度调至零位，以便于进刀记数。如图 2-50（a）、（b）所示。

（2）试切第一条螺旋线并检查螺距。将床鞍摇至离工件端面 8 ~ 10 mm 处，横向进刀 0.05 mm 左右。开车，合上开合螺母，在工件表面车出一条螺旋线，至螺纹终止线处退出车刀，开反车把车刀退到工件右端；停车，用钢尺检查螺距是否正确，如图 2-50（c）所示。

（3）用刻度盘调整背吃刀量，开车切削，如图 2-50（d）所示。螺纹的总背吃刀量 a_p 与螺距的关系按经验公式 $a_p \approx 0.65P$，每次的背吃刀量约 0.1 mm。

（4）车刀将至终点时，应做好退刀停车准备，先快速退出车刀，然后开反车退出刀架，如图 2-50（e）所示。

（5）再次横向进刀，继续切削至车出正确的牙型，如图 2-50（f）所示。

3．螺纹车削注意事项

（1）刀尖必须与工件旋转中心等高。

（2）刀尖角的平分线必须与工件轴线垂直。因此，要用对刀样板对刀。

（3）车螺纹时，车刀的移动是靠开合螺母与丝杆的啮合来带动的，一条螺纹槽需经过多次走刀才能完成。当车完一刀再车另一刀时，必须保证车刀总是落在已切出的螺纹槽中，否则就叫“乱扣”，致使工件报废。产生“乱扣”的主要原因是车床丝杆的螺距 $P_{丝}$ 与工件的螺距 $P_{工}$ 不是整数倍而造成的。当 $P_{丝} / P_{工}$ = 整数时，每次走刀之后，可打开“开合螺母”，车刀横向退出，纵向摇回刀架，不会发生“乱扣”。

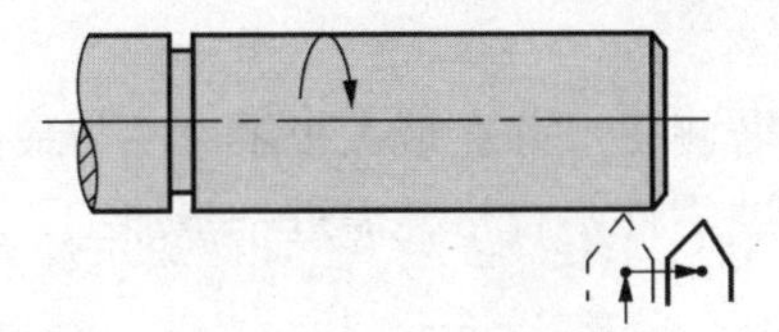

(a) 开车，使车刀与工件轻微接触，记下刻度盘度数。向右退出车刀

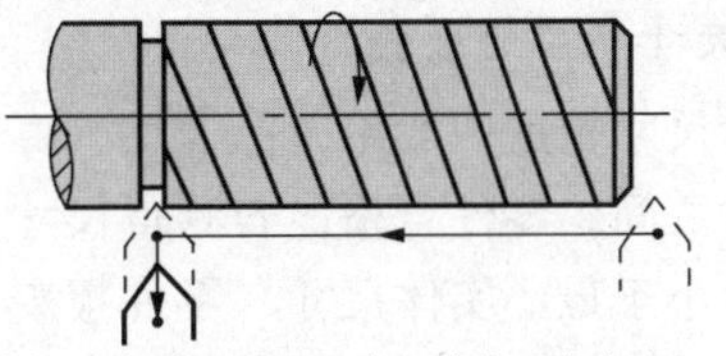

(b) 合上对开螺母，在工件表面车出一条螺旋线。横向退出车刀，停车

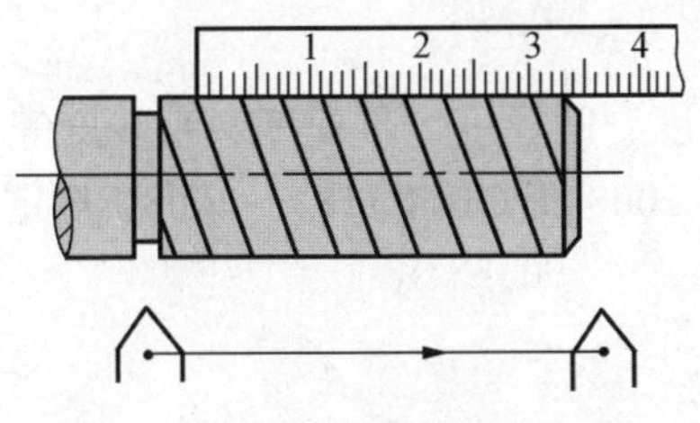

(c) 开反车使车刀退到工件右端，停车。用钢尺检查螺距是否正确

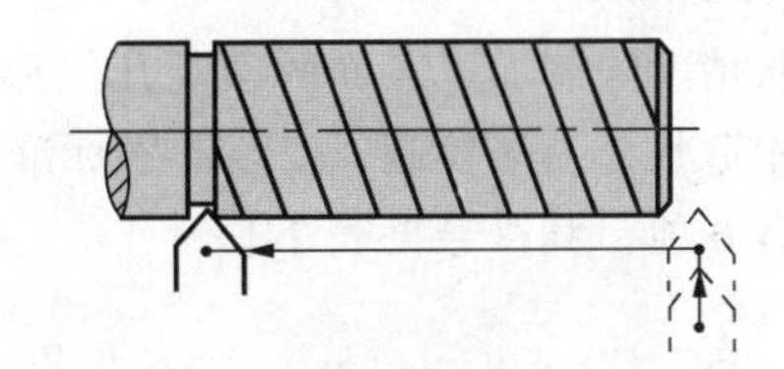

(d) 利用刻度盘调整切深。开车切削，车钢料时加机油润滑

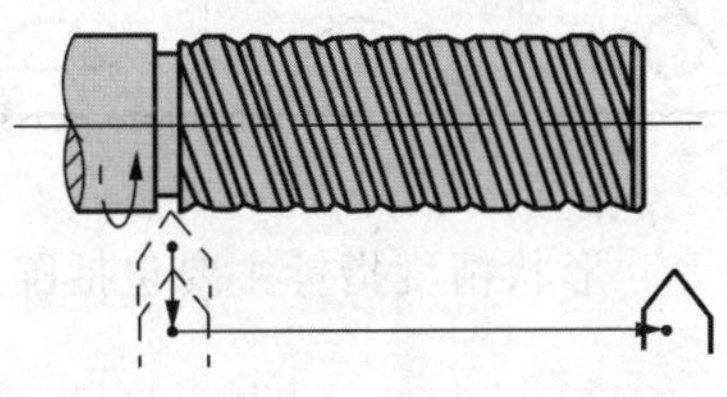

(e) 车刀将至行程终了时，应做好退刀停车准备。先快速退出车刀，然后停车。开反车退回刀架

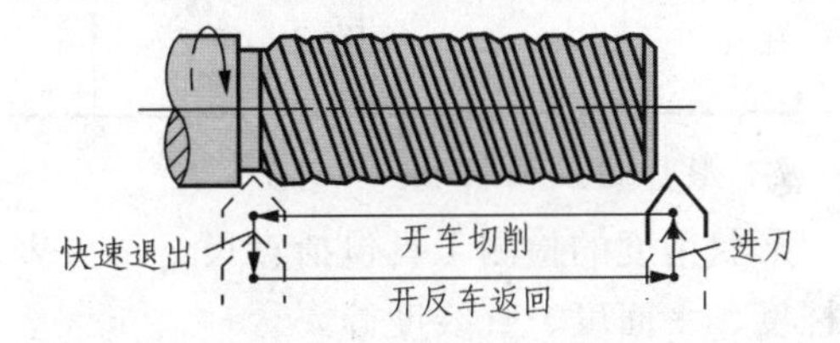

(f) 再次横向切入，继续切削。其切削过程的路线如图所示

图 2-50 螺纹切削方法与步骤

2.4 零件加工质量及检验方法

零件的加工质量包括加工精度和表面质量两个方面的内容。其中加工精度包括尺寸精度、形状精度和位置精度，表面质量的指标有表面粗糙度、表面加工硬化的程度、残余应力的性质和大小。表面质量的主要指标是表面粗糙度。

2.4.1 加工精度

加工精度是指零件加工后的几何参数（尺寸、几何形状和相互位置）与理想零件几何参数相符合的程度，不符合称为偏离，偏离的程度则为加工误差。加工误差的大小反映了加工精度的高低，精度的高低用公差来表示。加工精度包括以下 3 方面：

1. 尺寸精度

1）尺寸精度

尺寸精度限制加工表面与其基准间尺寸误差不超过一定的范围，它是由尺寸公差（简称公差）控制的。公差值的大小就决定了零件的精确程度，公差值小的，精度高；公差值大的，精度低。

2）尺寸精度的检验

检验尺寸精度一般用游标卡尺、百分尺等测量工具，若测得尺寸在最大极限尺寸与最小极限尺寸之间，零件合格。若测得尺寸大于最大实体尺寸，零件不合格，需进一步加工。若测得尺寸小于最小实体尺寸，零件报废。

2. 形状精度

1）形状精度

形状精度限制加工表面的宏观几何形状误差，如圆度、圆柱度、平面度、直线度等。形状精度用形状公差来控制，按照国家标准（GB/T 1182—2008 及 GB/T 1183—2008）规定，形状公差有 6 项，其符号见表 2-1。

表 2-1　形状公差符号

项目	直线度	平面度	圆度	圆柱度	线轮廓度	面轮廓度
符号	—	⏥	○	⌭	⌒	⌓

2）形状精度的检验

形状精度的检测工具包括直尺、百分表、轮廓测量仪等。形状精度指标主要包括圆度、圆柱度、平面度、直线度等。

（1）圆度。圆度是指工件的横截面接近理论圆的程度，检测的工具为圆度仪。检测圆度时，将被测零件放置在圆度仪上，调整零件的轴线，使其与圆度仪的回转轴线同轴，测量头每转一周，即可显示该测量截面的圆度误差。测量若干个截面，可得出最大误差，即为被测圆柱面的圆度误差。

（2）圆柱度。圆柱度是指任一垂直截面最大尺寸与最小尺寸之差。圆柱度误差包含了轴剖面和横剖面两个方面的误差。圆柱度的公差带是两同轴圆柱面间的区域，该两同轴圆柱面间的径向距离即为公差值。圆柱度检测方法与圆度的测量方法基本相同，所不同的是测量头在无径向偏移的情况下，要测若干个横截面，以确定圆柱度误差。

（3）平面度。平面度是指平面具有的宏观凹凸高度相对理想平面的偏差。公差带是距离为公差值的两平行平面之间的区域。平面度检测方法如图 2-51 所示，将水平仪与被测平面接触，在各个方面检测其中最大缝隙的读数值，即为平面度误差。

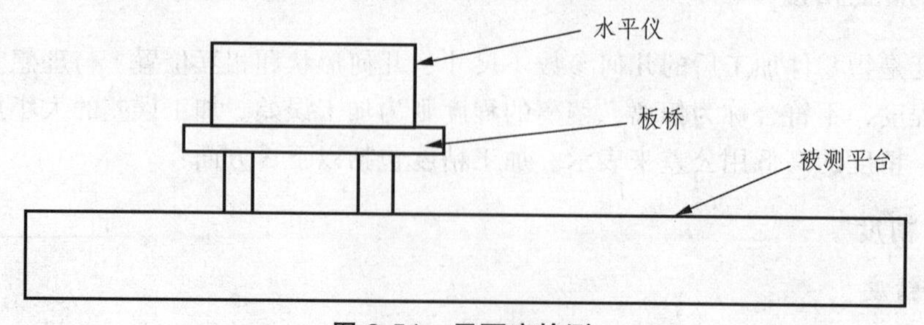

图 2-51　平面度检测

（4）直线度。直线度公差带是在一平面上所给定方向上的距离为公差值的两平行直线之间的区域。直线度检测方法如图 2-52 所示，将刀口形直尺沿给定方向与被测平面接触，并使两者之间的最大缝隙为最小，测得的最大缝隙即为此平面在该素线方向的直线度误差。当缝隙很小时，可根据光隙估计；当缝隙较大时可用塞尺测量。

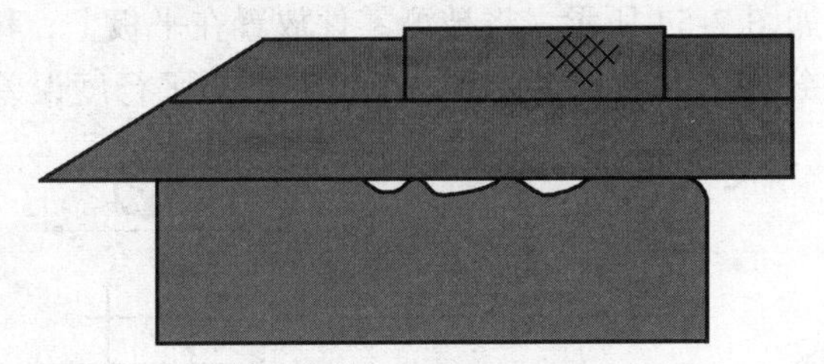

图 2-52 直线度检测

3. 位置精度及其检验

1）位置精度

位置精度是限制加工表面与其基准间的相互位置误差，由于加工技术与手段的制约，零件表面的相互位置存在偏差是不可避免的。按照国家标准（GB/T 1182—2008 及 GB/T 1183—2008）规定，相互位置精度用位置公差来控制。位置公差有 8 项，其符号见表 2-2。

表 2-2 位置公差符号

项目	平行度	垂直度	倾斜度	位置度	同轴度	对称度	圆跳动	全跳动
符号	//	⊥	∠	⊕	◎	⌯	↗	⌰

2）常用位置精度的检验

位置精度指标主要包括垂直度、平行度、同轴度和圆跳动等，一般用游标卡尺、百分表、直角尺等测量工具来检验。

（1）垂直度。垂直度评价直线之间、平面之间或直线与平面之间的垂直状态。当以平面为基准时，若被测要素为平面，则其垂直度公差带的距离为垂直度的公差值；被测要素为直线轴时，垂直度的公差值表示轴与平面所成角度与 90°所产生偏差的公差百分比。垂直度检测用量角器或垂直度量测仪。

图 2-53 所示是电梯 T 形导轨端面对底部加工面与导向面中心平面的垂直度检测。

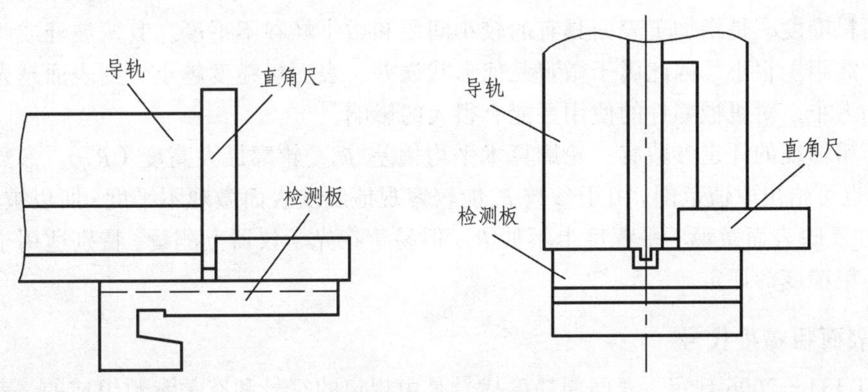

（a）端面对底部加工面垂直度检测　（b）端面对导向面中心平面的垂直度检测

图 2-53 垂直度检测

（2）平行度。平行度评价直线之间、平面之间或直线与平面之间的平行状态。平行度公差带是距离为公差值，且平行于基准面（或线）的两平行平面（或线）之间的区域。平行度通常用百分表来检测。如图 2-54 所示，将被测零件放置在平板上，移动百分表，在被测表面上按规定进行测量，百分表最大与最小读数之差值，即为平行度误差。

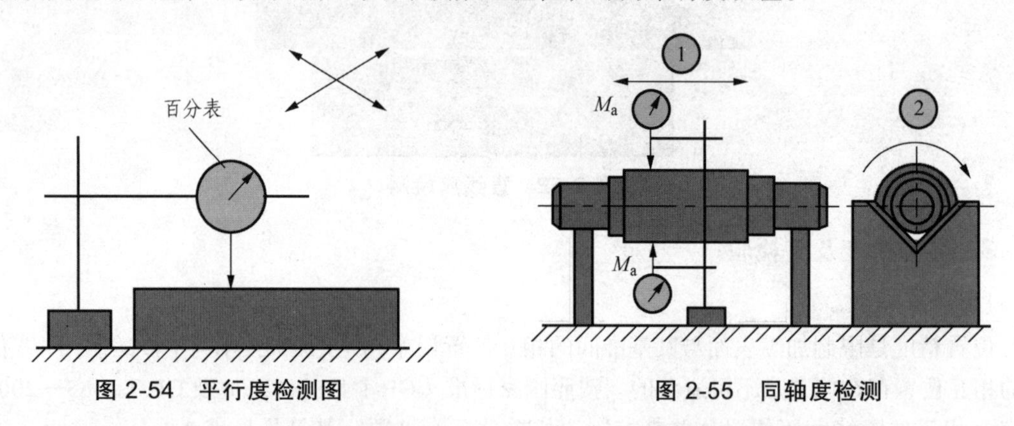

图 2-54　平行度检测图　　图 2-55　同轴度检测

（3）同轴度。同轴度反映的是被测轴线对基准轴线（理论正确位置）的偏差程度。它的公差带是直径为公差值，且与基准轴线同轴圆柱面内的区域。同轴度通常用百分表或轴度校准仪来测量，如图 2-55 所示，将基准面的轮廓表面的中段放置在两等高的刃口状 V 形铁上。先沿轴向截面测量，在径向截面的上下分别放置百分表，测得各对应点的 M_a 与 M_b 差的绝对值，然后转动零件，按上述方法测量若干个轴向截面，取各截面的 M_a 与 M_b 差的绝对值的最大值，这个最大值即为该零件的同轴度误差。

（4）圆跳动。圆跳动是被测零件绕基准轴线回转一周时，由位置固定的指示器在给定方向上测得的最大与最小读数之差。径向圆跳动公差带是在垂直于基准轴线的任一测量平面内半径差为公差值，且圆心在基准轴线上的两个同心圆之间的区域。圆跳动参数通常用百分表来检测。

2.4.2　表面粗糙度

1．表面粗糙度及其评定参数

表面粗糙度，是指加工表面具有的较小间距和微小峰谷不平度。其两波峰或两波谷之间的距离（波距）很小，因此属于微观几何形状误差。表面粗糙度越小，则表面越光滑。表面粗糙度的大小，对机械零件的使用性能有很大的影响。

表面粗糙度的评定参数有：轮廓算术平均偏差 R_a；轮廓最大高度（R_Z）。参数值可给出极限值，也可给出取值范围。由于参数 R_a 能较客观地反映表面微观不平度，所以被广泛使用。参数 R_z 在反映表面微观不平程度上不如 R_a，但易于在光学仪器上测量，特别适用于超精加工零件表面粗糙度的评定。

2．表面粗糙度代号

GB/T 131—2006 规定，表面粗糙度代号是由规定的符号和有关参数组成的，表面粗糙度符号的画法和意义见表 2-3。

表 2-3 表面粗糙度的符号和画法

序号	符号	意 义
1	√	基本符号，表示表面可用任何方法获得。当不加注粗糙度参数值或有关说明时，仅适用于简化代号标注
2	[符号]	表示表面是用去除材料的方法获得，如车、铣、钻、磨
3	[符号]	表示表面是用不去除材料的方法获得，如铸、锻、冲压、冷轧等
4	[符号]	在上述 3 个符号的长边上可加一横线，用于标注有关参数或说明
5	[符号]	在上述 3 个符号的长边上可加一小圆，表示所有表面具有相同的表面粗糙度要求
6	3.5 60° 60° 8	当参数值的数字或大写字母的高度为 2.5 mm 时，粗糙度符号的高度取 8 mm，三角形高度取 3.5 mm，三角形是等边三角形。当参数值不是 2.5 时，粗糙度符号和三角形符号的高度也将发生变化

3. 常用表面粗糙度 R_a 的数值与加工方法

常用加工方法所能达到的表面粗糙度 R_a 值见表 2-4。

表 2-4 常用表面粗糙度 R_a 的数值与加工方法

表面特征	表面粗糙度（R_a）数值	加工方法举例
明显可见刀痕	100 50 25	粗车、粗刨、粗铣、钻孔
微见刀痕	12.5 6.3 3.2	精车、精刨、精铣、粗铰、粗磨
看不见加工痕迹，微辨加工方向	1.6 0.8 0.4	精车、精磨、精铰、研磨
暗光泽面	0.2 0.1 0.05	研磨、珩磨、超精磨

思考与练习

1. 切削用量是什么？包括哪些主要参数？
2. 硬质合金刀具包括哪些？主要用途是什么？
3. 画图表示下列刀具的前角、后角、主偏角、副偏角和刃倾角。
   a. 外圆车刀；b. 端面车刀；c. 切断刀
4. 怎样使用游标卡尺？使用时应注意什么？
5. 试说明百分尺的读数方法和使用注意事项。

6. 车床的车刀安装高度与哪个位置对准？

7. 车床大多都是加工圆的工件，如果有加工方形的工件怎样进行装夹？

8. 车床加工时车刀及工件会发热，如何避免其温度的不断升高？

9. 由于转动的惯性，机床需要一段时间才能停下来，有没有什么方法让机床快速停下？

10. 切断加工过程中，刀具温度过高或振动过大是什么原因导致的？车削螺纹要注意什么？

11. 零件的加工质量包含哪些方面的内容？

12. 形状精度主要有哪些项目？试分别说明各自的检验方法。

13. 位置精度主要有哪些项目？

14. 什么是粗糙度？粗糙度的评定有哪些？

第3章 铣 削

3.1 铣削加工基本知识

在铣床上用铣刀对工件进行切削加工的方法称为铣削，主要动作是刀具的旋转及刀具与工件的相对移动。铣削加工可用于平面、沟槽、齿形、钻孔、曲面等加工，如图 3-1 所示为铣削加工应用的示例。铣削加工的精度一般可达 IT7 ~ 10 级，表面粗糙度 R_a 值为 1.6 ~ 6.3 μm。

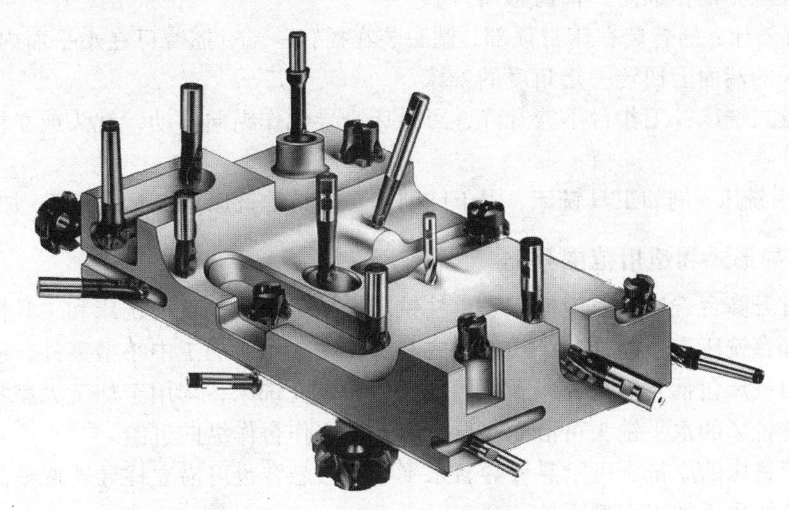

图 3-1 铣削加工应用示例

铣削是指使用旋转的多刃刀具切削工件，是高效率的加工方法。工作时刀具旋转（作主运动），工件移动（作进给运动），工件也可以固定，但此时旋转的刀具还必须移动（同时完成主运动和进给运动）。铣削用的机床有卧式铣床或立式铣床，也有大型的龙门铣床。这些机床可以是普通机床，也可以是数控机床。用旋转的铣刀作为刀具的切削加工。铣削一般在铣床或镗床上进行，适于加工平面、沟槽、各种成形面（如花键、齿轮和螺纹）和模具的特殊形面等。

铣削的特征是：

（1）铣刀各刀齿周期性地参与间断切削。

（2）每个刀齿在切削过程中的切削厚度是变化的。

（3）每齿进给量α_f（毫米/齿），表示铣刀每转过一个刀齿的时间内工件的相对位移量。

铣床的种类很多，以适应不同的加工需要。

1. 按其结构分类

（1）台式铣床：用于铣削仪器、仪表等小型零件的铣床。

（2）悬臂式铣床：铣头装在悬臂上的铣床，床身水平布置，悬臂通常可沿床身一侧立柱导轨作垂直移动，铣头沿悬臂导轨移动。

（3）滑枕式铣床：主轴装在滑枕上的铣床，床身水平布置，滑枕可沿滑鞍导轨作横向移动，滑鞍可沿立柱导轨作垂直移动。

（4）龙门式铣床：床身水平布置，其两侧的立柱和连接梁构成门架的铣床。铣头装在横梁和立柱上，可沿其导轨移动。通常横梁可沿立柱导轨垂向移动，工作台可沿床身导轨纵向移动。用于大件加工。

（5）平面铣床：用于铣削平面和成形面的铣床，床身水平布置，通常工作台沿床身导轨纵向移动，主轴可轴向移动。其结构简单，生产效率高。

（6）仿形铣床：对工件进行仿形加工的铣床。一般用于加工复杂形状的工件。

（7）升降台铣床：具有可沿床身导轨垂直移动的升降台的铣床，通常安装在升降台上的工作台和滑鞍可分别作纵向、横向移动。

（8）摇臂铣床：摇臂装在床身顶部，铣头装在摇臂一端，摇臂可在水平面内回转和移动，铣头能在摇臂的端面上回转一定角度的铣床。

（9）床身式铣床：工作台不能升降，可沿床身导轨作纵向移动，铣头或立柱可作垂直移动的铣床。

（10）专用铣床：例如工具铣床，用于铣削工具模具的铣床，加工精度高，加工形状复杂。

2. 按布局形式和适用范围分类

主要的有升降台铣床、龙门铣床、单柱铣床、单臂铣床、仪表铣床和工具铣床等。

（1）升降台铣床有万能式、卧式和立式几种，主要用于加工中小型零件，应用最广。

（2）龙门铣床包括龙门铣镗床、龙门铣刨床和双柱铣床，均用于加工大型零件。

（3）单柱铣床的水平铣头可沿立柱导轨移动，工作台作纵向进给。

（4）单臂铣床的立铣头可沿悬臂导轨水平移动，悬臂也可沿立柱导轨调整高度。单柱铣床和单臂铣床均用于加工大型零件。

（5）仪表铣床是一种小型的升降台铣床，用于加工仪器仪表和其他小型零件。

（6）工具铣床主要用于模具和工具制造，配有立铣头、万能角度工作台和插头等多种附件，还可进行钻削、镗削和插削等加工。其他铣床还有键槽铣床、凸轮铣床、曲轴铣床、轧辊轴颈铣床和方钢锭铣床等，它们都是为加工相应的工件而制造的专用铣床。

3. 按控制方式分类

可分为仿形铣床、程序控制铣床和数控铣床等。

3.2 立式铣床

立式铣床是一种通用金属切削机床，工作时刀具是立式安装，机床的主轴锥孔可直接或通过附件安装各种圆柱铣刀、成形铣刀、端面铣刀、角度铣刀等刀具，立式铣床用的铣刀相对灵活一些，适用范围较广，用于加工各种零部件的平面、斜面、沟槽、孔等，是机械制造、模具、仪器、仪表、汽车、摩托车等行业的理想加工设备。如图 3-2 所示，是国内常用的立式铣床。立式铣床主轴可在垂直平面内顺、逆时针调整 ± 45°，X、Y、Z 3 个方向手动进给。

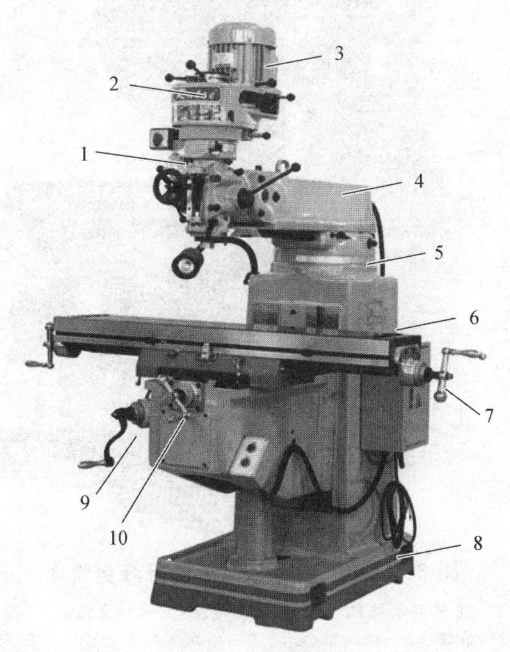

图 3-2　立式铣床

1—主轴；2—主轴变速机构；3—马达；4—横梁；5—立柱；6—工作台；7—X 进给手柄；8—床身；9—Z 进给手柄；10—Y 进给手柄

3.3　卧式万能铣床

XW6132 卧式万能铣床的主要组成部分和作用如下（见图 3-3）：

（1）床身。床身支承并连接各部件，顶面水平导轨支承横梁，前侧导轨供升降台移动之用。床身内装有主轴和主运动变速系统及润滑系统。

（2）横梁。它可在床身顶部导轨前后移动，吊架安装其上，用来支承铣刀杆。

（3）主轴。主轴是空心的，前端有锥孔，用以安装铣刀杆和刀具。

（4）工作台。工作台上有 T 形槽，可直接安装工件，也可安装附件或夹具。它可沿转台的导轨作纵向移动和进给。

（5）转台。转台位于工作台和横溜板之间，下面用螺钉与横溜板相连，松开螺钉可使转台带动工作台在水平面内回转一定角度（左右最大可转过 45°）。

（6）纵向工作台。纵向工作台由纵向丝杠带动在转台的导轨上作纵向移动，以带动台面上的工件作纵向进给。台面上的 T 形槽用以安装夹具或工件。

（7）横向工作台。横向工作台位于升降台上面的水平导轨上，可带动纵向工作台一起作横向进给。

（8）升降台。升降台可沿床身导轨作垂直移动，调整工作台至铣刀的距离。

这种铣床可将横梁移至床身后面，在主轴端部装上立铣头，能进行立铣加工。

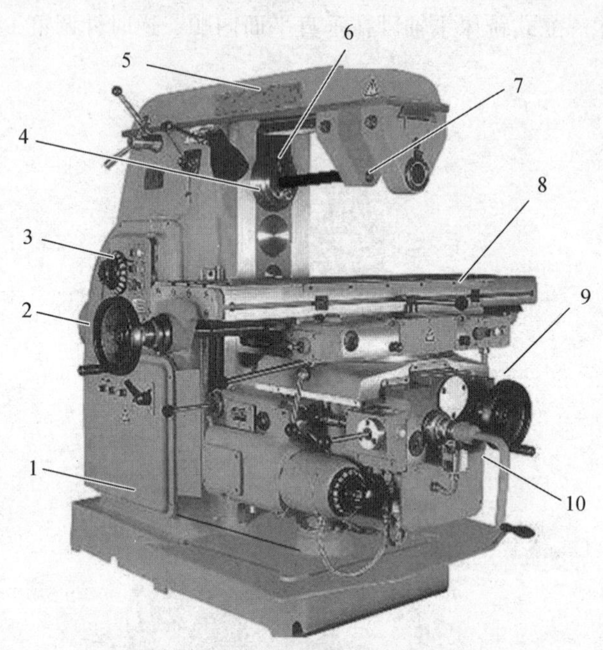

图 3-3　X6132 型卧式万能升降台铣床

1—床身底座；2—主传动电动机；3—主轴变速机构；4—主轴；5—横梁；6—刀杆；7—吊架；8—纵向工作台；9—横向工作台；10—升降台

3.4　铣　刀

铣刀，是用于铣削加工的、具有一个或多个刀齿的旋转刀具（见图 3-4）。工作时各刀齿依次间歇地切去工件的余量。铣刀主要用于在铣床上加工平面、台阶、沟槽、成形表面和切断工件等。

图 3-4　各种铣刀

铣刀的分类方法有多种，按结构和安装方法可分为带柄铣刀和带孔铣刀。

1. 带柄铣刀

带柄铣刀有直柄和锥柄之分。一般直径小于 20 mm 的较小铣刀做成直柄，直径较大的铣刀多做成锥柄。这种铣刀多用于立铣加工，如图 3-5 所示。

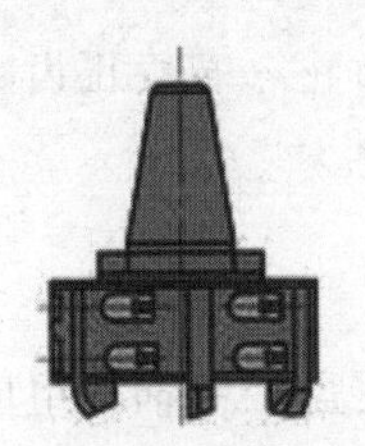

（a）端铣刀

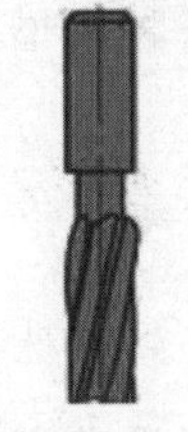

（b）立铣刀

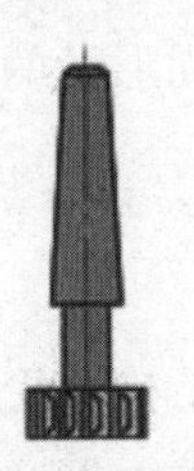

（c）键槽铣刀和 T 形槽铣刀

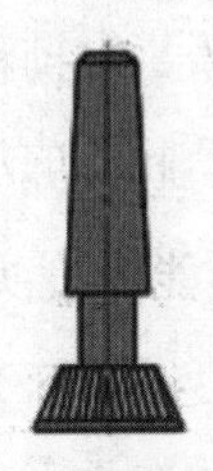

（d）燕尾槽铣刀

图 3-5　带柄铣刀

（a）端铣刀。由于其刀齿分布在铣刀的端面和圆柱面上，故多用于立式升降台铣床上加工平面，也可用于卧式升降台铣床上加工平面。

（b）立铣刀。它是一种带柄铣刀，有直柄和锥柄两种，适于铣削端面、斜面、沟槽和台阶面等。

（c）键槽铣刀和 T 形槽铣刀。它们是专门加工键槽和 T 形槽的。

（d）燕尾槽铣刀。专门用于铣燕尾槽。

2. 带孔铣刀

带孔铣刀适用于卧式铣床加工，能加工各种表面，应用范围较广，如图 3-6 所示。

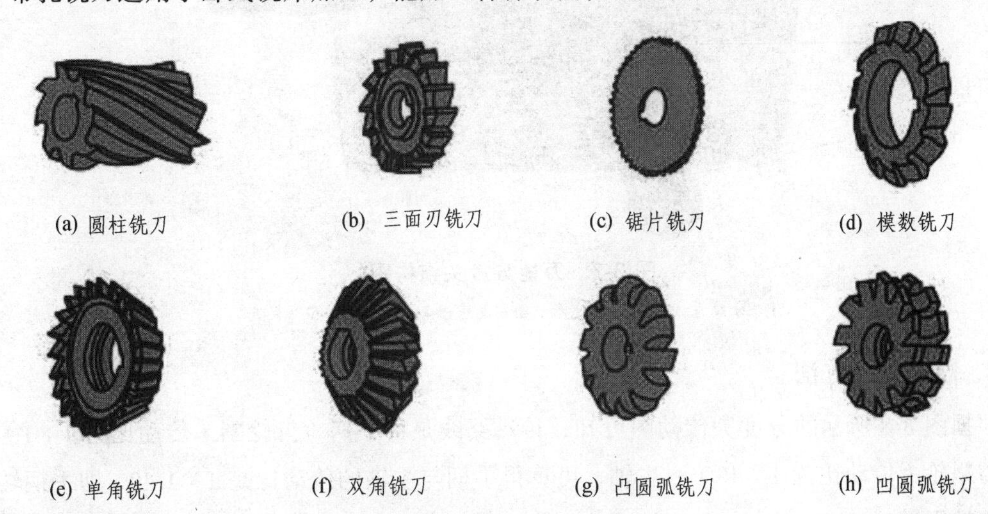

(a) 圆柱铣刀　(b) 三面刃铣刀　(c) 锯片铣刀　(d) 模数铣刀

(e) 单角铣刀　(f) 双角铣刀　(g) 凸圆弧铣刀　(h) 凹圆弧铣刀

图 3-6　带孔铣刀

（1）圆柱铣刀。由于它仅在圆柱表面上有切削刃，故用于卧式升降台铣床上加工平面。

（2）三面刃铣刀和锯片铣刀。三面刃铣刀一般用于卧式升降台铣床上加工直角槽，也可以加工台阶面和较窄的侧面等。锯片铣刀主要用于切断工件或铣削窄槽。

（3）模数铣刀。用来加工齿轮等。

3.5 分度头

分度头是安装在铣床上用于将工件分成任意等份的机床附件，利用分度刻度环和游标，定位销和分度盘以及交换齿轮，将装卡在顶尖间或卡盘上的工件分成任意角度，可将圆周分成任意等份，辅助机床利用各种不同形状的刀具进行各种沟槽、正齿轮、螺旋正齿轮、阿基米德螺线凸轮等的加工工作。

1. 万能分度头的结构

如图 3-7 所示为常用的分度头结构，主要由底座、转动体、分度盘、主轴等组成。主轴可随转动体在垂直平面内转动。通常在主轴前端安装三爪卡盘或顶尖，用它来安装工件。转动手柄可使主轴带动工件转过一定角度，这称为分度。

图 3-7　万能分度头结构图

1—分度手柄；2—分度盘；3—底座；4—转动体；5—卡盘

2. 简单分度方法

根据图 3-8 所示的分度头传动图可知，传动路线是：手柄→齿轮副（传动比为 1∶1）→蜗杆与蜗轮（传动比为 1∶40）→主轴，可算得手柄与主轴的传动比是 1∶1/40，即手柄转一圈，主轴则转过 1/40 圈。

如要使工件按 Z 等分度，每次工件（主轴）要转过 $1/Z$ 转，则分度头手柄所转圈数为 n 转，它们应满足如下比例关系：$1:\frac{1}{40}=n:\frac{1}{z}$，即 $n=40/Z$。可见，只要把分度手柄转过 $40/Z$ 转，就可以使主轴转过 $1/Z$ 转。

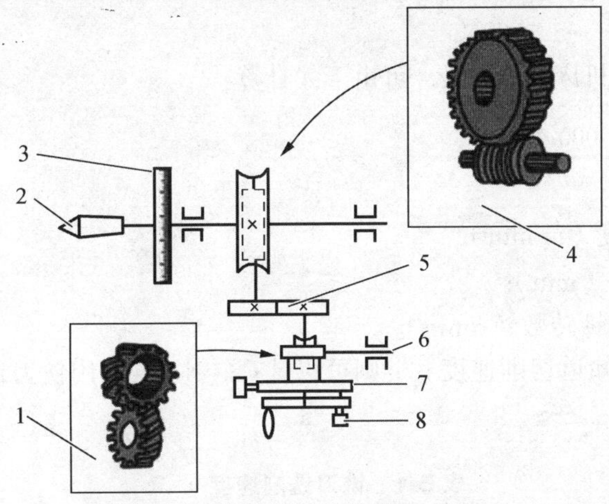

图 3-8 万能分度头的传动示意图

1—1∶1螺旋齿轮传动；2—主轴；3—刻度盘；4—1∶40蜗轮传动；
5—1∶1齿轮传动；6—挂轮轴；7—分度盘；8—定位销

分度盘正反两面上有许多数目不同的等距孔圈。

第一块分度盘正面各孔圈数依次为：24、25、28、30、34、37；反面各孔圈数依次为：38、39、41、42、43。第二块分度盘正面各孔圈数依次为：46、47、49、51、53、54；反面各孔圈数依次为：57、58、59、62、66。

分度前，先在上面找到分母17倍数的孔圈（例如有：34、51），从中任选一个，如选34。把手柄的定位销拔出，使手柄转过2整圈之后，再沿孔圈数为34的孔圈转过12个孔距。这样主轴就转过了1/17转，达到分度目的。

为了避免每次分度时重复数孔和确保手柄转过孔距准确，把分度盘上的两个扇形夹1、2之间的夹角调整到正好为手柄转过非整数圈的孔间距，这样每次分度就可做到快又准。

3.6 铣削用量

铣削时的铣削用量由切削速度 v_c、进给量 f、背吃刀量（铣削深度）a_p 和侧吃刀量（铣削宽度）a_e 四要素组成。其铣削用量如图 3-9 所示。

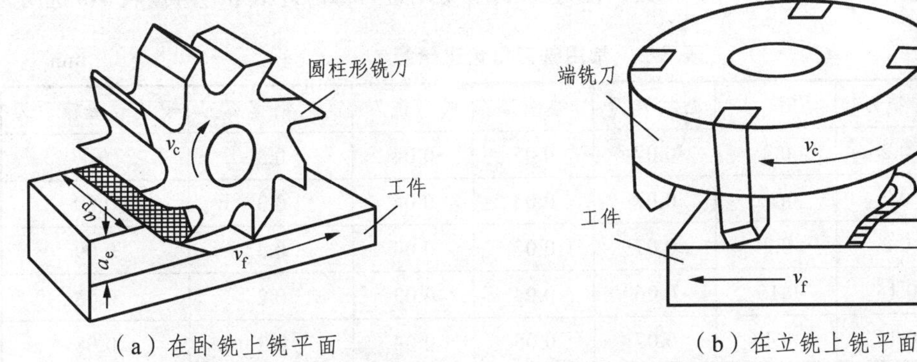

图 3-9 铣削运动及铣削用量

1. 转速 n

加工时经常要设置机床的转速 n，可由下式计算：

$$n=\frac{1\,000v_c}{\pi d}$$

式中 v_c——切削速度（m/min）；

d——铣刀直径（mm）；

n——铣刀每分钟转数（r/min）。

由上式可知，如果知道切削速度 v_c，则可以计算转速 n，常用铣刀铣削速度 v_c 可按表 3-1 选用。

表 3-1 铣刀铣削速度 v_c m/min

工件材料	铣刀材料					
	碳素钢	高速钢	超高速钢	合金钢	碳化钛	碳化钨
铸铁（软）	10～20	15～20	18～25	28～40		75～100
铸铁（硬）		10～15	10～20	18～28		45～60
可锻铸铁	10～15	23～30	25～40	35～45		75～110
低碳钢	10～14	18～28	23～30		45～70	
中碳钢	10～15	15～25	18～28		40～60	
高碳钢		10～15	12～20		30～45	
合金钢					35～80	
高速钢			15～25		45～70	

2. 进给量 f

铣削时，工件在进给运动方向上相对刀具的移动量即为铣削时的进给量。由于铣刀为多刃刀具，计算时可由下式计算：

$$f=f_z n$$

式中 f_z——每齿进给量，指铣刀每转过一个刀齿时，工件对铣刀的进给量（即铣刀每转过一个刀齿，工件沿进给方向移动的距离），其单位为 mm/z。常用铣刀每齿进给量 f_z 可按表 3-2 选用。

表 3-2 常用铣刀每齿进给量 f_z mm

工件材料	平铣刀	面铣刀	圆柱铣刀	端铣刀	成形铣刀	高速钢镶刃刀	硬质合金镶刃刀
铸铁	0.2	0.2	0.07	0.05	0.04	0.3	0.1
可锻铸铁	0.2	0.15	0.07	0.05	0.04	0.3	0.09
低碳钢	0.2	0.2	0.07	0.05	0.04	0.3	0.09
中高碳钢	0.15	0.15	0.06	0.04	0.03	0.2	0.08
铸钢	0.15	0.1	0.07	0.05	0.04	0.2	0.08

3. 背吃刀量 a_p（又称铣削深度）

铣削深度为平行于铣刀轴线方向测量的切削层尺寸（切削层是指工件上正被刀刃切削着的那层金属），单位为 mm。因周铣与端铣时相对于工件的方位不同，故铣削深度的标示也有所不同。

4. 侧吃刀量 a_e（又称铣削宽度）

铣削宽度是垂直于铣刀轴线方向测量的切削层尺寸，单位为 mm。

铣削用量选择的原则：通常粗加工为了保证必要的刀具耐用度，应优先采用较大的侧吃刀量或背吃刀量，其次是加大进给量，最后才是根据刀具耐用度的要求选择适宜的切削速度，这样选择是因为切削速度对刀具耐用度影响最大，进给量次之，侧吃刀量或背吃刀量影响最小；精加工时为减小工艺系统的弹性变形，必须采用较小的进给量，同时也是为了抑制积屑瘤的产生。对于硬质合金铣刀应采用较高的切削速度，对高速钢铣刀应采用较低的切削速度，如铣削过程中不产生积屑瘤时，也应采用较大的切削速度。

3.7 铣削加工的范围

铣削加工常规工艺如下：

（1）工件上的曲线轮廓，直线、圆弧、螺纹或螺旋曲线，特别是由数学表达式给出的非圆曲线与列表曲线等曲线轮廓。

（2）已给出数学模型的空间曲线或曲面。

（3）形状虽然简单，但尺寸繁多、检测困难的部位。

（4）用普通机床加工时难以观察、控制及检测的内腔、箱体内部等。

（5）有严格尺寸要求的孔或平面。

（6）能够在一次装夹中顺带加工出来的简单表面或形状。

（7）采用数控铣削加工能有效提高生产率、减轻劳动强度的一般加工内容。

适合数控铣削的主要加工对象有以下几类：平面轮廓零件、变斜角类零件、空间曲面轮廓零件、孔和螺纹等。

3.8 铣削典型表面

在铣床上利用各种附件和使用不同的铣刀，可以铣削平面、沟槽、成形面、螺旋槽、钻孔和镗孔等。

3.8.1 铣平面

在铣床上用圆柱铣刀、立铣刀和端铣刀都可进行水平面加工，用端铣刀和立铣刀可进行垂直平面的加工。

用端铣刀加工平面（见图 3-10），因其刀杆刚性好，同时参加切削刀齿较多，切削较平稳，加上端面刀齿副切削刃有修光作用，所以切削效率高，刀具耐用，工件表面粗糙度较低。端铣平面是平面加工的最主要方法。而用圆柱铣刀加工平面，则因其在卧式铣床上使用方便，单件小批量的小平面加工仍广泛使用。

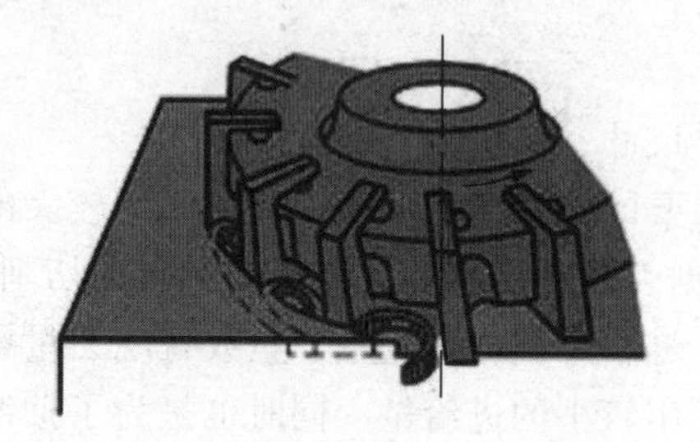

(a) 在立铣床上端铣平面

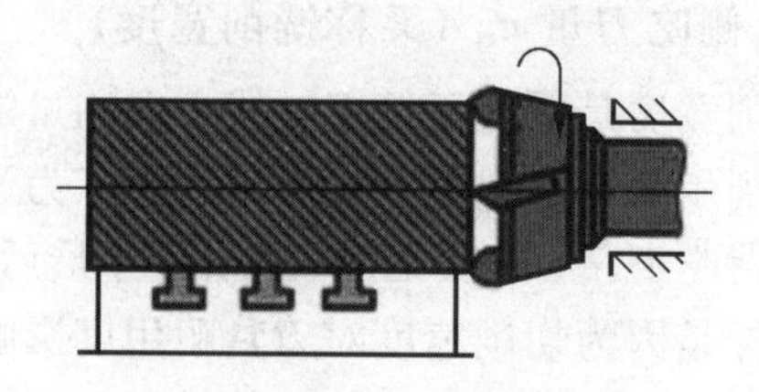

(b) 在卧铣床上端铣垂直平面

图 3-10　用端铣刀铣平面

3.8.2　铣斜面

铣斜面常用方法有以下两种：

（1）把工件倾斜安装。用此方法来加工斜面，如图 3-11 所示。

（2）把铣刀倾斜所需角度。这种方法是在立式铣床或装有万能立铣头的卧式铣床进行。使用端铣刀或立铣刀，刀轴转过相应角度，如图 3-12 所示。

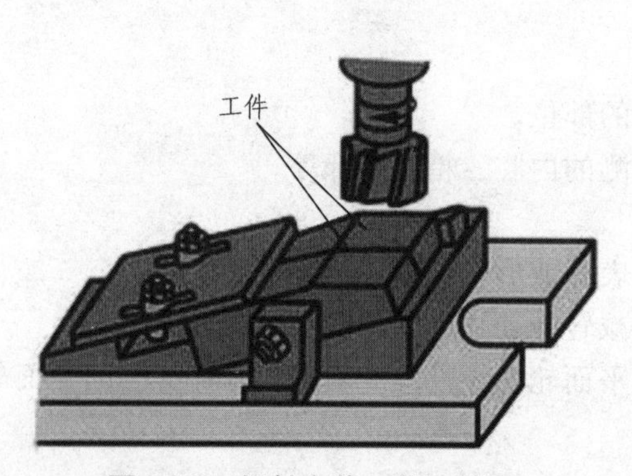

图 3-11　倾斜安装工件铣斜面

图 3-12　用角度铣刀铣斜面

3.8.3　铣沟槽

在铣床上可铣各种沟槽。

1．铣键槽

（1）铣敞开式键槽。这种键槽多在卧式铣床上用三面刃铣刀进行加工，如图 3-13 所示。注意：在铣削键槽前，要做好对刀工作，以保证键槽的对称度。

（2）铣封闭式键槽。在轴上铣封闭式键槽，一般用立式铣刀加工。切削时要注意逐层切下，因键槽铣刀一次轴向进给不能太大，如图 3-14 所示。

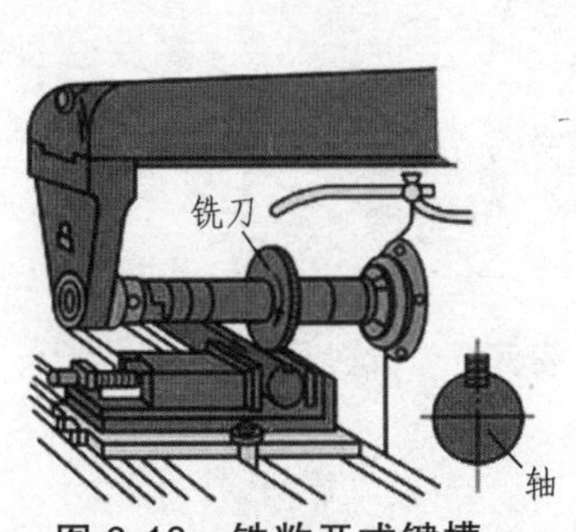

图 3-13 铣敞开式键槽

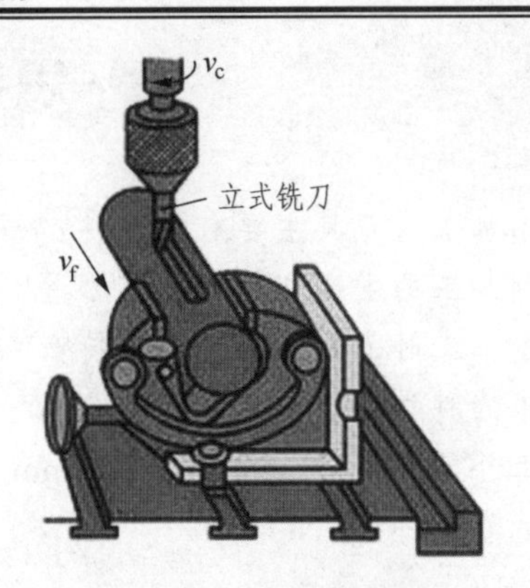

图 3-14 铣封闭式键槽

2. 铣 T 形槽及燕尾槽

铣 T 形槽应分两步进行，先用立铣刀或三面刃铣刀铣出直槽，然后在立式铣床上用 T 形槽或燕尾槽铣刀最终加工成形，如图 3-15 所示。

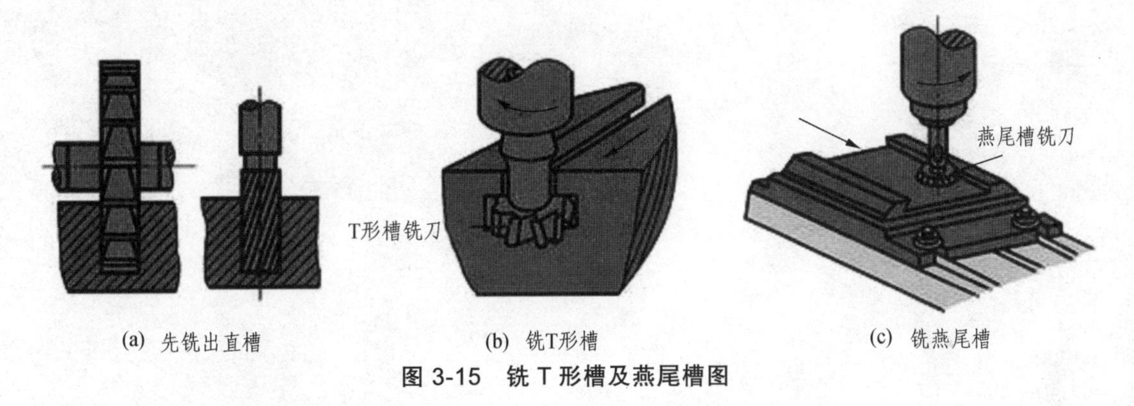

(a) 先铣出直槽　(b) 铣T形槽　(c) 铣燕尾槽

图 3-15 铣 T 形槽及燕尾槽图

3.8.4 铣成形面

铣成形面常在卧式铣床上用与工件成形面形状相吻合的成形铣刀来加工，如图 3-16 所示。

3.3.5 铣螺旋槽

铣削麻花钻和螺旋铣刀上的螺旋沟是在卧式万能铣床上进行。铣刀是专门设计的，工件用分度头安装。为获得正确的槽形，圆盘成形铣刀旋转平面必须与工件螺旋槽切线方向一致，所以须将工作台转过一个工件的螺旋角，如图 3-17 所示。

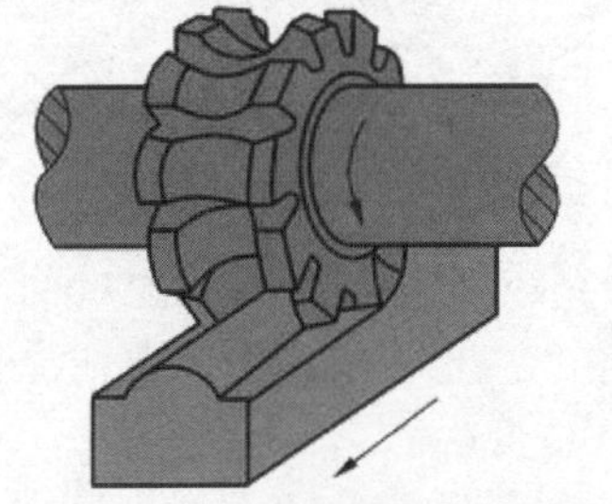

图 3-16 用成形刀铣成形面

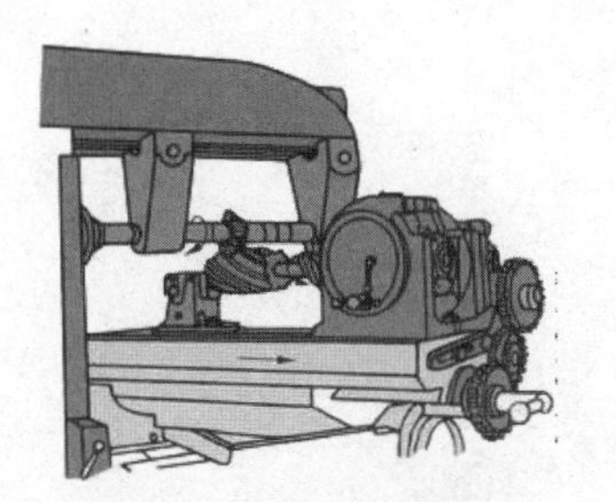

图 3-17 铣螺旋槽

思考与练习

1. 铣削加工的刀具主要有哪几种?
2. 铣削加工的主要切削参数有哪些?都有些什么关系?
3. 铣削加工时,零件要怎样夹持?
4. 铣床的种类主要有哪几种?
5. 加工外圆直径 20 mm,长 800 mm 的钢棒如何装夹?

第4章　磨　削

磨削加工，在机械加工中属于精加工（机械加工分粗加工，精加工，热处理等加工方式），加工量少、精度高。

4.1　磨削加工范围及其工艺特点

1. 磨削加工范围

磨削加工在机械制造行业中应用比较广泛，经热处理淬火的碳素工具钢和渗碳淬火钢零件，在磨削时与磨削方向基本垂直的表面常常出现大量的较规则排列的裂纹——磨削裂纹，它不但影响零件的外观，更重要的还会直接影响零件质量。

根据工件被加工表面的性质，磨削分为平面磨削、外圆磨削、内圆磨削等几种，如图 4-1 所示。

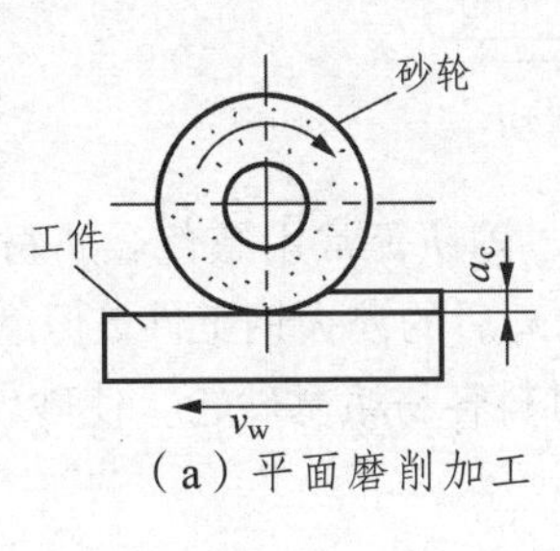

（a）平面磨削加工

（b）平面磨削加工的零件

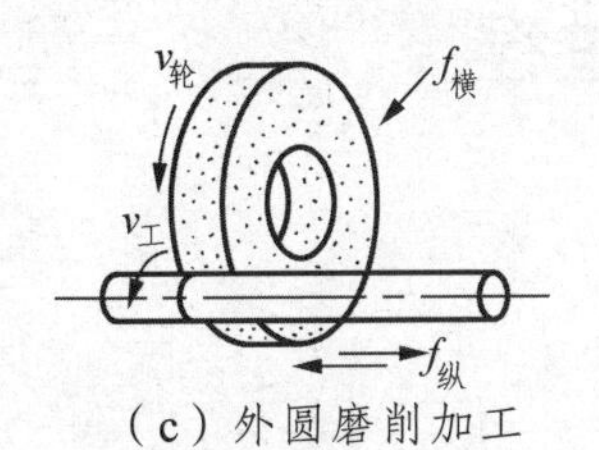

（c）外圆磨削加工

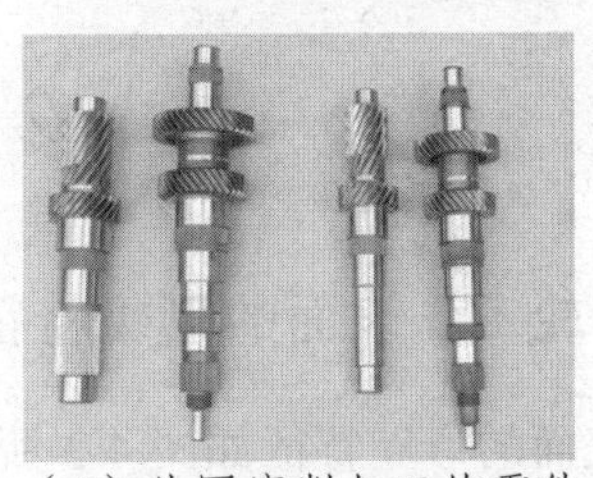

（d）外圆磨削加工的零件

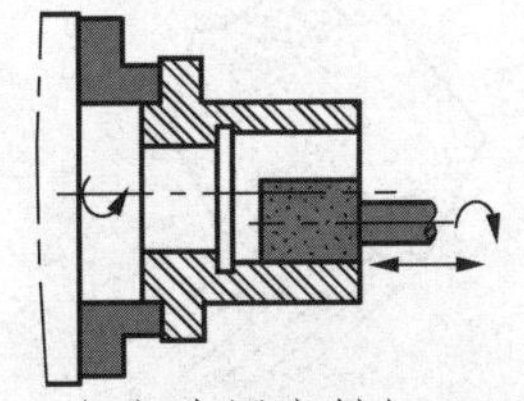

（e）内圆磨削加工

（f）内圆磨削加工的零件

图 4-1　外圆磨削、内圆磨削、平面磨削

2. 磨削的加工的工艺特点

与其他切削加工相比，磨削加工有以下特点：

（1）加工精度高，表面粗糙度小。磨削加工属于多刃、微刃切削，磨削时，表面有很多的磨粒进行切削，每个磨粒相当于一个刃口很小但很锋利的切削刃，能切下一层很薄的金属。经磨削加工的工件一般尺寸公差等级为 IT6 ~ IT5，表面粗糙度值一般为 0.8 ~ 0.2 μm，精磨后的粗糙度值更小。

（2）磨削速度大，磨削温度高。磨床的磨削速度很高，是一般切削加工的 10 ~ 20 倍，一般可达 $v_{轮} = 30 \sim 50$ m/s；磨削背吃刀量很小，一般 $f_{横} = 0.01 \sim 0.05$ mm。由于磨削速度很高，故磨削时温度很高，瞬时温度可达 800 ~ 1 000 °C。剧热会使磨屑在空气中氧化，砂轮与工件接触区瞬时温度会烧伤工件的表面，使工件的硬度下降，严重时产生微裂纹。为了减少摩擦和散热，降低磨削温度及冲走磨屑，以保证质量，在磨削时一般要使用冷却液。

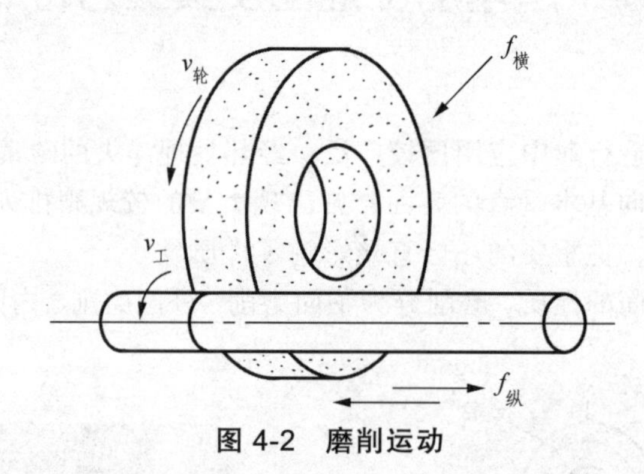

图 4-2 磨削运动

（3）加工范围较广。磨削不但可加工普通碳钢、铸铁等常用黑色金属材料，还能加工一般刀具难以加工的高硬度、高脆性材料，如经过热处理后的淬火钢工件。但磨削不适宜加工硬度很低但塑性很好的有色金属材料，因为磨削这些材料容易堵塞砂轮，使砂轮失去切削性能。

4.2 磨削过程

4.2.1 砂轮工作表面的形貌特征

砂轮工作表面的形貌特征如图 4-3 所示。

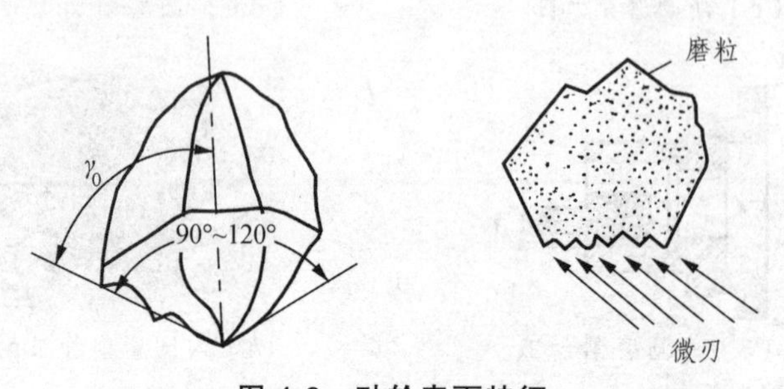

图 4-3 砂轮表面特征

4.2.2　磨屑的形成过程

单个磨粒的磨削过程分为 3 个阶段（见图 4-4）：

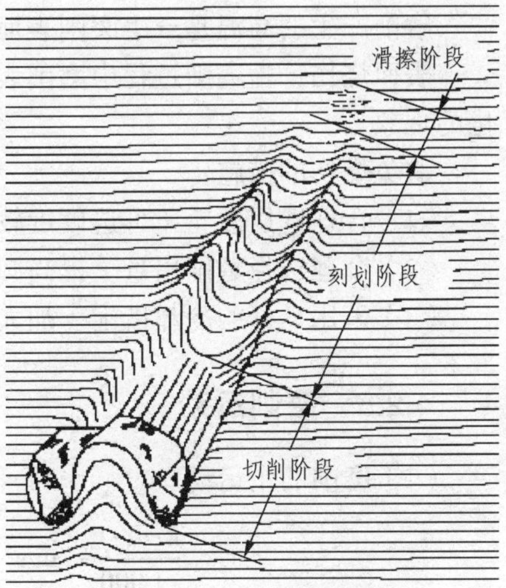

1．滑擦阶段

磨粒只是在工件表面滑擦而过，并未切削工件，工件仅产生弹性变形。这一阶段由于摩擦作用产生大量的热能使工件温度升高。

2．耕犁阶段（刻划阶段）

磨粒切入工件，在工件上耕犁出沟槽，工件产生塑性变形，表层产生变形强化。

3．切削阶段

磨粒切入工件，使被挤压金属产生剪切滑移形成切屑。这一阶段以切削为主，也有表层变形强化。

图 4-4　磨削过程图

4.2.3　磨削的 3 个阶段

初磨阶段：由于工艺系统弹性变形，实际磨削深度小于进给量。

稳磨阶段：实际磨削深度等于进给量。

光磨阶段：进给停止，由于工艺系统弹性恢复，实际磨削深度并不为零，增加磨削次数磨削深度逐渐趋于零，工件的精度和表面质量逐渐提高。

图 4-5 所示为磨削力示意图，图 4-6 所示为磨削规律示意图。

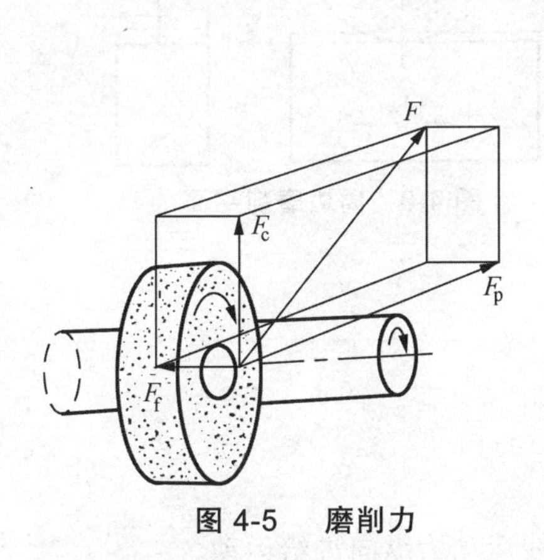

图 4-5　磨削力

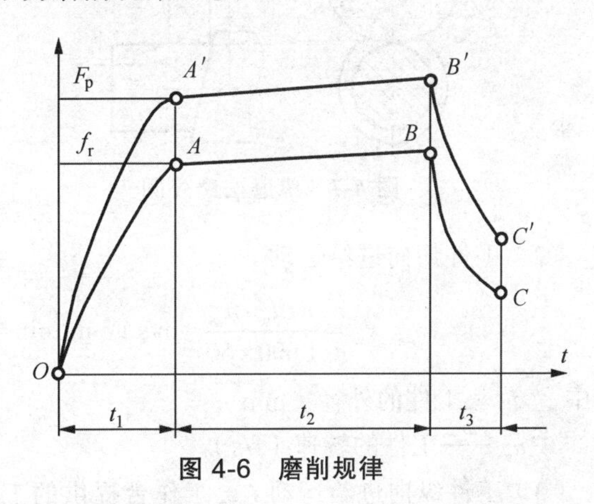

图 4-6　磨削规律

磨削规律的应用：

在开始磨削时，采用较大的径向进给量，压缩初磨和稳磨阶段，以提高生产效率；适当增长光磨时间，可更好地提高工件的表面质量。

4.2.4　磨削力和磨削温度

1．磨削力的主要特征（见图 4-5）

其中径向力最大，直接影响工艺系统变形和加工精度。

2. 磨削热

磨削产生的高温是产生磨削表面烧伤、残余应力和表面裂纹的原因。

表面烧伤：指磨削过程中磨削表面层金属在高温下产生相变，从而其硬度与塑性发生变化的现象。

避免烧伤的措施：

（1）合理选用砂轮（可选硬度较软、组织疏松的砂轮）。

（2）合理选择磨削用量（提高圆周进给速度和轴向进给量，减少工件与砂轮接触时间）。

（3）采用良好的冷却措施（加大冷却液流量）。

4.2.5 磨削运动

（1）磨削的主运动

$$v_c = \frac{\pi \cdot d_0 \cdot n_0}{1\,000} \quad \text{m/s}$$

式中 d_0——砂轮直径（mm）；

n_0——砂轮转速（r/s）。

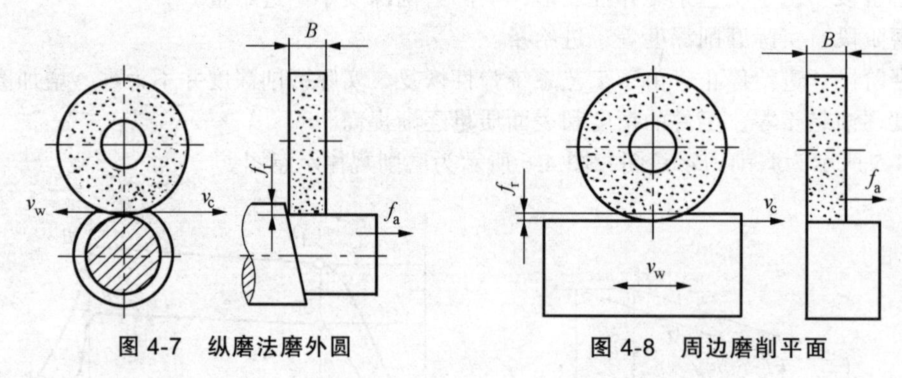

图 4-7 纵磨法磨外圆　　图 4-8 周边磨削平面

（2）工件切向进给运动

$$v_w = \frac{\pi \cdot d_w \cdot n_w}{1\,000 \times 60} \quad \text{m/s 或 m/min}$$

式中 d_w—工件的外径（mm）；

n_w——工件的转速（r/s）。

（3）工件纵向进给运动 f_a，工作台提供的工件直线运动为纵向进给运动。

（4）横向进给量 f_r，砂轮架的横向运动为横向进给运动，横向进给速度 $f_{横}$ 称为横向进给量。

4.3 砂　轮

砂轮是磨削的主要工具，它是由磨料加黏结剂制成的多孔体。砂轮表面上杂乱地排布着许多细小而极硬的磨料。磨料、黏结剂、气孔是砂轮的三要素。磨料有刚玉、碳化硅、金刚玉和立方氮化硼，起切削作用。黏结剂把磨料结合在一起，并辅助磨料同时起切削作用；气孔在磨削时对磨屑起容屑和排屑的作用。图 4-9 所示为砂轮工作表面。

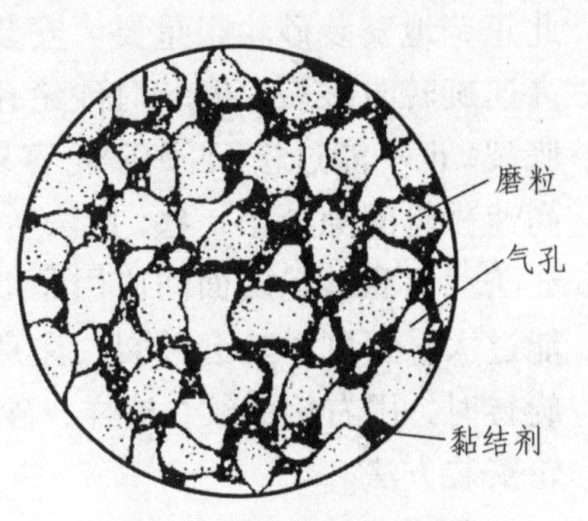

图 4-9　砂轮工作表面

4.3.1　砂轮的特性以及砂轮的选择

1. 磨　料

磨料一般有以下 3 种：

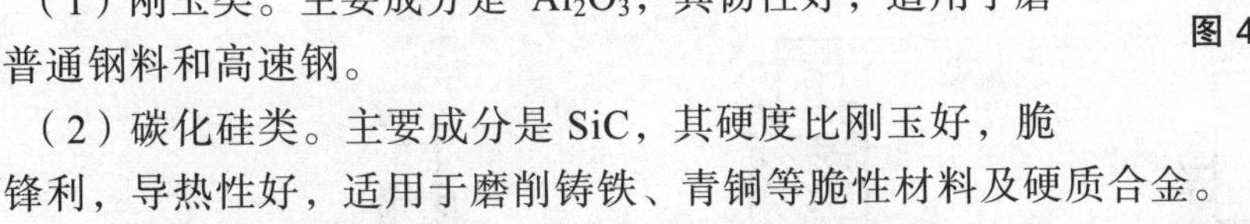

（1）刚玉类。主要成分是 Al_2O_3，其韧性好，适用于磨削普通钢料和高速钢。

（2）碳化硅类。主要成分是 SiC，其硬度比刚玉好，脆而锋利，导热性好，适用于磨削铸铁、青铜等脆性材料及硬质合金。

（3）超硬类。包括金刚石和立方氮化硼两种。金刚石磨粒适合加工硬质合金、石材、陶瓷、玛瑙和光学玻璃等硬脆材料；立方氮化硼的硬度仅次于金刚石，适用于加工各种高温合金，如高钼、高钴钢，不锈钢等。

2. 粒　度

磨粒的大小用粒度表示。粒度号数越大，磨粒越小。粗加工和磨削软料都用粗磨粒，精加工和磨削脆性材料时选用细磨粒，砂轮常用粒度 30# ~ 100#。

3. 黏结剂

砂轮黏结剂的作用在于把一颗颗分散的磨粒结合在一起，使之成为具有一定形状和强度的砂轮。砂轮常用的黏结剂为陶瓷黏结剂、树脂黏结剂和橡胶黏结剂。

4. 硬　度

砂轮的硬度指的是砂轮上磨粒在磨削力的作用下，从砂轮表面脱落的难易程度。若磨粒容易脱落，则砂轮硬度低，反之则硬度高。一般工件材料越硬，磨削时砂轮应选硬度低的，以便使磨钝的磨粒迅速脱落，使露出棱角的新磨粒继续用于加工。

5. 组　织

砂轮的组织表示砂轮结构的松紧程度，指的是磨粒、黏结剂和气孔三者所占体积的比例。砂轮组织分为紧密、中等和疏松 3 类。砂轮组织松，单位体积内磨粒含量少，磨粒在砂轮工作表面上的排列距离远，磨粒之间的空间大，排屑方便，因而提高了效率。此外，砂轮中的气孔还可以将冷却液或空气带入磨削区域，可以降低磨削区域的温度，减少工件发热变形和“烧伤”。反之，砂轮组织紧密，磨粒之间容屑空间小，排屑比较困难，砂轮容易被堵塞，但单位面积上磨粒数目多，砂轮的轮廓形状容易保持不变，可提高加工精度和降低表面粗糙度 R_a 值。

4.3.2　砂轮的安装、拆卸、平衡与修整

1. 砂轮的安装

砂轮工作时转速很高，如果安装不当，可能会导致砂轮工作时破裂飞出，造成事故，因

此正确地安装砂轮很重要。安装前一般通过外观检查和敲击声响来判断是否有裂纹，以防止高速旋转时破裂。安装时砂轮孔与轴的配合松紧要合适，过紧，磨削时受热膨胀，易将砂轮胀裂；也不能过松，否则砂轮容易偏心失去平衡，以致引起振动。一般配合间隙为 0.1 ~ 0.8 mm，高速砂轮间隙要小一些。用法兰装夹，两个法兰盘直径应相等，其外径不小于砂轮外径的 1/3；在法兰盘和砂轮端面间应用厚纸板或耐油橡皮等做衬垫，使压力均匀分布，螺母的拧紧力不能过大，否则砂轮会破裂。注意紧固螺纹的方向应与砂轮的旋转方向相反，即当砂轮逆时针旋转时，用右旋螺纹，这样，砂轮在磨削力作用下将带动螺母越旋越紧。如图 4-10 所示为砂轮安装方法。

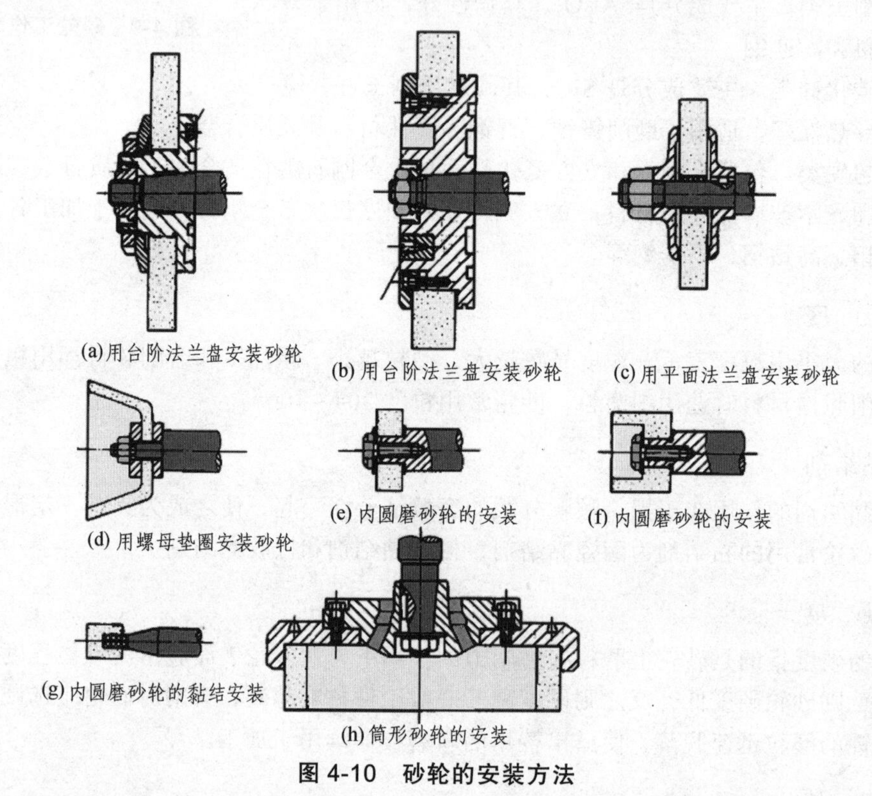

图 4-10 砂轮的安装方法

2. 砂轮的拆卸

在磨床上拆卸较大的带法兰盘的砂轮时，应先拆下紧固螺母，注意逆着砂轮旋转方向拧转螺母是旋紧；顺着砂轮旋转方向转动螺母是松开。再用专用的卸砂轮工具将砂轮连同法兰盘一起从主轴上卸下，然后再松开砂轮紧固螺母，从法兰盘上取下砂轮，如图 4-11 所示。

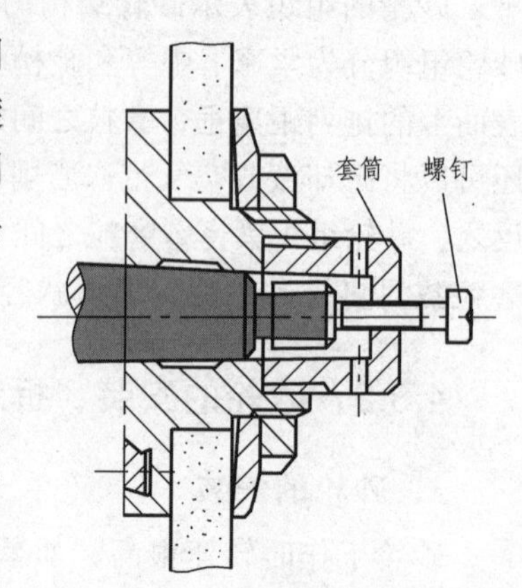

图 4-11 砂轮的拆卸

3. 砂轮的平衡

砂轮的重心与它的回转轴线不重合时，磨削中高速旋转会产生不平衡的离心力，使主轴产生振动而影响加工质量，严重时会造成砂轮断裂飞出。所以，对于直径大于 200 mm 的砂轮，在往磨床主轴上安装之前，必须认真地进行平衡调整，使砂轮的重心与它的回转轴线重合。调整砂轮的平衡，是通过砂轮法兰盘上环形槽内的平衡块移位来实现，如图 4-12 所示。

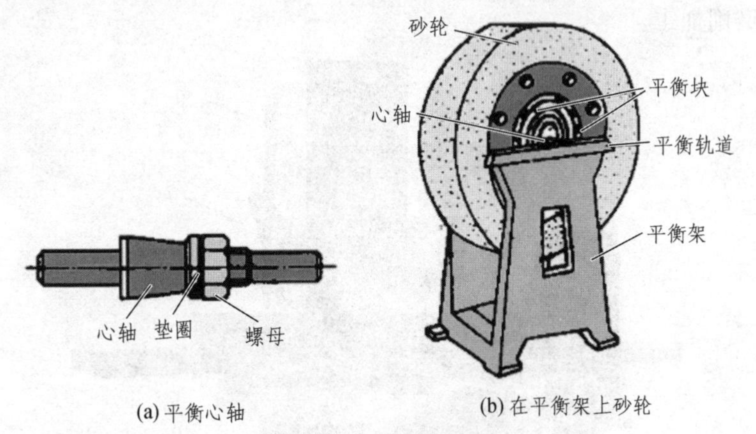

图 4-12　砂轮的平衡

砂轮平衡后，因其圆度较差，中心线与磨头轴心线的同轴度有误差，使用前在机床上必须重新修整砂轮的圆周和两侧面。经修整后的砂轮因各部分修去的重量不同，又产生了新的不平衡，因此必须再进行一次平衡调整才能使用。

4．砂轮的修整

砂轮使用一段时间后，因表面空隙被堵塞而影响切削能力，或因磨粒脱落不均匀而使砂轮形状发生变化，而影响磨削质量。在这种情况下，必须及时对砂轮进行修整，以恢复砂轮的正确形状与切削能力。

常用的砂轮修整工具是金刚石笔，金刚石笔是将大颗粒的金刚石镶焊在笔杆尖端制成的，修整时，金刚石笔应相对于砂轮向下倾斜 5° ~ 10°，这样可以避免笔尖扎入砂轮，同时也有利于保持笔尖的锋利，如图 4-13 所示。

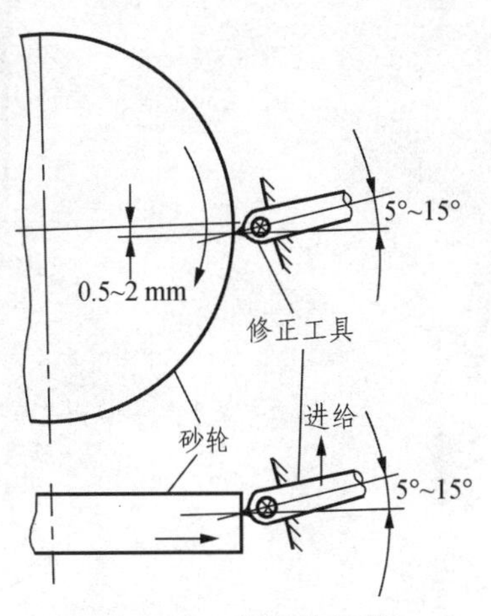

图 4-13　砂轮的修整

4.4　平面磨床

4.4.1　平面磨床结构

平面磨床常分为手动平面磨床和自动液压平面磨床，如图 4-14、4-15 所示。其主要区别是手动磨床由人工进行手动操作，而自动液压磨床主要使用液压进行驱动、人工辅助操作。

磨床的主要部件有以下几部分：

（1）床身。床身是磨床的基础支承件，在它的上面装有砂轮架、工作台等部件，床身使这些部件在工作时保持准确的相对位置。

（2）工作台。工作台用于安装工件进行加工，由于一般的工作台都是平面的，要对工件进行固定还要加装其他夹具，常用有的平口虎钳、磁吸盘等。工作台可以左右或前后进给，运送工件进行磨削加工。

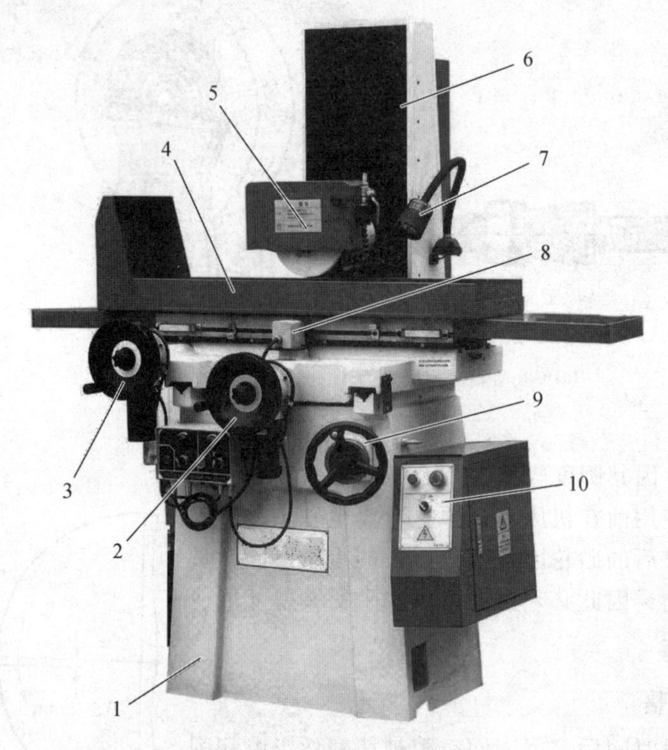

图 4-14　手动平面磨床

1—床身；2—纵向进给手柄；3—横向进给手柄；4—工作台；5—砂轮；6—立柱；7—照明灯；8—横向限位；9—升降手柄；10—电箱

图 4-15　自动液压平面磨床

1—床身；2—砂轮进给手柄；3—控制开关；4—照明；5—立柱；6—纵向进给手柄；7—电机；8—砂轮；9—工作台；10—横向限位；11—速度调整开关

（3）磨削装置。磨削装置常由电机、电机安装架、砂轮组成，通过电机的高速转动带动砂轮的高速旋转而进行磨削加工。

（4）进给机构。磨削一般进给有 3 个：横向进给、纵向进给、高度进给。3 个进给有手动驱动的（见图 4-14 中的 2、3、9），也有用采用液压驱动的（见图 4-15 中的 2、6），通过驱动 3 个方向的进给，对工件进行多方面多方向的加工。

4.4.2 平面磨削

1. 周边磨削

砂轮周边为磨削工作面，接触面小，发热小，排屑及冷却条件好，工件受热变形小，砂轮磨损均匀，加工精度高，生产效率低。

2. 端面磨削

砂轮端面为磨削工作面，接触面大，发热多，排屑及冷却条件差，工件受热变形大，砂轮磨损不均匀，加工精度差，生产效率高。

如图 4-16 所示是平面磨削工艺范围。

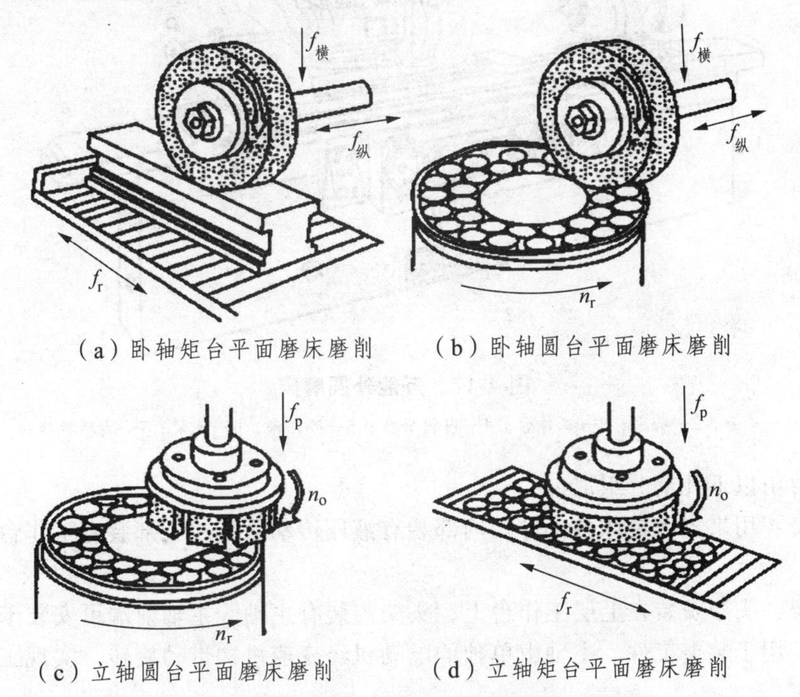

（a）卧轴矩台平面磨床磨削　（b）卧轴圆台平面磨床磨削

（c）立轴圆台平面磨床磨削　（d）立轴矩台平面磨床磨削

图 4-16 平面磨削工艺范围

4.4.3 平面磨床加工方法

表面质量要求较高的各种平面的半精加工和精加工，常采用平面磨削方法。平面磨削常用的机床是平面磨床，砂轮的工作表面可以是圆周表面，也可以是端面。

（1）装夹工件。磁性工件可以直接吸在电磁吸盘上，对于非磁性工件（如有色金属）或不能直接吸在电磁吸盘上的工件，可使用精密平口钳或其他夹具装夹后，再吸在电磁吸盘上。

（2）调整机床。根据工件材料的特性、加工要求等因素来选择合适的磨削用量，调整工作台直线运动速度和行程长度，调整砂轮架横向进给量。

（3）启动机床。启动工作台，摇进给手轮，让砂轮轻微接触工件表面，调整切削深度，磨削工件至规定尺寸。

（4）停车。测量工件，退磁，取下工件，检验。

4.5 万能外圆磨床

4.5.1 机床结构

万能外圆磨床用于加工圆柱形、圆锥形或其他形状素线展成的外表面和轴肩端面，如图4-17所示。

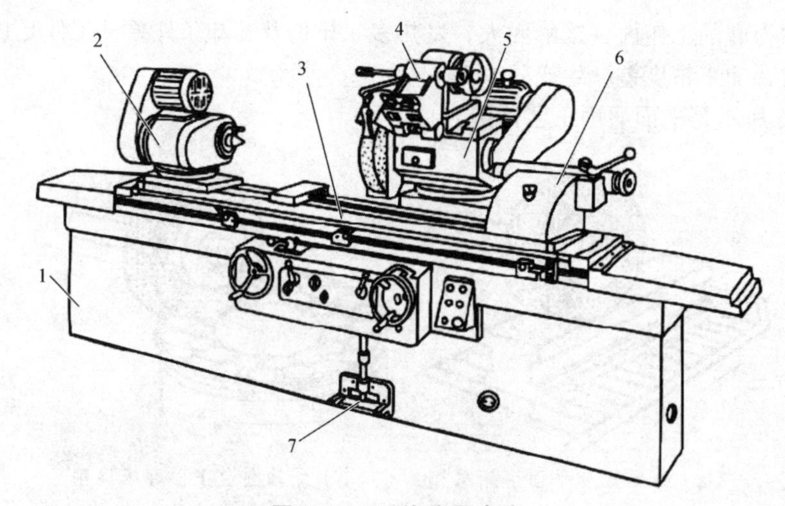

图 4-17 万能外圆磨床

1—床身；2—头架；3—工作台；4—内圆磨头；5—砂轮架；6—尾架；7—脚踏操纵板

机床主要由以下几部分组成：

（1）床身：用来支承机床各部件。内部装有液压传动系统，上部装有工作台和砂轮架等部件。

（2）头架：头架安装在上层工作台上，头架内装有主轴，主轴前端可安装卡盘、顶尖、拨盘等附件，用于装夹工件。主轴由单独的电动机经变速机构带动旋转，实现工件的圆周进给运动。

（3）工作台：工作台有两层，下层工作台可沿床身导轨作纵向直线往复运动，上层工作台可相对下层工作台在水平面偏转一定的角度（±8°），以便磨削小锥度的圆锥面。

（4）内圆磨头：安装在砂轮架上，其主轴前端可安装内圆砂轮，由单独电机带动旋转，用于磨削内圆表面。内圆磨头可绕其支架旋转，使用时放下，不使用时向上翻起。

（5）砂轮架：砂轮安装在砂轮架主轴上，由单独的电动机通过皮带传动带动砂轮高速旋转，实现切削主运动。砂轮架安装在床身的横向导轨上，可沿导轨作横向进给，还可水平旋转±30°，用来磨削较大锥度的圆锥面。

（6）尾架：安装在上层工作台，用于支承工件。

4.5.2 外圆磨床磨削方法

1. 磨削外圆

工件的外圆一般在普通外圆磨床或万能外圆磨床上磨削。外圆磨削一般有纵磨、横磨和深磨3种方式，如图4-18所示。

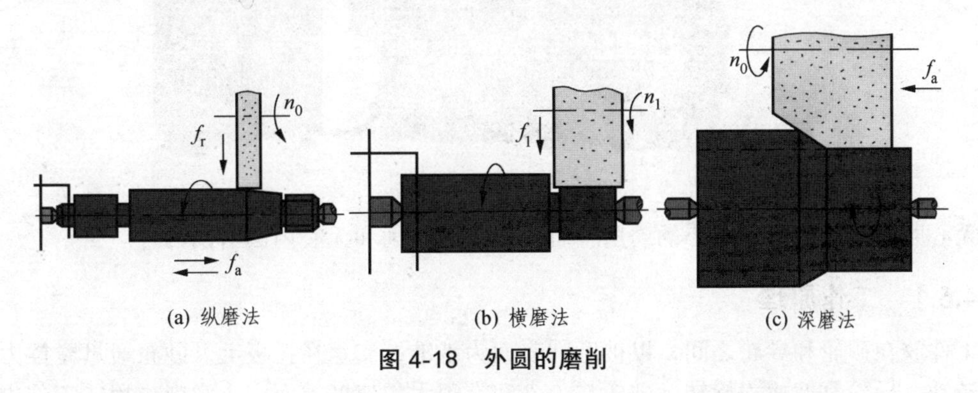

(a) 纵磨法　(b) 横磨法　(c) 深磨法

图4-18 外圆的磨削

2. 磨削端面

在万能外圆磨床上，可利用砂轮的端面来磨削工件的台阶面和端平面。磨削开始前，应该让砂轮端面缓慢地靠拢工件的待磨端面，磨削过程中，要求工件的轴向进给量f_a也应很小。这是因为砂轮端面的刚性很差，基本上不能承受较大的轴向力，所以，最好的办法是使用砂轮的外圆锥面来磨削工件的端面，此时，工作台应该扳动一较大角度。

3. 磨削内圆

利用外圆磨床的内圆磨具可磨削工件的内圆。磨削内圆时，工件大多数是以外圆或端面作为定位基准，装夹在卡盘上进行磨削，磨内圆锥面时，只需将内圆磨具偏转一个圆周角即可。

与外圆磨削不同，内圆磨削时，砂轮的直径受到工件孔径的限制，一般较小，故砂轮磨损较快，需经常修整和更换。

内圆磨削特点：

（1）砂轮直径小，容易磨钝，需经常修整和更换。

（2）为保证磨削速度，砂轮转速要求高。

（3）砂轮轴细小，悬伸长度大，刚性差，磨削时易弯曲和振动，加工精度和表面粗糙度难于控制。

4.6 无心磨床

无心磨床上加工工件，不用顶尖定心和支承，而由工件的被磨削外圆面本身作定位面，如图4-19所示，工件放在磨削砂轮和导轮之间，由拖板支承进行磨削。

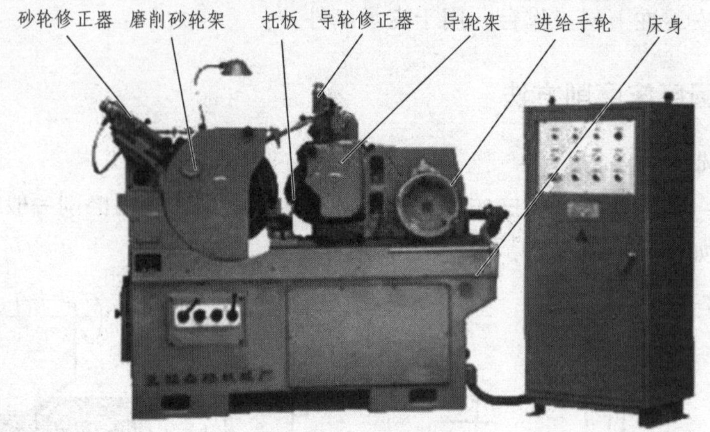

图 4-19 无心磨床

无心磨削是工件不定中心的磨削，有无心外圆磨削和无心内圆磨削两种。

4.6.1 工作原理

工件放在砂轮和导轮之间，以被磨削表面为基准，支承在托板上。砂轮通过摩擦力带动工件转动，导轮靠摩擦力旋转，砂轮与工件间有很大的速度差而产生磨削作用。工件中心须高出砂轮与导轮中心连线，这样工件与砂轮和导轮的接触点不对称，从而使工件上的凸点在多次转动中逐渐磨圆。

4.6.2 磨削方式

1. 无心外圆磨削

无心外圆磨削有两种方式：贯穿磨削法［纵磨法，图 4-20（b）］和切入磨削法［横磨法，图 4-20（c）］。

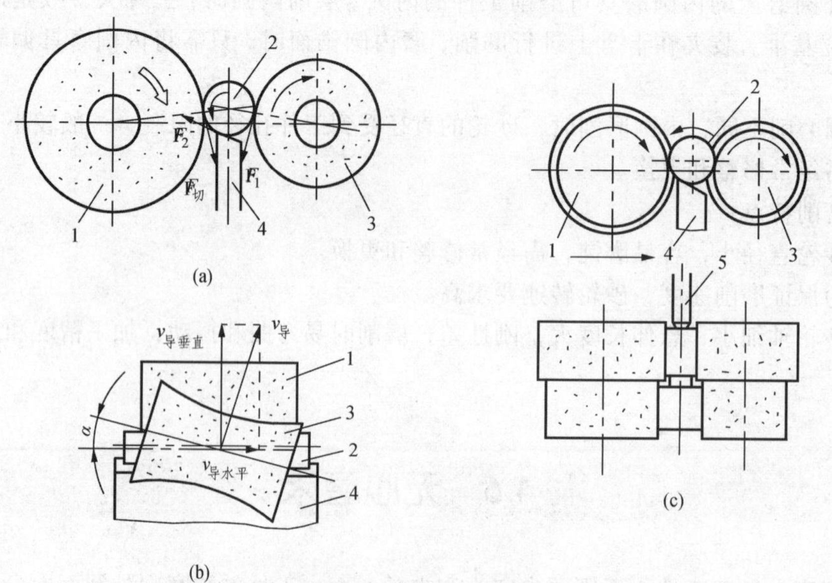

图 4-20 无心外圆磨削

1—砂轮；2—工件；3—导轮；4—托板；5—挡块

贯穿磨削：导轮轴线在垂直平面内倾斜一个角度，工件从前面推入两砂轮之间，在导轮与工件间的水平摩擦力的作用下，沿轴向移动，完成纵向进给。适用于不带凸台的圆柱形工件，磨削长可大于或小于磨轮宽度，效率高。

切入磨削：将工件放在托板和导轮之间，使磨削砂轮横向切入进给，来磨削工件表面。导轮中心线需偏转一个很小的角度（约30′）使工件在微小轴向摩擦力的作用下紧靠挡块，得到可靠的轴向定位。

2. 无心磨削

一般在无心磨床上进行，用以磨削工件外圆。磨削时，工件不用顶尖定心和支承，而是放在砂轮与导轮之间，由其下方的托板支承，并由导轮带动旋转。当导轮轴线与砂轮轴线调整成斜交1°～6°时，工件能边旋转边自动沿轴向作纵向进给运动，这称为贯穿磨削。贯穿磨削只能用于磨削外圆柱面。采用切入式无心磨削时，须把导轮轴线与砂轮轴线调整成互相平行，使工件支承在托板上不作轴向移动，砂轮相对导轮连续作横向进给。切入式无心磨削可加工成形面。无心磨削也可用于内圆磨削，加工时工件外圆支承在滚轮或支承块上定心，并用偏心电磁吸力环带动工件旋转，砂轮伸入孔内进行磨削，此时外圆作为定位基准，可保证内圆与外圆同心。无心内圆磨削常用在轴承环专用磨床上磨削轴承环内沟道。

4.6.3 无心磨削的特点

（1）工件不需打中心孔，支承刚性好，磨削余量小而均匀，生产率高，易实现自动化，适合成批生产。

（2）加工精度高，其中尺寸精度可达IT5～IT6，形状精度也比较好，表面粗糙度R_a1.25～0.16 μm。

（3）不能加工断续表面，如花键、单键槽表面。

（4）只能加工尺寸较小形状简单的零件。

思考与练习

1. 磨削加工的特点是什么？
2. 万能外圆磨床由哪几部分组成？各有何作用？
3. 磨削外圆时，工件和砂轮需做哪些运动？
4. 常见的磨削方式有哪几种？

第5章 钳 工

钳工是手持工具对金属进行切削加工的方法。钳工操作主要是在木制钳工台和虎钳上进行，如图 5-1 所示。

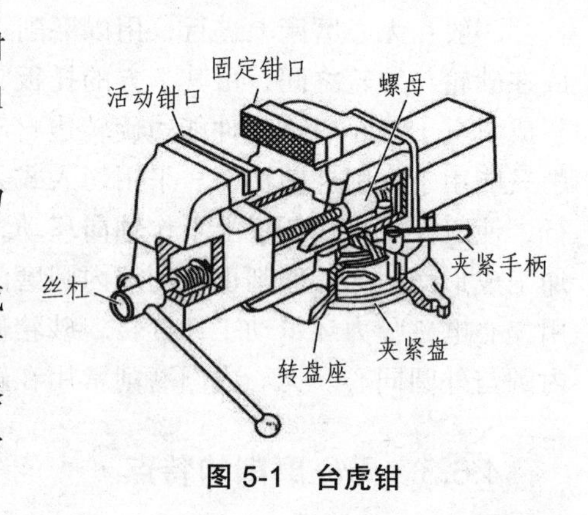

图 5-1 台虎钳

虎钳规格大小用钳口的宽度表示，常用的为 100 ~ 150 mm。使用时，用螺钉把它固定在钳工台上。

钳工操作比较灵活，可以完成机械加工中不便或不能加工的工作，比如划线、锯削、锉削、钻孔、扩孔、铰孔、攻螺纹、套螺纹、刮削、研磨、装配、修理等。所以，钳工在生产中起着重要的作用。钳工常用的设备有钳工台，台虎钳，钻床，砂轮机等。

5.1 划 线

划线是按图样的尺寸要求，在毛坯或半成品上划出待加工部位的轮廓线的一种操作。

5.1.1 划线工具及其使用

钳工所使用的划线工具包括：基准工具、支承工具、划线工具和量具 4 类。

1. 基准工具

基准工具即划线平板，常用铸铁制成，其上表面经过精加工后平整光洁，是划线的基准平面。

2. 支承工具

常用的支承工具有方箱、千斤顶、V 形架等。

划线方箱是铸铁制成的空心立方体，各相邻的两个面均互相垂直。方箱用于夹持、支承尺寸较小而加工面较多的工件，利用划针盘或高度游标尺则可划出各边的水平线或平行线 [见图 5-2（a）]；翻转方箱则可把工件上互相垂直的线划出来 [见图 5-2（b）]。

千斤顶的高度可以调节，便于找正，用于支承工件。V 形架用来支承圆柱形工件，使工件轴线与划线平板平行。

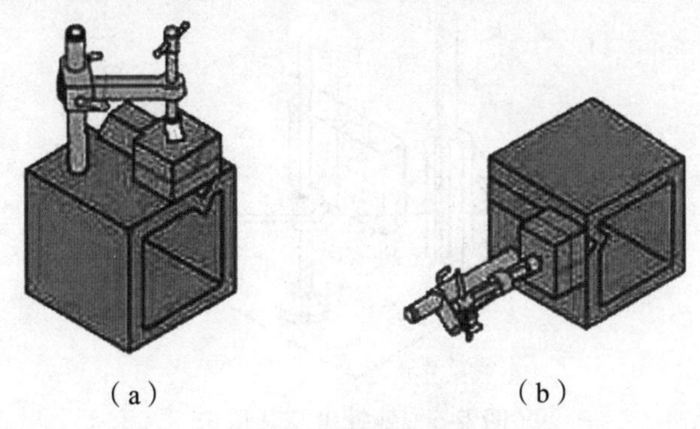

图 5-2 方箱上划线

3. 划线工具

划线工具主要有划针、划规、划针盘等。

划针是在工件表面划线用的工具，常用的划针用工具钢或弹簧钢制成（有的划针在其尖端部位焊有硬质合金），直径ϕ3 ~ 6 mm。划针的形状及用法如图 5-3 所示。

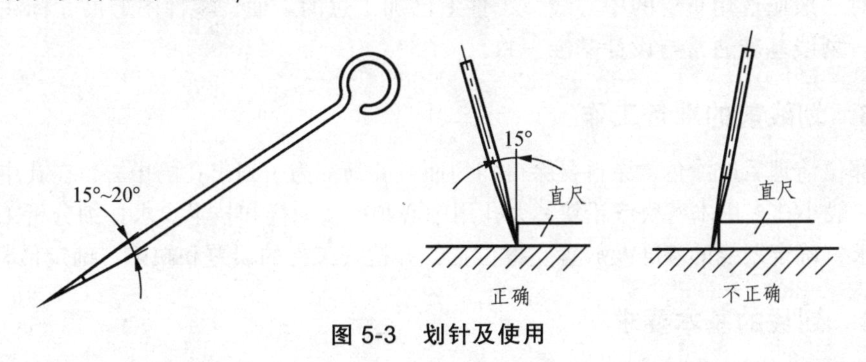

图 5-3 划针及使用

划规是划圆或弧线、等分线段及量取尺寸等用的工具。它的用法与制图的圆规相似。划卡或称单脚划规，主要用于确定轴和孔的中心位置，也可用来划平行线，如图 5-4 所示。

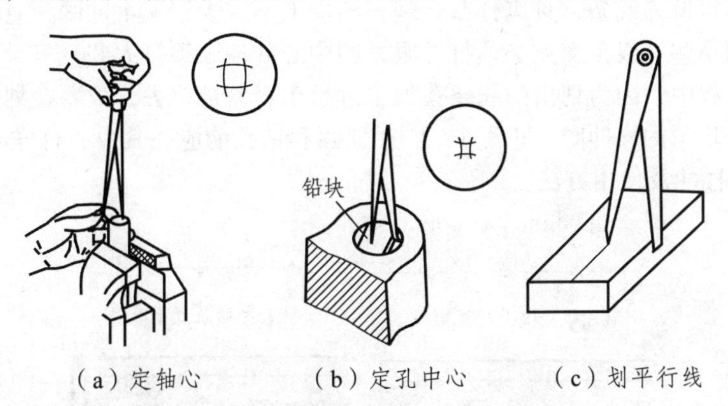

图 5-4 用划卡确定孔轴中心和划平行线

划针盘主要用于立体划线和校正工件的位置。它由底座、立杆、划针和锁紧装置等组成，如图 5-5 所示。调节划针高度，在平板上移动划针盘，即可在工件上划出与平板平行的线来。

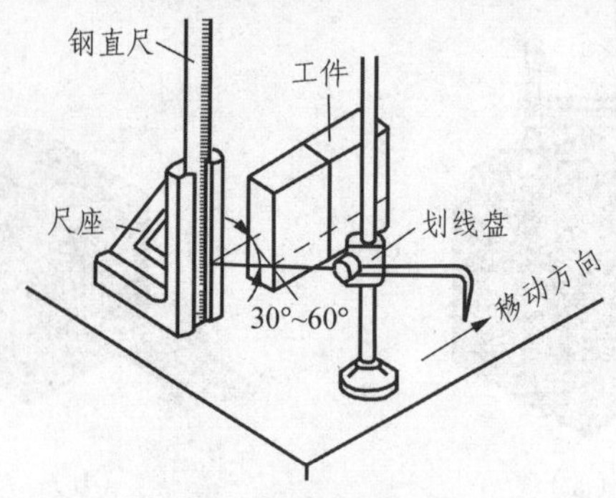

图 5-5　划针盘及其用法

4. 量　具

常用的测量工具有钢直尺、游标高度尺和 90°角尺等。

5.1.2　划线基准

划线时一般应选用重要的中心线、工件上已加工过的表面、零件图上尺寸标注基准线为划线基准。划线基准通常与设计基准一致。

5.1.3　划线前的准备工作

划线部位清理后应涂色，涂料要涂得均匀而且要薄。为了划出孔的中心，在孔中要装入中心塞块，一般小孔多用木塞块或铅块，大孔用中心顶。按图样和技术要求仔细分析工件特点和划线的要求，确定划线的基准及放置支撑位置，并检查工件的误差和缺陷，确定借料的方案。

5.1.4　划线的基本要求

（1）尺寸正确，允差 ± 0.3 mm。

（2）线条清晰，均匀。

（3）冲眼不得偏离线条，且应分布合理，圆周上不应少于 4 个冲眼，直线处间距可适当大些，曲线处则小些，线条交点必须打冲眼，圆中心处冲眼须打大些。

在划线的工程中，因为划出的线条在加工过程中容易被擦去，故要在划好的线段上用样冲打出小而分布均匀的样冲眼（见图 5-6）。在划圆和钻孔前应在其中心打样冲眼，以便定心。如图 5-7 所示为样冲及使用方法。

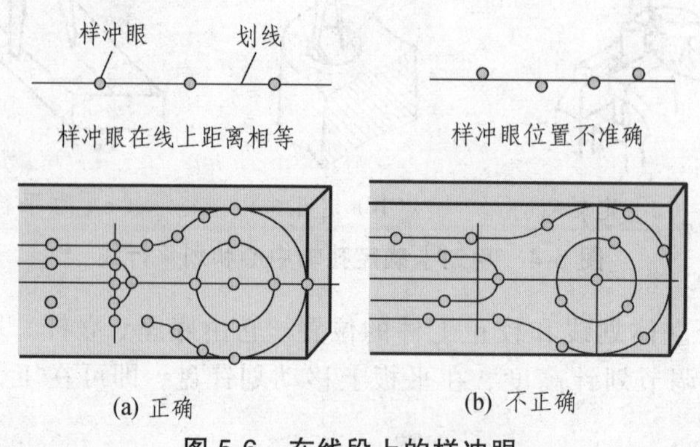

(a) 正确　　(b) 不正确

图 5-6　在线段上的样冲眼

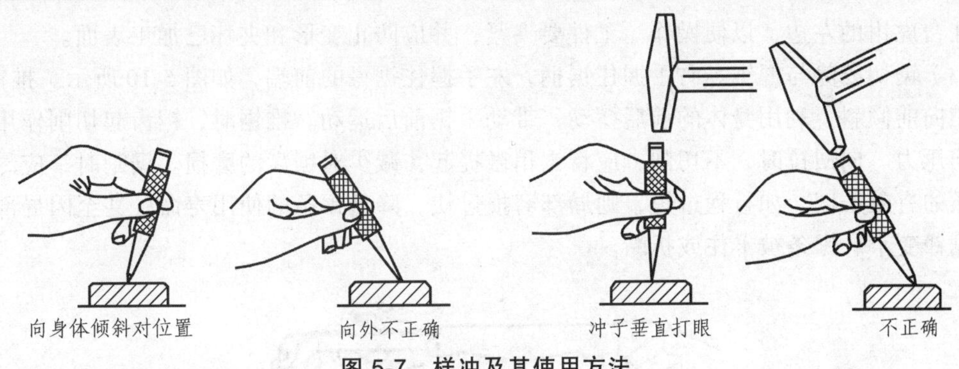

图 5-7 样冲及其使用方法

5.2 锯 切

锯切是用手锯对工件或材料进行分割的一种切削加工。锯切的工作范围包括：分割各种材料或半成品；锯掉工件上多余的部分；在工件上锯槽等。

5.2.1 锯切工具

手锯是锯切所用的工具。手锯由锯弓和锯条组成，锯弓用来夹持和拉紧锯条，如图 5-8 所示。锯弓可分为固定式和可调式两种，如图 5-8 所示为常用的可调式锯弓。

锯条一般由碳素工具钢经热处理后制成，并经淬火和低温退火处理。锯条按锯齿的齿距不同可分为粗、中、细齿 3 种。锯条规格用锯条两端安装孔之间的距离表示。常用的锯条约长 300 mm、宽 12 mm、厚 0.8 mm。锯条齿形如图 5-9 所示。

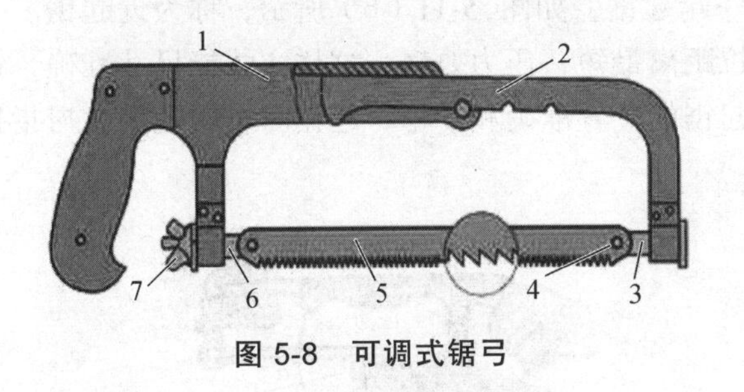

图 5-8 可调式锯弓

1—固定部分；2—可调部分；3—固定拉杆；4—削子；5—锯条；6—活动拉杆；7—蝶形螺母

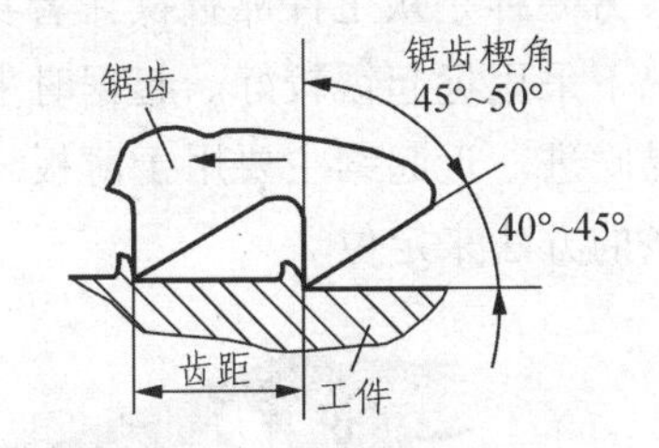

图 5-9 锯齿形状图

5.2.2 锯切操作与方法

（1）锯条安装。锯割前选用合适的锯条，使锯条齿尖朝前（见图 5-10），装入夹头的销钉上。锯条的松紧程度用蝶形螺母调整。调整时，不可过紧或过松。过紧，失去了应有的弹性，锯条容易崩断；太松，会使锯条扭曲，锯锋歪斜，锯条也容易折断。

（2）工件安装。工件伸出钳口不宜太长，防止锯切时产生振动。锯线应和钳口边缘平行，并夹在台虎钳的左边，以便操作。工件要夹紧，并应防止变形和夹坏已加工表面。

（3）锯切姿势与握锯。右手握住锯柄，左手握住锯弓的前端，如图 5-10 所示。推锯时，身体稍向前倾斜，利用身体的前后摆动，带动手锯前后运动。推锯时，锯齿起切削作用，给以适当压力。向回拉时，不切削，应将锯稍微提起，减少对锯齿的磨损。锯割时，应尽量利用锯条的有效长度。如行程过短，则局部磨损过快，降低锯条的使用寿命，甚至因局部磨损造成锯锋变窄，锯条被卡住或折断。

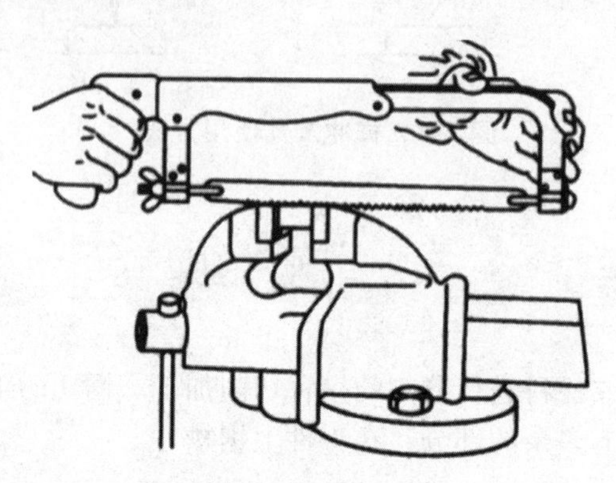

图 5-10 手锯的握法

锯切的姿势有两种，一种是直线往复运动，适用于锯薄形工件和直槽；另一种是摆动式，锯割时锯弓两端作类似锉外圆弧面时的锉刀摆动。前一种操作方式，两手动作自然，不易疲劳，切削效率较高。

（4）起锯方法。起锯时，锯条与工件表面倾斜角约为 15º，最少要有 3 个齿同时接触工件。起锯的方式有两种。一种是从工件远离自己的一端起锯，如图 5-11（a）所示，称为远起锯；另一种是从工件靠近操作者身体的一端起锯，如图 5-11（b）所示，称为近起锯。一般情况下采用远起锯较好。起锯时来回推拉距离最短，压力要轻，这样，才能尺寸准确，锯齿容易吃进。近起锯主要用于薄板。为使起锯的位置准确和平稳，起锯时可用左手大拇指挡住锯条的方法来定位。

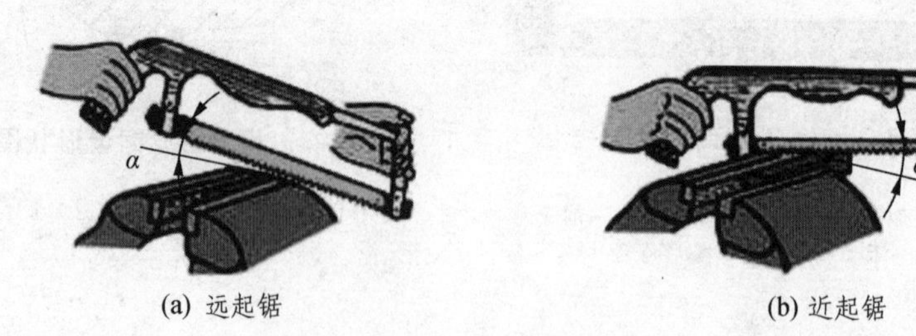

(a) 远起锯　　(b) 近起锯

图 5-11 起锯方法

（5）锯切速度和往复长度。对软材料和有色金属材料锯切速度为每分钟往复 50 ~ 60 次，对普通钢材锯切速度为每分钟往复 30 ~ 40 次。速度过快锯条容易磨钝，反而会降低切削效率；速度太慢，效率不高。

锯切时最好使锯条的全部长度都能进行锯割，一般锯弓的往复长度不应小于锯条长度的 2/3。

5.3　锉　削

锉削是钳工最基本的操作。用锉刀对工件表面进行加工，其精度最高可达 0.005 mm，表面粗糙度最小可达 R_a 值 0.4 μm 左右。锉削的应用范围很广，可以锉削平面、曲面、外表面、内孔、沟槽和各种形状复杂的表面。还可以配键、做样板、修整个别零件的几何形状等。

5.3.1　锉刀结构及其种类

锉刀是用碳素工具钢 T12 或 T13 经热处理后，再将工作部分淬火制成的。锉刀结构如图 5-12 所示。其规格以工作部分的长度表示，分 100 mm、150 mm、200 mm、250 mm、300 mm、350 mm、400 mm7 种。

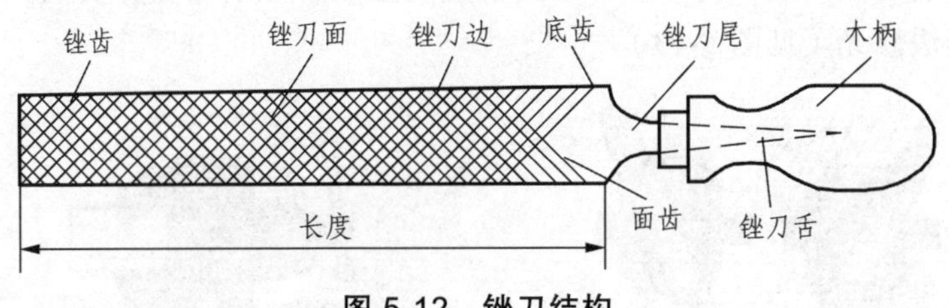

图 5-12　锉刀结构

锉刀的品种很多，主要按以下方式分类：

（1）按用途分有：普通钳工锉，用于一般的锉削加工；木锉，用于锉削木材、皮革等软质材料；整形锉（什锦锉），用于锉削小而精细的金属零件，由许多各种断面形状的锉刀组成一套；刃磨木工锯用锉刀；专用锉刀，如锉修特殊形状的平形和弓形的异形锉（特种锉），有直形和弯形两种。

（2）锉刀按剖面形状分有：扁锉（平锉）、方锉、半圆锉、圆锉、三角锉、菱形锉和刀形锉等。平锉用来锉平面、外圆面和凸弧面；方锉用来锉方孔、长方孔和窄平面；三角锉用来锉内角、三角孔和平面；半圆锉用来锉凹弧面和平面；圆锉用来锉圆孔、半径较小的凹弧面和椭圆面。

（3）锉刀按锉纹形式分有：单纹锉和双纹锉。单纹锉的刀齿对轴线倾斜成一个角度，适于加工软质的有色金属；双纹锉刀的主、副锉纹交叉排列，用于加工钢铁和有色金属，它能把宽的锉屑分成许多小段，使锉削比较轻快。

（4）锉刀按每 10 mm 长度内主锉纹条数分为Ⅰ～Ⅴ号，其中Ⅰ号为粗齿锉，Ⅱ号为中齿锉，Ⅲ号为细齿锉，Ⅳ号和Ⅴ号为油光锉，分别用于粗加工和精加工。金刚石锉刀没有锉纹，只是在锉刀表面电镀一层金刚石粉，用以锉削淬硬金属。

5.3.2　锉刀的选用

锉刀的断面形状应该要根据被锉削零件的形状来选择，使两者的形状相适应。锉削内圆弧面时，要选择半圆锉或圆锉（小直径的工件）；锉削内角表面时，要选择三角锉；锉削内直角表面时，可以选用扁锉或方锉等。选用扁锉锉削内直角表面时，要注意使锉刀没有齿的窄面（光边）靠近内直角的一个面，以免碰伤该直角表面。

锉刀齿的粗细要根据加工工件的余量大小、加工精度、材料性质来选择。粗齿锉刀适用于加工大余量、尺寸精度低、形位公差大、表面粗糙度数值大、材料软的工件；反之应选择细齿锉刀。使用时，要根据工件要求的加工余量、尺寸精度和表面粗糙度的大小来选择。

锉刀尺寸规格应根据被加工工件的尺寸和加工余量来选用。加工尺寸大、余量大时，要选用大尺寸规格的锉刀，反之要选用小尺寸规格的锉刀。

5.3.3 锉削操作

1. 锉平面的操作

锉削平面是锉削中最基本的操作。粗锉时可用交叉锉法（见图 5-13），这样不仅锉得快而且可以利用锉痕来判断加工部分是否锉到所需尺寸。平面基本锉平后，可以改用顺向锉法，让锉刀沿着工件表面横向或纵向移动，得到正直的锉痕，锉削面整齐美观。最后可用细锉刀或光锉刀以推锉法修光（见图 5-13）。

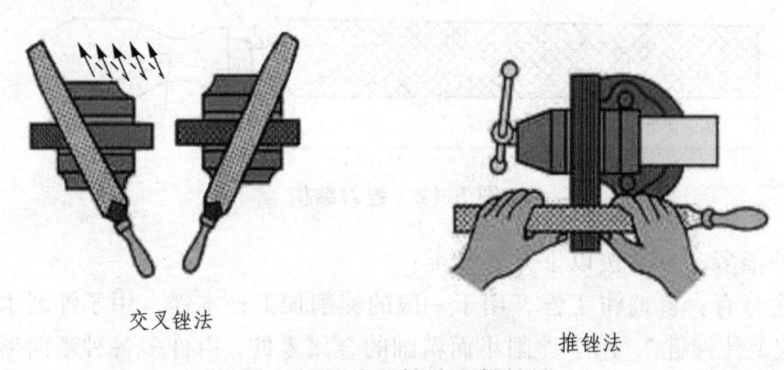

图 5-13 交叉挫法和推挫法

2. 外圆弧面锉削

常见的外圆弧面锉削方法有顺锉法和滚锉法（见图 5-14）。顺锉法切削效率高，适于粗加工；滚锉法锉出的圆弧面不会出现有棱角的现象，一般用于圆弧面的精加工阶段。

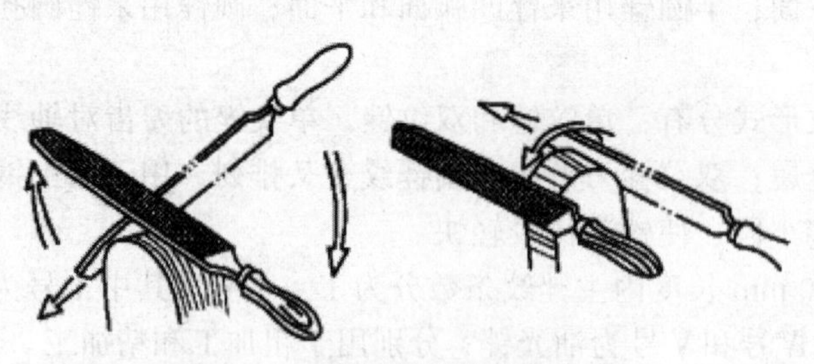

图 5-14 外圆弧面的锉削方法

5.4 钻孔、扩孔、锪孔和铰孔

5.4.1 钻 孔

钳工钻孔时，常用的设备有台式钻床、立式钻床、摇臂钻床和手电钻等。

用钻头在实体材料上加工孔叫钻孔。在钻床上钻孔时，一般情况下，钻头应同时完成两个运动：主运动，即钻头绕轴线的旋转运动（切削运动）；辅助运动，即钻头沿着轴线方向对着工件的直线运动（进给运动）。

5.4.2　钻床的种类

（1）台式钻床。简称台钻（见图 5-15），是一种小型机床，安放在钳工台上使用，多用于加工直径 12 mm 以下的小孔。钳工中用得最多。

（2）立式钻床。简称立钻（见图 5-16），一般用来钻中型工件，加工直径 30 mm 以下的孔，其规格用最大钻孔直径表示。常用的有 25 mm、35 mm、40 mm、50 mm 等几种。

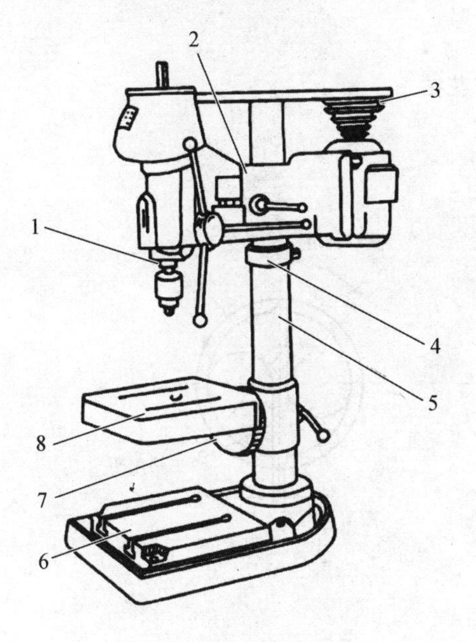

图 5-15　台式钻床

1—主轴；2—头架；3—塔形带轮；4—保险环；5—立柱；6—底座；7—转盘；8—工作台

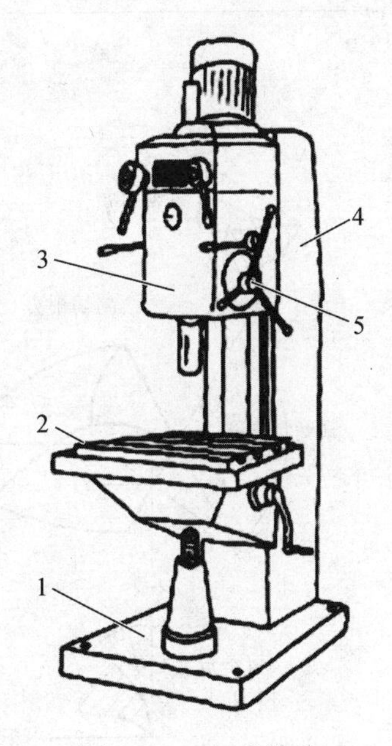

图 5-16　立式钻床

1—机座；2—工作台；3—进给箱；4—立柱；5—进给手柄

（3）摇臂钻床。摇臂钻床有一个能绕立柱旋转的摇臂。主轴箱可在摇臂上作横向移动，并可随摇臂沿立柱上下作调整运动，因此，操作时能很方便地调整到需钻削的孔的中心，而工件不需移动。摇臂钻床加工范围广，可用来钻削大型工件的各种螺钉孔、螺纹底孔和油孔等。

5.4.3　钻　头

麻花钻是钻孔的主要工具，用高速钢或碳素工具钢制造，其组成部分如图 5-17 所示。直径小于 12 mm 时，柄部一般做成圆柱形（直柄），钻头直径大于 12 mm 时，一般做成锥柄。

麻花钻有两条对称的螺旋槽，用来形成切削刃，且作输送切削液和排屑之用。前端的切削部分（见图 5-18）有两条对称的主切削刃，两刃之间的夹角 2φ 称为锋角。两个顶面的交线叫作横刃。导向部分上的两条刃带在切削时起导向作用，同时又能减小钻头与工件孔壁的摩擦。

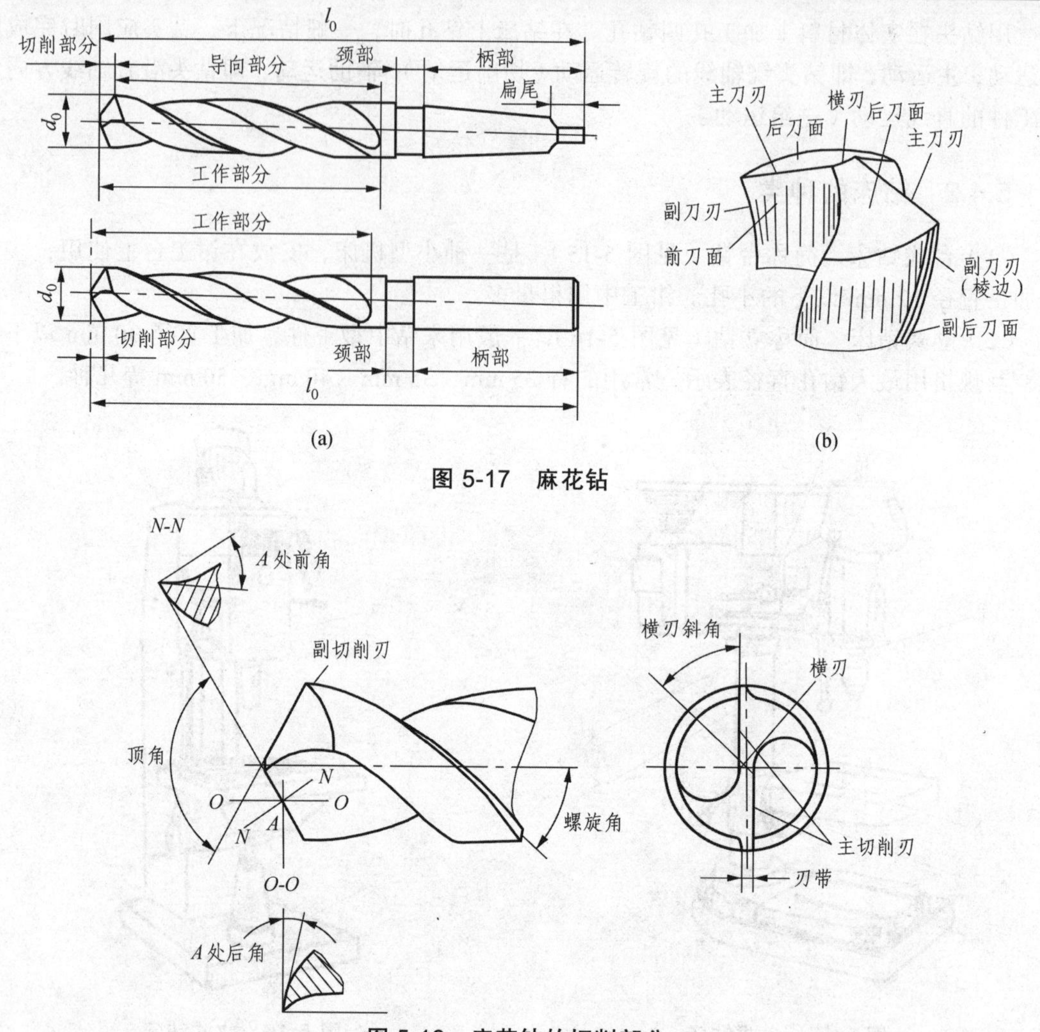

图 5-17 麻花钻

图 5-18 麻花钻的切削部分

5.4.4 钻孔操作

（1）钻头的装夹。钻头的装夹方法，按其柄部的形状不同而异。钻头的装夹要尽可能短，以提高其刚性和强度，从而更有利于其位置精度的保证。锥柄钻头可以直接装入钻床主轴孔内，较小的钻头可用过渡套筒安装（见图 5-19）；直柄钻头一般用钻夹头安装（见图 5-20）。

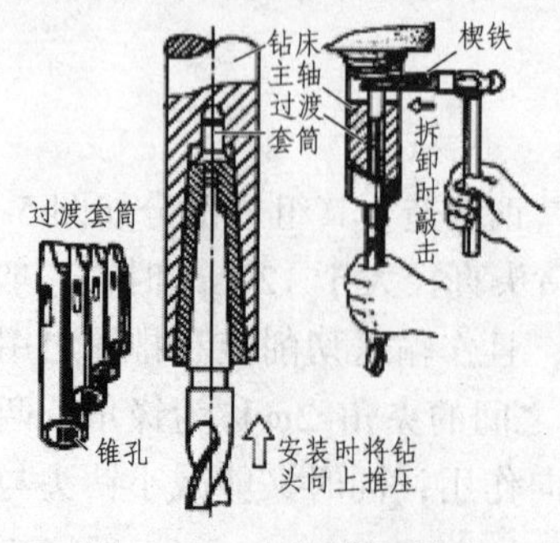

图 5-19 安装锥柄钻头

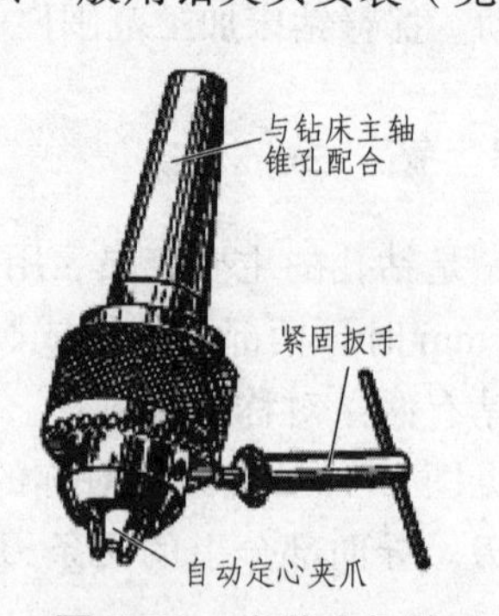

图 5-20 安装直柄钻头

钻夹头或过渡套筒的拆卸方法是将楔铁带圆弧的边向上插入钻床主轴侧边的锥形孔内，左手握住钻夹头，右手用锤子敲击楔铁卸下钻夹头。

（2）工件的夹持。由于在钻孔过程中，如只采用目测的方法很难保证其位置精度，必须采用游标卡尺等量具进行测量，为了方便测量，在工件安装时要使工件高出机用虎钳钳口一定尺寸。钻孔中的安全事故，大都是由于工件的夹持方法不对造成的。因此，应注意工件的夹持。小件和薄壁零件钻孔，要用手虎钳夹持工件。中等零件，可用平口钳夹紧。大型和其他不适合用虎钳夹紧的工件，可直接用压板螺钉固定在钻床工作台上。在圆轴或套筒上钻孔，须把工件压在V形铁上钻孔。在成批和大量生产中，钻孔时广泛应用钻模夹具（见图5-21）。

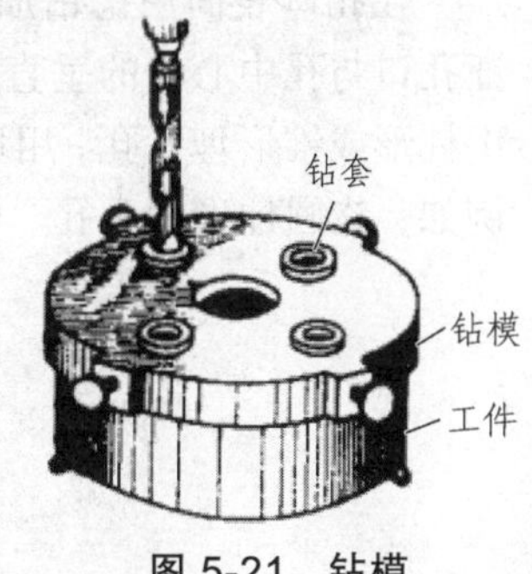

图5-21　钻模

（3）按划线钻孔。按划线钻孔时，应先对准样冲眼试钻一浅坑。由于开始钻孔时的位置精度基本上取决于样冲眼的位置，这样就把动态控制孔的位置精度在一定程度上转化为样冲眼位置的冲制精度上来。考虑到打样冲眼在控制孔的位置精度时所起的重要作用，所以如有偏位，可用样冲重新冲孔纠正，也可用錾子錾出几条槽来纠正（见图5-22）。钻孔时，进给速度要均匀，快钻通时，进给量要减小。钻韧性材料要加切削液。钻深孔（孔深 L 与直径 d 之比大于5）时，钻头必须经常退出排屑。

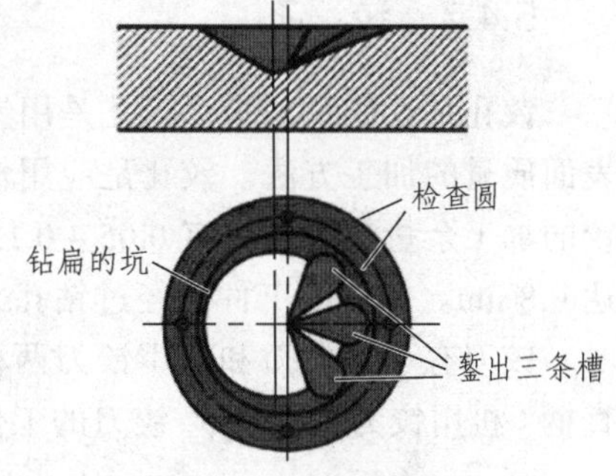

图5-22　钻偏时錾槽校正

5.4.5　扩　孔

用扩孔钻对铸出，锻出或钻出的孔进行扩大孔径的加工方法称为扩孔。扩孔所用的刀具是扩孔钻，如图5-23所示。扩孔应尽量选用短钻头，小的顶角、后角，低速切削。扩孔可作为终加工，也可作为铰孔前的预加工。扩孔尺寸公差等级可达IT10～IT9，表面粗糙度 R_a 值可达3.2 μm。扩孔比钻孔质量高，主要是扩孔钻与麻花钻的结构不同。

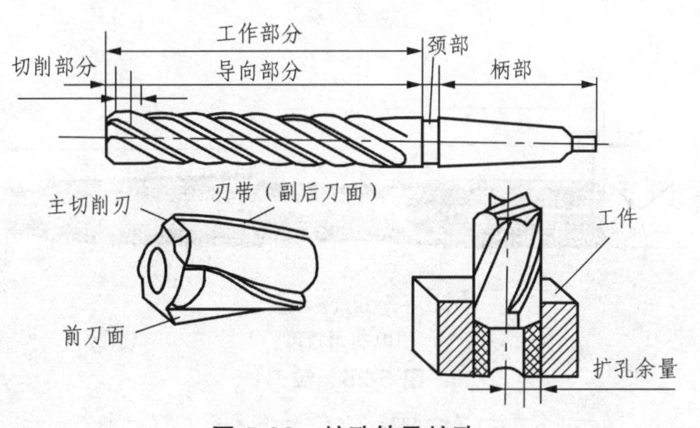

图5-23　扩孔钻及扩孔

5.4.6 锪 孔

在孔口表面用锪钻加工出一定形状的孔或凸台的平面，称为锪孔。锪孔的目的是为了保证孔口与孔中心线的垂直度，以便与孔连接的零件位置正确，连接可靠。在工件的连接孔端锪出柱形或锥形埋头孔，用埋头螺钉埋入孔内把有关零件连接起来，使外观整齐，装配位置紧凑。例如，锪圆柱形埋头孔、锪圆锥形埋头孔、锪用于安放垫圈用的凸台平面等，如图 5-24 所示。

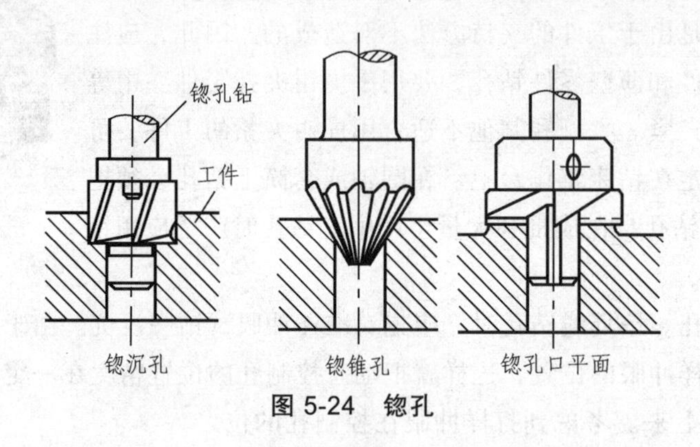

图 5-24 锪孔

5.4.7 铰 孔

铰孔是孔的精加工。铰孔是用铰刀从工件壁上切除微量金属层，以提高孔的尺寸精度和表面质量的加工方法。铰孔是应用较普遍的孔的精加工方法之一。铰孔可分粗铰和精铰。精铰的加工余量较小，只有 0.05 ~ 0.15 mm，尺寸公差等级可达 IT8 ~ IT7，表面粗糙度 R_a 值可达 0.8 μm。铰孔前工件应经过钻孔、扩孔（或镗孔）等加工。

铰刀有手用铰刀和机用铰刀两种（见图 5-25）。手用铰刀的顶角较机用铰刀小，其柄为直柄（机用铰刀为锥柄）。铰刀的工作部分由切削部分和修光部分所组成。铰刀是多刃切削刀

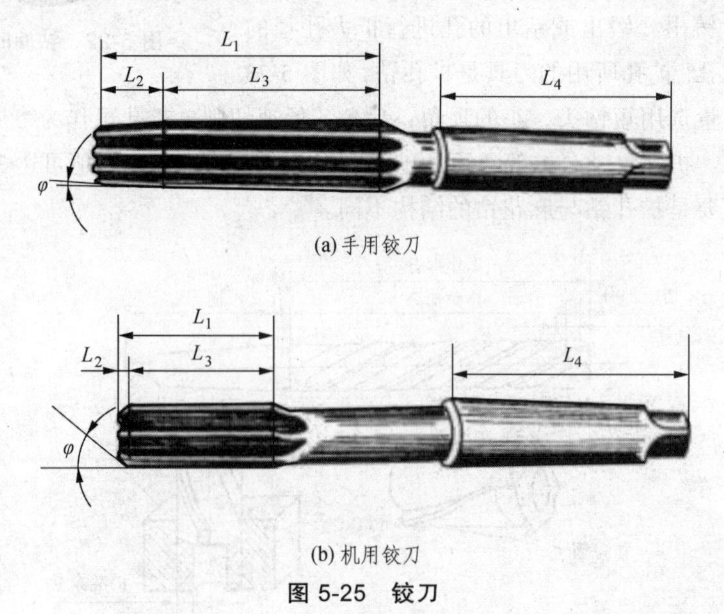

(a) 手用铰刀

(b) 机用铰刀

图 5-25 铰刀

L_1—工作部分；L_2—切削部分；L_3—修光部分；L_4—柄部

具，有 6 ~ 12 个切削刃和较小顶角。铰孔时导向性好。铰刀刀齿的齿槽很宽，铰刀的横截面大，因此刚性好。铰孔时因为余量很小，每个切削刃上的负荷显著小于扩孔钻，且切削刃的前角 $\gamma_0 = 0°$，所以铰削过程实际上是修刮过程。特别是手工铰孔时，切削速度很低，不会受到切削热和振动的影响，因此孔加工的质量较高。

机用铰刀多为锥柄，装在车床或钻床上进行铰孔。铰孔时常用适当的冷却液来降低刀具和工件的温度，防止产生切屑瘤，并减少切屑细末黏附在铰刀和孔壁上，从而提高孔的质量。

手铰时，两手用力均匀，按顺时针方向转动铰刀并略为用力向下压，铰孔时铰刀不能倒转，否则会卡在孔壁和切削刃之间，而使孔壁划伤或切削刃崩裂。铰孔过程中，如果转不动，不要硬扳，应小心地抽出铰刀，检查铰刀是否被切屑卡住或遇到硬点，否则会折断铰刀或使刀刃崩裂。孔铰完后，要顺时针方向旋转退出铰刀。

5.5 攻螺纹与套螺纹

5.5.1 攻螺纹

攻螺纹是用丝锥加工内螺纹的操作。攻螺纹只能加工三角形螺纹，属连接螺纹，用于两件或多件结构件的连接。

1. 攻螺纹工具

丝锥是专门用来加工内螺纹的刀具，丝锥的结构如图 5-26 所示。它由工作部分和柄部两部分构成，工作部分是一段开槽的外螺纹，柄部装入铰杠传递扭矩，便于攻螺纹。丝锥的工作部分包括切削部分和校准部分。

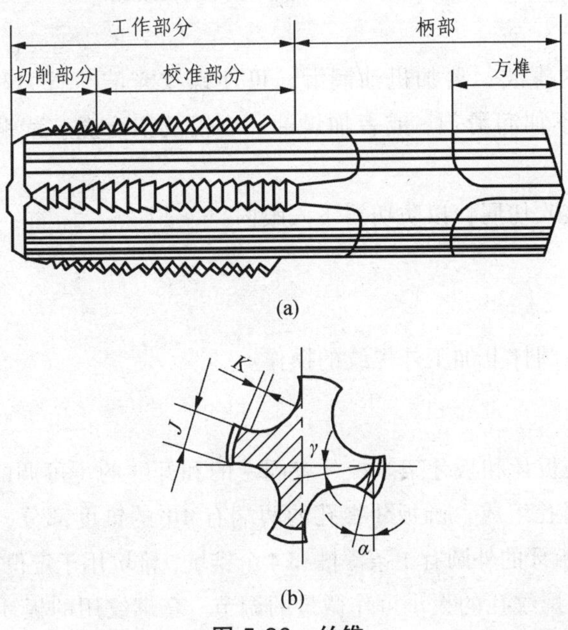

图 5-26 丝锥

手用丝锥一般由两支组成一套，分为头锥和二锥。它们的主要区别在于切削部分锥度不同。头锥较长，锥角较小，约有6个不完整的齿，以便切入。二锥短些，锥角大些，不完整的齿约为2个。对于M6以下的和M24以上的丝锥，一般每组有3个。主要是小直径丝锥强度小，容易断；大直径丝锥切削余量大，需要分多次切削。

铰杠是扳转丝锥的工具，如图5-27所示。常用的是可调节式，以便夹持各种不同尺寸的丝锥。

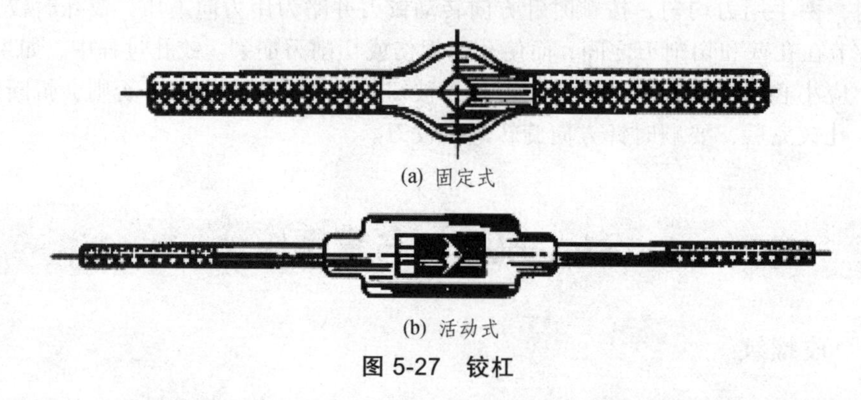

(a) 固定式

(b) 活动式

图5-27 铰杠

2. 攻螺纹的操作要点及注意事项

（1）根据工件上螺纹孔的规格，正确选择丝锥，先头锥后二锥，不可颠倒使用。

（2）工件装夹时，要使孔中心垂直于钳口，防止螺纹攻歪。

（3）用头锥攻螺纹时，先旋入1~2圈后，要检查丝锥是否与孔端面垂直（可目测或直角尺在互相垂直的两个方向检查）。当切削部分已切入工件后，每转1~2圈应反转1/4圈，以便切屑断落；同时不能再施加压力（即只转动不加压），以免丝锥崩牙或攻出的螺纹齿较薄。

（4）攻钢件上的内螺纹，要加机油润滑，可使螺纹光洁、省力和延长丝锥使用寿命；攻铸铁上的内螺纹可不加润滑剂，或者加煤油；攻铝及铝合金、紫铜上的内螺纹，可加乳化液。

（5）不要用嘴直接吹切屑，以防切屑飞入眼内。

5.5.2 套螺纹

套螺纹是用板牙在圆杆上加工外螺纹的操作。

1. 套螺纹工具

套螺纹用的工具是板牙和板牙架。板牙有固定的和开缝的（可调的）两种。板牙由切削部分、定位部分和排屑孔组成。圆板牙螺孔的两端有40°的锥度部分，是板牙的切削部分。定位部分起修光作用。板牙的外圆有1条深槽和4个锥坑，锥坑用于定位和紧固板牙。如图5-28所示为开缝式板牙，其螺纹孔的大小可作微量的调节。套螺纹用的板牙架如图5-29所示。板牙架是用来夹持板牙、传递扭矩的工具。不同外径的板牙应选用不同的板牙架。

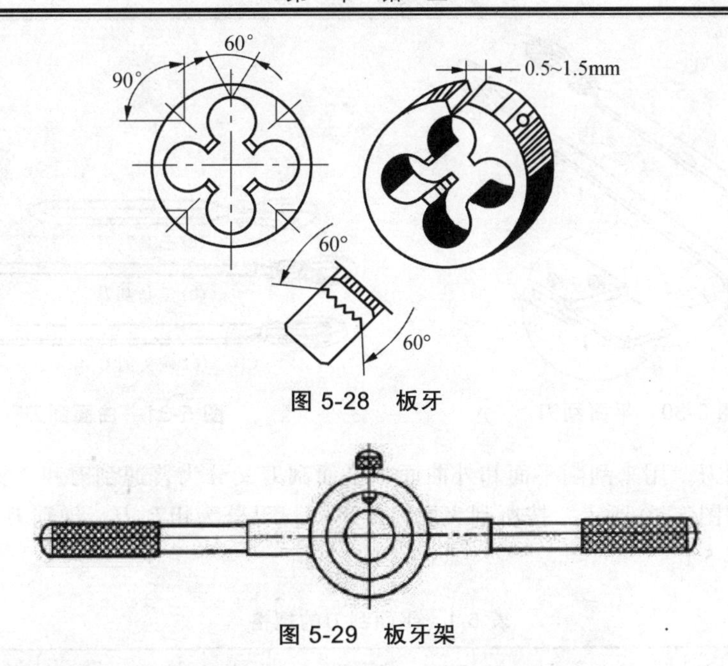

图 5-28 板牙

图 5-29 板牙架

2．套螺纹的操作要点和注意事项

（1）每次套螺纹前应将板牙排屑槽内及螺纹内的切屑清除干净。

（2）套螺纹前要检查圆杆直径大小和端部倒角。

（3）套螺纹时切削扭矩很大，易损坏圆杆的已加工面，所以应使用硬木制的 V 形槽衬垫或用厚铜板作保护片来夹持工件。工件伸出钳口的长度，在不影响螺纹要求长度的前提下，应尽量短。

（4）套螺纹时，板牙端面应与圆杆垂直，操作时用力要均匀。开始转动板牙时，要稍加压力，套入 3 ~ 4 牙后，可只转动而不加压，并经常反转，以便断屑。

（5）在钢制圆杆上套螺纹时要加机油润滑。

5.6 刮 削

刮削是用刮刀在工件表面上刮去一层很薄的金属的操作。刮削后的工件表面具有良好的平面度，表面粗糙度 R_a 值达 1.6 μm 以下，是钳工操作中的一种精密加工。

刮削操作常用在零件上滑动配合表面的加工。如机床导轨、滑动轴承、轴瓦、配合球面等，为了达到良好的配合精度，增加工件表面相互接触面积，提高使用寿命，常需要经过刮削加工。但刮削生产率低，劳动强度大，一般在机器装配、设备维修中应用较为广泛。在成批生产中可用机械磨削等加工方法代替。

5.6.1 刮削工具及刮削方法

1．刮刀的种类

刮刀是刮削的工具，常用的有平面刮刀和曲面刮刀，如图 5-30、5-31 所示。

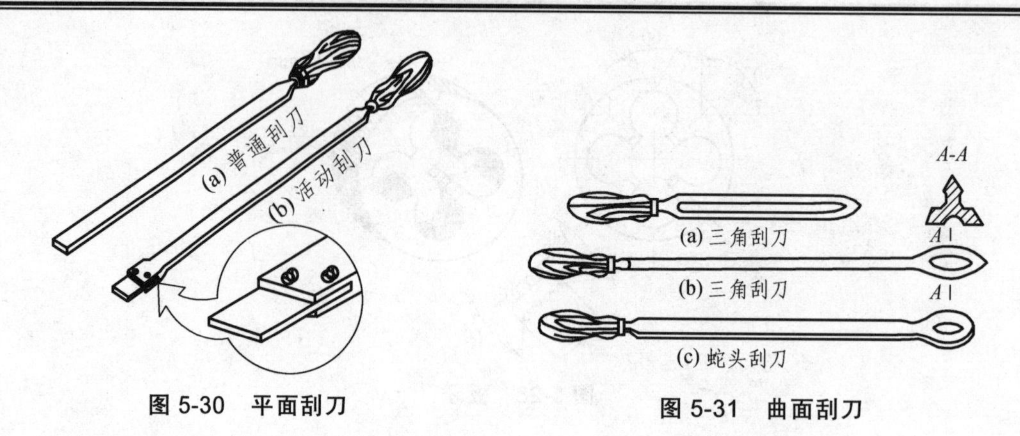

图 5-30 平面刮刀

图 5-31 曲面刮刀

（1）平面刮刀，用来刮削平面和外曲面。平面刮刀又分为普通刮刀和活头刮刀两种。

普通刮刀如图 5-30 所示，按所刮表面精度不同，可分为粗刮刀、细刮刀和精刮刀 3 种。刮刀的尺寸见表 5.1。

表 5.1 平面刮刀的规格 单位：mm

刮刀种类	全长 L	宽度 B	厚度 e	活动长度 l
粗刮刀	450 ~ 600	25 ~ 30	3 ~ 4	100
细刮刀	400 ~ 500	15 ~ 20	2 ~ 3	80
精刮刀	400 ~ 500	10 ~ 12	1.5 ~ 2	70

（2）曲面刮刀，用来刮削内曲面，如滑动轴承等。曲面刮刀主要有三角刮刀和蛇头刮刀 2 种。

三角刮刀可由三角锉刀改制或用工具钢锻制。一般三角刮刀有 3 个弧形刀刃和 3 条长的凹槽，如图 5-31（a）、（b）所示。

蛇头刮刀由工具钢锻制（平面刮刀改制）成型。它利用两圆弧面刮削内曲面，其特点是有 4 个刃口。为了使平面易于磨平，在刮刀头部两个平面上各磨出一条凹槽，如图 5-31（c）所示。

2．校准工具

校准工具是用来推磨研点和检查被刮表面准确性的工具，也叫研具。常用的有标准平板、平尺、角度平尺以及根据被刮面形状而设计制造的专用校准型板等。

（1）标准平板，如图 5-32 所示。

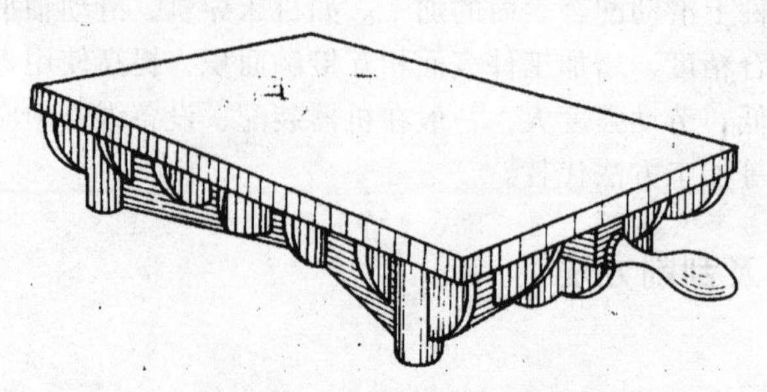

图 5-32 标准平板的结构形状

（2）平尺，如图 5-33 所示。

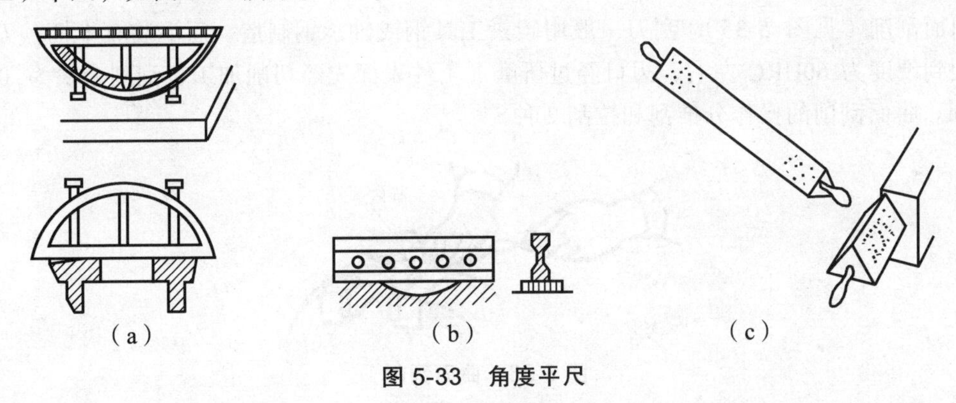

图 5-33　角度平尺

3. 显示剂

为了显示工件表面的误差情况，工件与校准工具对研时，在其表面上所涂的有颜色的涂料，称为显示剂。

1）显示剂的种类

红丹粉：分为铅丹和铁丹两种。铅丹是氧化铅，呈橘红色；铁丹是氧化铁，呈红褐色。

蓝油：用普鲁士蓝粉和蓖麻油及适量机油调和而成，呈深蓝色，研点小而清楚，多用于精密工件和有色金属及其合金的工件。

2）显示剂的用法

显示剂可以涂在工件表面上，也可以涂在校准工具的表面上。前者在工件表面上显示的结果是红底黑点，没有反光，容易看清，适用于精刮。后者只在工件表面的高处着色，研点暗淡，不易看清。但切屑不易黏附在刮刀的刀刃上，刮削方便，适用于粗刮。

4. 刮削方法

1）平面刮削

平面刮削（见图 5-34）的方法有手刮法和挺刮法两种。

（1）手刮法。右手握刀柄，左手 4 指向下握住近刮刀头部约 50 mm 处，刮刀与被刮削表面成 25°～30°角度。同时，左脚前跨一步，上身随着往前倾斜，使刮刀向前推进，左手下压，落刀要轻，当推进到所需要位置时，左手迅速提起，完成一个手刮动作。

（2）挺刮法。将刮刀柄放在小腹右下侧，双手并拢握在刮刀前部距刀刃约 80 mm 处，左手下压，利用腿部和臀部力量，使刮刀向前推进，在推动到位瞬间，同时用双手将刮刀提起，完成一次刮点。

图 5-34　平面刮削

2）曲面刮削

曲面刮削（见图 5-35），刮刀一般用碳素工具钢或轴承钢制造，后端装有木柄，刀刃部分淬硬到硬度为 60HRC 左右，刃口经过研磨。工件表面先经切削加工，刮削余量为 0.05 ~ 0.4 mm。曲面刮削的操作分推刮和拉刮 2 种。

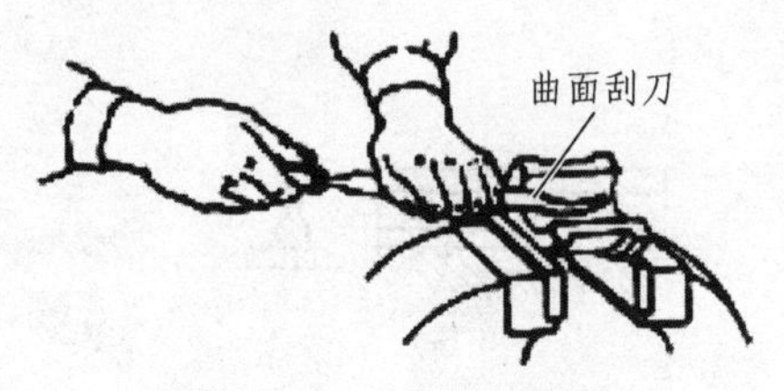

图 5-35 曲面刮削

推刮主要依靠臂力和胯部的推压作用，切削力较大，适于大面积的粗刮和半精刮。拉刮仅依靠臂力加压和后拉，切削力较小，但刮削长度容易控制，适于精刮和刮花。

曲面刮削时用腕力控制曲面刮刀，使侧刀刃顺着工件曲面刮削。

每次刮削前，为了辨明工件误差的位置和程度，需要在精密的平板、平尺、专用检具或与工件相配的偶件表面涂一层很薄的显示剂（也可涂在工件上），然后与工件合在一起对研，对研后，工件表面的某些凸点便会清晰地显示出来，这个过程称为显点。常用的显示剂是红丹油或蓝油。显点后将显示出的凸起部分刮去。经过反复地显点和刮削，可使工件表面的显示点数逐步增多并均匀分布，这表示表面的形状误差在逐步减小。因此，刮削通常也称刮研。

刮削表面的质量通常用 25 mm × 25 mm 面积内均布的显示点数来衡量。一般连接面要求有 5 ~ 8 点；一般导轨面要求有 8 ~ 16 点；平板、平尺等检具的表面和滑动配合的精密导轨面要求有 16 ~ 25 点；某些高精度测量工具的表面要求有 25 ~ 30 点。在刮削后的外露表面上，有时再刮一层整齐的鱼鳞状花纹或斜花纹以改善外观。在精刨、精铣或磨削后的精密滑动面上刮一层月牙花纹或链状花纹，可改善工作时的润滑条件，提高耐磨性。

5.6.2 手刮法实习

手刮法的姿势如图 5-36 所示，右手如握锉刀姿势，左手四指向下握住近刮刀头部约 50 mm 处，刮刀与被刮削表面成 20° ~ 30°。同时，左脚前跨一步，上身随着往前倾斜，这样可以增加左手压力，容易看清刮刀前面点的情况。刮削时右手随着上身前倾，使刮刀向前推进，左手下压，落刀要轻，当推进到所需位置时，左手迅速提起，完成一个手刮动作，练习时以直刮为主。

图 5-36 手刮法

手刮法动作灵活，适应性强，适用于各种工作位置，对刮刀长度要求不太严格，姿势可合理掌握，但手刮较易疲劳，故不适用于加工余量较大的场合。

1. 显示剂的应用

粗刮时可调得稀些，涂层可略厚些，以增加显点面积；精刮时应调得稠些，涂层薄而均匀，从而保证显点小而清晰。刮削临近符合要求时，显示剂涂层要更薄，把工件在刮削后剩余显示剂涂抹均匀即可。显示剂在使用过程中应注意清洁，避免砂粒、铁屑和其他污物划伤工件表面。

2. 显示研点法

用标准平板作涂色显点时，平板应放置稳定。工件表面涂色后放在平板上，均匀地施加压力，并作直线或回转运动。粗刮研点时移动距离可略长些，精刮研点时移动距离小于 30 mm，以保证准确显点。当工件长度与平板长度相差不多时，研点时其错开距离不能超过工件本身长度的 1/4。

1）刮削表面的要求

刮削表面应无明显丝纹、振痕及落刀痕迹。刮削刀迹交叉，粗刮时刀迹宽度应为刮刀宽度的 2/3 ~ 3/4，长度为 15 ~ 30 mm，接触点为每 25 mm × 25 mm 面积上均匀达到 4 ~ 6 点。细刮时刀迹宽度约为 5 mm，长度约 6 mm，接触点为每 25 mm × 25 mm 面积上达到 8 ~ 12 点。精刮时刀迹宽度和长度均小于 5 mm，接触点为每 25 mm × 25 mm 面积上 20 点以上。

2）刮削点数的计数方法

对刮削面积较小时，用单位面积（即 25 mm × 25 mm 面积）上有多少接触点来计数，计数时各点连成一体者，则作一点计，并取各单位面积中最少点计数。当刮削面积较大时，应采取平均计数，即在计算面积（规定为 100 cm^2）内作平均计算。

3. 刮削面缺陷的分析（见表 5.2）

表 5.2　刮削面的缺陷形式及其产生原因

缺陷形式	特　征	产生原因
深凹痕	刀迹太深，局部显点稀少	1. 粗刮时用力不均匀，局部落刀太重 2. 多次刀痕重叠 3. 刀刃圆弧过小
梗痕	刀迹单面产生刻痕	刮削时用力不均匀，使刃口单面切削
撕痕	刮削面上呈粗糙刮痕	1. 刀刃不光洁、不锋利 2. 刀刃有缺口或裂纹
落刀或起刀痕	在刃迹的起始或终了处产生深的刃痕	落刀时，左手压力和速度较大及起刀不及时
振痕	刮削面呈现规则的波纹	多次同向切削，刀迹没有交叉
划道	刮削面上划有深浅不一的直线	显示剂不清洁，或研点时混有砂粒和铁屑等杂物
切削面精度不高	显点变化情况无规律	1. 研点时压力不均匀，工件外露太多而出现假点子 2. 研具不正确 3. 研点时放置不平稳

5.7 装 配

把合格的零件按照规定的技术要求连接成为部件或机器的操作过程称为装配。装配是整个制造过程的最后工作环节，直接影响到产品的质量好坏，因此，装配在机械制造过程中占据关键的地位。

5.7.1 装配的组合形式

装配过程一般可分为组件装配、部件装配和总装配。

（1）组件装配。将若干个零件安装在基础件上构成组件的工艺过程。

（2）部件装配。将若干个零件或组件安装在另一个基础件上构成部件的工艺过程。

（3）总装配。将若干个零件、组件及部件安装在一个基础件上构成整个产品的工艺过程。

5.7.2 常见零件的装配

1. 装配工艺

（1）装配的方法有完全互换法、选配法、修配法和调整法 4 种。

① 完全互换法。装配时，在同类零件中任取一件，无需加工和修配，即可装配成符合规定技术要求的产品，装配精度由零件的加工精度保证。完全互换法操作简单，生产效率高，但对零件的加工质量要求较高，适用于大批大量生产，如自行车的装配等。

② 选配法（不完全互换法）。装配时，将零件的制造公差适当放大，并按照公差范围将零件分成若干组，再将对应的各组进行装配，以达到规定的配合要求。选配法降低了零件的制造成本，但增加了分组时间，适用于装配精度高、配合件组数少的成批生产，如车床尾座与套筒的装配。

③ 修配法。装配时，根据实际情况修去某配合件上的预留量，消除积累误差，以达到规定的配合要求。修配法对零件加工精度要求不高，能降低制造成本，但装配的难度增加，适用于单件小批量生产，如当车床两顶尖不等高时，可以通过修刮尾座底板达到装配要求。

④ 调整法。装配时，通过调整一个或几个零件的位置，消除相关零件的积累误差，以达到规定的配合要求，适用于单件小批量生产或由于磨损引起配合间隙变化的结构，如可以采用锲铁调整机床导轨间隙。

（2）零件装配的配合种类有间隙配合、过渡配合和过盈配合 3 种。

① 间隙配合。配合面有一定的间隙，以保证配合零件符合相对运动的要求，如滑动轴承与轴之间的配合。

② 过渡配合。配合面有较小的间隙或过盈，以保证配合零件有较高的同轴度，且装拆容易，如齿轮、带轮与轴之间的配合。

③ 过盈配合。装配后，轴与孔的过盈量使零件配合面产生弹性压力，形成紧固连接，如滚动轴承内孔与轴之间的配合。

（3）零件连接方式按照零件的连接要求，可分为固定连接和活动连接两种。按照零件连接后能否拆卸，连接方式可分为可拆连接和不可拆连接2种。

（4）装配的组合形式可分为组件装配、部件装配和总装配。

2. 装配前的准备

（1）制订装配工艺。研究和熟悉产品装配图及技术要求，了解产品结构、工作原理和零部件的作用及相互连接关系，确定装配方法和工艺。

（2）准备装配工具。常用的装配工具有旋具、卡环钳、扳手、拔销器、铜棒和木锤等（见图5-37～图5-45）。

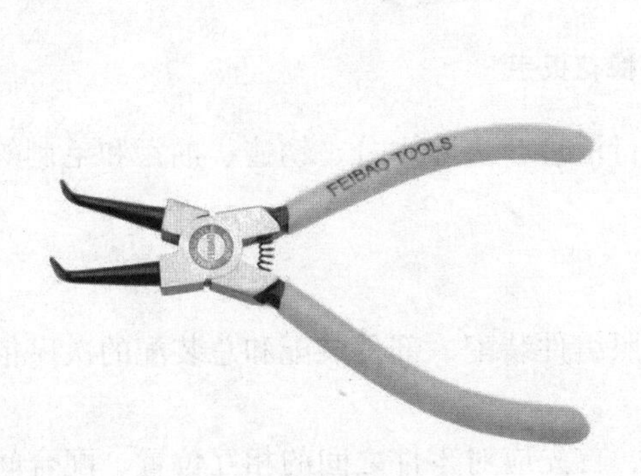

图5-37 轴用卡环钳

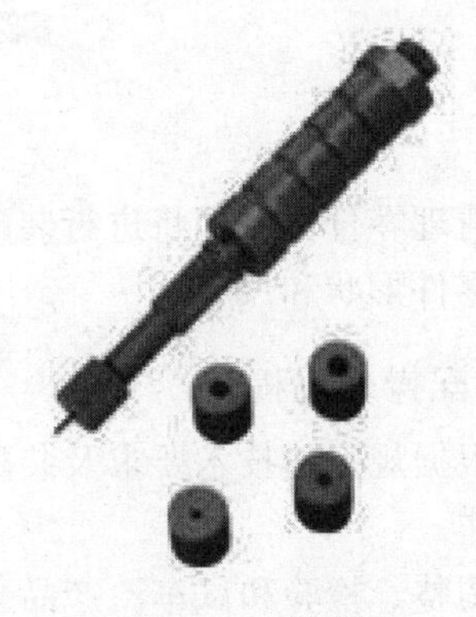

图5-38 拔销器

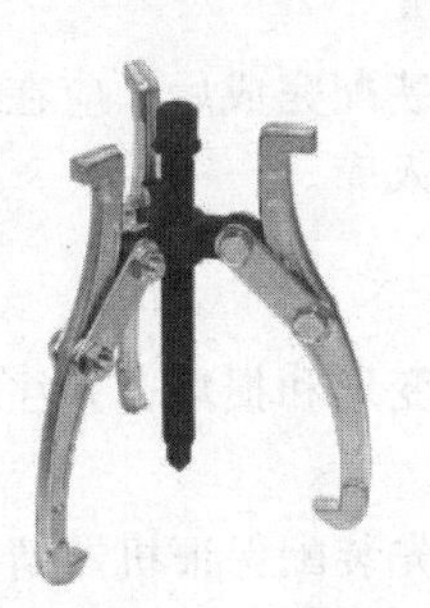

图5-39 拉出器

图5-40 活动扳手

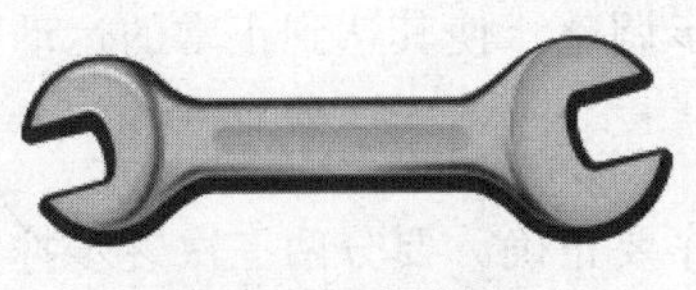

图5-41 呆扳手

图5-42 自行车辐条扳手

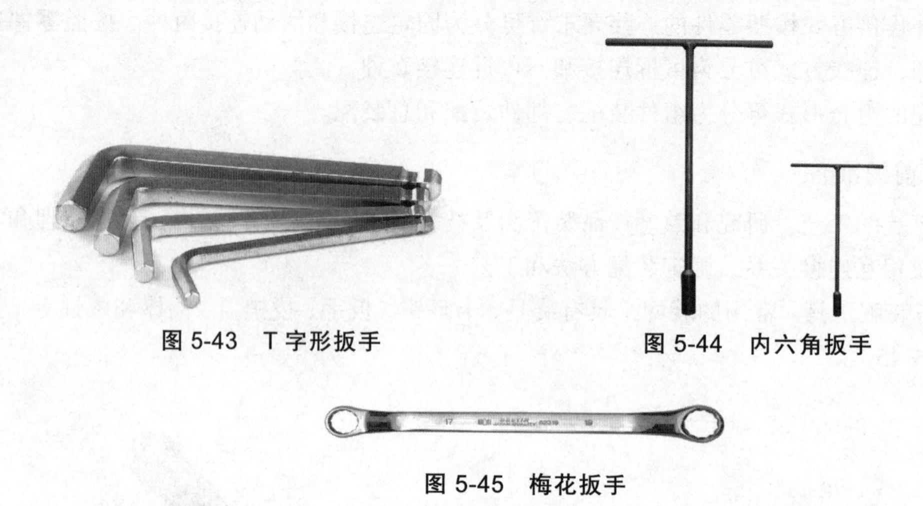

图 5-43 T字形扳手 图 5-44 内六角扳手

图 5-45 梅花扳手

（3）清理零件。对即将进行装配的零件进行清理，去除水分、锈迹、油污和毛刺等，同时，检查零件形状和尺寸。

3．装配操作过程

（1）根据规定的技术要求及装配工艺，按照组件装配、部件装配和总装配的次序依次进行装配工作。

（2）调整、检验和试车。产品装配完成后，首先应对零件之间的相互位置、配合间隙等进行调整，然后进行全面的精度检验，最后进行试车，检查各运动件的灵活性、密封性，工作时的转速、升温和功率等性能。

（3）油漆、涂油、装箱和入库。为了防止锈蚀，产品装配完成后，应在外露的非加工表面上涂油漆，在外露的加工表面上涂防锈油，然后装箱和入库。

4．装配操作注意事项

装配前，应检查零件装配尺寸和形状是否正确，有无变形和损坏，并注意标记，以免装配时出错。

装配顺序一般为从里到外、由下至上、先难后易。应先装配保证机器精度的部分，后装配一般部分。

高速旋转零件必须进行平衡试验，以免因高速旋转后的离心作用而产生振动。螺钉、销等不得凸出在旋转体的外表面。

固定连接的零部件连接可靠，零部件之间不得有间隙。活动连接的零件在正常间隙下能够按照规定的要求作相对运动。

运动零部件表面必须保证有足够的润滑。各种密封件、管道和接口处不渗油、不漏气。

试车时，应先低速、后高速，并根据试车情况逐步调整，使其达到正常的运动要求。

5．螺纹连接的装配

螺纹连接零件的配合应注意松紧适当，拧紧的顺序要正确，要分两三次逐步拧紧。

零件与螺母的贴合面应平整光洁，否则螺纹容易松动。为提高贴合面质量，可加垫圈。

在交变载荷和振动条件下工作的螺纹连接，有逐渐自动松开的可能，为防止螺纹连接的松动，可用弹簧垫圈、止退垫圈、开口销和止动螺钉等防松装置。装配时常用的工具有扳手、指针式扭力扳手、一字（或十字）旋具等。

6. 滚动轴承的装配

滚动轴承的内圈与轴颈以及外圈与机体孔之间的配合多为较小的过盈配合，常用锤子或压力机压装，为了使轴承圈受到均匀加压，采用垫套加压。轴承压到轴上时，应通过垫套施力于内圈端面；轴承压到机体孔中时，应施力于外圈端面；若同时压到轴上和机体孔中，则内外圈端面应同时加压。若轴承与轴颈是较大的过盈配合，则最好将轴承放在 80 ~ 90 °C 的热油中加热，然后趁热装入。

7. 圆柱齿轮的装配

圆柱齿轮传动装配的主要技术要求是保证齿轮传递运动的准确性，相啮合的轮齿表面接触良好以及齿侧间隙符合规定等。

为保证传递运动的准确性，保持轮齿的良好接触，以及符合规定的齿侧间隙，齿轮装配时要控制齿圈的径向圆跳动及端面圆跳动在规定的公差范围内。齿面接触的情况可用涂色法检验。在单件小批生产时，可把装有齿轮的轴放在两顶尖之间，用百分表进行检查。齿侧间隙的测量方法可用塞尺，对大模数齿轮则用铅丝，即在两齿间沿齿长方向放置 3 ~ 4 根铅丝，齿轮转动时，铅丝被压扁，测量压扁后的铅丝厚度即可知其侧隙。

5.7.3 拆 卸

当机器使用一段时间后，由于运转磨损，常要拆卸修理或更换零件。拆卸应注意如下事项：

（1）机器拆卸工作，应按其结构的不同，预先考虑操作顺序，以免先后倒置，或贪图省事猛拆猛敲，造成零件的损伤或变形。

（2）拆卸的顺序，应与装配的顺序相反。

（3）拆卸时，使用的工具必须保证对合格零件不会发生损伤，严禁用手锤直接在零件的工作表面上敲击。

（4）拆卸时，零件的旋松方向必须辨别清楚。

（5）拆下的零部件必须有次序、有规则地放好，并按原来结构套在一起，配合件上做记号，以免搞乱。对丝杠、长轴类零件必须将其吊起，防止变形。

思考与练习

1. 工件加工前为什么要划线？常用的划线工具有哪些？
2. 试述平面划线的基本过程。

3. 什么叫划线基准？如何选择划线基准？

4. 锯切可应用在哪些场合？试举例说明。

5. 怎样选择锯条？怎样安装锯条？

6. 锉平面为什么会锉成鼓形？如何克服？

7. 钻床一般包括哪些？台式钻床由哪些组件构成？

8. 麻花钻、扩孔钻和铰刀在结构上有何不同？加工质量上有哪些不同？

9. 钻孔、扩孔和铰孔时，所用刀具和操作方法有什么区别？为什么扩孔的质量比钻孔要高？

10. 攻螺纹时的操作要点和主要事项是什么？

11. 为什么套螺纹前要检查圆杆直径？为什么圆杆要倒角？

第 6 章　数控铣削加工

6.1　数控铣床概述

数控铣床是在一般铣床的基础上发展起来的自动加工机床，由程序控制，也称 NC（Numerical Control）铣床、电脑锣。由于数控铣床具有高精确度、高复杂度、高效率及高自动化程度等特点，应用非常广，常用可分为数控立式铣床（见图 6-1）、数控卧式铣床（见图 6-2）和数控龙门铣床（见图 6-3）等。

图 6-1　数控立式铣床

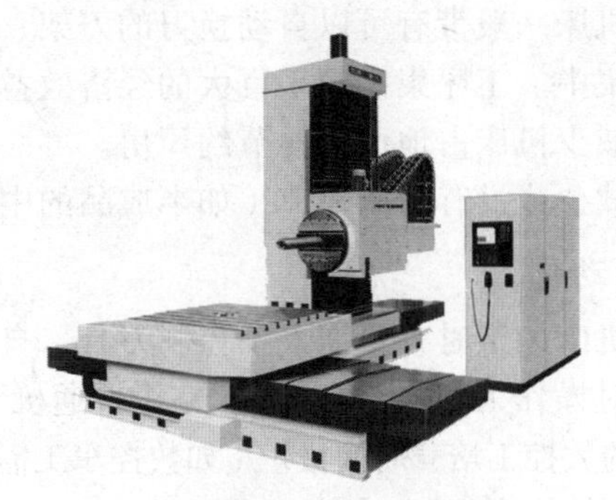

图 6-2　数控卧式铣床

如图 6-4 所示，数控铣床主要由底座、床身、工作台、立柱、主轴、操作面板、电气控制系统等组成。操作面板是机床的数控系统，当前使用的主流系统有 FANUC（法那科）、SIEMENS（西门子）、MITSUBISHI（三菱）等进口系统及 KND（北京凯恩地）、HNC（华中）、GSK（广州）等国产数控系统，这些数控系统的编程及操作方法基本相同。

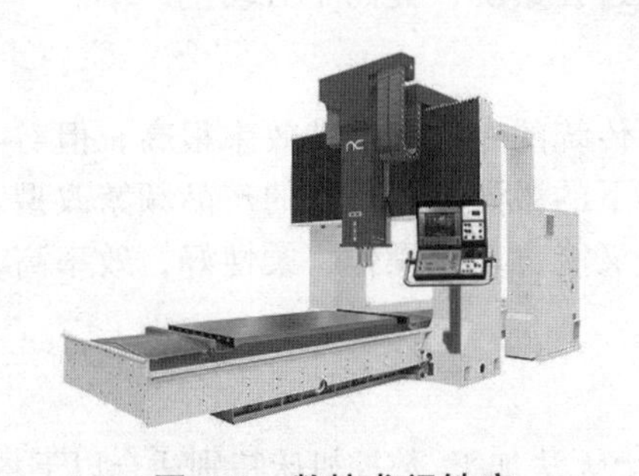

图 6-3　数控龙门铣床

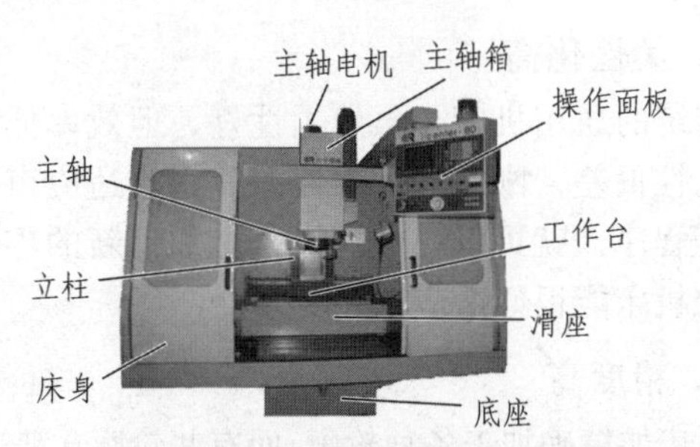

图 6-4　数控铣床的基本组成

数控铣床能够完成基本的铣削、镗削、钻削、攻螺纹及自动工作循环等工作，可加工各种形状复杂的零件，如精密零件（见图 6-5）、模具（见图 6-6）、产品打样（也叫手板，见图 6-7）等。

图 6-5 精密零件

图 6-6 模具

图 6-7 手机样品

数控铣加工机床一开始就选定具有复杂型面的飞机零件作为加工对象，解决普通的加工方法难以解决的关键问题。数控加工的最大特点是用计算机控制机床进行自动加工。由于飞机、火箭和发动机零件各有不同的特点：飞机和火箭的零、构件尺寸大，型面复杂；发动机零、构件尺寸小，精度高。因此飞机、火箭制造部门和发动机制造部门所选用的数控机床有所不同。在飞机和火箭制造中以采用连续控制的大型数控铣床为主，而在发动机制造中既采用连续控制的数控机床，也采用点位控制的数控机床（如数控钻床、数控镗床、加工中心等）。

数控铣床加工的特点：

1. 效率高

数控机床一般带有可以自动换刀的刀架、刀库，换刀过程由程序控制自动进行，因此，工序比较集中。工序集中带来巨大的经济效益：

（1）减少机床占地面积，节约厂房。

（2）减少或没有中间环节（如半成品的中间检测、暂存搬运等），既省时间又省人力。

2. 自动化

数控机床加工时，不需人工控制刀具，自动化程度高，带来的好处很明显。

（1）对操作工人的要求降低：一个普通机床的高级工，不是短时间内可以培养的，而一个不需编程的数控工培养时间极短（如数控车工需要一周即可，还会编写简单的加工程序）。并且，数控工在数控机床上加工出的零件比普通工在传统机床上加工出的零件精度要高，时间要省。

（2）降低了工人的劳动强度：数控工人在加工过程中，大部分时间被排斥在加工过程之外，非常省力。

（3）产品质量稳定：数控机床的加工自动化，免除了普通机床上工人的疲劳、粗心、估计等人为误差，提高了产品的一致性。

（4）加工效率高：数控机床的自动换刀等使加工过程紧凑，提高了劳动生产率。

3. 柔性化高

传统的通用机床，虽然柔性好，但效率低下；而传统的专机，虽然效率很高，但对零件的适应性很差，刚性大，柔性差，很难适应市场经济下的激烈竞争带来的产品频繁改型。只要改变程序，就可以在数控机床上加工新的零件，且又能自动化操作，柔性好，效率高，因此数控机床能很好适应市场竞争。

4. 精度高

机床能精确加工各种轮廓，而有些轮廓在普通机床上无法加工。数控机床特别适合以下场合：

（1）不许报废的零件。

（2）新产品研制。

（3）急需件的加工。

6.2　数控铣床基本编程方法

数控铣床编程就是按照数控系统的格式要求，根据事先设计的刀具运动路线，将刀具中心运动轨迹上或零件轮廓上各点的坐标编写成数控加工程序。数控加工所编制的程序，要符合具体的数控系统的格式要求。目前使用的数控系统有很多种，但基本上都符合 ISO 或 EIA 标准，具体格式上稍有区别。

6.2.1　数控系统的代码功能

1. 准备功能（G 代码功能）

准备功能代码是由地址字 G 和后面 1 ~ 3 位数字组成，它规定了该程序段指令的功能。具体 G 代码见表 6-1。

表 6-1　准备功能 G 代码

G 代码	组　号	含　义	G 代码	组　号	含　义
G00★	01	点定位（快速移动）	G60	00	单一方向定位
G01★		直线插补	G61	15	准停
G02		顺时针圆弧插补	G64★		切削模式
G03		逆时针圆弧插补	G73	09	钻孔循环
G04	00	暂停	G74		反攻螺纹循环
G09		准确停止	G76		精镗
G17★	02	XY 平面指定	G80★		取消固定循环
G18		ZX 平面指定	G81		钻削固定循环
G19		YZ 平面指定	G82		带停顿钻孔循环
G20	06	英制输入	G83		带固定进给量的深孔钻固定循环
G21		公制输入	G84		攻丝循环
G27	00	返回参考点检验	G85		镗孔循环
G28		返回参考点	G86		镗孔循环
G29		从参考点返回	G87		反镗孔循环
G40★	07	取消刀具半径补偿	G88		镗孔循环
G41		刀具半径左侧补偿	G89		镗孔循环
G42		刀具半径右侧补偿	G90★	03	绝对值输入
G43	08	刀具长度正补偿	G91		增量值输入
G44		刀具长度负补偿	G92	00	设定工件坐标系
G49★		取消刀具长度补偿	G94★	05	进给速度
G54★	14	加工坐标系 1	G98★		返回起始平面
G55-G59		加工坐标系 2	G99	10	返回参考平面

说明：

（1）带★号的G代码表示电源通电时，即为该G代码的指令状态。

（2）G代码分为模态代码与非模态代码两种，非模态代码只限定在被指定的程序段中有效。00组的G代码为非模态G代码。其余组的G代码为模态G代码。

（3）不同组的G代码在同一个程序段中可以指令多个，但如果在同一个程序段中指令了两个或两个以上同一组的G代码时，则只有最后一个G代码有效。

常用G代码：

（1）G00

指令功能：快速移动到指定位置，如图6-8所示。

指令格式：G00 X__ Y__ Z__；

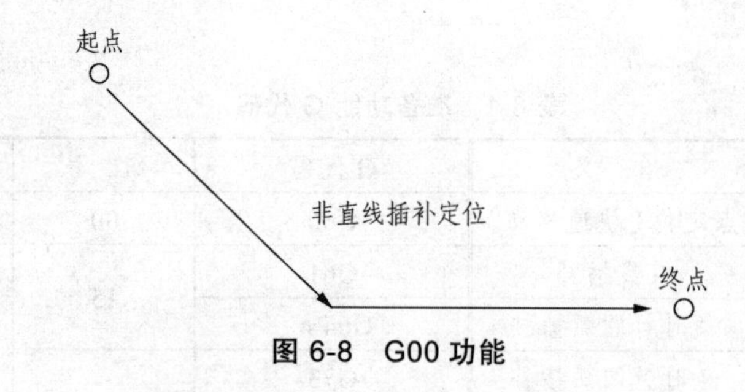

图 6-8 G00 功能

示例：要快速从A点（－40，350，80）移动到B点（120，253，30），如图6-9所示，则写成

G00 X120 Y253 Z30

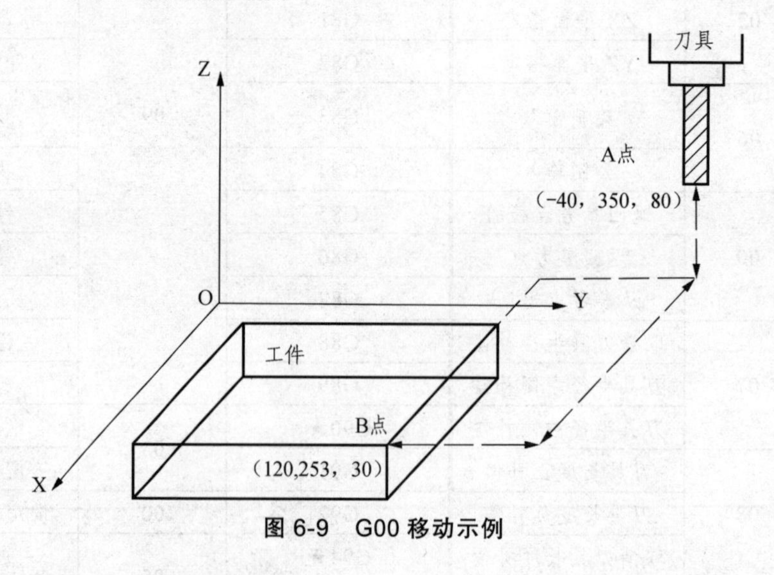

图 6-9 G00 移动示例

（2）G01

指令功能：直线插补指令。

指令格式：G01 X__ Y__ Z__ F__；

F是进给速度，单位是 mm/min。(在数控机床中，刀具不能严格地按照要求加工曲线运动，只能用折线轨迹逼近所要加工曲线的方法称为插补，为方便理解，也可称为移动)。

举例：在图 6-9 中，以 F500 从 A 点（－40，350，80）移动到 B 点（120，253，30），则写成

G01 X120 Y253 Z30 F500

（3）G02

指令功能：顺时针圆弧插补，如图 6-10 所示。

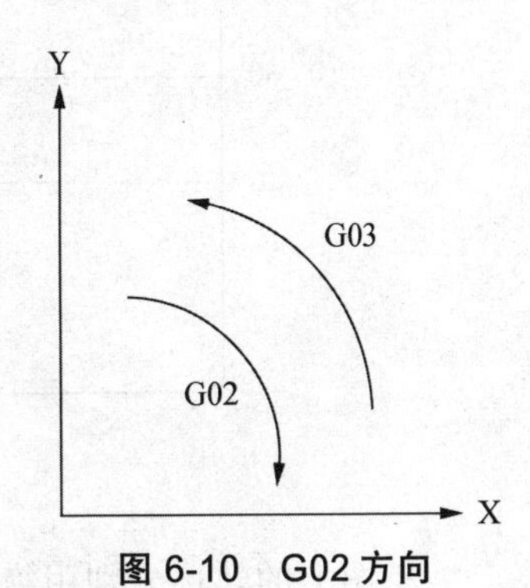

图 6-10　G02 方向

指令格式：G02 X__　Y__　I__　J__　F__；或者

　　　　　G02 X__　Y__　R__　F__；

X、Y 是圆弧终点位置，指刀具切削圆弧的最后位置。

圆弧中心 I、J、K、R 的含义分别为：

I：从起点到圆心的矢量在 X 方向的分量；

J：从起点到圆心的矢量在 Y 方向的分量；

K：从起点到圆心的矢量在 Z 方向的分量；

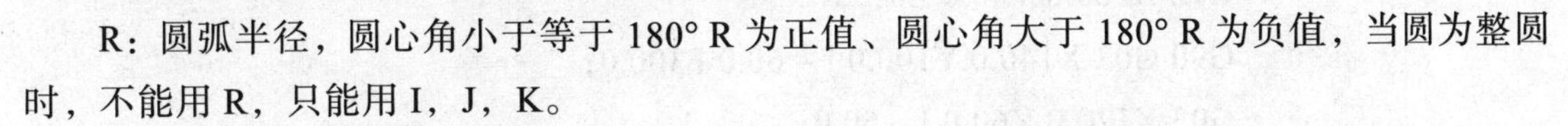

R：圆弧半径，圆心角小于等于 180° R 为正值、圆心角大于 180° R 为负值，当圆为整圆时，不能用 R，只能用 I，J，K。

图 6-11 分别用两种格式表示：

G02 X40 Y20 I－10 J－30；或 G02 X40 Y20 R31.62；

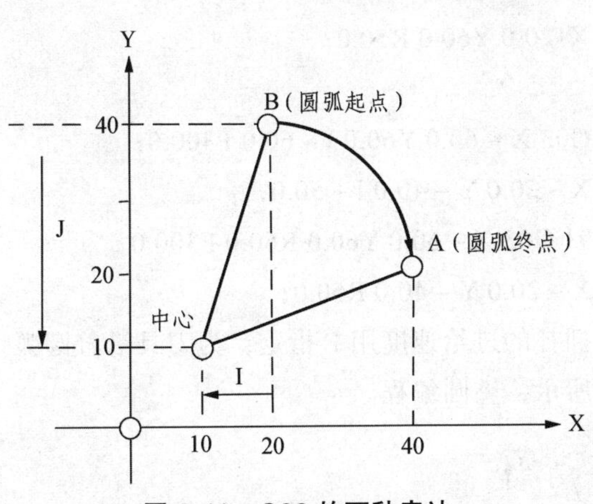

图 6-11　G02 的两种表达

（4）G03

指令功能：逆时针圆弧插补，如图 6-10 所示。

指令格式：G03 X__　Y__　I__　J__　F__；或者

　　　　　G03 X__　Y__　R__　F__；

相关参数与 G02 相同。

示例 1：如图 6-12 所示，按图示编程。

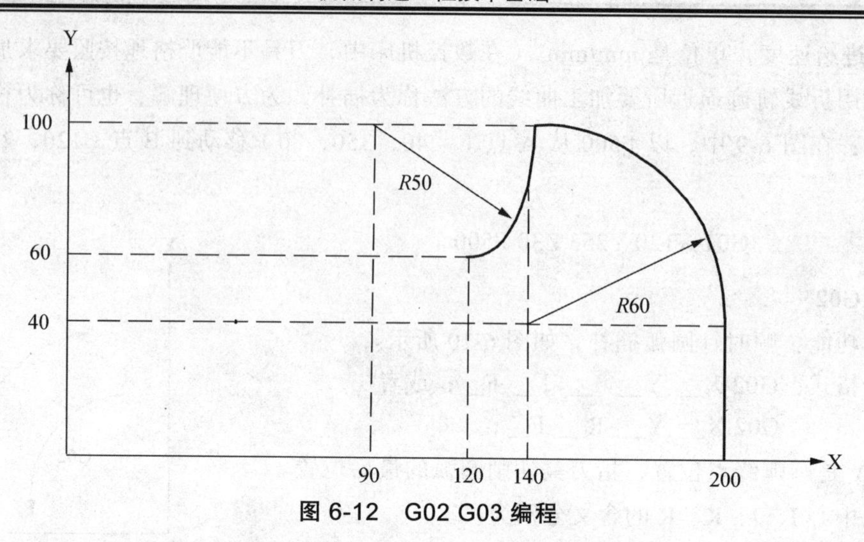

图 6-12 G02 G03 编程

把图上的轨迹分别用绝对值方式和增量值方式编程。

绝对值方式：

G92 X200.0 Y40.0 Z0;

G90 G03 X140.0 Y100.0 I – 60.0 F300.0;

G02 X120.0 Y60.0 I – 50.0;

或 G92 X200.0 Y40.0 Z0;

G90 G03 X140.0 Y100.0 R60.0 F300.0;

G02 X120.0 Y60.0 R50.0;

增量方式：

G91 G03 X – 60.0 Y60.0 I – 60.0 F300.0;

G02 X – 20.0 Y – 40.0 I – 50.0;

或 G91 G03 X – 60.0 Y60.0 R60.0 F300.0;

G02 X – 20.0 Y – 40.0 R50.0;

圆弧插补的进给速度用 F 指定，为刀具沿着圆弧切线方向的速度。

示例 2：如图 6-13 所示，整圆编程。

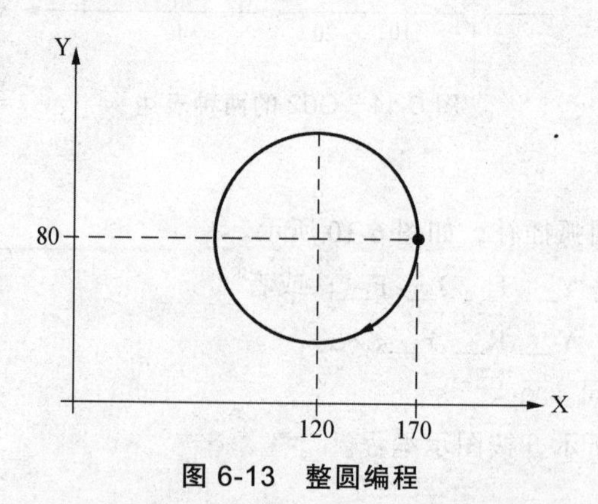

图 6-13 整圆编程

各种编程模式分析如下，点 X170 Y80 为起点。

笛卡儿坐标：

G90 G17 G02 X170 Y80 I – 50 J0

或：

G90 G17 G02 I – 50 J0

采用半径编程的笛卡儿坐标：

完整的圆不能编写，因为有无数个答案。

（5）G04

指令功能：进给暂停。

指令格式：G04 K__ 或 G04 P__；

G04 指令可使进给暂停，刀具在某一点停留一段时间。输入 K__ 或 P__ 均为指定进给暂停时间。两者的区别是：X 后面可带小数点，单位是 s；P 后面数字不能带小数点，单位为 ms。如，G04 K3.5，或者 G04 P3500，都表示刀具暂停了 3.5 s。

（6）G17 G18 G19

指令功能：G17 表示刀具切削的平面在 XY 坐标系内，如图 6-14 所示；

G18 表示刀具切削的平面在 ZX 坐标系内；

G19 表示刀具切削的平面在 YZ 坐标系内。

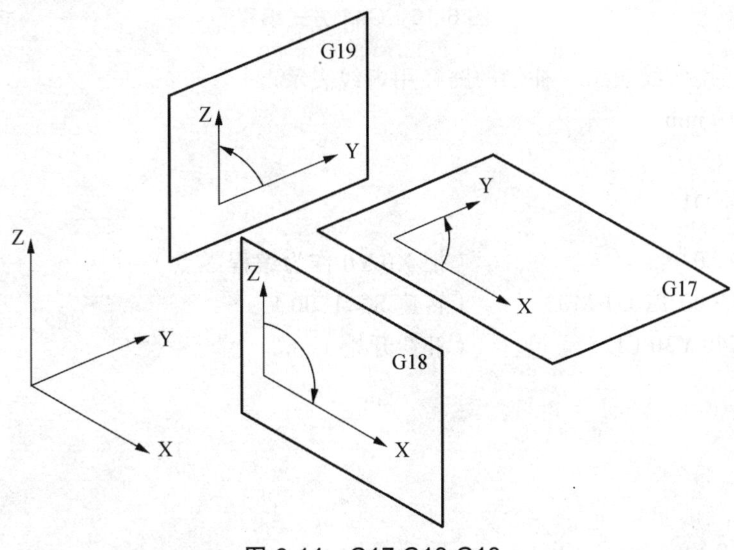

图 6-14　G17 G18 G19

（7）G40、G41、G42

指令功能：刀具半径补偿。

指令格式：G40/G41/G42 D__；

式中，D__ 为刀具半径补偿号，存有预先由 MDI 方式输入的刀具半径补偿值；G41 为左刀补指令，表示沿着刀具进给方向看，刀具中心在零件轮廓的左侧；G42 为右刀补指令，表示沿着刀具进给方向看，刀具中心在零件轮廓的右侧；G40 为取消半径补偿，具体如图 6-15 所示。

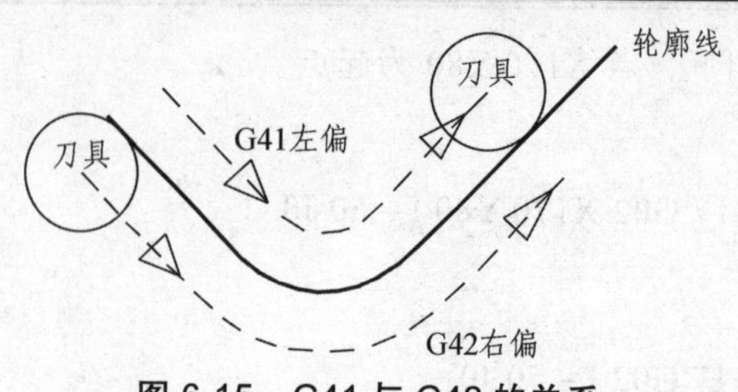

图 6-15 G41 与 G42 的关系

示例 1：对图 6-16 进行路径编程。

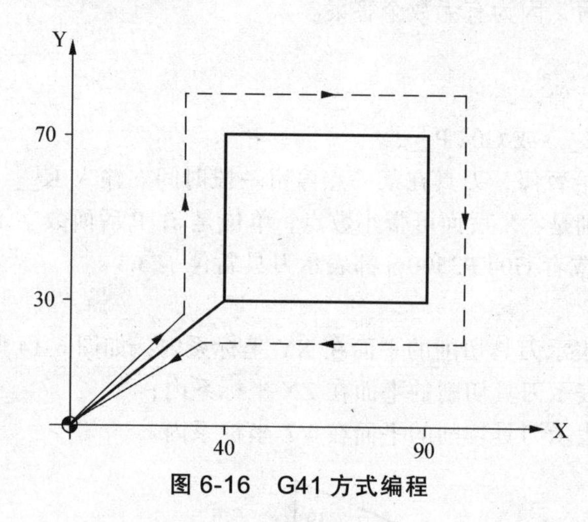

图 6-16 G41 方式编程

编程的路径用实线表示，补偿的路径用虚线表示。

刀具半径 10 mm

刀具号 T1

刀具偏置号 D1

G92 X0 Y0 Z0	（把 X0 Y0 作为编程零点）
G90 G17 S1000 T1 D1 M03	（转速 S = 1000）
G41 G01 X40 Y30 F125	（补偿开始）
Y70	
X90	
Y30	
X40	
G40 G00 X0 Y0	（取消补偿）
M30	

示例 2：对图 6-17 进行补偿编程。

编程的路径用实线表示，补偿的路径用虚线表示。

刀具半径 10 mm

刀具号 T1

刀具偏置号 D1

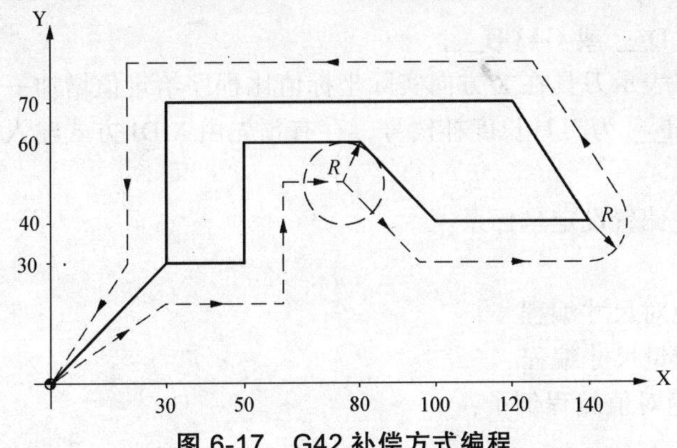

图 6-17　G42 补偿方式编程

```
G92 X0 Y0 Z0                    (把 X0 Y0 作为编程零点)
G90 G17 F150 S1000 T1 D1 M03    (刀具 1，偏置和主轴启动 S1000)
G42 G01 X30 Y30
X50
Y60
X80
X100 Y40
X140
X120 Y70
X30
Y30
G40 G00 X0 Y0                   (取消补偿)
M30
```

（8）G43

指令功能：刀具长度补偿，如图 6-18 所示。

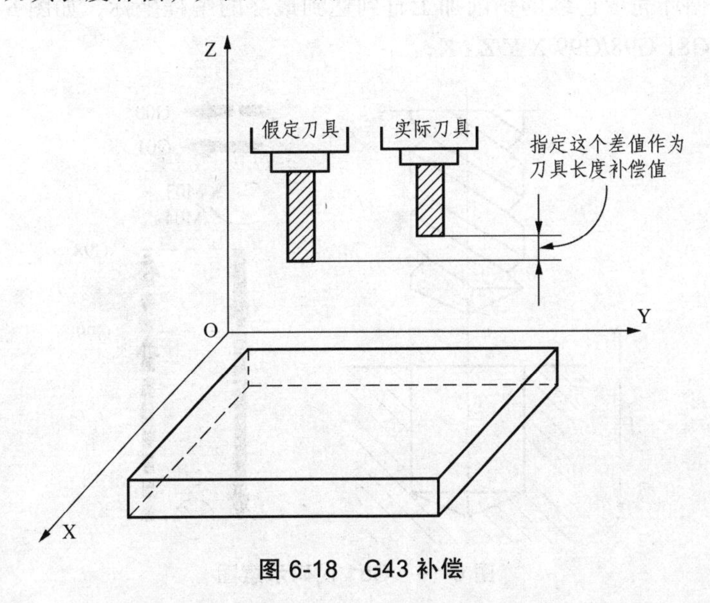

图 6-18　G43 补偿

指令格式：G43 D__ 或 G43 H__；

G43 为正补偿，表示刀具在 Z 方向实际坐标值比程序给定值增加一个偏移量；

式中，D__ 和 H__ 为刀具长度补偿号，存有预先由 MDI 方式输入的刀具长度补偿值。

（9）G54

指令功能：零点偏置设定坐标系。

指令格式：G54

（10）G90——绝对尺寸编程

G91——增量尺寸编程

以下是用 G90 绝对值编程例子：

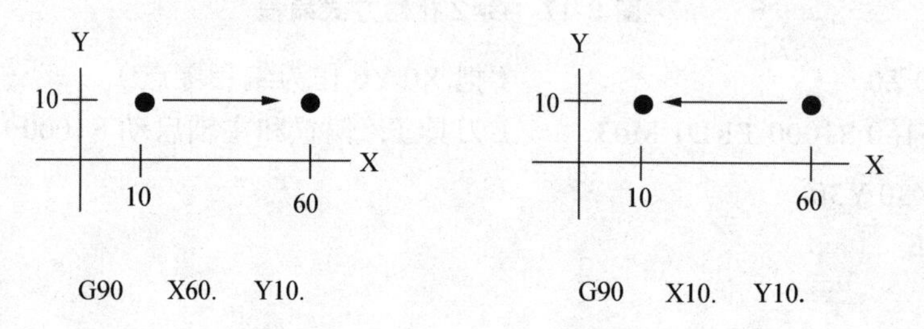

以下是用 G91 增量值编程例子：

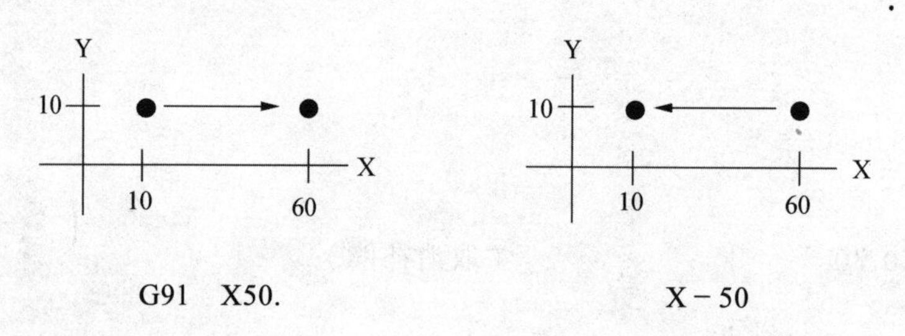

（11）G81

指令功能：循环完成连续的钻削加工直到达到最终的编程坐标，如图 6-19 所示。

指令格式：G81 G98/G99 X Y Z I K；

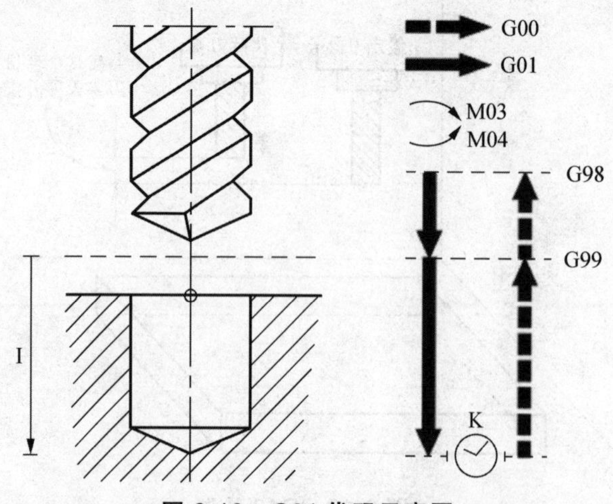

图 6-19 G81 代码示意图

[G98/G99] 退回平面：

G98　一旦孔钻削完毕，刀具退回到初始平面。

G99　一旦孔钻削完毕，刀具退回到参考平面。

[X/Y] 加工点坐标：

是可选项，用于定义主平面的轴运动到刀具的加工点。

该点可以在笛卡儿坐标系或极坐标系编写，根据机床当时用 G90 或 G91，该坐标可以是绝对坐标或增量坐标。

[Z] 参考平面：

定义参考平面的坐标。可以用绝对坐标或增量坐标编写，在这种情况下是相对于初始平面的。如果没有编写，CNC 将采用刀具的当前位置作为参考平面。

[I] 钻削深度：

定义总的钻削深度。它可以用绝对坐标或相对坐标编写。在这种情况下是相对于参考平面的。

[K] 停顿：

定义在每次钻入后到开始退回停顿时间，以百分之一秒为单位。如果没有编写，CNC 将采用“K0”。

示例：编程实例，如图 6-20 所示，假定工作平面由 X 和 Y 轴形成，Z 轴是纵向轴，起点是 X0 Y0 Z0。

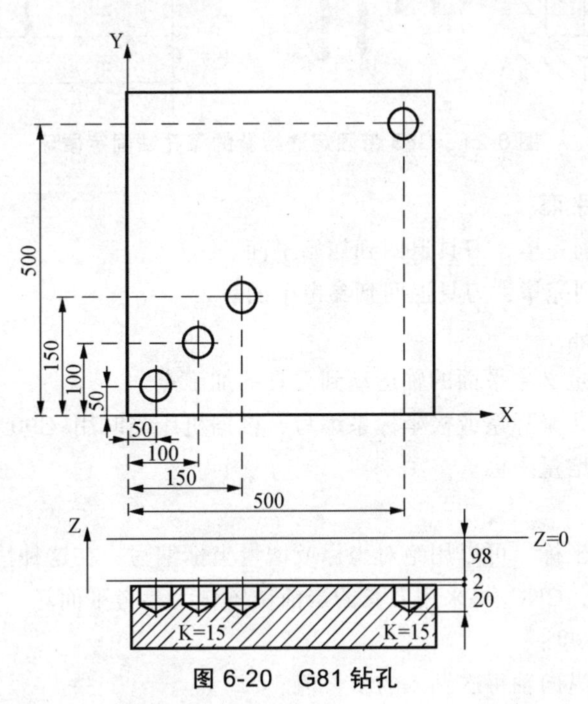

图 6-20　G81 钻孔

T1　　　　　　　　（选择刀具）

M6

G0 G90 X0 Y0 Z10　（起点）

G81 X50 Y50 Z0 I－20 K15 F100 S500 M3　（加工第一个孔固定循环）

X100 Y100　　　　　　（加工第二个孔固定循环）
X150 Y150　　　　　　（加工第三个孔固定循环）
X500 Y500　　　　　　（加工第四个孔固定循环）
G80　　　　　　　　　（取消固定循环）
G0Z100
M05
M30

（12）G83

指令功能：带固定进给量的深孔钻固定循环，如图 6-21 所示。

指令格式：G83 G98/G99 X Y Z I J;

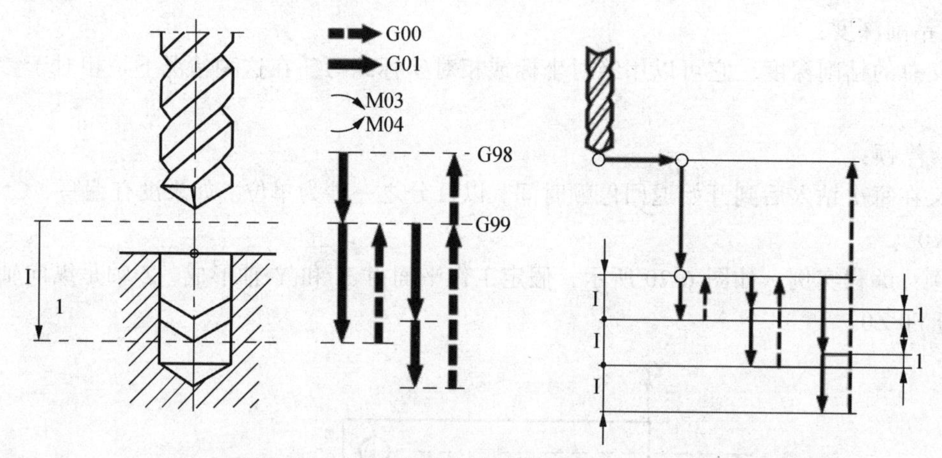

图 6-21　G83 带固定进给量的深孔钻固定循环

[G98/G99] 退回平面：

G98　一旦孔钻削完毕，刀具退回到初始平面。

G99　一旦孔钻削完毕，刀具退回到参考平面。

[X/Y] 加工点坐标：

是可选项，用于定义主平面的轴运动到刀具的加工点。

该点可以在笛卡儿坐标系或极坐标系编写，根据机床当时用 G90 或 G91，该坐标可以是绝对坐标或增量坐标。

[Z] 参考平面：

定义参考平面的坐标。可以用绝对坐标或增量坐标编写，在这种情况下是相对于初始平面的。如果没有编写，CNC 将采用刀具的当前位置作为参考平面。

[I] 每次钻削的深度：

定义沿主平面的纵向轴每次钻入的步长值。

[J] 钻削多次后退回到开始平面：

定义钻孔的步数。可以用 1 ~ 9 999 的值编写。

实例：如图 6-22 所示，假定工作平面由 X 和 Y 轴形成，纵向轴为 Z 轴，起点为 X0 Y0 Z0。

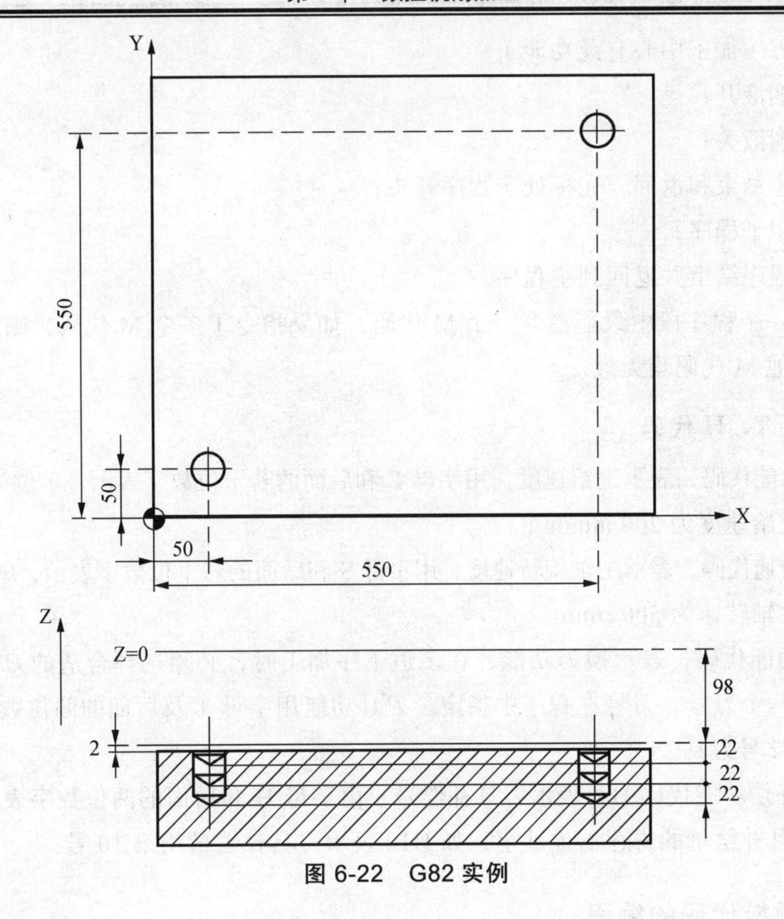

图 6-22　G82 实例

T1　（选择刀具）

M6

G0 G90 X0 Y0 Z0

G83 G99 X50 Y50 Z－98 I－22 J3 F100 S500 M3

X500 Y500

G80

G0Z100

M05

M30

2. 辅助功能代码（M 代码）

辅助功能代码是用地址字 M 加两位数字表示。主要用于规定机床加工时的工艺性指令，如主轴的启停、切削液的开关等。常用 M 代码如下：

M02：程序结束；

M03：主轴顺时针方向旋转；

M04：主轴逆时针方向旋转；

M05：主轴停止；

M06：换刀（加工中心有此功能）；

M08：切削液开；

M09：切削液关；

M30：程序结束和返回，光标处于程序开头；

M98：调用子程序；

M99：子程序结束并返回到主程序。

注意：在一个程序段中只能指令一个 M 代码，如果指令了多个 M 代码，则最后一个 M 代码有效，其他 M 代码均无效。

3. F、S、T、H 代码

F　进给功能代码，表示进给速度，用字母 F 和后面的若干位数字表示，单位为 mm/min，如 F200 表示进给速度为 200 mm/min。

S　主轴转速代码，表示主轴旋转速度，用字母 S 和后面的若干位数字表示，单位为 r/min，如 S500 表示主轴转速为 500 r/min。

T　刀具功能代码，表示换刀功能，在多道工序加工时，必须选择合适的刀具。每把刀具都必须分配一个刀号，刀号在程序中指定。刀具功能用字母 T 及后面的两位数字来表示，如 T02 表示第 2 号刀具。

H　刀具补偿功能代码 H，表示刀具补偿号，由字母 H 和后面的两位数字表示，该两位数表示存放刀具补偿量的寄存器地址字，如 H10 表示刀具补偿量用第 10 号。

6.2.2　数控代码的编程

1. 程序段格式

程序段格式是指一个程序段中的字、字符和数据的书写规则。目前常用的是字地址可编程序段格式，它由语句号字、数据字和程序段结束符号组成。每个字的字首是一个英文字母，称为字地址码，字地址码可编程序段格式见表 6-2。

表 6-2　程序段的常见格式

N001	G	X	Y	Z	A	B	C	F

字地址码可编程序段格式的特点是：程序段中各自的先后排列顺序并不严格，不需要的字以及与上一程序段相同的继续使用的字可以省略；每一个程序段中可以有多个 G 指令或 G 代码；数据的字可多可少，程序简短，直观，不易出错，因而得到广泛使用。

2. 字与地址

构成程序段的要素是字，字由地址和其后面的几位数字构成（数字前可有 +、- 号）。地址为英文字母（A ~ Z）中的一个，它规定了其字母后面数字的意义，可以使用的地址与其意义见表 6-3。

表 6-3　地址与功能

地　址	功能与意义
O	程序号
N	顺序号
G	准备功能
X、Y、Z	圆弧中心的相对坐标
R	坐标轴的移动指令
I、J、K	圆弧半径
F	进给功能
S	主轴功能
T	刀具功能
M	辅助功能
P、X	暂停时间的指定
P	子程序号与子程序的重复次数的指定
P、Q、R、K	固定循环的参数
H	刀具补偿号的指定

3．手工编程实例

例题：如图 6-23 所示，加工保留图形内部，刀具起始点为坐标原点，其终点也是原点，走刀方向为顺时针，进给速度为 F100，轮廓深度为 5 mm。代码见表 6-4。

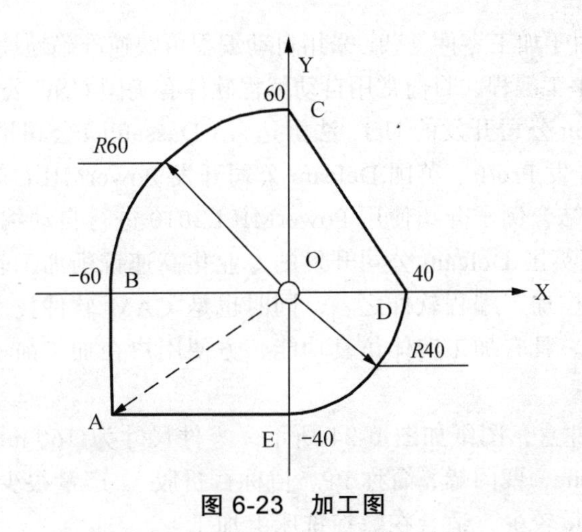

图 6-23　加工图

表 6-4 程序表

代　码	说　明
O0001;	程序名
G17 G40 G54 G80 G90;	初始参数定义
S1000 M03;	主轴正转，转速为 1 000
G0 X0 Y0 Z10;	快速移动到 0 点上方 10 mm 处
G41 D01;	左偏置方式
G0 X－60 Y－40;	快速移动到 A 点
G01 Z－5 F100;	以 F＝100 速度下切到－5 mm
Y0;	移动到 B 点
G02 X0 Y60 R60;	圆弧加工 BC
G01 X40 Y0;	直线加工 CD
G02 X0 Y－40 R40;	圆弧加工 DE
G01 X－60 Y－40;	加工 EA
G0 Z100;	提刀
G40 D00;	取消刀补
G0 X0 Y0;	回 O 点
M05;	主轴停止
M30;	结束

6.3 自动编程

数控铣削加工中，由于加工零件复杂，采用自动编程可快速准确地编制数控加工程序。自动编程就是用计算机代替手工编程，目前常用自动编程软件有美国 CNC 公司开发的 Mastercam、美国 Unigraphics Solution 公司开发的 UG、法国达索（Dassault）公司推出的 Catia、美国 PTC（参数技术有限公司）开发 Pro/E、英国 Delcam 公司开发 PowerMILL 等。各软件的主要编程功能相差不太，这里将结合例子介绍使用 PowerMILL2010 进行自动编程。

PowerMILL2010 是英国 Delcam 公司开发的专业化高速铣削加工软件，是世界上功能强大、加工策略丰富的数控加工编程软件之一，同时也是 CAM 软件技术最具代表性的、增长率最快的加工软件之一。具有加工实体仿真功能，方便用户在加工前了解整个加工过程及加工结果，节省加工时间。

加工零件为 PP 零件盒，图纸如图 6-24 所示，零件尺寸为 160 mm × 120 mm × 24 mm，材料为 PP（Polypropylene，聚丙烯，简称 PP，俗称百折胶），产量很少。该零件为方形零件，有直壁型腔，有孔，产量较少，适合在数控铣床上加工。

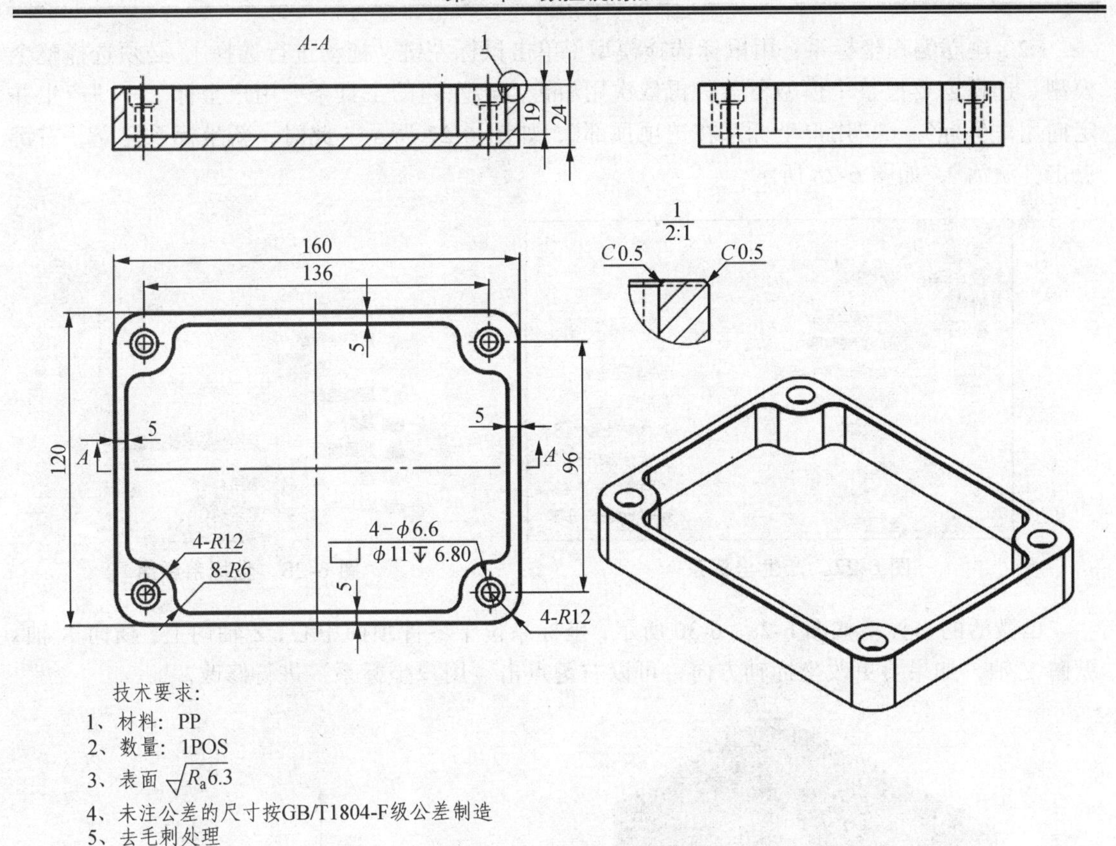

图 6-24　PP 零件盒图纸

首先，进行工艺分析：该零件较为简单，没有太多的精度要求，主要加工内容是外形加工、型腔加工、沉孔加工、倒角加工，按刀具使用顺序进行工艺方案安排：

（1）端铣刀（选用直径 10 mm 端铣刀）：外形、型腔粗与精加工。

（2）钻头（选用直径 11 mm 和 6.6 mm 的钻头）：沉孔加工。

（3）倒角刀（选用直径 10 mm 倒角刀）：倒角加工。

工艺分析后，主要编程在 PowerMILL2010 上进行操作，具体如下：

（1）输入模型：由于 PowerMILL 没有 CAD 功能，但其中的插件 PS-Exchange 为 PowerMILL 稳定可靠转换数据，能够读入 UG、Pro/ENGINEER、SolidWorks、AuotCAD 等多种格式的数据。如图 6-25 所示，依次点击“文件”—“输入模型”，输入已经准备好的模型，如图 6-26 所示。

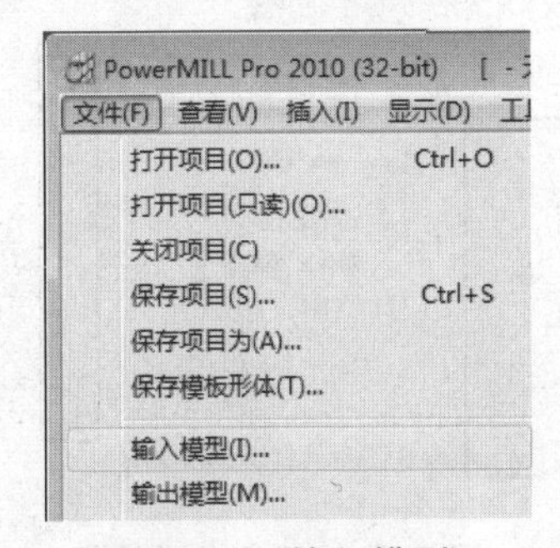

图 6-25　输入模型

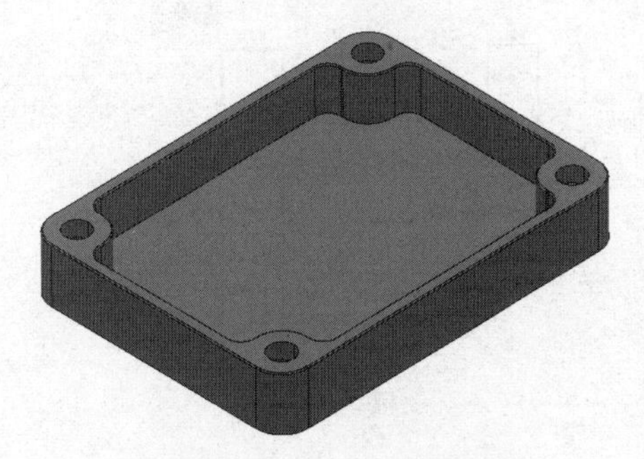

图 6-26　PP 零件盒模型

（2）建立编程坐标系：用鼠标选择模型（单击鼠标左键，拖动进行选择），必须选择整个模型，选择窗要把整个模型覆盖。再依次用右键点击左边的工具条“用户坐标”—“产生并定向用户坐标”—“用户坐标系在选项顶部”，如图 6-27 所示。此时，新坐标系建立，右键点击“激活”，如图 6-28 所示。

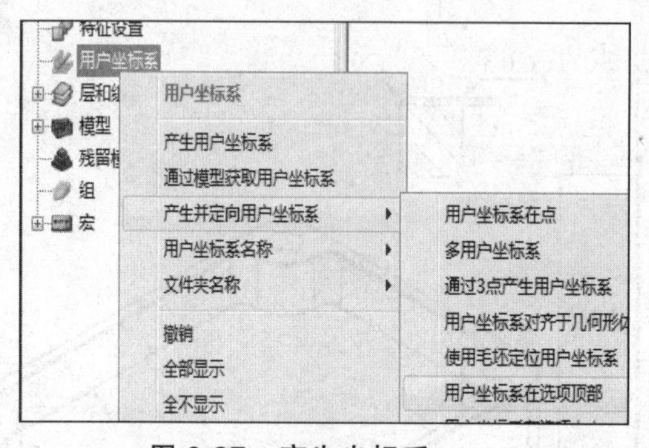

图 6-27 产生坐标系

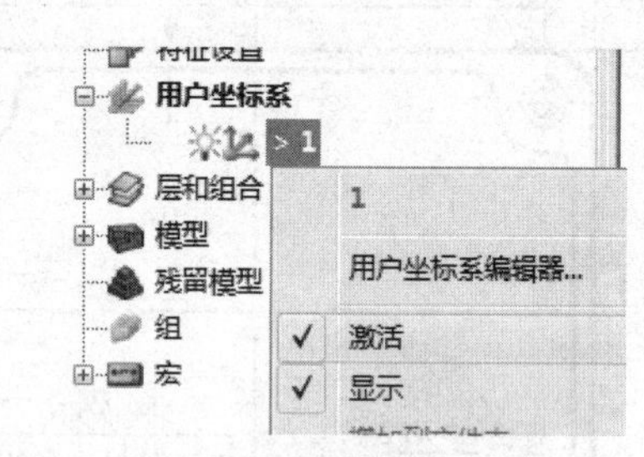

图 6-28 坐标系激活

已激活的坐标系如图 6-29、6-30 所示，坐标系位于零件顶面中心，Z 轴向上，横向 X 轴，纵向 Y 轴，如果要更改坐标轴方向，可以右键点击“用户坐标系”进行修改。

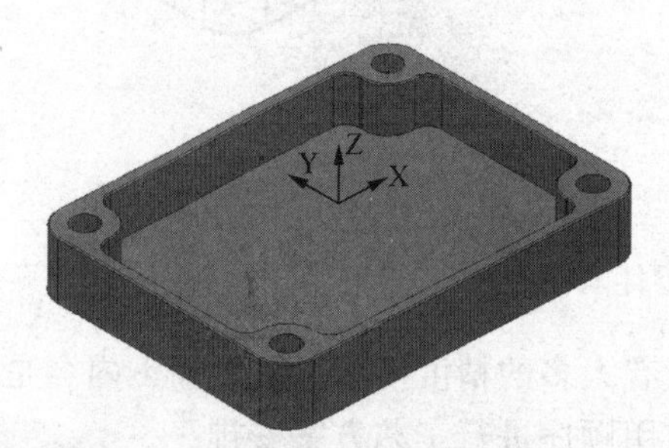

图 6-29 编程坐标系

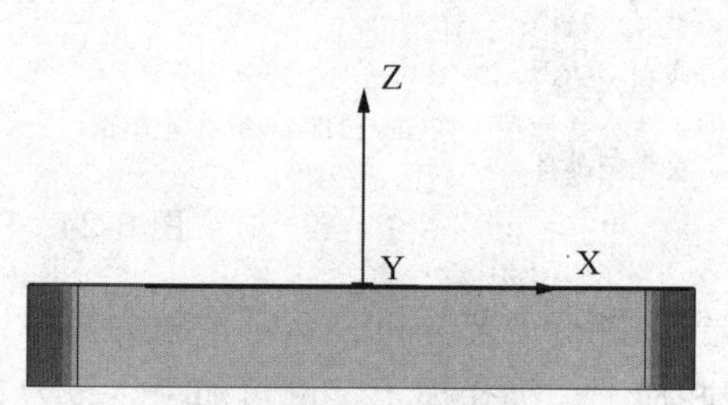

图 6-30 编程坐标系

（3）设置刀具：先设置端铣刀，点击左侧刀具按钮 刀具，选择“产生刀具”—“端铣刀”，弹出如图 6-31 所示刀尖对话框，名称“D10T1”，直径“10”，长度“30”，刀具编号“1”，槽数“4”，再点击“刀柄”—，产生刀柄参数，如图 6-32 所示，选择顶部直径“10”，底部直径“10”，长度“30”。点击关闭，端铣刀设置完成。

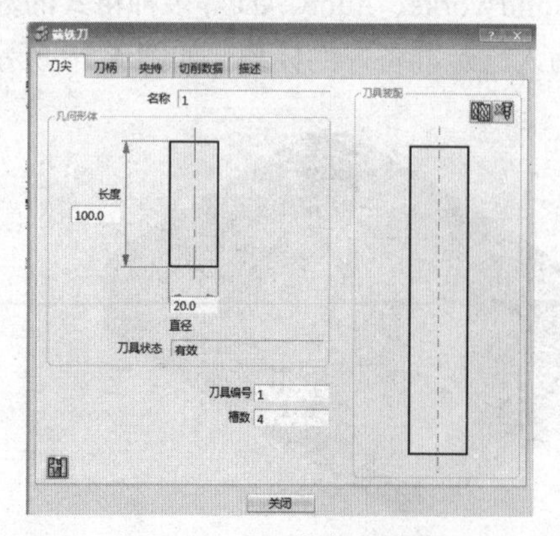

图 6-31 刀尖参数选择

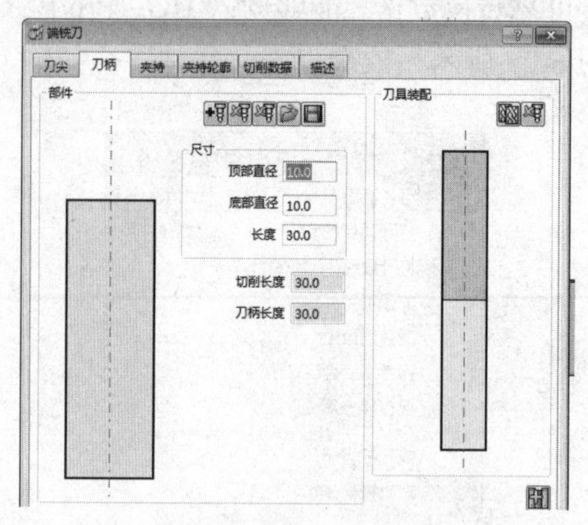

图 6-32 刀柄参数选择

再选择小钻头，点击左侧刀具按钮 刀具，选择“产生刀具”—“钻头”，弹出如图 6-33 所示刀尖对话框，名称“Z6.6T2”，直径“6.6”，长度“40”，刀具编号“2”，槽数“2”，再点击“刀柄”—，产生刀柄参数，如图 6-34 所示，选择顶部直径“6.6”，底部直径“6.6”，长度“40”。点击关闭，钻头设置完成。

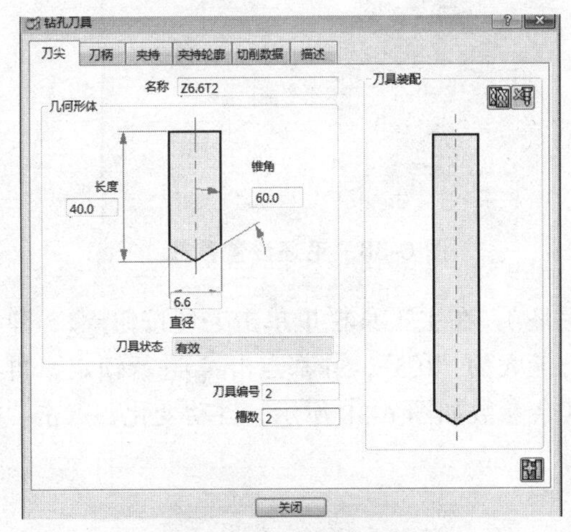

图 6-33 刀尖参数选择

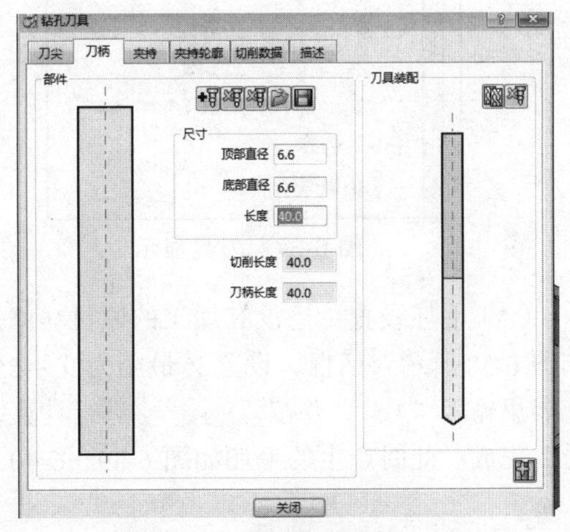

图 6-34　刀柄参数选择

产生大钻头：方法与小钻头一样，名称“Z11T3”，直径“11”，长度“55”，刀具编号“3”，槽数“2”，再点击“刀柄”—，产生刀柄参数，选择顶部直径“11”，底部直径“11”，长度“55”，点击关闭完成。

最后选择倒角刀，由于软件没有产生倒角刀的功能，可以从自定义产生，点击“产生刀具”—“自定义”，弹出如图 6-35 所示的刀尖设置窗口，名称 DJ10T3，点击增加直线跨图标，开始坐标为“0，0”，结束点坐标为“5.0，5.0”，点击“更新跨”，刀具编号“4”，槽数“2”，再点击 刀柄 弹出如图 6-36 所示的参数，点击，产生刀柄参数，选择顶部直径“10”，底部直径“10”，长度“20”，点击关闭完成。

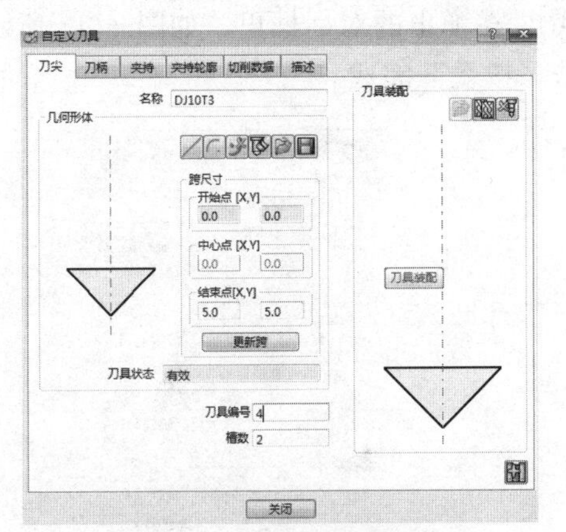

图 6-35　刀尖参数设置

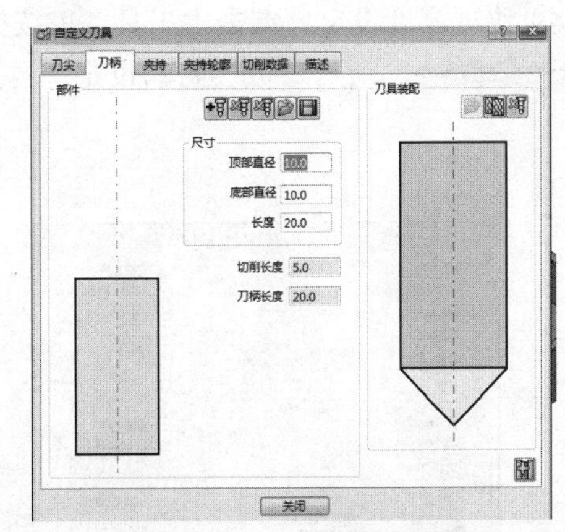

图 6-36　刀柄参数设置

此时可以从左侧工具栏看到刀具有 4 个，如图 6-37 所示，需要用哪一把刀，右键激活才可以使用。

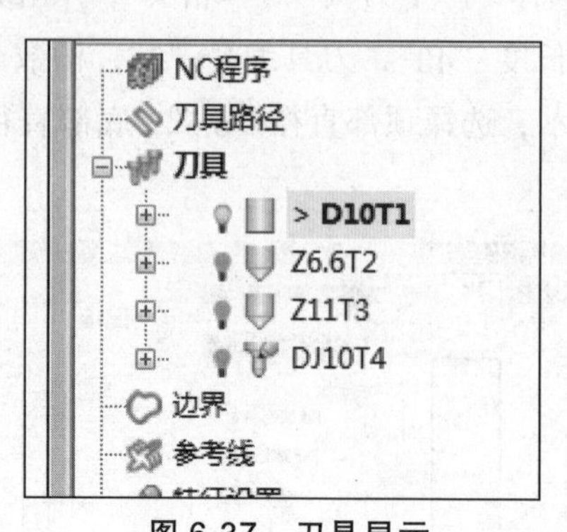

图 6-37　刀具显示

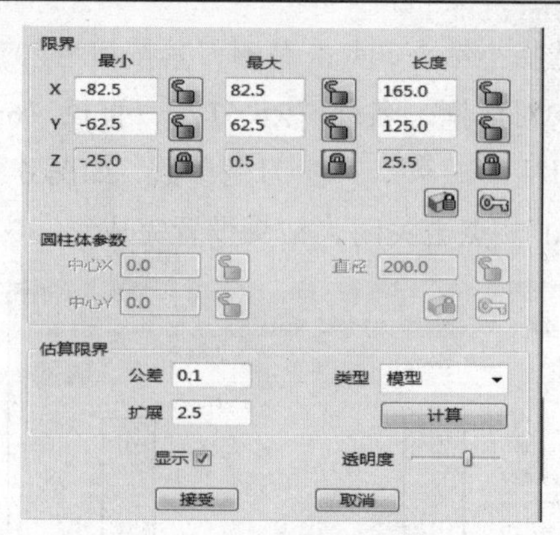

图 6-38　毛坯设置参数

（4）毛坯设置（还没有加工的原材料就是毛坯）：在主工具栏里单击毛坯按钮，弹出如图 6-38 所示对话框，设置 Z 最小为“－25”，最大为“0.5”，并都点击进行锁定，再在扩展里输入“2.5”，并按 计算 进行计算，其余参数如图 6-38 所示，自动变化，点击“接受”完成。此时产生的毛坯如图 6-39、6-40 所示。

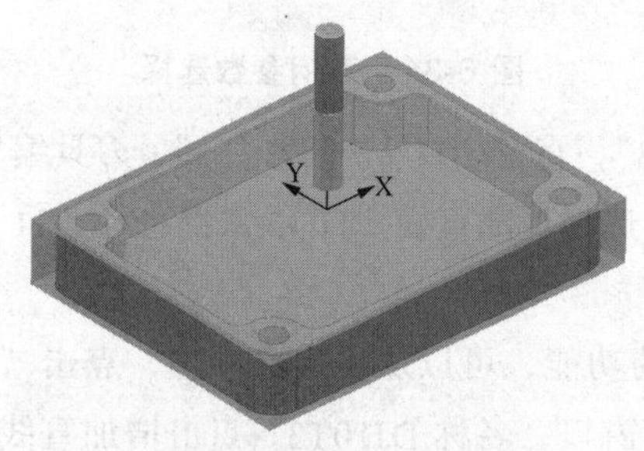

图 6-39　毛坯与零件

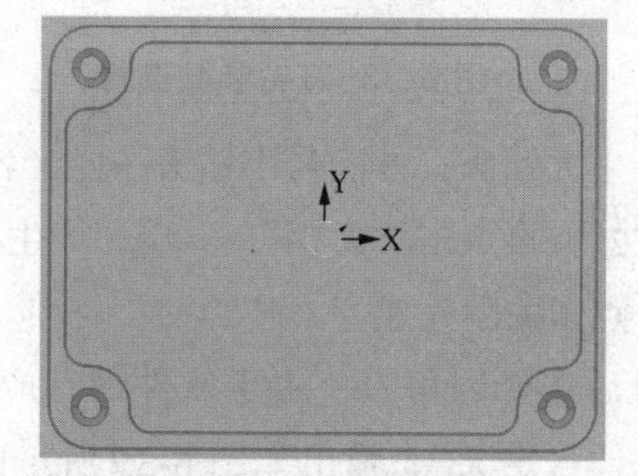

图 6-40　毛坯与零件

（5）进给率设定：点击，进行进给率设定，表面速度为“100”，进给/齿为“0.15”，如图 6-41 所示，点击“接受”完成。

（6）快进高度设定：点击主工具条里按钮，在弹出的对话框里，如图 6-42 所示，点击 按安全高度重设，所有参数会自动设定，再点击“按受”完成。

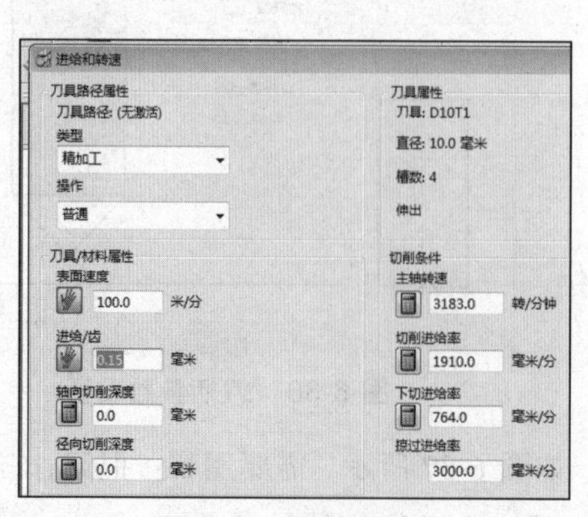

图 6-41　进给设定

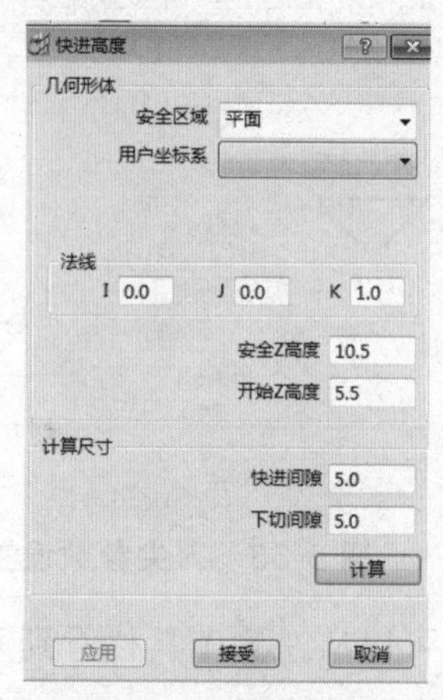

图 6-42　快进高度设置

（7）切入切出连接：点击主工具条 ，弹出如图6-43所示的对话框，下切距离改为“1”，再点“切入”，弹出切入对话框，在“第一选择”右侧选择“斜向”，点出“斜向设置”，弹出图6-44所示的对话框，在“第一选择”，把最大左斜角改为“5”，再把斜向高度改为“0.5”，点击“接受”完成。

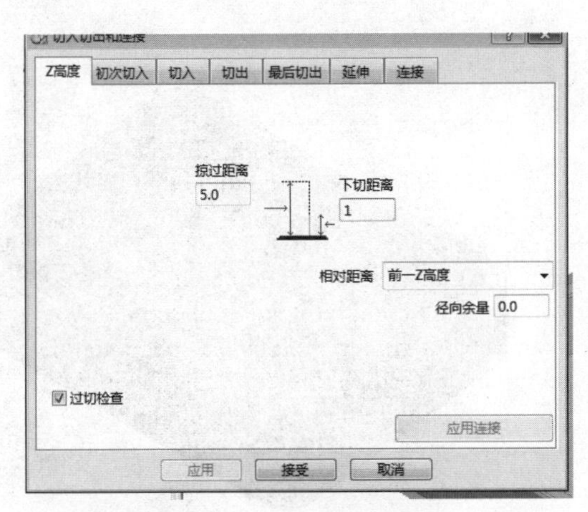

图6-43　切入切出设置

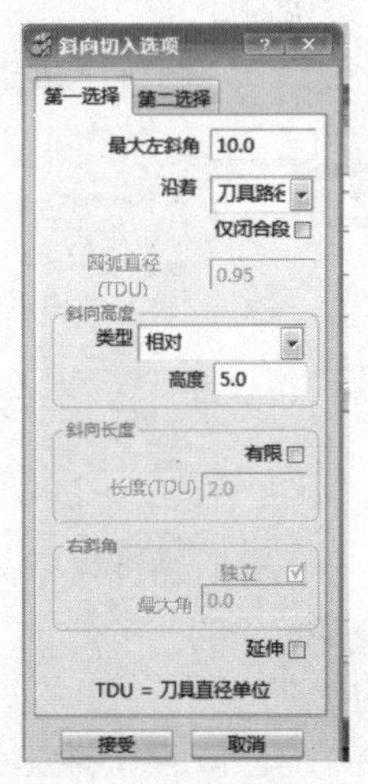

图6-44　斜向设置

软件操作到这里，基本设置已完成，下面进行刀路的产生。

（8）模型区域清除（粗加工）：点击主工具条加工策略按钮 ，依次点击“三维区域清除”—“模型区域清除”，点击“接受”，弹出如图6-45所示对话框，分别设置参数：右上角选择“偏置模型”，公差“0.1”，余量“0.6”，行距“3”，下切步距“10”，其余参数为软件默认，设置完毕，点击“应用”，此时软件进行刀路生成计算，等刀路生成完毕，点击“取消”，完成本操作，粗加工刀具路径（简称刀路）如图6-46所示。点击 图标进行碰撞检查。

图6-45　设置偏置加工参数

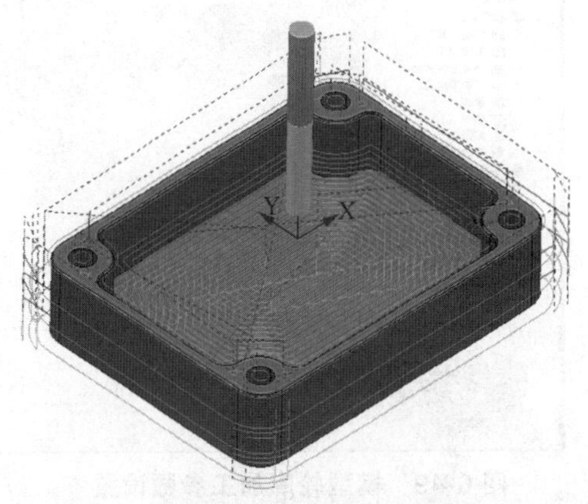

图6-46　粗加工刀路

（9）平行平坦面精加工：由于前面加工已完成粗加工，接下来需进行精加工，精加工分两步进行加工：平行平坦面精加工和侧面精加工。点击主工具条加工策略按钮 ，依次点击

“精加工”— “平行平坦面精加工”，点击“接受”产生如图 6-47 所示窗口，相关参数如下：刀具“D10T1”，公差“0.01”，切削方向“任意”，余量“0.3”和“0”，行距“5”。点击“计算”—“取消”，完成本操作，半精加工刀路如图 6-48 所示。点击图标进行碰撞检查。

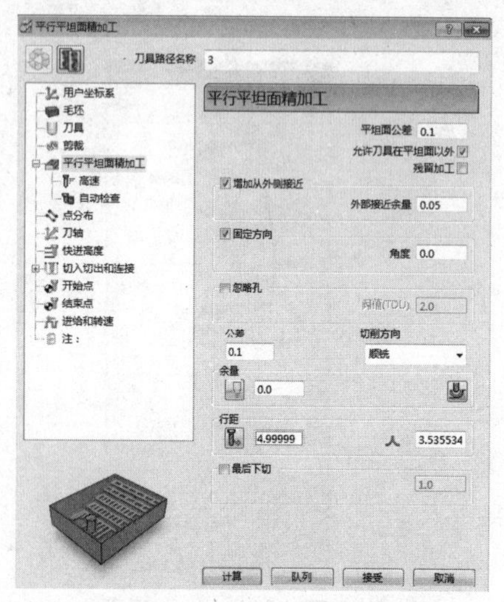

图 6-47 平行平坦面加工

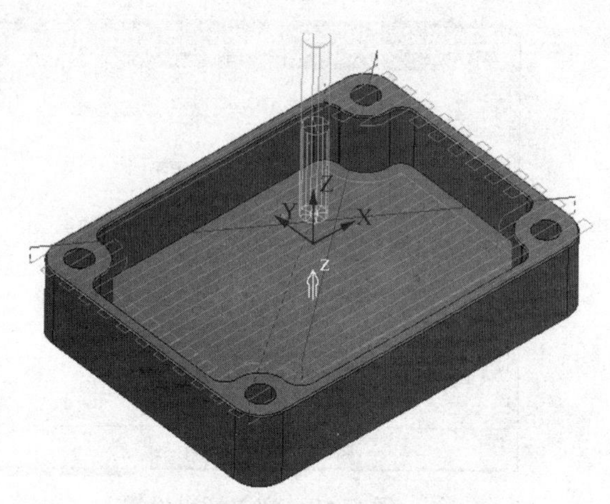

图 6-48 平行平坦面加工刀路

（10）模型轮廓精加工：点击主工具条加工策略按钮，依次点击“三维区域清除”—“模型轮廓”，点击“接受”，弹出如图 6-49 所示对话框，分别设置如下参数：刀具“D10T1”，公差“0.01”，切削方向“逆铣”，余量“0”，行距“10”。点击“计算”—“取消”，完成本操作，加工刀路如图 6-50 所示。点击图标进行碰撞检查。

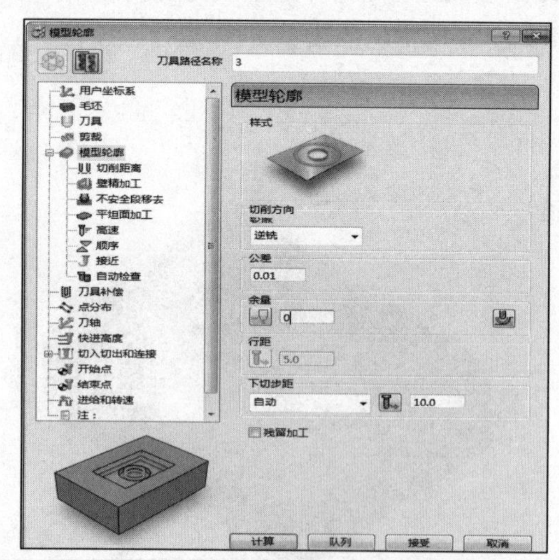

图 6-49 模型轮廓加工参数设置

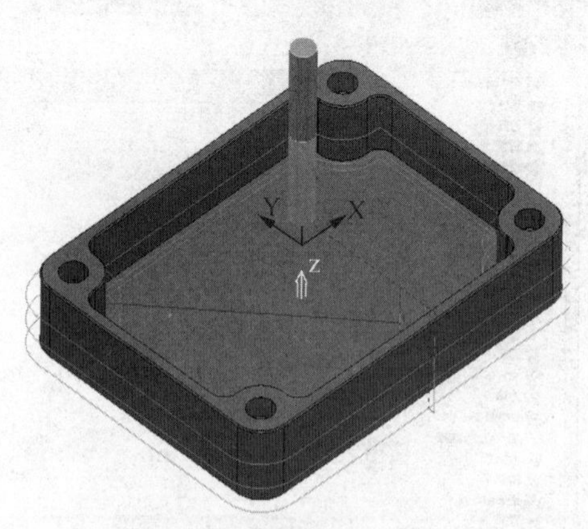

图 6-50 精加工刀路

（11）直径 6.6 钻孔加工：零件总计有 4 个沉头孔要加工，先要识别这些孔。先用窗选整个模型，再点击左侧“特征设置”—“识别模型中的孔”，弹出如图 6-51 所示窗口，参数选择“混合孔”，点击“应用”—“关闭”，孔产生完成。接下来进孔编程，点击左侧“刀具”，激活“Z6.6T2”。点击主工具条加工策略按钮，依次点击“钻孔”—“钻孔”，点击“接受”，弹出如图 6-52 所示对话框，分别设置如下参数：循环类型“间断切削”，操作“用户定义”，间隙“3”，啄孔深度“2”，深度“30”，公差“0.1”，余量“0”。进给与转速如图 6-53 所示参数，点击“计算”—“取消”，完成本操作，加工刀路如图 6-54 所示。点击图标进行碰撞检查。

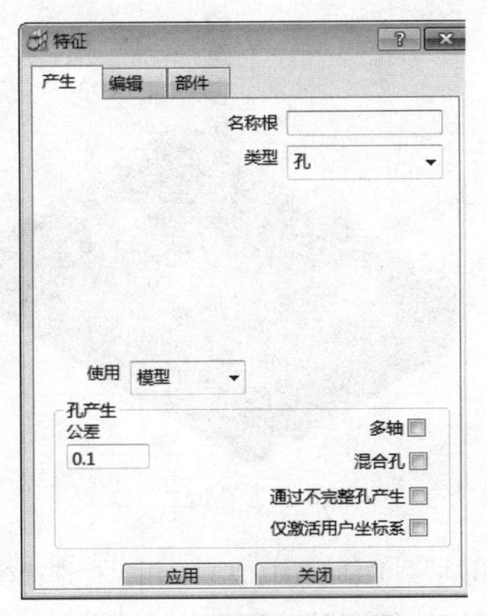

图 6-51　孔特征产生设置

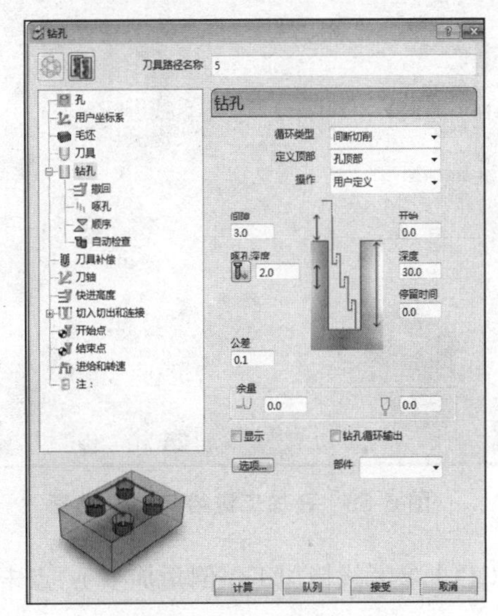

图 6-52　孔加工参数

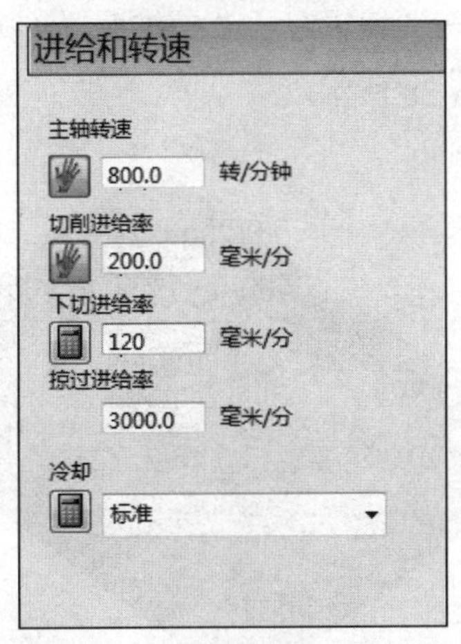

图 6-53　孔加工进给与转速设置

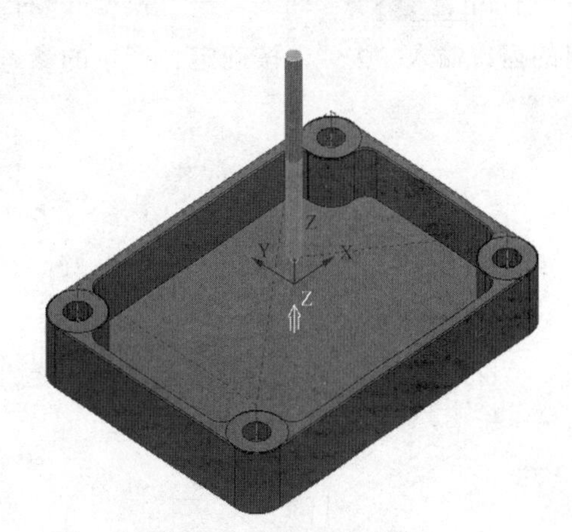

图 6-54　孔加工刀路

（12）直径 11 钻孔加工：点击左侧“刀具”，激活“Z11T3”。点击主工具条加工策略按钮，依次点击“钻孔”—“钻孔”，点击“接受”，弹出如图 6-55 所示对话框，分别设置如下参数：循环类型“间断切削”，操作“用户定义”，间隙“3”，啄孔深度“2”，深度“13”，公差“0.1”，余量“0”。进给与转速如图 6-55 所示参数，点击“计算”—“取消”，完成本操作，加工刀路如图 6-56 所示。点击图标进行碰撞检查。

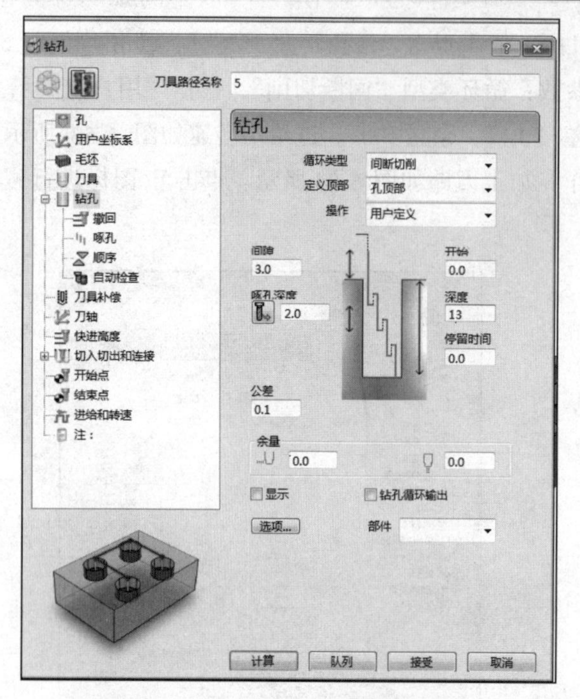

图 6-55 孔加工进给与转速设置

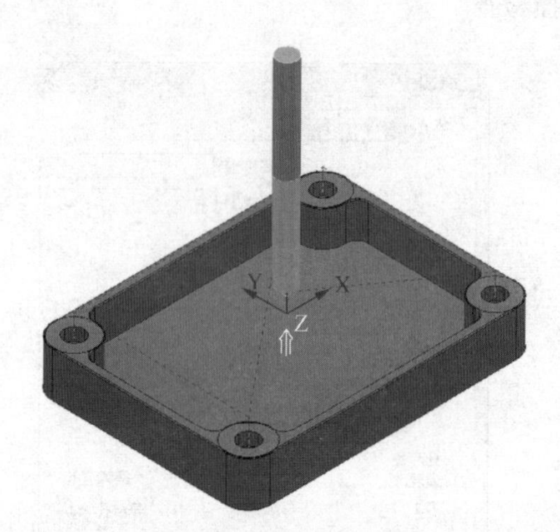

图 6-56 孔加工刀路

（13）参考线精加工（倒角加工）：点击左侧“刀具”，激活“DJ10T3”。用鼠标选择模型顶面，如图 6-57 所示。点击左侧工具“参考线”—“产生参考线”，再打开“参考线”左的号，右击—“插入”—“模型”，右击—“编辑”—“二维偏置（圆角）”，在弹出的窗口输入“2.5”，按确定，产生的参考线如图 6-58 所示。

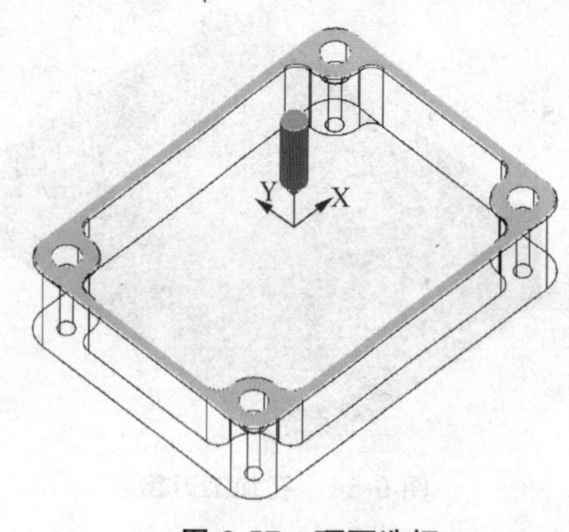

图 6-57 顶面选择

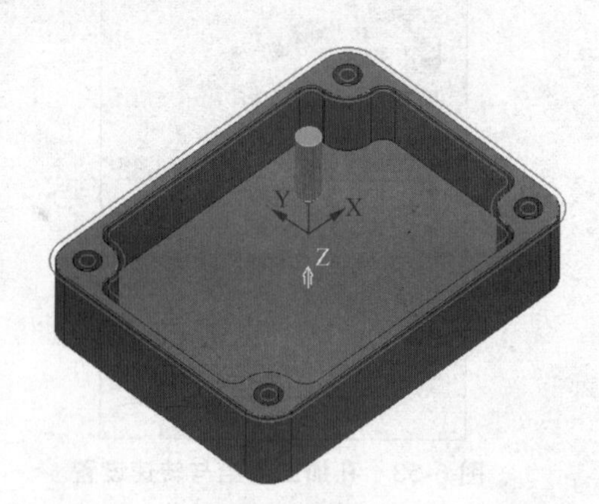

图 6-58 参考线

点击主工具条加工策略按钮，依次点击“精加工”—“参考线精加工”，点击“接受”，弹出如图 6-59 所示对话框，分别设置如下参数：循环类型“间断切削”，操作“用户定义”，公差“0.1”，余量“0”，进给速度“1200”，转速“3180”，点击“计算”—“取消”，完成本操作，加工刀路如图 6-60 所示。点击图标进行碰撞检查。

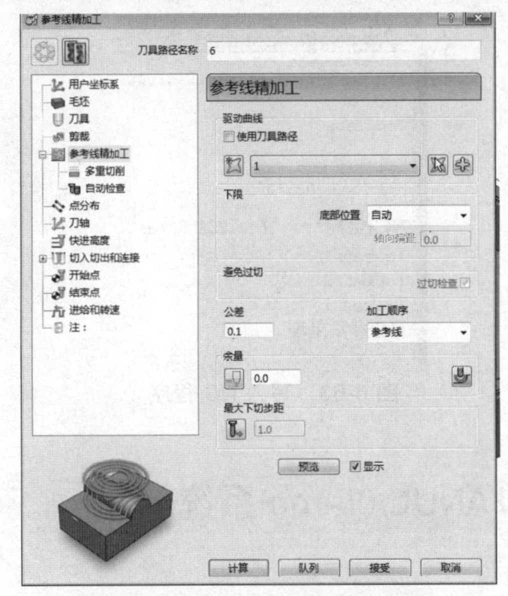

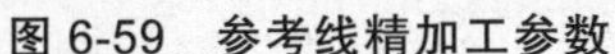
图 6-59　参考线精加工参数

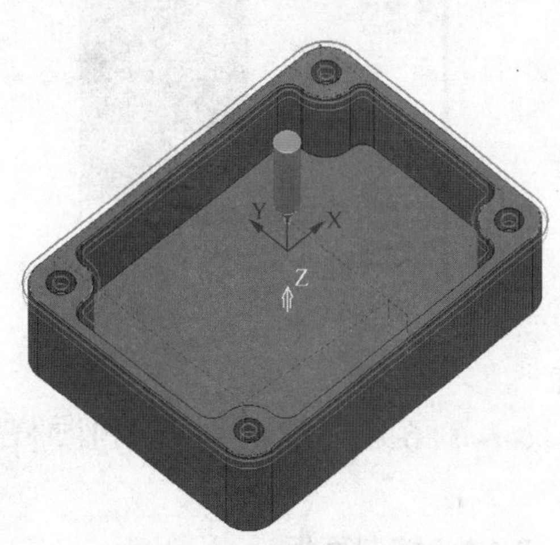

图 6-60　参考线精加工刀路

（14）仿真加工：点击左上方仿真按钮，点击光泽阴影图像，点击 3 可以选择要仿真哪一个刀具路径，点击进行仿真，点击暂停。经过仿真，刀具路径 1 ~ 6 的效果分别如图 6-61 所示。

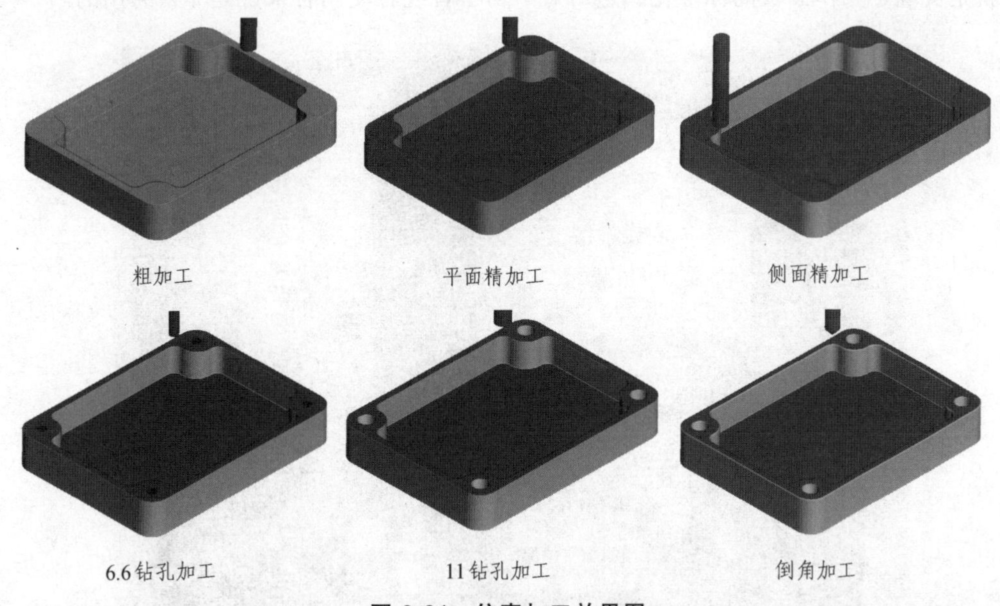

图 6-61　仿真加工效果图

（6）生成 NC 程序：点击左侧工具条“NC 程序”，右键下拉菜单里选择“产生 NC 程序”，在弹出的对话框里更改程序名称，点击“接受”完成。再按键盘 Ctrl 键，选择 6 个刀具路径，如图 6-62 所示，把 3 个刀路增加到 NC 程序中，最后点击 NC 程序下的“123456”——“写入”，此时会自动生成 NC 代码，如图 6-63 所示。

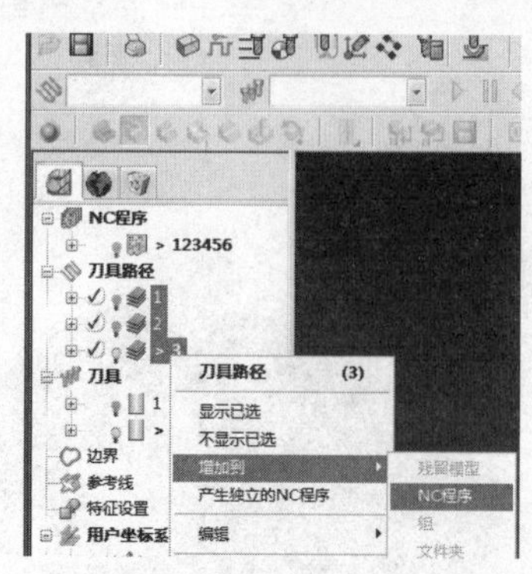

图 6-62 产生 NC 程序

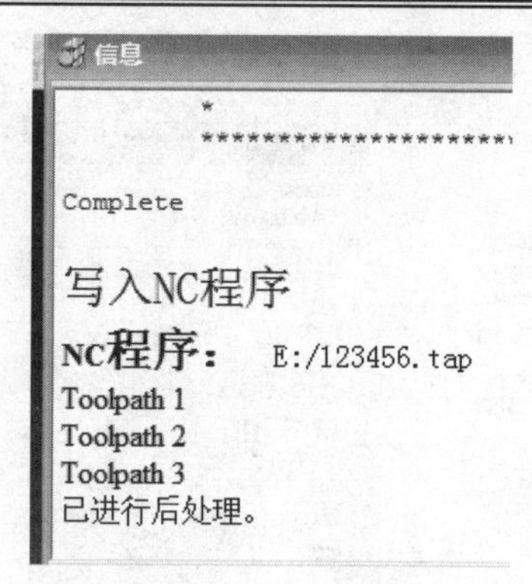

图 6-63 写入 NC 程序

6.4 数控铣床的操作（FANUC 0i-ma 系统）

6.4.1 控制面板

数控铣床配置的数控系统不同，其操作面板的形式也不相同，但其各种开关、按键的功能及操作方法大同小异。如图 6-64 所示为 FANUC 0i-m 型数控系统控制面板。

FANUC 系统是目前市场上非常有竞争力的数控系统之一，FANUC 系统操作界面最大的优势就是实现了操作面板的标准化，这对每个初学者或者使用者来说是非常易用的。

图 6-64 FANUC 标准化面板

FANUC 系统上半部分采用标准化面板，下半部分为厂家自定义部分。

上半部分左边为 LCD 显示器，显示器下面有 7 个扩展功能键，在不同的状态下有不同的功能，右半部分为程序输入区，这里可以进行程序的编辑、位置的查看、刀具的设置等功能，上面 4 行为 26 个字母、数字、EOB（就是分号）、加减乘除按键等，主要用于程序的输入。下面 4 行为输入功能键，下面对这部分进行详细介绍。

POS：POS 为位置按键，这里可以查看机床坐标，绝对坐标和相对坐标等功能，该键的功能就是显示不同状态下的各种位置数字。

PROG：PROG 是程序（PROGRAMME）的缩写格式，在这里可以调出编辑好的程序进行查阅和修改，也可以进入此界面后，通过左侧的扩展功能键 DIR 查看所有程序。

OFS/SET：OFS/SET 是参数设置按键，在这个功能模块里面主要用到的功能就是刀补、磨耗和工件坐标系。刀补/外形是对刀时用，而工件系可以建立 G54 ~ G59 6 个工件坐标系，这在连续加工中应用非常广泛。

SHIFT：SHIFT 俗称上档键，上 4 行的每个按键都由一个大字母和一个小字母组成，大字母是默认的，如果要输入小字母，则需要先按 SHIFT 这个按键后再按即可以了。

CAN：CAN 是放弃（CANCLE）的缩写，如果在输入过程中某个字母输入有误可以通过按下此键，会退一个字母。

INPUT：INPUT 是输入的意思，此功能在参数设置和修改中应用较多，程序输入没有太多的用处。

SYSTEM：SYSTEM 是系统的意思，这里有系统几乎所有的参数设置，一般情况下不用动用，否则对机床运作会有影响。

MESSAGE：MESSAGE 是信息的意思，这里可以为 ALM（报警）、CNC 错误提供显示平台，一般情况下机床出现 ALM 时按下此键可以获得有用的报警信息。

CSTM/GR：GSTM/GR 是图像显示区，这里最常用的就是【图像】功能，在模拟的时候可以用到。

ALTER：ALTER 是替换的意思，如果想将程序中的 G00 替换成 G01，则需要将光标移动到 G00 处然后输入 G01 按下 ALTER 键就可以了。

INSERT：INSERT 是输入的意思，当一个程序段输入结束后可以通过按下此键进行下段程序的输入（也可以一个一个字段地输入）。

DELETE：DELETE 是删除的意思，可以删除一个字段，一个程序段，一个程序甚至所有程序。删除程序段的时候将光标移动到需要删除的程序段后按下 DELETE 键即可，需要删除一个程序则输入 O****，然后按下 DELETE 键就可以了。

↑ PAGE：此按键是向上翻页，按一次就是向上翻动一页。

PAGE ↓：此按键是向下翻页，按一次就是向下翻动一页。

←：光标左移一个字段。

→：光标右移一个字段。

↑：光标向上移动一行。

↓：光标向下移动一行。

HELP：HELP是帮助的意思，此按键功能用处不是太大。

RESET：RESET是复位的意思，当系统程序CNC报警（非超程或者急停）按下此键可以使系统复位。

面板下半部分为厂家自定义的功能区。下面也作详细介绍：

：急停按键在撞刀或者出现紧急情况下使用，可以使系统复位，运动停止，慎用!!!!

：进给倍率%是用来调整进给倍率的，当发现系统给定的F不合适则可以通过此按钮进行调整。

：循环启动是加工开始的标志，在自动或者MDI方式下按下此键可以进行加工操作，而保持进给是程序停止，运动停止，但是主轴不停（例如不能断削情况下使用可以断削），再按下循环启动就可以继续加工。

：X，Z回零显示灯，当一个方向回零结束后，这个方向的灯就会亮起，如果没亮则说明回零失败。

机床操作在不同方式下有不同的动作，不能混淆!!!!!

自动方式：自动方式（MEM，一定要记住此英文缩写）主要是加工，按下此按键后按循环启动则可进行加工。

编辑方式：编辑方式（EDIT，一定要记住此英文缩写）主要用于程序的编辑、修改、删除等操作。

MDI方式：MDI方式（MDI，一定要记住此英文缩写）也是录入方式，此方式下可以通过输入程序段进行循环启动，它不同于编辑方式，它所输入的程序不能保持，此方式下可以启动主轴，换刀，打开冷却液等。

DNC方式：DNC 方式（RMT，一定要记住此英文缩写）是通信加工的方式，可以实现在线加工，但是程序不存入系统内存。

回零方式：回零方式（REF，一定要记住此英文缩写）是建立机床坐标系的充要条件，数控机床一般采用相对位置编码器记录位置，通过回零可以建立机床零点，不回零系统一般情况下会报警，而工件坐标系或者对刀也没有意义!

手动方式：手动方式（JOG，一定要记住此英文缩写）下可以进行主轴的正传，停止，反转，冷却液开/关，手动换刀，刀架移动等操作。

手轮方式：X1 手轮倍率 X10 手轮倍率 X100 手轮倍率 手轮方式X（HND，一定要记住此英文缩写）启动后，手轮倍率就起作用，有3种倍率，×1表示一个脉冲移动1 μm，依此类推!

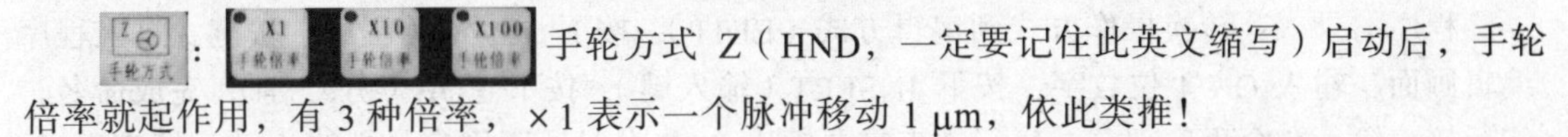

：手轮方式 Z（HND，一定要记住此英文缩写）启动后，手轮倍率就起作用，有 3 种倍率，×1 表示一个脉冲移动 1 μm，依此类推！

：段跳是指当在一行程序段前面加/（斜杠）后按下此键后则在执行运行的时候不执行此段。

：选择停就是 M01 指令，当执行 M01 后，程序暂停执行，当再次按下循环启动按键后继续执行，和保持进给要区别对待。

：锁住机床，刀架不能运动，但是位置数值仍然变化，如果锁住机床后必须要执行回零操作，不然会造成撞刀等现象的产生。

：手动打开冷却液时灯亮，关闭冷却液时灯熄。

：在系统超程的情况下，将系统转至 JOG 手动状态下，向相反的方向移动刀架即可解决超程，如果没有反应，多操作几次即可。

：快速移动倍率设定。

：主轴正转（CW），主轴停（STOP）和主轴反转（CCW），这在手动方式（JOG）下有效。

：手轮倍率设定，在手轮（HND）方式下有效。

：在非变频器控制的数控系统中，只有高速/低速或者 4 个速度之说，变速只能用手动方式挂挡变速，采用双速电机。

：手动换刀在手动方式（JOG）下按一次转换一个刀位。

：在手动方式（JOG）下沿着 4 个方向进行手动操作。

：快速移动按键，当按下此键后再按 4 个刀架移动方向键后可以加快移动速度，移动倍率可以通过快速移动倍率控制。

：程序保护开关，当打开时可以进行程序编辑和参数修改，当关闭时不可以进行程序编辑、参数修改等。

：NC 系统启动和关闭按键。

：手轮操作（HND）方式下每转动一格（可以听到一声咔嚓），逆时针移动沿着负向运动，顺时针移动沿着正向，X 还是 Z 轴移动通过手轮按键选择。

6.4.2　程序编辑操作简介

通过这些介绍，对面板按键的作用和含义有了一定的认识。下面介绍一下程序编辑的一些操作：

程序的录入：转换操作方式到编辑方式（EDIT），按下 PROG（程序）按键，进入程序编辑画面，输入 O+4 位数字，按下 INSERT（输入键），按下 EOB（分号键），完成命名，然后接着输入剩余程序部分，每行结束需要输入 EOB 分号，否则容易出错。M30 结束程序。

程序的调用：编辑状态（EDIT）方式下，按下 PROG（程序）按键，进入程序编辑画面，输入 O+程序名，按下程序输入区的 ↓ 向下光标键或者扩展功能键的 OSRE 即可调出已经编好的程序。

程序名修改：编辑状态（EDIT）方式下，按下 PROG（程序）按键，进入程序编辑画面，用上下左右光标键将光标移动到程序名程序段后，输入 O+4 位数字，按下 ALTER（替换）按键进行替换即可。关于程序字段的修改在 ALTER（替换）按键功能的介绍中已经讲过，这里不做赘述。

程序的删除：编辑状态（EDIT）方式下，按下 PROG（程序）按键，进入程序编辑画面，输入要删除的程序名后按下 DELETE（删除）按键即可，如果要删除所有程序，则输入 o-9999，按下 DELETE（删除）按键即可。

后台编辑：为了更好地利用时间，在加工的过程中可以进行编辑，这就是后台编辑（BG-EDIT），在自动运行（MEM）方式下，按下 PROG（程序）按键，进入程序画面，按下扩展功能键的【操作】按键，按下 ▶（向右扩展键）—【BG-EDIT】即可进入后台编辑，后台编辑时不能按 RESET（复位）按键，否则对加工产生影响，再次按下【BG-EDIT】可以退出后台编辑。

6.4.3 机床基本操作简介

（1）开机→压油→REF 回零，如果刀架已经在零点附近，则需要先沿着 -Z 移动一段距离后再沿着 -X 移动一段距离再执行回零操作。回零的时候要注意先回 +X，再回 +Z，操作反了有可能使刀架撞尾架。只要有【超程】、【断电】、【急停】和【机床锁住】模拟任意一种情况出现必须要再次回零。

（2）回零动作完成后，打开 POS 位置界面，按下扩展功能键区的【相对】—【操作】—【归零】/【起源】—【所有轴】，将相对坐标清零，这一步虽然对刀补不起任何作用，但对于检查刀补有着重要的作用。

（3）装刀—对中心高，在不引起干涉的情况下，刀具伸出越短越好，垫刀片要对齐摆放在刀架前侧面（外轮廓加工）或者左侧面（内轮廓加工），只压前面 2 个螺钉，不准用套管加力。

（4）对刀补的时候需要将 1～4 号刀补和 1～4 号刀一一对应（对于 4 刀位方刀架而言），如果需要用别的刀补，使用 5 号以后的刀补，一般情况下只有一把刀切削对刀，其余各把刀都采用碰端面或者直径的方式对刀，可以提高对刀效率，对 Z 向的时候只能沿着 X 方向移动，然后输入刀补，对 X 向的时候只能沿着 Z 方向移动，然后输入刀补。

（5）换刀点应选择在离工件较远的地方，避免换刀撞到工件，不使用顶尖加工的情况下，一般选择在 X100Z100 的地方（直径小于 100 mm，大直径根据情况而定），当刀具在工件外轮廓上，退刀应选择先退 X，再退 Z，在内轮廓中应选择先退 Z 再退 X，防止斜线退出拉伤工件或者撞刀。当使用顶尖的时候，X 方向根据实际情况而定，Z 方向不要超过 Z3，防止刀架撞尾架。当工件加工中包含外轮廓刀具和内轮廓刀具的时候，使用完内轮廓刀具再使用外轮廓刀具时，希望到定刀点采用先定 X 再定 Z 的方式，防止刀具因为长度差异太大拉伤工件。

（6）在加工过程中冷却液的流量要适中，留意冷却液是否泄露，及时补充水和乳化油。

（7）如果遇到紧急情况优先选择 RESET（复位）按键，也可以使用急停按键，解除急停方式将急停按键顺时针旋转即可。按下急停后记住要回零。

（8）每天培训完成后收拾刀具、量具，打扫机床及周围卫生，注意擦尽导轨上的水，压油后回零，然后手动状态下沿着 – Z 和 – X 移动一些，减少手动方式长期压回零开关对机床回零产生影响。关闭 NC 系统，关闭系统电源。

思考与练习

1. 数控铣床与普通铣床有哪些主要区别?
2. 数控代码 G0 与 G01 有什么差别?
3. 数控铣床的主要加工对象有哪些?
4. 数控铣削的刀具半径补偿一般在什么情况下使用?

第 7 章 数控车削

7.1 数控车削概述

数控车削是指数字化控制车床加工的工艺方法，在车床主体加入了数控系统和驱动系统，形成了数控车床。数控车床大致可分为经济型数控车、全功能数控车和车铣复合机床等，具有自动化、精度高、效率高和通用性好等特点，适用于复杂零件和大批量生产。

数控车床一般分为卧式（水平导轨和倾斜导轨）和立式两大类。配备多工位刀塔或动力刀塔的数控车床也称车削中心或车铣复合，它具有广泛的加工工艺性能，可加工外圆、孔、螺纹、槽、蜗杆等复杂工件，具有直线插补、圆弧插补等各种补偿功能。

7.2 数控车床的组成及工作原理

7.2.1 数控车床的组成

数控车床一般由车床主体、数控装置和伺服系统 3 大部分组成，如图 7-1 所示。

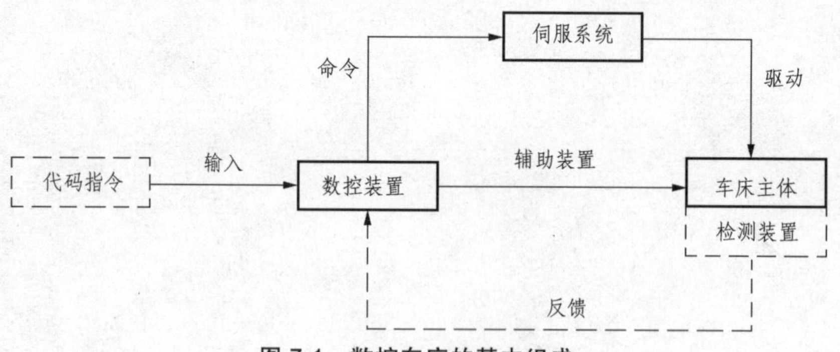

图 7-1 数控车床的基本组成

车床主体是指车床机械结构部分，包括主轴、导轨、机械传动机构、自动转动刀架、检测反馈装置和对刀装置等，具体可参考车床结构。

数控装置的核心是计算机及其软件，主要作用是接收由加工程序送来的各种信息，并经处理和调配后，向驱动机构发出执行命令；在执行过程中，其驱动、检测等机构同时将有关信息反馈给数控装置，以便经处理后发出新的执行命令。

伺服系统是数控装置指令的执行系统，动力和进给运动的主要来源。主要由伺服电机及其控制器组成。

总体来说，数控车床采用数字化的符号和信息对机床的运动和加工过程进行自动控制，它具有如下优点：

（1）具有全封闭防护。

（2）主轴转速较高，工件夹紧可靠。

（3）自动换刀。

（4）主传动与进给传动分离，由数控系统协调。

（5）以两轴联动车削为主，并向多轴、车铣复合加工发展。

7.2.2　数控车床的工作过程

数控车床的工作过程如图7-2所示。

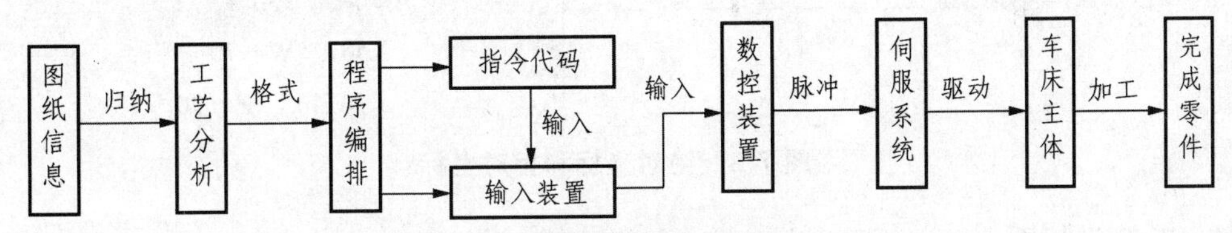

图7-2　数控车床的工作过程

（1）根据需加工零件的形状、尺寸、材料及技术要求等内容，进行各项准备工作（包括图纸信息归纳、工艺分析、工艺设计、数值计算及程序设计等）。

（2）将上述程序和数据按数控装置所规定的程序格式编制出加工程序。

（3）将加工程序以代码形式输入数控装置，数控装置将代码转变为电信号输出。

（4）数控装置将电信号以脉冲信号形式向伺服系统统发出执行的命令。

（5）伺服系统接到执行的信息指令后，立即驱动车床进给机构严格按照指令的要求进行位移，使车床自动完成相应零件的加工。

7.3　数控车削系统

7.3.1　编程概要

1．轴定义

车床通常使用X轴、Z轴组成的直角坐标系进行定位和插补运动。X轴为工件的径向方向（X轴正向指向车刀位置，通常X值表示该点处工件的直径值），Z轴为工件的轴向方向（右边为Z轴正半轴）。

2．机械原点

机械原点为车床上的固定位置，机械原点常装在X轴和Z轴的正方向的最大行程处。

3. 编程坐标

编程时系统可用绝对坐标、相对坐标（增量坐标）或混合坐标（绝对和相对坐标同时使用）进行编程。绝对坐标中坐标值是以工件原点为基准而得到的，用（X、Z）表示。增量坐标中坐标值是以目标点的前一点为基准而得到的，用（U、W）表示。绝对坐标和增量坐标举例，如图 7-3 所示。

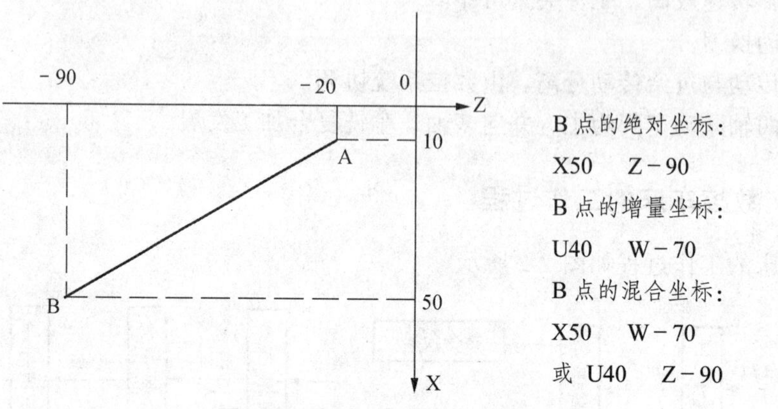

图 7-3　绝对坐标和相对坐标

4. 工件坐标系

系统以工件坐标系作为编程的坐标系，通常将工件旋转中心设置为 X0.00 坐标位置，将中心线上的某一个有利于编程的点设置为 Z0.00 坐标位置。

5. 坐标的单位及范围

系统使用直角坐标系，最小单位为 0.001 mm，编程的最大范围是 ± 99 999.99。

6. 程序的组成

（1）程序号：程序的标识符，由地址符 O 后带 4 位数字组成。

（2）程序体：整个程序的核心，完成数控加工的全部动作，由若干个程序段组成。

（3）程序结束指令：结束整个程序的运行，指令有 M30 或 M02。

7. 程序段的构成

程序段由若干个指令字组成，每个指令字由地址符与数字组成。目前广泛采用地址符可变程序段格式（字地址程序段格式）。另外指令字在程序段中的顺序没有严格的规定，可以任意顺序书写。与上段相同的模态指令（包括 G、M、F、S 及尺寸指令等）可以省略。

字地址程序段格式：

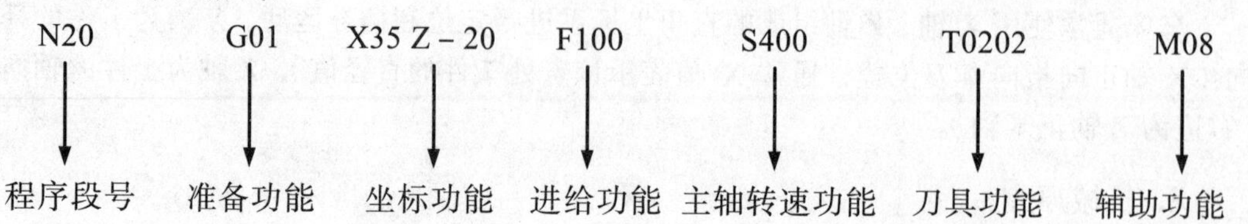

7.3.2 代码认识

1. G 代码（主要功能）

表 7-1 所示为常用 G 代码及功能，G 代码有以下两种：非模态 G 代码，仅在被指定的程序段内有效的 G 代码；模态 G 代码，直到同一组的其他 G 代码被指定之前均有效的 G 代码。

表 7-1

G 代码	组 别	功 能
G0*	01	快速定位
G1	01	直线插补
G2	01	顺（时针）圆弧插补
G3	01	逆（时针）圆弧插补
G4	00	暂停、准停
G20	02	英制单位选择
G21*	06	公制单位选择
G28	00	自动返回机械零点
G32	01	等螺距螺纹切削
G50	00	设置工件坐标系
G70	00	精加工循环
G71	00	轴向粗车循环
G72	00	径向粗车循环
G73	00	封闭切削循环
G74	00	轴向切槽循环
G75	00	径向切槽循环
G90	01	轴向切削循环
G92	01	螺纹切削循环
G96	02	恒线速切削控制
G98	03	进给速度按每分钟设定
G99	03	进给速度按每转设定

注：① 带“*”指令为系统上电时的默认设置；

② 00 组代码为非模态代码，仅在所在的程序行内有效；

③ 其他组别的 G 指令为模态代码，此类指令设定后一直有效，直到被同组 G 代码取代。

现以 G0、G1、G2、G3 指令为例，简单讲解 G 代码在数控编程中的用法。

2. 代码讲解

（1）快速定位 GO

格式：G0 X（U）__ Z（W）__；

功能：X 轴、Z 轴同时从起点以各自的快速移动速度移动到终点，如图 7-4 所示。

两轴是以各自独立的速度移动，短轴先到达终点，长轴独立移动剩下的距离，其合成轨迹不一定是直线。

说明：G0 为初态 G 代码：

X，U，Z，W 取值范围为 – 99 999.999 ~ 99 999.999 mm；

X（U）、Z（W）可省略一个或全部，当省略一个时，表示该轴的起点和终点坐标值一致。

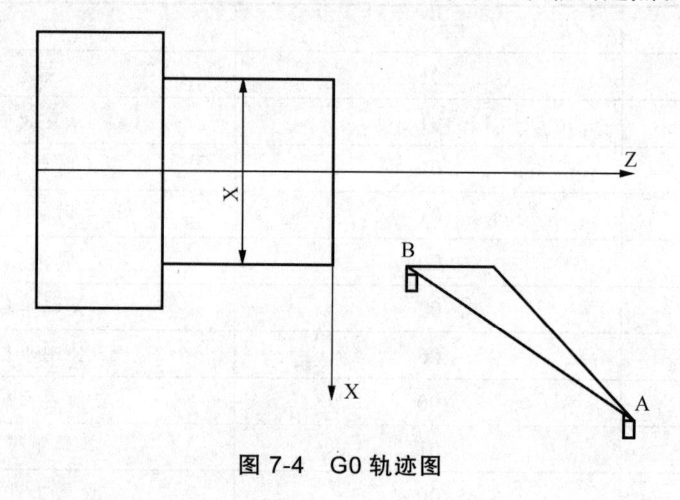

图 7-4　G0 轨迹图

X、Z 轴各自快速移动速度分别由系统数据参数 NO.022、NO.023 设定，并可由控制面板的快速倍率键调整实际移动速度。

示例：刀具从 A 点快速移动到 B 点，如图 7-5 所示。

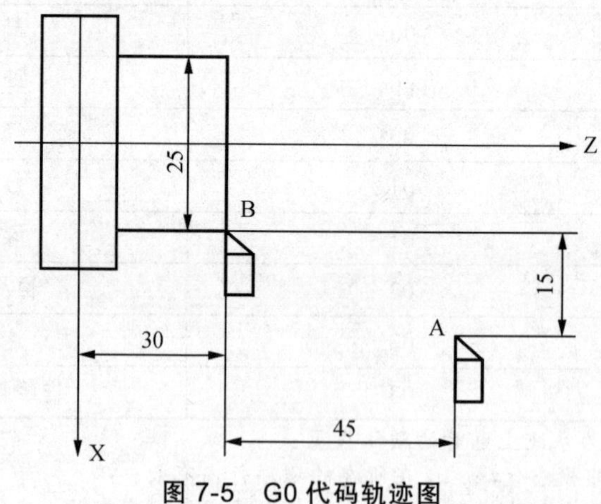

图 7-5　G0 代码轨迹图

程序：

GO X25 Z30;　　　　（绝对坐标编程）

GO U – 30 W – 45;　　（相对坐标编程）

GO X25 W – 45;　　（混合坐标编程）

GO U – 30 Z30;　　（混合坐标编程）

（2）直线插补 G1

格式：G1 X（U）__ Z（W）__ F__；

功能：运动轨迹为从起点到终点的一条限速的直线。轨迹如图 7-6 所示。

说明：G1 为模态 G 代码：

X、U、Z、W 取值范围为 – 99 999.999 ~ 99 999.999 mm；X（U）、Z（W）可省略一个或全部，当省略一个时，表示该轴的起点和终点坐标值一致。

F 代码值为 X 轴方向和 Z 轴方向的瞬时速度的向量合成速度，实际的切削速度为进给倍率与 F 代码值的乘积。

F 代码值执行后，此代码值一直保持，直至新的 F 代码值被执行，后述 G 代码使用的 F 代码字功能与此相同。取值范围见表 7-2。

表 7-2

代码功能	G98（mm/min）	G99（mm/r）
取值范围	1 ~ 15 000	0.001 ~ 500

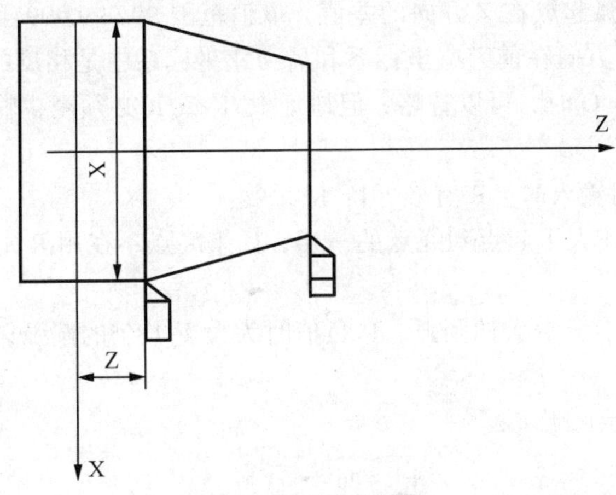

图 7-6　G1 轨迹图

（3）圆弧插补 G2、G3

格式：$\left.\begin{array}{l}\text{G2}\\ \\ \text{G3}\end{array}\right\}$ X（U）____ Z（W）____ $\left\{\begin{array}{l}\text{R\_\_\_\_\_}\\ \\ \text{I\_\_\_\_\_ K\_\_\_\_\_}\end{array}\right\}$ F_____

功能：G2 代码运动轨迹为从起点到终点的顺时针（后刀座坐标系）/逆时针（前刀座坐标系）圆弧，或从图上观察为凹圆弧，轨迹如图 7-7 所示。

G3 代码运动轨迹为从起点到终点的逆时针（后刀座坐标系）/顺时针（前刀座坐标系）圆弧，或从图上观察为凸圆弧，轨迹如图 7-8 所示。

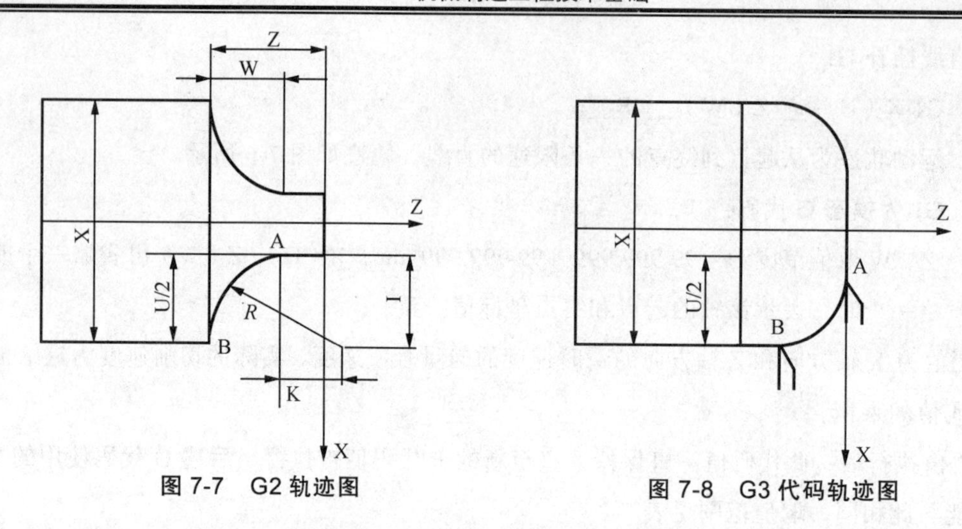

图 7-7　G2 轨迹图　　　　图 7-8　G3 代码轨迹图

说明：

（1）G2、G3 为模态 G 代码。

（2）R 为圆弧半径，取值范围 – 99 999.999 ~ 99 999.999 mm。

（3）I 为圆心与圆弧起点在 X 方向的差值，用半径表示，取值范围 – 99 999.999 ~ 99 999.999 mm。

（4）K 为圆心与圆弧起点在 Z 方向的差值，取值范围 99 999.999 ~ 99 999.999 mm。

（5）G2/ G3 圆弧的方向在前刀座坐标系和后刀座坐标系中是相反的。

（6）当 I = 0 或 K = O 时，可以省略：但地址 I、K 或 R 必须至少输入一个，否则系统产生报警。

（7）I、K 和 R 同时输入时，R 有效，I、K 无效。

（8）R 值必须等于或大于起点到终点的一半，如果终点不在用 R 定义的圆弧上，系统会产生报警。

（9）R 指定时，是小于 360°的圆弧，R 负值时为大于 180°的圆弧，R 正值时为小于或等于 180°的圆弧。

示例：如图 7-9 所示圆弧 G2。

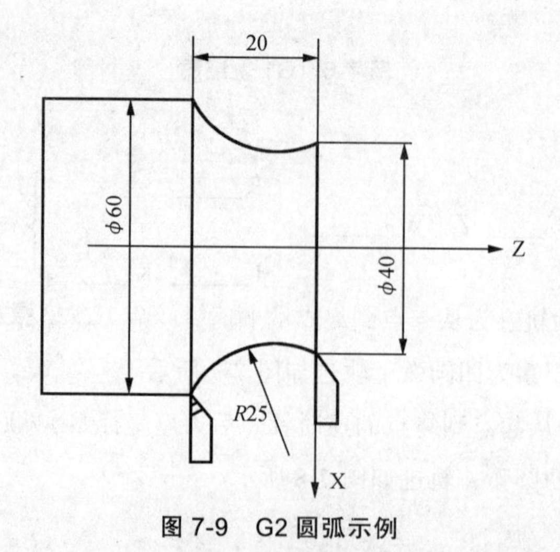

图 7-9　G2 圆弧示例

程序：

G2 X60 Z－20 R25 F300；

示例：G2/G3 代码综合编程实例，如图 7-10 所示。

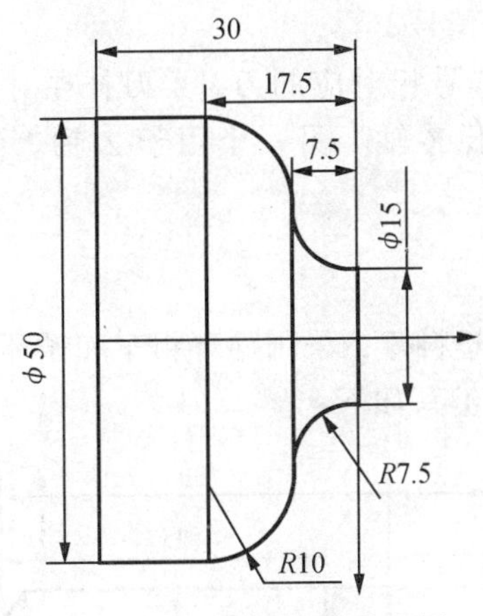

图 7-10 G2/G3 圆弧示例

程序：

```
GO X0 Z5;                 （快速定位）
S400 M03;                 （主轴正转）
G1 X0 Z0 F100;            （靠近工件）
X15
G2 X30 Z－7.5 R7.5        （顺时针圆弧）
G3 X50 Z－17.5 R10        （逆时针圆弧）
M30;                      （程序结束）
```

3. M 代码（辅助功能）

如表 7-3 所示为常用的 M 功能。

表 7-3

M 代码	功能	M 代码	功能
M3	主轴正转	M0	程序暂停，按“循环起动”继续执行
M4	主轴反转	M2	程序结束，程序返回开始
M5	主轴停止	M30	程序结束，程序返回开始
M8	开冷却液	M98	调用子程序
M9	关冷却液	M99	子程序结束返回

4. S 代码（主轴转速选择功能）

S□□□□：主轴转速指令，代码后带具体转速，单位为 r/min。通常与辅助代码 M3（正转）和 M4（反转）配合使用。

5. T 代码（刀具选择功能）

T 功能可控制多位自动刀架。

格式：T■■□□，其中前两位数字（■■）为选择刀具号，其数值的后两位（□□）用于指定刀具补偿（刀补）的补偿号。

刀具偏置号用于选择与偏置号相对应的刀补。刀补在对刀时通过键盘单元输入。相应的偏置号有两个刀补，一个用于 X 轴，另一个用于 Z 轴。使用多把刀加工时，必须先设置刀补。

6. 编程实例

使用直径 26 mm 的铝板或塑料棒，采用循环粗车和循环精车的加工方法，将如图 7-11 所示零件的加工工艺和数控程序编写如下：

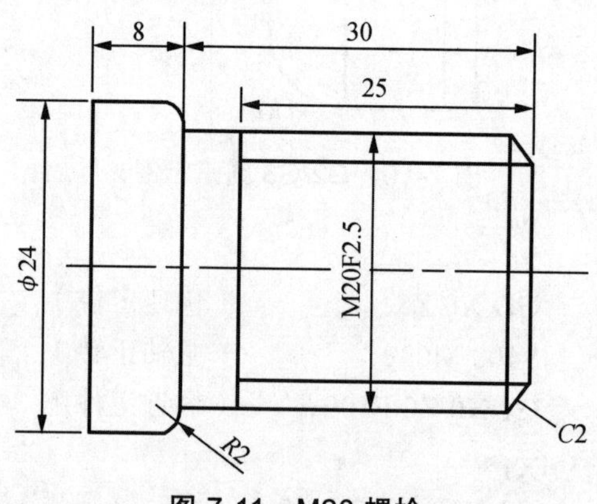

图 7-11 M20 螺栓

程序：

```
G0 X50 Z150;
T0101;
S400 M3;
G0 X26 Z5;
G71 U1 R0.5 F100;
G71 P10 Q20 U0.2 W0.1;
N10 G0 X0 ;
G1 Z0;
X16;
X20 Z – 2;
Z – 30;
G3 X24 Z – 32 R2 F100;
N20 G1 Z – 38;
G70 P10 Q20 S600 F40;
G0 X50 Z150;
```

```
T0202;
S100 M3;
G0 X26 Z5;
G92 X19 Z－25 P2.5 J3 K1;
X18;
X17.5;
X17
G0 X50 Z150;
T0303;
S400 M3;
G0 X30 Z－38;
G1 X0 F10;
G0 X50 Z150;
T0101;
G0 X26 Z0;
M30;
```

7.4　系统操作：广州数控 GSK980TDa

7.4.1　面板介绍

1. GSK980TDa 的面板（见图 7-12）

图 7-12　GSK980TDa 的 LCD/MDI 面板

2. GSK980TDa 面板中各常见的按键功能（见表 7-4）

表 7-4 GSK980TDa 按键功能

按键	说明	操作方式
单段	单段：程序可在单段运行和连续运行状态切换	自动方式、录入方式
跳段	程序段选跳：选择是否在首标有“/”号的程序段跳过	自动方式、录入方式
机床锁	机床锁住：打开时，X、Z 轴输出无效	自动方式、录入方式、编辑方式、机械回零、手轮方式、单步方式、手动方式、程序回零
辅助锁	辅助功能锁住：打开时，M、S、T 功能输出无效	自动方式、录入方式
空运行	空运行：打开时，加工程序/MDI 代码段空运行	自动方式、录入方式
编辑	编辑方式：进入编辑状态操作方式	自动方式、录入方式、机械回零、手轮方式、单步方式、手动方式、程序回零
自动	自动方式：进入自动状态操作方式	录入方式、编辑方式、机械回零、手轮方式、单步方式、手动方式、程序回零
录入	录入方式：进入录入（MDI）状态操作方式	自动方式、编辑方式、机械回零、手轮方式、单步方式、手动方式、程序回零
机械零点	机械回零方式：进入机械回零状态操作方式	自动方式、录入方式、编辑方式、手轮方式、单步方式、手动方式、程序回零
手轮	手轮方式：进入手轮操作方式	自动方式、录入方式、编辑方式、机械回零、手动方式、程序回零
手动	手动方式：进入手动状态操作方式	自动方式、录入方式、编辑方式、机械回零、手轮方式、单步方式、程序回零
程序零点	程序回零：进入程序回零状态操作方式	自动方式、录入方式、编辑方式、机械回零、手轮方式、单步方式、手动方式

7.4.2 手动进给

按下“手动”键（该键灯亮），进入手动方式。

1．手动连续进给

（1）按下“手动”按键，这时液晶屏幕右下角显示“手动”。再按住移动轴方向，则机床沿着选择轴方向移动。

（2）调整相应的快速移动速率：进给速度百分率由 25% ~ 100%以 25%递增或递减。

2．快速进给

按下快速进给键时（该键灯亮），手动以快速速度进给。

7.4.3 手轮进给

手轮为转动手摇脉冲发生器，可以使机床微量进给。按下手轮方式键（该键灯亮），选择手轮操作方式，液晶屏幕右下角显示“手轮”。

（1）手摇脉冲发生器的右转为“+”方向，左转为“-”方向。

（2）在“手轮进给”方式下，按下相应的坐标轴键（X 轴和 Z 轴），则在该轴方向移动。

（3）每一个脉冲有 3 个移动量可选择，分别为 0.001 mm、0.01 mm、0.1 mm。

7.4.4 录入方式（MDI 运转）

从 MDI 界面上输入一个程序段的指令，并可以执行该程序段。

例：X25 Z0 的输入方法如下。

（1）把方式选择于 MDI 界面（具体步骤为按“程序”键，按“翻页”键后进入该界面）。

（2）键入 X25，按“输入”键。X25 输入后被显示出来。

（3）输入 Z0，按“输入”键。Z0 输入后被显示出来。

（4）输入 G0，按“输入”键。G0 输入后被显示出来。

（5）按“循环启动”键。

7.4.5 对 刀

系统 GSK980TDa 提供了 3 种对刀方法：定点对刀、试切对刀及回机械回零点对刀。

1．定点对刀

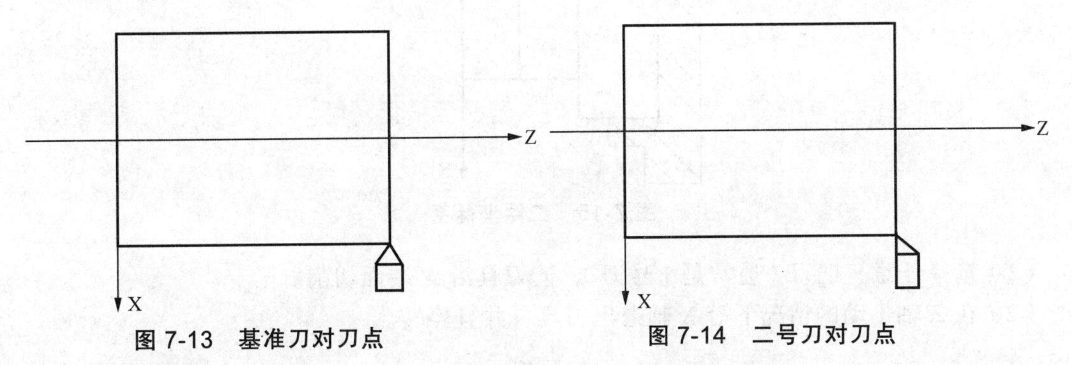

图 7-13 基准刀对刀点　　图 7-14 二号刀对刀点

（1）开机后进入“刀补”，将1号刀补清零：将光标放在01行，按“X”、“输入”、“Z”“输入”，使该行清零。

（2）按“程序”按钮，然后通过“翻页键”进入MDI界面。

（3）进入MDI界面后，选择“录入”按钮。

（4）输入代码“T0101”、“输入”，按“循环启动”按钮。

（5）输入代码：“G0”、“输入”、“X50”、“输入”、“Z150”、“输入”，按“循环启动”。

（6）输入“S400”、“输入”、“M3”、“输入”，按“循环启动”按钮，机床开始转动。

（7）按“手轮”按钮，然后将刀尖移至工件端面右边，按“手动”按钮，按住“Z负向”按钮沿着Z负向切削工件一段距离。

（8）按“手轮”按钮和“Z向”按钮，用手轮将刀沿Z向移开，主轴停止，然后测量工件车削后的直径，并记录测量直径值。

（9）主轴运行，将刀移至工件端面（刀尖停放点命名为A点）；进入MDI界面，录入以下程序代码：“G50”、“输入”、“X测量直径值”、“输入”、“Z0”“输入”，按“循环启动”。

（10）按“位置”按钮，通过“上下翻页”按键，进入UW显示界面（正常显示是U测量直径值，W0），然后输入以下代码：“U”“取消”。

（11）将刀架移开，然后进入MDI界面，录入以下程序代码：“T0202”、“输入”，按“手轮”按钮，将02号刀移至工件端面（即刀尖停放在A点）。

（12）按“刀补”按钮，通过移动光标，选择02行，然后依次输入以下代码：“X”、“输入”、“Z”“、输入”、“U”、“输入”、“W”、“输入”，完成T0202对刀。

（13）重复（11）~（12）步骤完成T0303和T0404对刀。

2. 试切对刀

试切对刀是否有效，取决于CNC参数NO.012的BIT位的设定。

以工件端面建立工件坐标系，如图7-15所示。

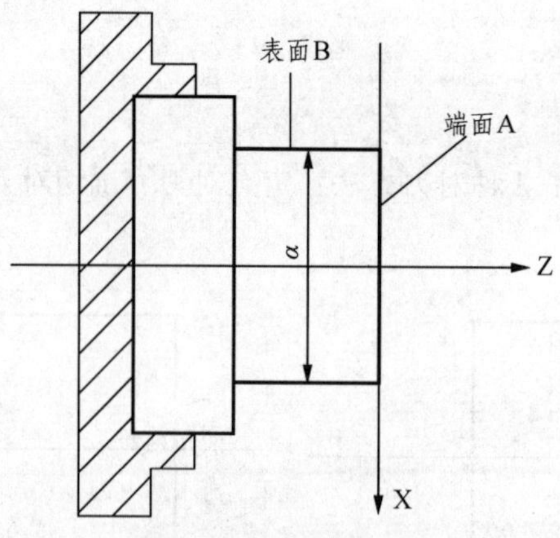

图7-15 工件坐标系

（1）选择任意一把刀（通常是1号刀），使刀具沿A端面切削。

（2）在Z轴不动的情况下沿X轴退出刀具，并且停转。

（3）按“刀补”键进入偏置界面，选择刀具偏置界面，按“上下移动”键移动光标选择该刀具对应的偏置号。

（4）按下“Z0”、“输入”键。

（5）操作刀具沿 B 表面切削。

（6）在 X 轴不动的情况下，沿 Z 轴退出刀具，并且停转。

（7）测量直径“a”（假定 a = 20），如图 7-15 所示。

（8）按“刀补”键进入偏置界面，选择刀具偏置界面，按“上下移动”键移动光标选择该刀具对应的偏置号。

（9）键入“X20”及“输入”键。

（10）移动刀具至安全换刀位置，换另一把刀。

（11）使刀具沿 A_1 端面切削。

（12）在 Z 轴不动的情况下沿 X 轴退出刀具，并且停转。

（13）测量 A_1 端面与工件坐标系原点之间的距离“β_1”（假定$\beta_1 = 1$），如图 7-16 所示。

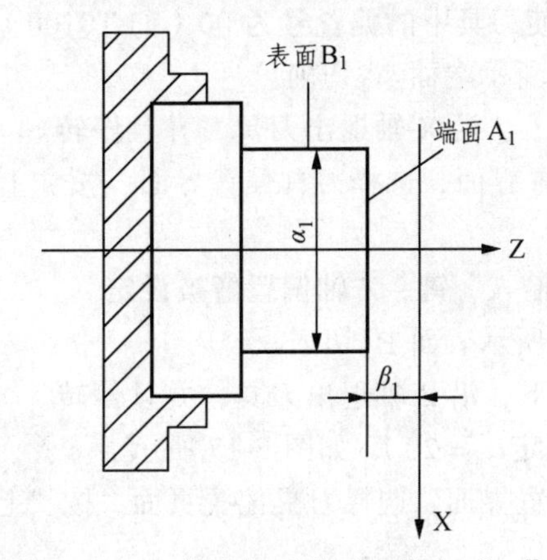

图 7-16　工件坐标系中“α_1”与“β_1”

（14）按“刀补”键进入偏置界面， 选择刀具偏置界面，按“上下移动”键移动光标选择该刀具对应的偏置号。

（15）按“Z – 1”及“输入”键。

（16）使刀具沿 B_1 表面切削。

（17）在 X 轴不动的情况下，沿 Z 轴退出刀具，并且停转。

（18）测量距离“α_1”（假定$\alpha_1 = 10$）。

（19）按“刀补”键进入偏置界面，选择刀具偏置页面，按“上下移动”键移动光标选择该刀具对应的偏置号。

（20）依次键入地址键“X10”及“输入”键。

（21）其他刀具对刀方法重复步骤（10）~（20）。

3. 回机械零点对刀

此对刀方法没有基准刀与非基准刀问题，每一把刀可以进行独立调整。对刀前需要回一次机械零点，断电后上电只要回一次机械零点后即可继续加工。

以工件端面建立工件坐标，如图 7-17 所示。

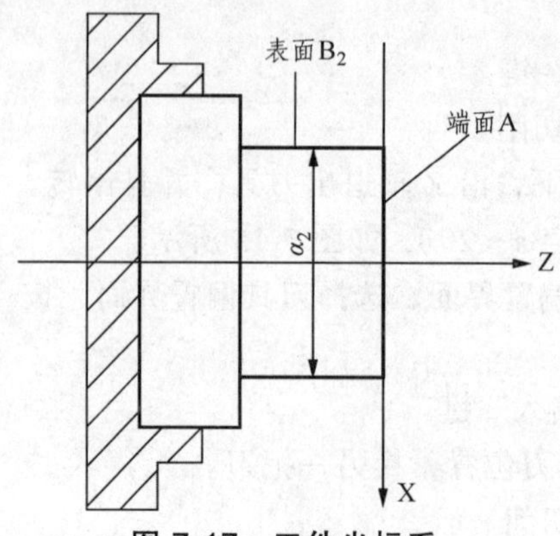

图 7-17 工件坐标系

（1）按“机械零点”键进入机械回零操作方式，使两轴回机械零点。

（2）选择任意一把刀，使刀具中的偏置号为 00（如 T0100）。

（3）操作刀具沿图 7-17 所示端面 A_2 切削。

（4）在 Z 轴不动的情况下，沿 X 轴退出刀具，并且停转。

（5）按“刀补”进入偏置界面，选择刀具偏置界面，按“上下移动”键移动光标选择某一偏置号。

（6）依次按“Z0”及“输入”键，Z 轴偏置值被设定。

（7）操作刀具沿图 7-17 所示表面 B_2 切削。

（8）在 X 轴不动的情况下，沿 Z 轴退出刀具，并且停转。

（9）测量距离“α_2”（假定$\alpha_2 = 20$），如图 7-17 所示。

（10）按“刀补”进入偏置界面，选择刀具偏置页面，按“上下移动”键移动光标选择偏置号。

（11）依次键入“X20”及“输入”键，X 轴刀具偏置值被设定。

（12）移动刀具至安全位置。

（13）换另一把刀，使刀具中的偏置号为 00（如 T0200）。

（14）操作刀具沿图 7-18 所示端面 A_3 切削。

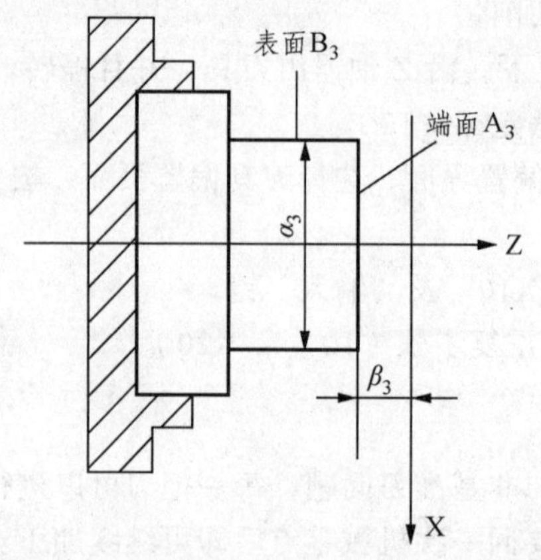

图 7-18 工件坐标系中“α_3”与“β_3”

（15）在 Z 轴不动的情况下沿 X 轴退出刀具，并且停转，测量 A_3 轴端面与工件坐标系原点之间的距离“β_3”（假定$\beta_3 = 1$）。

（16）按“刀补”进入偏置界面，选择刀具偏置页面，按“上下移动”键移动光标选择某一偏置号。

（17）依次按“Z－1”及“输入”键，Z 轴刀具偏置值被设定。

（18）操作刀具沿 B_3 表面切削。

（19）在 X 轴不动的情况下，沿 Z 轴退出刀具，并且停转。

（20）测量距离“α_3”（假定$\alpha_3 = 20$）。

（21）按“刀补”进入偏置界面，选择刀具偏置页面，按“上下移动”键移动光标选择偏置号。

（22）依次键入“X10”及“输入”键，X 轴刀具偏置值被设定。

（23）移动刀具至安全位置。

（24）重复步骤（12）~（23），即可完成所有刀的对刀。

7.4.6　刀具偏置值的设置与修改

按“刀补”键进入偏置界面，通过“翻页”键分别显示偏置号，如图 7-19 和图 7-20 所示分别表示刀具偏置和刀具磨损。

刀具偏置磨损　　O0000 N0000

序号	X	Z	R	T
00	0.000	0.000	0.000	0
	------	------	------	
01	0.000	0.000	0.000	0
	0.000	0.000	0.000	
02	0.000	0.000	0.000	0
	0.000	0.000	0.000	
03	0.000	0.000	0.000	0
	0.000	0.000	0.000	
04	0.000	0.000	0.000	0
	0.000	0.000	0.000	

相对坐标
U　0.000
W　0.000
绝对坐标
X　150.000
Z　50.000

01偏置
录入　　S0000 T0101

图 7-19　刀具偏置（两轴）

刀具偏置磨损　　O0000 N0000

序号	X	Z	R	T
00	0.000	0.000	0.000	0
	------	------	------	
01	0.000	0.000	0.000	0
	0.000	0.000	0.000	
02	0.000	0.000	0.000	0
	0.000	0.000	0.000	
03	0.000	0.000	0.000	0
	0.000	0.000	0.000	
04	0.000	0.000	0.000	0
	0.000	0.000	0.000	

相对坐标
U　0.000
W　0.000
绝对坐标
X　150.000
Z　50.000

01磨损
录入　　S0000 T0101

图 7-20　刀具磨损（两轴）

1. 刀具偏置值的设置

（1）按“刀补”键进入刀具偏置页面，按“上下翻页”键选择需要的页。

（2）移动光标至要输入的刀具偏置、磨损号的位置。

（3）按地址键“X”或“Z”后，输入数字（可以输入小数点）。

（4）按“输入”键后，CNC 自动计算刀具偏置量，并在页面上显示出来。

注：刀具偏置值的输入范围 – 9 999.999 ~ 9 999.999 mm，刀尖半径 R 值的输入范围 – 9 999.999 ~ 9 999.999 mm。

2. 刀具偏置值的修改

（1）将光标移到要变更的刀具偏置号的位置。

（2）如要改变 X 轴的刀具偏置值，键入“U ± 变化量”。

（3）如要改变 Z 轴的刀具偏置值，键入“W ± 变化量”。

（4）按“输入”，把现刀具偏置值与变化量相加，其结果作为新的刀具偏置值。

示例：已设定的 X 轴的刀具偏置值为 3.123，用键盘输入增量 U1，则新设定的 X 轴的刀具偏置值为 4.123（ = 3.123 + 1）。

示例：需加工零件的外径为$\phi30$，加工中用 01 号刀偏置，零件加工前，01 号刀偏值见表 7-5。

表 7-5 01 号刀偏值

序号	X	Z	T	R
00	0	0	0	0
01	6.3	− 20.5	0	0

零件加工中，实际测量零件外径为$\phi31$，此时可修改 01 号刀偏置见表 7-6。

表 7-6 修改 01 号刀偏值

序号	X	Z	T	R
00	0	0	0	0
01	5.3	− 20.5	0	0

→ 6.3-（31-30）

3. 刀具偏置值清零

（1）把光标移到要清零的刀补号的位置。

（2）把 X 轴的刀具偏置值清零，则按“X”键，再按“输入”键，X 轴的刀具偏置值被清零；把 Z 轴的刀具值清零，则按“Z”键，再按“输入”键，Z 轴的刀具值被清零。

（3）也可以这样操作：如果 X 向当前刀具偏置值为α，输入 U – α、再按“输入”键，则 X 轴的刀具偏置值为零；如果 Z 向当前刀具偏置值β，输入 W – β、再按“输入”键，则 Z 轴的刀具偏置值为零。

4．刀具磨损值设置与修改

当由于刀具磨损等原因引起加工尺寸不准需修改刀补值时，可在刀具磨损量中设置或修改。加工刀具磨损值的输入范围由数据参数 No140 设定，刀具磨损值的输入范围为 – 9 999.999 ~ 9 999.999 mm。刀具磨损值的设置与修改方法与刀具偏置值的设置与修改方法基本相同，用 U 轴（X 轴）、W（Z 轴）、V（Y 轴）进行磨损量的输入。

5．刀具偏置值的锁定与解锁

为防止刀具偏置值设置被误修改，可锁定刀具偏置值（刀具磨损值不能被锁定）。

（1）按“刀补”键进入刀具偏置值界面。

（2）移动光标至锁定的刀具偏置号的位置。

（3）按“转换键”，当前刀具偏置值反白显示，刀具偏置值被锁定，反之则解除锁定，如图 7-21 和图 7-22 所示。

刀具偏置磨损　　O0000 N0000

序号	X	Z	R	T
00	0.000	0.000	0.000	0
	-----	-----	-----	
01	0.000	0.000	0.000	0
	0.000	0.000	0.000	
02	0.000	0.000	0.000	0
	0.000	0.000	0.000	
03	0.000	0.000	0.000	0
	0.000	0.000	0.000	
04	0.000	0.000	0.000	0
	0.000	0.000	0.000	

相对坐标
U　0.000
W　0.000
绝对坐标
X　150.000
Z　50.000

01偏置
录入　S0000 T0101

图 7-21　刀具偏置（两轴）

刀具偏置磨损　　O0001 N0000

序号	X	Z	R	T
00	0.000	0.000	0.000	0
	-----	-----	-----	
01	0.000	0.000	0.000	0
	0.000	0.000	0.000	
02	0.000	0.000	0.000	0
	0.000	0.000	0.000	
03	0.000	0.000	0.000	0
	0.000	0.000	0.000	
04	0.000	0.000	0.000	0
	0.000	0.000	0.000	

相对坐标
U　0.000
W　0.000
绝对坐标
X　0.000
Z　0.000

01偏置
录入　S0000 T0000

图 7-22　刀具磨损（两轴）

7.4.7 程序键入

（1）按“程序”键，方式选择为“编辑”方式。
（2）用键输入字母“O”和程序名，如“O1”。
（3）按“删除”，删掉目录里旧的 O1 程序。
（4）用键输入“O1”。
（5）按“EOB”键，建立空的 O1 文本，在文本上键入程序。

7.4.8 自动运行

1. 运行程序的选择

运行程序提供了 3 种方法：

1）检索法

（1）选择编辑或者自动操作方式。
（2）按“程序”键，并进入程序内容显示画面。
（3）按“地址键”，键入程序号。
（4）按“换行“键，在显示画面上显示检索到的程序。

2）扫描法

（1）选择编辑或自动操作方式。
（2）按“程序”键，并进入程序显示画面。
（3）按“地址键”。
（4）按“上下翻页”键，显示下一个或上一个程序。
（5）重复步骤（3）、（4），逐个显示存入的程序。

3）光标确认法

（1）选择自动操作方式（必须处于非运行状态）。
（2）按“程序”键进入程序目录。
（3）按“上下左右移动”键将光标移到选择的程序名。
（4）按“换行”键打开程序。

2. 自动运行的启动

（1）进入自动操作方式。
（2）按“循环启动”键启动程序，程序自动运行。
注：程序从光标的所在行开始运行，在运行前应检查一下光标是否在需要运行的程序段。

3. 自动运行的停止

1）代码停止

（1）按“进给保持”键，机床进给减速停止；按“循环启动”键后，程序继续执行。
（2）按“复位“键，所有轴运动停止 。
（3）按急停按钮，机床运行过程中出现紧急情况下按下急停按钮，机床即进入急停状态，机床移动立即停止，所有的输出（如主轴转动等）全部关闭。

（4）转换操作方式，自动运行过程中如果转换为机械回零手轮，单步、手动、程序回零方式时，当前程序段立即“暂停”；自动运行过程中如果转换为编辑、录入方式时，运行完当前的程序段后才显示“暂停”。

4．从任意段自动运行

（1）按“编辑”键，按“程序”键，按“上下翻页”键选择程序内容页面。

（2）将光标移至准备开始运行的程序段处，如图 7-23 所示。

```
程序内容    行:3    列:1    插入                      O0000 N0000
O0000 (O0000);                                  G00 G97 G98 G21 G40
G50 X300. Z500.;                                M00 S00   F0010
G00 X100. Z200. ;                               编程速度:   0.0000
G90 U-10. W-200. F500.;                         实际速度:   0.0000
G90 U-10. Z100. R-2.5 F350.;                    手动速度:     1260
G00 X90.;                                       进给倍率:     100%
G74 R0.5;                                       快速倍率:     100%
G74 X0. W-10. P3000 Q5000 R1.5 F300. ;          主轴倍率:     ----
G00 Z190. ;                                     加工件数:        0
G71 U2.5 R0.5;                                  切削时间:  0:00:00
编辑                                                   S0000 T0000
```

图 7-23 程序内容

（3）如光标所在程序段的模态（G、M、T、F 代码）省略，且与运行该程序段的模态不一致，必须先执行相应的模态功能。

（4）按“自动”键进入，按“循环启动”键运行程序。

5．进给、快速速度的调整

（1）进给倍率的调整：在“进给倍率”处按“上下调整”键，可实现进给倍率 16 级实时调节，最高为 150%，最低为 0。

（2）快速倍率的调整：在“快速倍率”处按“上下调整”键，可实现快速倍率 F0、25%、50%、100% 4 挡实时调节。

6．主轴速度调整

自动运行中，在“主轴倍率”处按“上下调整”键，可实现主轴倍率 50% ~ 120%共 8 级实时调节。最大为 120%，最小为 50%。如图 7-24 所示。

```
          O0000 N0000
G00 G97 G98 G21 G40
M03 S9999 F0010
编程速度:     0.0000
实际速度:     0.0000
手动速度:       1260
进给倍率:       100%
快速倍率:       100%
主轴倍率:       100%
加工件数:          0
切削时间:    0:00:00
          S0000 T0000
```

图 7-24 倍率调整

7.4.9 运行时的状态

1. 单段运行

首次执行程序时，可选择单段运行：按“单段”键进入单段运行功能；或按“诊断”进入机床软面板页面，按数字键“3”使“*”号处于单段程序开状态，如图 7-25 所示。

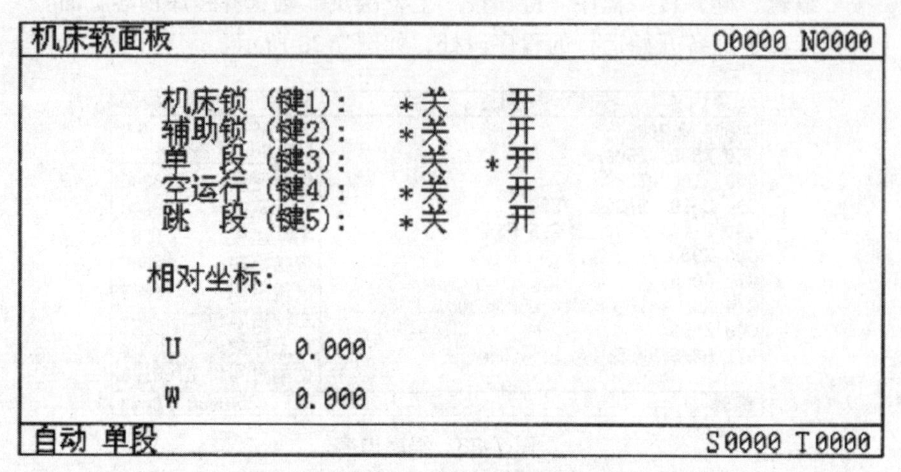

图 7-25 机床软面板

执行完单段程序段后需要继续执行下一个程序段时，需再次按“循环启动”键。

2. 空运行

自动运行前，通过空运行进行程序校验可以防止编程错误出现意外。按“空运行”键使状态指示区中的空运行指示灯亮，表示进入空运行状态；或按“诊断”键进入机床软面板页面，按数字键“4”使“*”号处于空运行开状态，如图 7-26 所示。

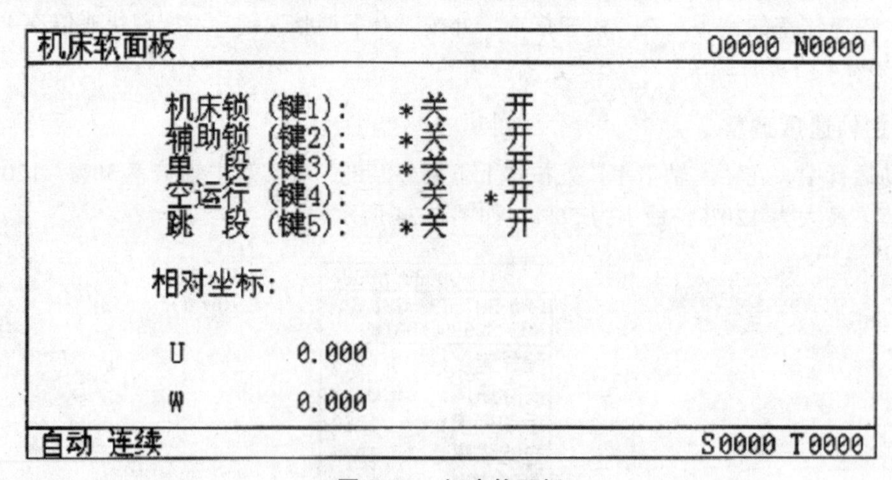

图 7-26 机床软面板

3. 机床锁住运行

自动操作方式下，打开机床锁开关：按“机床锁”键进入机床锁住运行状态；或按“诊断”键进入机床软面板页面，按数字键“1”使“*”号处于开状态，如图 7-27 所示。

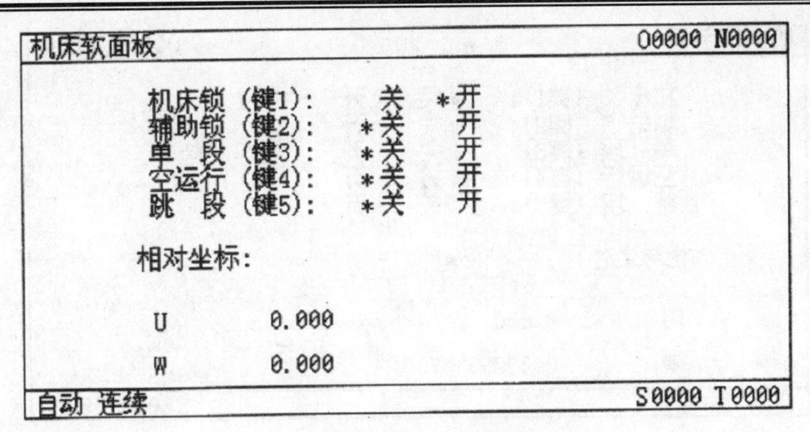

图 7-27　机床软面板

机床锁住运行常与辅助功能一起用于程序校验。机床锁住运行时：

（1）机床刀架不移动，位置界面下 “机床坐标”不改变，相对坐标、绝对坐标和移动量显示不断变化。

（2）M、S、T 代码能够正常运行。

4. 辅助功能锁住运行

自动操作方式下，辅助锁打开：按“辅助锁”键进入辅助功能锁住运行状态；或按“诊断”进入机床软面板页面，按数字键“2”使“*”处于辅助锁住开状态，如图 7-28 所示。

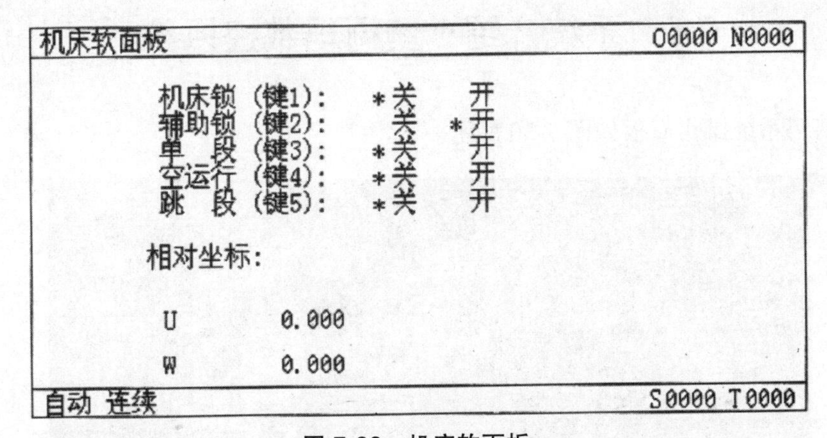

图 7-28　机床软面板

在该状态下 M、S、T 代码不执行，机床刀架移动。辅助功能锁住有效时不影响 M00、M30、M98、M99 的执行。

5. 程序段选跳

在程序段中不需要执行某一段程序而又不删除时，可选择该功能：当程序段段首有“/”号且“程序段选跳”开关打开时，在自动运行时此程序段跳过不运行。当程序段选跳开关未开时，程序段段首具有“/”号的程序段在自动运行时将不会被跳过，照样执行。

自动操作方式下，程序段选跳打开：按“跳段”键进入该状态；或按“诊断”进入机床软面板页面，按数字键“5”使“*”处于开状态，如图 7-29 所示。

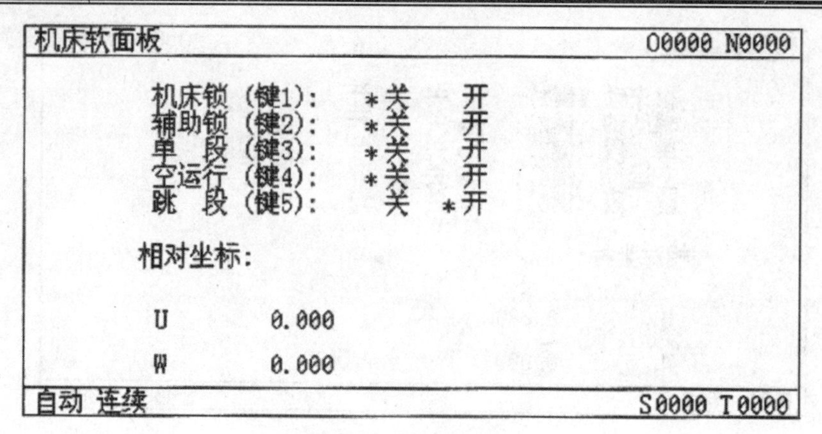

图 7-29 机床软面板

6. 其他操作

（1）自动操作方式下，按“冷却”键，开关冷却液。

（2）按“编辑”、“录入”、“手轮”、“手动”、“机械零点”或“程序零点”键中的任意键，实现操作方式的转换。

（3）按“复位”键实现机床的复位。

（4）自动润滑功能。

7.5 系统介绍：澳柯玛数控系统

（1）澳柯玛系统操作面板如图 7-30 所示。

图 7-30 澳柯玛系统操作面板

（2）澳柯玛系统常用G代码机能见表7-7。

表7-7　澳柯玛系统常用G代码机能

G码	内　容	G码	内　容
G00	快速定位	G74	端面沟槽切削复合固定循环（钻孔循环）
G01	直接切线	G75	自动C倒角
G02	圆弧切线（顺时针方向）		
G03	圆弧切削（逆时针方向）	G76	自动R倒角
G04	暂停（F=时间SEC）	G80	LAP形状指定终了
G31	外径螺纹切削固定循环	G81	LAP外径形状指定开始
G32	端面螺纹切削固定循环	G82	LAP端面形状指定开始
G33	螺纹切削固定循环	G83	LAP素材形状指定开始
G34	渐增加螺距的螺纹切削	G84	LAP圆形粗加工条件更变
G35	渐减少螺距的螺纹切削	G85	LAP圆形粗加工循环呼叫
G40	刀鼻半径辅正取消	G86	LAP 仿效粗加工循环呼叫
G41	刀鼻半径辅正左	G87	LAP精加工循环呼叫
G42	刀鼻半径辅正右	G88	LAP连续螺纹加工循环呼叫
G50	原点位移、主轴最高转数设定	G90	绝对值指令
G64	转角误差停留控制OFF	G91	增值量指令
G65	转角误差停留控制ON	G94	每分钟进给（mm/min）
G71	外径螺纹切削复合固定循环	G95	每回转进给（mm/rev）
G72	端面螺纹切削复合固定循环	G96	定周速控制（固定切削线速度v）
G73	外径沟槽切削复合固定循环	G97	固定主轴转数（rpm）

（3）澳柯玛系统常用M代码机能见表7-8。

表7-8　澳柯玛系统常用M代码机能

M码	内　容	M码	内　容
M00	程式停止	M05	主轴停止
M01	选择停止	M08	切削液ON
M02	程式结束	M09	切削液OFF
M03	主轴正转	M19	主轴定位置停止
M04	主轴反转	M22	螺纹切削倒角OFF

续表

M码	内容	M码	内容
M23	螺纹切削倒角 ON	M65	T 指令检出忽视
M24	夹头禁区 OFF、刀具干涉 OFF	M66	刀塔任意位置换刀
M25	夹头禁区 ON、刀具干涉 ON	M83	夹头夹持
M26	螺纹切削螺距有效轴、Z 轴指定	M84	夹头放松
M27	螺纹切削螺距有效轴、X 轴指定	M86	刀塔正转
M30	程式结束	M87	刀塔反转
M41	低挡速	M88	吹气 OFF
M42	高挡速	M89	吹气 ON
M55	尾座心轴顶针后退	M90	门关
M56	尾座心轴顶针前进	M91	门开
M62	M64 取消	M156	尾座心轴互锁
M63	主轴 M 指令检出忽视	M157	尾座心轴互锁解除
M64	一般 M 指令检出忽视		

7.6 数控车床注意事项

（1）对刀时必须单人操作，其他同学在旁等待和提醒。严禁一人操作控制面板一人观察刀架的情况出现。

（2）手动运行机床时，必须一边操作，一边注意刀架移动情况，以免撞坏刀具、卡盘等。同时注意刀架不要走出行程范围（若刀架走出行程范围时，会出现红色报警信息）。

（3）程序出错或机床性能不稳定时会出现故障，此时会出现报警信息，请在仔细阅读报警信息后再按“复位”键解除报价。

（4）下班前请清洁车床并关闭电源。

思考与练习

1. 什么叫数控车床？ 数控车床适用于那些类型零件的加工？
2. 请写出 G32、G70 和 G71 完整格式并解释各字符的含义。
3. 请设计出有创新性或实用性的图形或零件，并用数控车床加工出来。
4. 请写出程序原点选择原则。
5. 什么是对刀点？对刀的目的是什么？
6. 请写出坐标系设定 G92 选择的一般原则。

7. 请使用直径 26 mm 塑料棒，采用循环粗车和循环精车加工方法，将如图 7-31 所示零件的加工工艺和数控程序编写出来。最后加工出来与 M20 螺母配合，如图 7-32 所示。

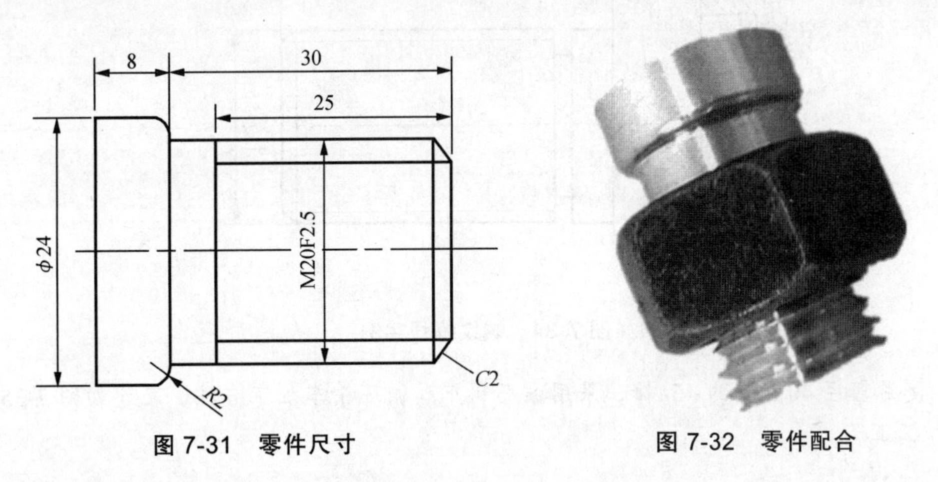

图 7-31　零件尺寸　　图 7-32　零件配合

8. 请结合本章所学知识对如下回转体（见图 7-33）进行编程并在数控车床上加以验证。

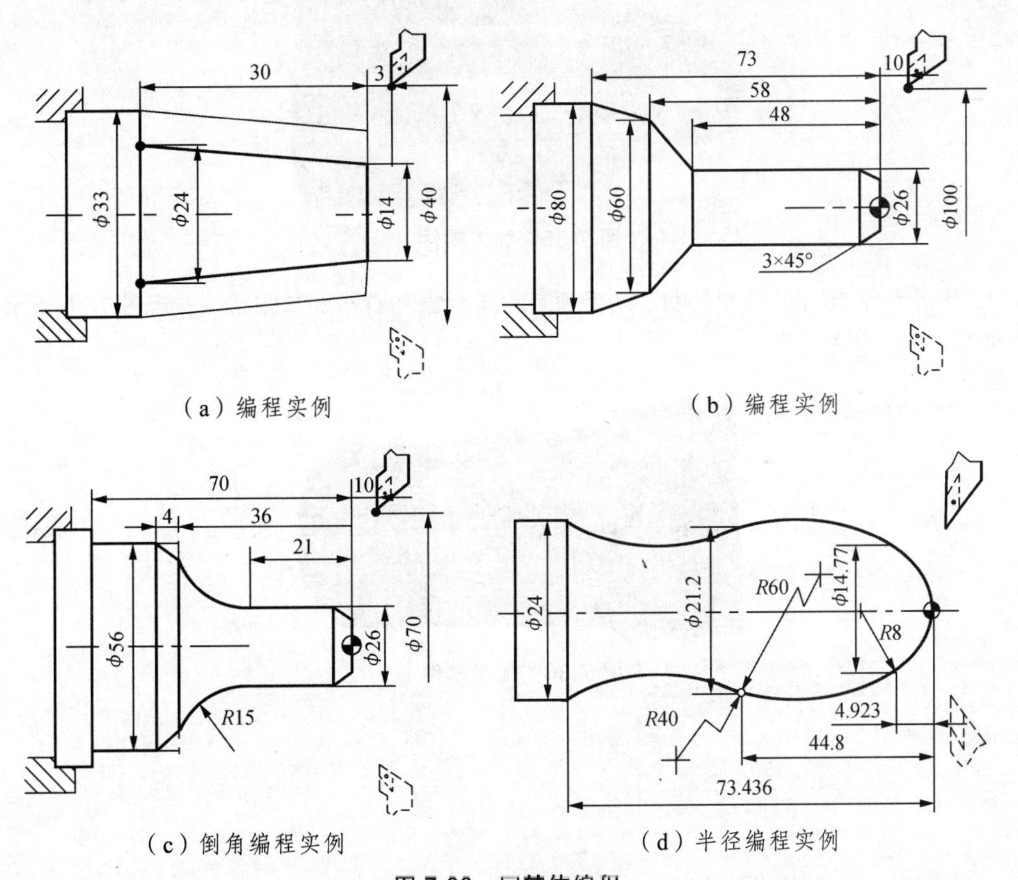

（a）编程实例　（b）编程实例

（c）倒角编程实例　（d）半径编程实例

图 7-33　回转体编程

9. 如图 7-34 所示，圆柱螺纹编程螺纹导程为 1.5 mm，$\delta = 1.5$ mm，$\delta' = 1$ mm，每次吃刀量（直径值）分别为 0.8 mm、0.6 mm、0.4 mm、0.16 mm，请运用所学知识进行编程。

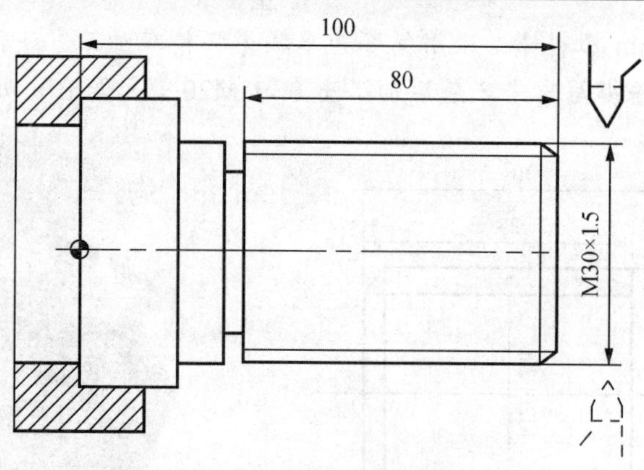

图 7-34　螺纹编程实例

10. 使用直径 40 mm 的 45#棒，采用循环粗车和循环精车加工方法，表述如图 7-35 所示零件的加工工艺。

图 7-35　加工零件

11. 使用直径 26 mm 的塑料棒，采用循环粗车和循环精车加工方法，表述图 7-36 所示零件的加工工艺。

图 7-36　加工零件

第 8 章 焊 接

8.1 概 述

8.1.1 焊接定义

焊接是一种通过对金属加热或加压，或两者并用，使用或不用填充材料，使焊件接头处达到原子间扩散与结合并形成永久性连接的一种工艺方法。焊接与胶接和金属切削加工、压力加工、铸造、热处理等其他材料加工方法一起构成了现代机器制造业的加工技术，被广泛应用于包括汽车、电子、船舶、飞机、航天、石油化工等各个国民工业部门，是现代工业生产中用来制造各种金属结构和机械零件的主要工艺方法之一。

8.1.2 焊接方法的分类

焊接方法的种类很多，根据焊接工艺过程的特点可分为 3 大类：

（1）熔焊：又称熔化焊，是在焊接过程中，将连接处局部加热至熔化状态形成熔池，冷却结晶形成焊接接头的工艺方法。熔焊焊接操作简单，对接头处表面质量要求不高，适用范围广，适用于各种常用金属材料的焊接，是现代工业生产中主要的焊接方法。

（2）压焊：利用摩擦、扩散和加压等方法使焊件表面上的原子相互接近到晶格距离，从而在固态下实现连接的工艺方法。为便于焊接易于实现，在加压的同时大都伴随着加热。压焊主要适用于塑性较大的金属材料，焊接时，接头处表面质量要求高，夹杂杂物会阻碍原子间的扩散与结合而影响焊接质量。

（3）钎焊：利用熔点低于母材熔点的钎料作为填充金属，加热熔入接头间隙并与母材结合一起实现连接的方法。钎焊对接头处表面质量要求很高，由于接头处金属并不熔化，焊接应力和变形都比较小，焊接成形美观。钎焊能够进行同种或者异种金属，甚至非金属的焊接。

如图 8-1 所示，列出了金属主要焊接方法分类。

8.1.3 焊接的特点及应用

在焊接广泛应用之前，金属结构件主要是靠铆接、胶接、螺纹连接等方法连接，与它们相比，焊接具有以下的一些特点：

（1）连接性能好。焊缝具有良好的力学性能，耐高温、高压、低温，接头密封性好，导电性、耐蚀性和耐磨性等性能优良，适用于制造强度高、刚性好的中空结构（如管道、锅炉、压力容器等）。

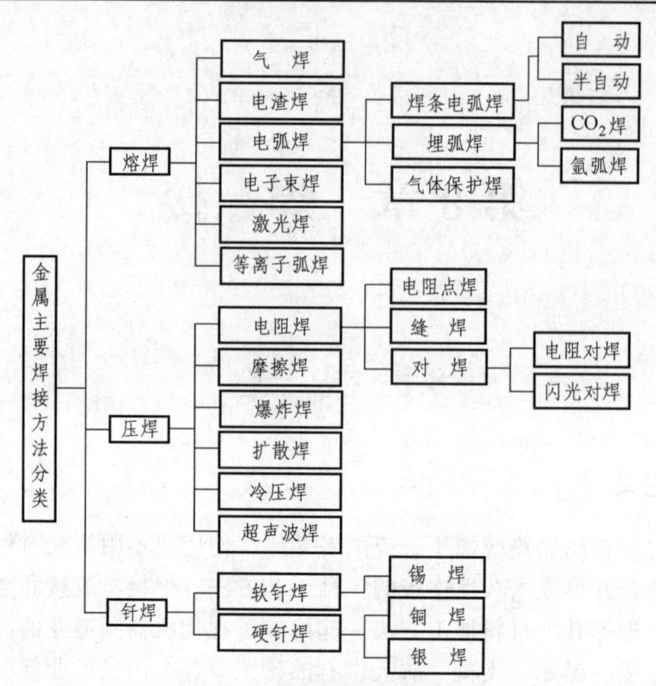

图 8-1 金属主要焊接方法分类

（2）省料、省工、成本低。与铆接相比，焊接一般能节省金属材料 10%～20%。

（3）结构重量轻、承载能力强。采用焊接方法制造船舶、车辆、飞机、飞船、火箭等运载工具，可以减轻自重，提高运载能力。

（4）简化制造工艺。可以采用焊接方法制造重型、复杂的机器零部件，简化加工和装配工艺，缩短生产周期，提高生产率，易于实现机械自动化生产。

（5）局部加热会改变焊接接头组织和性能，接头在塑性与韧性方面的力学性能不如轧制的母材金属。焊接会使工件产生残余应力和变形，有可能会影响零部件与焊接结构的形状、尺寸，增加结构工作时的应力，降低承载能力。焊接产生的缺陷，如裂纹、未焊透、未熔合、夹渣、气孔和咬边等，会引起应力集中，降低承载能力，缩短使用寿命，甚至造成脆断。

焊接主要用于制造不同要求及生产批量的金属结构，如锅炉、压力容器、管道、船舶、车辆、桥梁、飞机、火箭、起重机、海洋结构、冶金和石油化工设备等。它也用来制造机器零件、部件和工具等，例如重型机械的机架、轴、齿轮、锻模、刀具等。此外，焊接还用于零部件的修复焊补等。焊接几乎应用于所有的工业部门。一些发达国家焊接结构年产量已占钢产量的 60%以上。

8.2 焊条电弧焊

8.2.1 焊接过程

焊条电弧焊通常又称为手工电弧焊，是指用手工操作焊条进行焊接的电弧焊方法。电弧焊是指利用电弧作为热源的熔焊方法。焊条电弧焊是目前生产中应用最多、最普遍的一种金属焊接方法。如图 8-2 所示，焊接时电源的一极接工件，另一极与焊条相接，并用焊钳夹持焊条，然后引弧，电弧产生热量将工件接头处和焊条熔化，形成熔池，随着焊条的不停输送，弧长保持稳定，工件和焊条不断熔化，并不断形成新的熔池，原先的熔池不断冷却凝固形成焊缝。焊条的药皮熔化后形成熔渣覆盖在熔池表面，保护熔池金属不被空气氧化，药皮产生的气体起到隔绝空气，保持电弧稳定的作用。

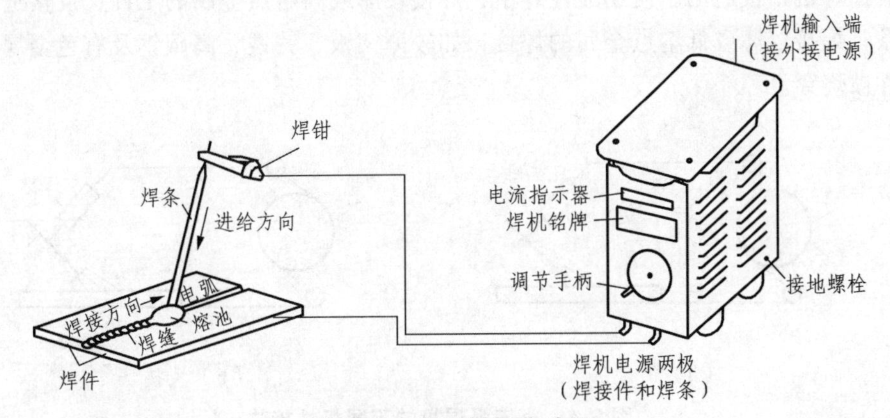

图 8-2　电弧焊焊接过程

8.2.2　设备与工具

焊条电弧焊的电源设备，根据电流种类的不同，可分为交流弧焊机和直流弧焊机。

1. 交流弧焊机

交流弧焊机供给焊接电弧的电流是交流电，其实质是一种特殊的降压变压器，因此，也称为弧焊变压器。它把网路电压的交流电变成适宜于弧焊的低压交流电，由主变压器及所需的调节部分和指示装置等组成。交流弧焊机具有结构简单、易造易修、成本低、效率高等优点，但电弧稳定性较差。BX1-330 型弧焊机是目前用得较广的一种交流弧焊机，其外形如图 8-3 所示。

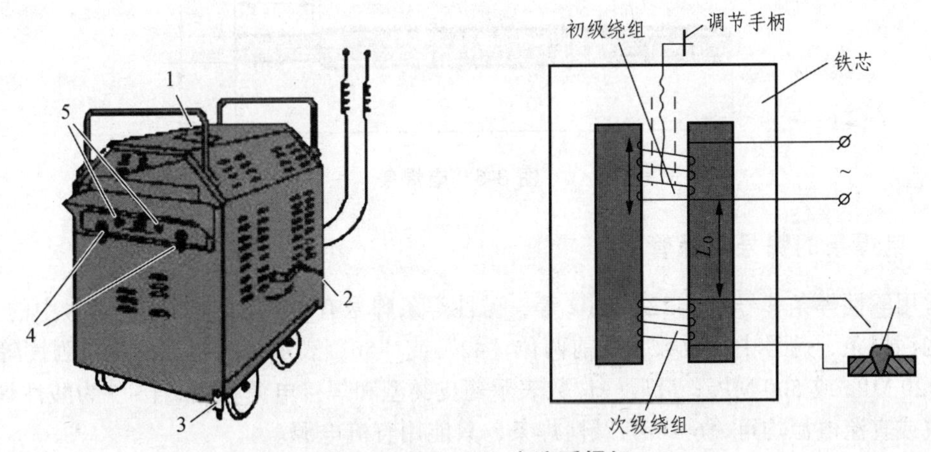

图 8-3　BX1-330 交流弧焊机

1—电流指示盘；2—调节手柄（细调电流）；3—接地螺钉；
4—焊接电源两极（接工件和焊条）；5—线圈抽头（粗调电流）

2. 直流弧焊机

直流弧焊机的输出端有正、负极之分，焊接时电弧两端的极性不变。因此，直流弧焊机的输出端有两种不同的接线方法：正接即焊件接弧焊机的正极，焊条接其负极，如图 8-4（a）所示；反接，即焊件接弧焊机的负极，焊条接其正极，如图 8-4（b）所示。

直流弧焊机正接适用于使用酸性焊条，焊接较厚或高熔点金属的工件；反接适用于使用碱性焊条，焊接较薄或低熔点金属的焊接，如较薄钢板、铸铁、高碳钢及有色金属合金等，以免工件被烧穿。

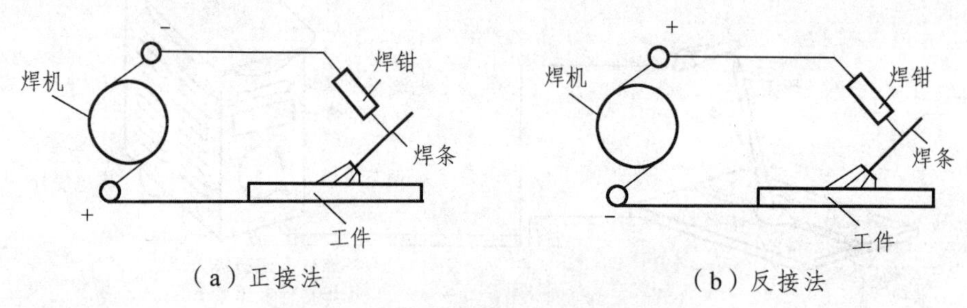

图 8-4 直流弧焊机的不同极性接法

8.2.3 电焊条的分类与保管

1. 电焊条分类、组成和作用

焊条由焊条芯和药皮组成，如图 8-5 所示。焊条芯的作用一是作为电极导电，同时它也是形成焊缝金属的主要材料，因此焊条芯的质量直接影响焊缝的性能，其材料都是特制的优质钢。药皮是压涂在焊条芯表面上的涂料层，焊接时形成熔渣及气体，药皮对焊接质量的好坏同样起着重要的作用。

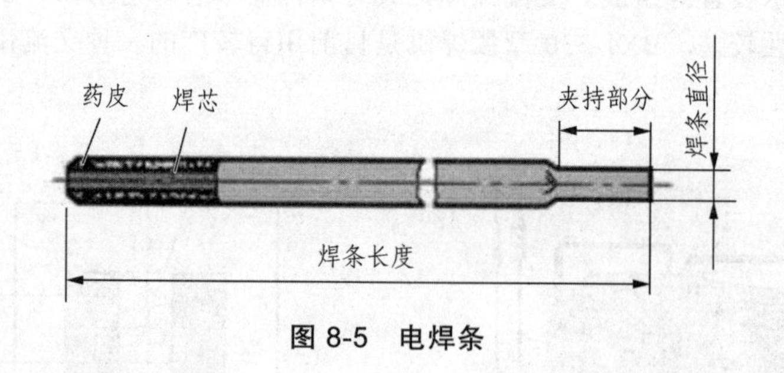

图 8-5 电焊条

2. 电焊条的牌号与保管

常用酸性焊条牌号有 J422、J502 等，碱性焊条牌号有 J427、J506 等。牌号中的“J”表示结构钢焊条，牌号中 3 位数字的前两位“42”或“50”表示焊缝金属的抗拉强度等级，分别为 420 MPa 或 500 MPa；最后一位数表示药皮类型和焊接电源种类，1 ~ 5 为酸性焊条，使用交流或直流电源均可，6 ~ 7 为碱性焊条，只能用直流电源。

电焊条应保存在干燥的地方，避免受潮。特别是碱性焊条，每次使用前都要经烘干处理后才能使用。

8.2.4　焊接接头与坡口

1. 接头形式

在焊接前，应根据焊接部位的形状、尺寸、受力的不同，选择合适的接头类型。焊接接头的基本类型主要有 5 种，即对接接头、T 形（十字）接头、搭接接头、角接接头和端接接头等（端接接头仅在薄板焊接时采用），如图 8-6 所示。

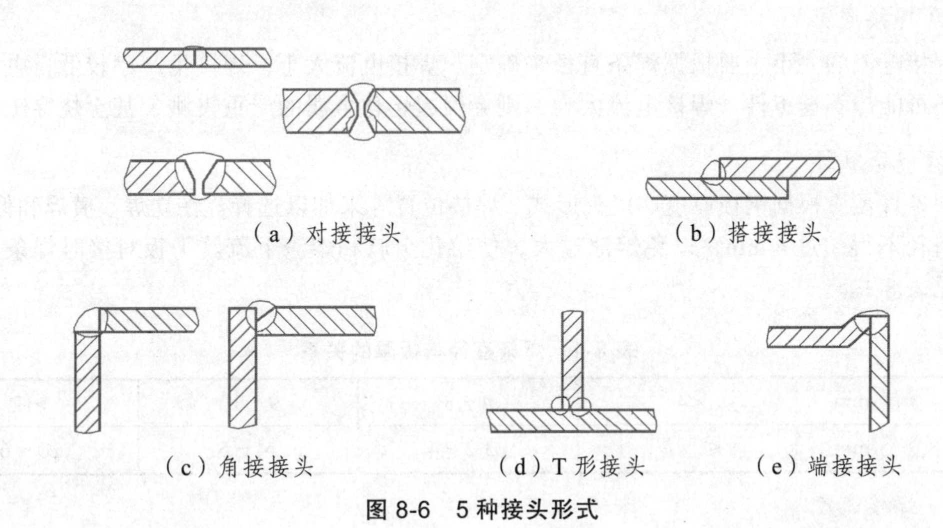

图 8-6　5 种接头形式

2. 坡口形式

对接接头是采用最多的一种接头形式，这种接头常见的坡口形式有“I”形坡口、“Y”形坡口、双“Y”形坡口、“U”形坡口、双“U”形坡口等，如图 8-7 所示。

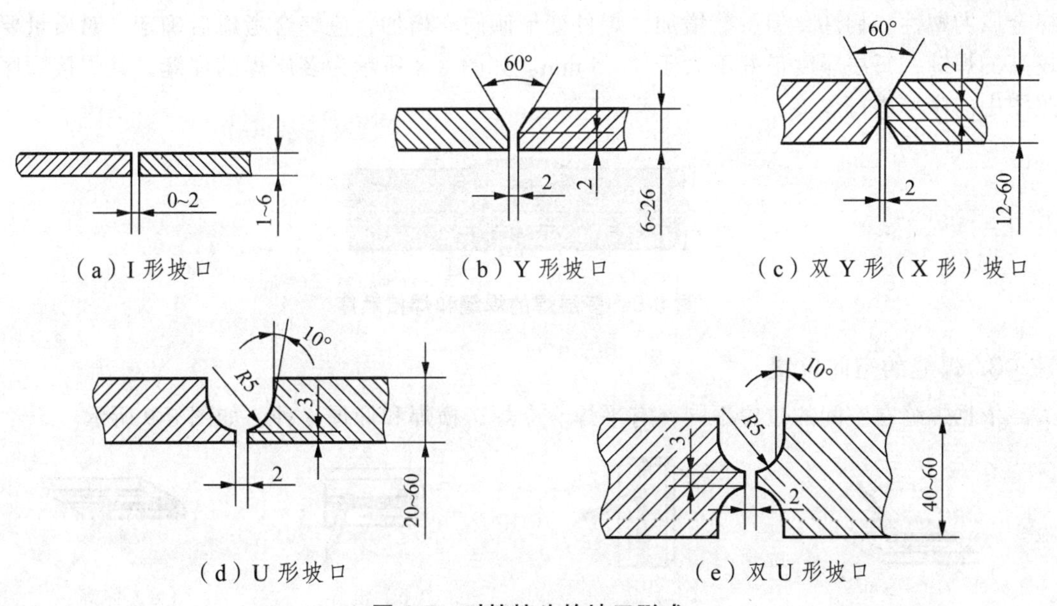

图 8-7　对接接头的坡口形式

8.2.5 焊条电弧焊的工艺参数

1. 焊接工艺参数的选择

焊接工艺参数是为获得质量优良的焊接接头而选定的物理量的总称。工艺参数主要有：焊接电流、焊条直径、焊接速度等。工艺参数选择是否合理，对焊接质量和生产率都有很大影响，其中焊接电流的影响最为关键。

1）焊接电流

焊接电流的大小主要根据焊条直径来确定。焊接电流太小，焊接生产率较低，电弧不稳定，还可能焊不透工件。焊接电流太大，则会引起熔化金属的严重飞溅，甚至烧穿工件。

2）焊条直径

焊条直径应根据钢板厚度、接头形式、焊接位置等来加以选择。在立焊、横焊和仰焊时，焊条直径不得超过 4 mm，以免熔池过大，使熔化金属和熔渣下流。平板对接时焊条直径的选择见表 8-1。

表 8-1 焊条直径与板厚的关系

焊件厚度/mm	<4	4 ~ 8	9 ~ 12	>12
焊条直径/mm	≤板厚	ϕ3.2 ~ 4	ϕ4 ~ 5	ϕ5 ~ 6

3）焊接速度

焊接速度是指单位时间所完成的焊缝长度，它对焊缝质量的影响也很大。焊接速度由焊工凭经验掌握，在保证焊透和焊缝质量的前提下，应尽量快速施焊。工件越薄，焊速应越高。

2. 焊缝层数

焊缝层数视焊件厚度而定。中、厚板一般都采用多层焊。焊缝层数多些，有利于提高焊缝金属的塑性、韧性，但层数增加，焊件变形倾向亦增加，应综合考虑后确定。对质量要求较高的焊缝，每层厚度最好不大于 4 ~ 5 mm。如图 8-8 所示为多层焊的焊缝，其焊接顺序按照图中的序号进行焊接。

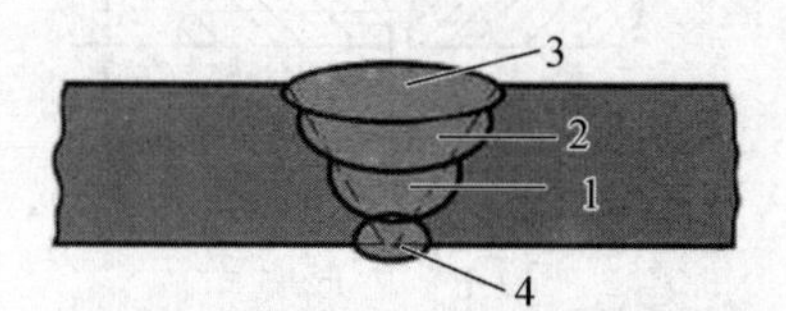

图 8-8 多层焊的焊缝和焊接顺序

3. 焊缝的空间位置

依据焊缝在空间的位置不同，有平焊、立焊、横焊和仰焊 4 种，如图 8-9 所示。

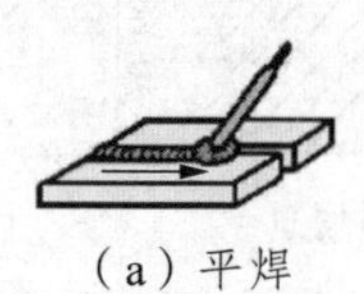

（a）平焊

（b）立焊

（c）横焊

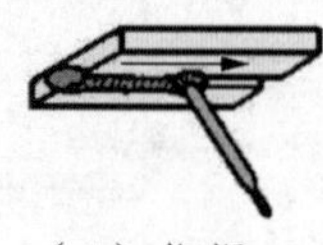

（d）仰焊

图 8-9 焊缝的空间位置

8.2.6　焊条电弧焊的基本操作技术

焊条电弧焊是在面罩下观察和进行操作的。由于视野不清，工作条件较差，因此，要保证焊接质量，不仅要求有较为熟练的操作技术，还应注意力高度集中。

1. 引　弧

焊接前，应把工件接头两侧 20 mm 范围内的表面清理干净（消除铁锈、油污、水分），并使焊条芯的端部金属外露，以便进行短路引弧。引弧方法如图 8-10 所示，有敲击法和摩擦法两种。其中摩擦法比较容易掌握，适宜于初学者引弧操作。

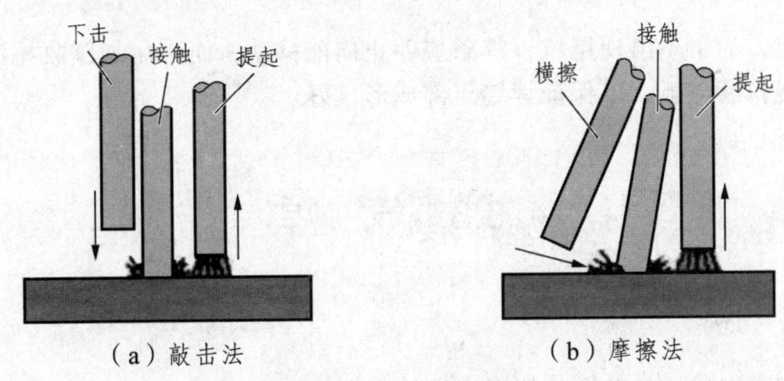

（a）敲击法　　（b）摩擦法

图 8-10　引弧方法

引弧时，应先接通电源，把电焊机调至所需的焊接电流。然后把焊条端部与工件接触短路，并立即提起到 2 ~ 4 mm 距离，就能使电弧引燃。如果焊条提起的距离超过 5 mm，电弧就会立即熄灭。如果焊条与工件接触时间太长，焊条就会粘牢在工件上。这时，可将焊条左右摆动，就能与工件拉开，然后重新进行引弧。

2. 运　条

运条是焊接过程中最重要的环节，它直接影响焊缝的外表成型和内在质量。电弧引燃后，一般情况下焊条有 3 个基本运动：朝熔池方向逐渐送进、沿焊接方向逐渐移动、横向摆动，如图 8-11（a）所示。

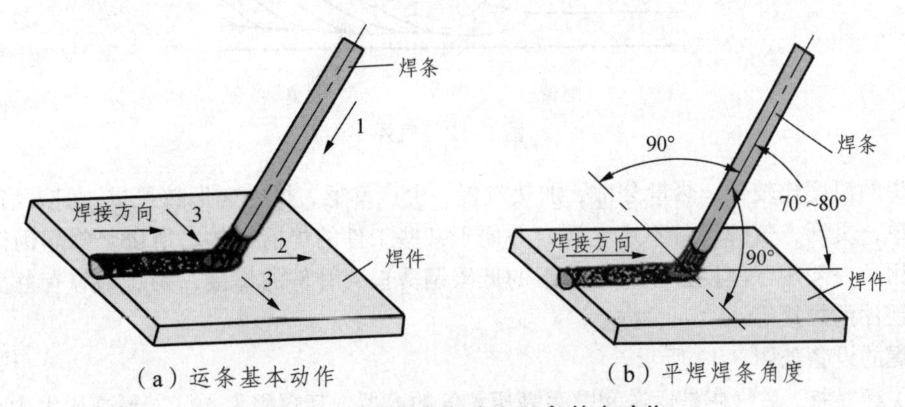

（a）运条基本动作　　（b）平焊焊条角度

图 8-11　平焊焊条角度和运条基本动作

焊条朝熔池方向逐渐送进——既是为了向熔池添加金属，也是为了在焊条熔化后继续保持一定的电弧长度，因此焊条送进的速度应与焊条熔化的速度相同。否则，会发生断弧或粘在焊件上。

焊条沿焊接方向移动——随着焊条的不断熔化，逐渐形成一条焊道。若焊条移动速度太慢，则焊道会过高、过宽、外形不整齐，焊接薄板时会发生烧穿现象；若焊条的移动速度太快，则焊条与焊件会熔化不均匀，焊道较窄，甚至发生未焊透现象。焊条移动时应与前进方向成 70°~80°的夹角，以使熔化金属和熔渣推向后方，如图 8-11（b）所示。否则熔渣流向电弧的前方，会造成夹渣等缺陷。

3. 焊缝收尾

焊缝收尾时，为了不出现尾坑，焊条应停止向前移动，而采用划圈收尾法或反复断弧法自下而上地慢慢拉断电弧，以保证焊缝尾部成形良好。

8.3 气 焊

8.3.1 概 述

气焊是利用可燃气体与助燃气体混合燃烧产生的高温作为热源的一种焊接方法，最常用的为氧乙炔焊，如图 8-12 所示。火焰一方面把工件接头的表层金属熔化，同时把金属焊丝熔入接头的空隙中，形成金属熔池。当焊炬向前移动，熔池金属随即凝固成为焊缝，使工件的两部分牢固地连接成为一体。

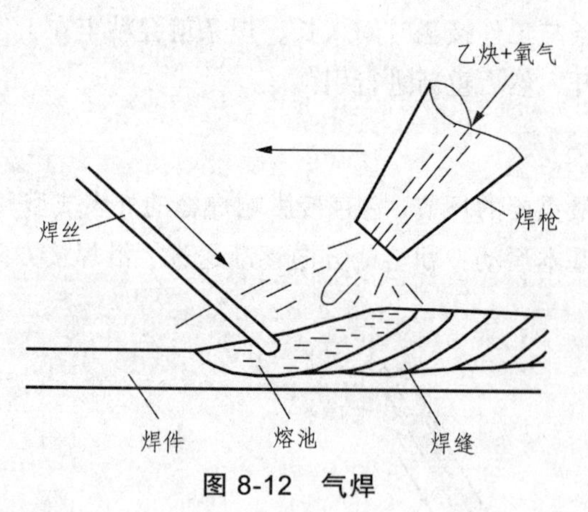

图 8-12 气焊

气焊的温度比较低，热量分散，加热较慢，生产率低，焊件变形较严重。但火焰易控制，操作简单，灵活，气焊设备不用电源，并便于某些工件的焊前预热。所以，气焊仍得到较广泛的应用。一般用于厚度在 3 mm 以下的低碳钢薄板、管件的焊接，铜、铝等有色金属的焊接及铸铁件的焊接等。

气焊的设备如图 8-13 所示。

（1）氧气瓶。氧气瓶是运送和贮存高压氧气的容器，其容积为 40 L，最高压力为 15 MPa。

（2）乙炔瓶。乙炔瓶是贮存和运送乙炔的容器，国内最常用的乙炔瓶公称容积为40 L，工作压力为 1.5 MPa。其外形与氧气瓶相似，外表漆成白色，并用红漆写上“乙炔”、“不可近火”等字样。

（3）减压器。减压器是将高压气体降为低压气体的调节装置，不仅能将气瓶内的压力降为气焊所需的工作压力（氧气压力一般为 0.2 ~ 0.4 MPa，乙炔压力最高不超过 0.15 MPa），而且能维持输出气体压力不变。

（4）回火保险器。回火保险器的作用是截住回火气流，保证乙炔发生器的安全，当正常气焊时，火焰在焊炬的焊嘴外面燃烧，但当气体供应不足、焊嘴阻塞、焊嘴太热或焊嘴离焊件太近时，火焰会沿乙炔管路往回燃烧。这种火焰进入喷嘴内逆向燃烧的现象称为回火。如果回火气流蔓延到乙炔瓶，就可能引起爆炸事故。

（5）焊炬。焊炬又称焊枪，是气焊操作的主要工具。焊炬的作用是将可燃气体和氧气按一定比例均匀地混合，以一定的速度从焊嘴喷出，形成一定能率、一定成分、适合焊接要求和稳定燃烧的火焰。

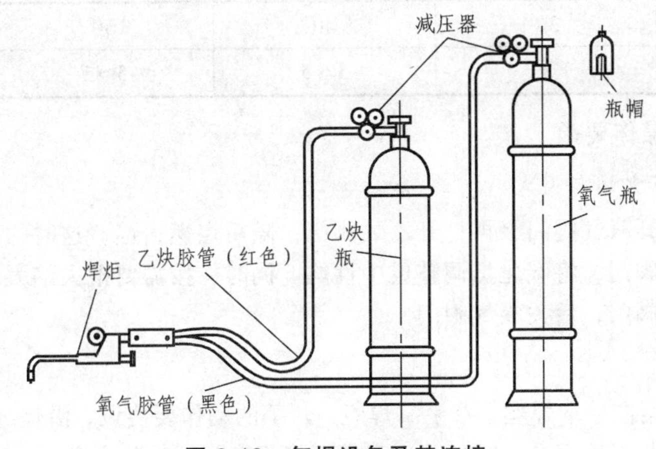

图 8-13 气焊设备及其连接

8.3.2 气焊工艺参数及操作要领

1. 气焊工艺参数

气焊的工艺参数主要有接头形式和坡口形式、火焰种类、火焰能率、焊接方向、焊嘴倾角和焊丝直径等。

（1）接头形式和坡口形式。气焊常用的接头形式主要为对接、角接和卷边接头。由于气焊适用于焊接较薄的工件，因此其坡口形式多为 I 形和 V 形。

（2）火焰种类。气焊时，应该根据不同的钢种，采用不同种类的火焰。按氧气与乙炔的混合比例不同，气焊火焰可分为碳化焰、中性焰和氧气焰 3 种。

（3）火焰能率。气焊的火焰能率主要取决于焊炬型号及焊嘴号的大小。生产中应根据焊件的厚度来选择焊炬型号及焊嘴号，当两者选定后，还可根据接头形式、焊接位置等具体工艺条件，在一定的范围内调节火焰的大小，即火焰能率。

焊件的导热性越强，气焊时所需的火焰能率就越大。如在相同的工艺条件下，其含铝和紫铜的火焰能率比低碳钢大。

（4）焊接方向。气焊时，通常所指的焊接方向主要有两种：一种是自左向右施焊，称右焊法；另一种是自右向左施焊，称左焊法。在通常情况下，左焊法适用于焊接较薄的工件；右焊法适用于焊接较厚的工件。

（5）焊嘴及焊嘴倾角。焊炬端部的焊嘴是氧炔混合气体的喷口，每把焊炬备有一套口径不同的焊嘴，焊接厚的工件应选用较大口径的焊嘴。焊嘴的选择见表 8-2。

表 8-2 焊接钢材用的焊嘴

焊嘴号	1	2	3	4	5
工件厚度/mm	<1.5	1 ~ 3	2 ~ 4	4 ~ 7	7 ~ 11

此外，焊接时焊嘴中心线与工件表面之间夹角（θ）的大小，将影响到火焰热量的集中程度。焊接厚件时，应采用较大的夹角，使火焰的热量集中，以获得较大的熔深。焊接薄件时则相反。夹角的选择见表 8-3。

表 8-3 焊嘴与工件的夹角

夹角/（°）	30	40	50	60
工件厚度/mm	1 ~ 3	3 ~ 5	5 ~ 7	7 ~ 10

2. 气焊基本操作要领

1）点火、调节火焰与灭火

点火时，先微开氧气阀门，再打开乙炔阀门，随后点燃火焰。这时的火焰是碳化焰。然后，逐渐开大氧气阀门，将碳化焰调整成中性焰。同时，按需要把火焰大小也调整合适。灭火时，应先关乙炔阀门，后关氧气阀门。

2）堆平焊波

气焊时，一般用左手拿焊丝，右手拿焊炬，两手的动作要协调，沿焊缝向左或向右焊接。焊嘴轴线的投影应与焊缝重合，同时要注意掌握好焊嘴与焊件的夹角 α，如图 8-14 所示。焊件越厚，α 越大。在焊接开始时，为了较快地加热焊件和迅速形成熔池，α 应大些。正常焊接时，一般保持 α 在 30° ~ 50°范围内。当焊接结束时，α 应适当减小，以便更好地填满熔池和避免焊穿。焊炬向前移动的速度应能保证焊件熔化并保持熔池具有一定的大小。焊件熔化形成熔池后，再将焊丝适量地点入熔池内熔化。

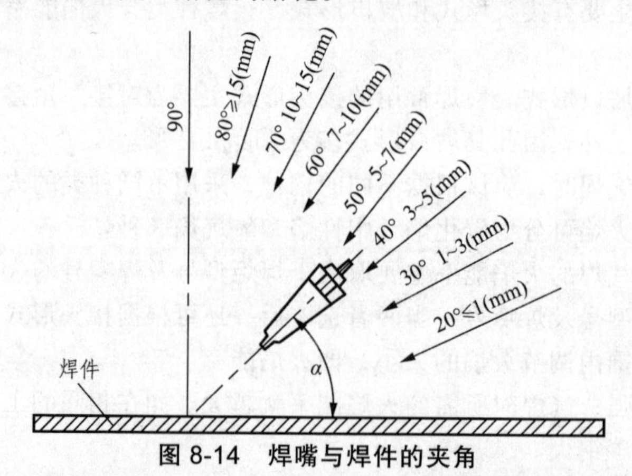

图 8-14 焊嘴与焊件的夹角

8.4 手工钨极氩弧焊

在焊接时为保护焊缝不被空气影响，常采用气体和熔渣联合保护。单独使用外加气体来保护电弧及焊缝，并作为电弧介质的电弧焊，称为气体保护焊。氩弧焊是采用氩气作为保护气体的一种气体保护焊方法。在氩弧焊应用中，根据所采用的电极类型可分为非熔化极氩弧焊和熔化极氩弧焊两大类。非熔化极氩弧焊又称为钨极氩弧焊，是一种常用的气体保护焊方法。

1. 焊接过程

钨极氩弧焊又称钨极惰性气体保护焊，它是使用纯钨或活化钨电极，以惰性气体氩气作为保护气体的气体保护焊方法。钨棒电极只起导电作用，不熔化，通电后在钨极和工件间产生电弧。在焊接过程中可以填丝也可以不填丝。填丝时，焊丝应从钨极前方填加。钨极氩弧焊又可分为手工焊和自动焊两种，以手工钨极氩弧焊应用较为广泛。

2. 钨极氩弧焊的特点

钨极氩弧焊的优点是：由于焊缝被保护得好，故焊缝金属纯度高、性能好；焊接时加热集中，所以焊件变形小；电弧稳定性好，在小电流（<10 A）时电弧也能稳定燃烧。并且，焊接过程很容易实现机械化和自动化。

缺点是：氩气较贵，焊前对焊件的清理要求很严格。同时由于钨极的载流能力有限，焊缝熔深浅，只适合于焊接薄板（<6 mm）和超薄板。为了防止钨极的非正常烧损，避免焊缝产生夹钨的缺陷，不能采用常用的短路引弧法，必须采用特殊的非接触引弧方式。

氩弧焊主要被用来焊接不锈钢与其他合金钢，同时还可以在无焊药的情况下焊接铝、铝合金、镁合金及薄壁制件。

8.5 焊接的缺陷分析与质量检验

8.5.1 焊接的缺陷分析

焊接过程中有着许多不能够人为控制的因素，焊件出现缺陷是不可能完全避免的，其缺陷产生的原因也是多方面的。表 8-4 所列是焊接常见的缺陷、特征、形成原因及防范措施。

表 8-4 焊接常见的缺陷、特征、形成原因及防范措施

缺陷类别	图例示意	缺陷特征	缺陷形成原因	防范措施
裂纹		焊缝及附近区域内部或表面有裂纹。具有尖锐的缺口和大的长宽比特征	焊接材料或工件化学成分不当；焊前清理不当；焊缝金属冷却凝固过快；焊接结构设计不合理；焊接工艺不合理	焊前清理干净；焊条烘干；合理设计焊接结构；选择合适的焊接工艺过程；对焊件适当预热

续表

缺陷类别	图例示意	缺陷特征	缺陷形成原因	防范措施
焊瘤		焊接过程中，熔化金属屑流淌到焊缝之外未熔化的母材上所形成的金属瘤	焊接参数选择不当；坡口清理不干净，电弧热损失在氧化皮上，使母材未熔化	焊条电弧焊时根据不同的焊接位置选择合适的焊接工艺参数，严格控制熔孔的大小
烧穿		焊接过程中，熔化金属屑自坡口背面流出形成穿孔的缺陷	焊接电流过大；对焊件加热过甚；坡口对接间隙太大；焊接速度慢，电弧停留时间长等	正确选择焊接电流，火焰能率不能太大；掌握合适的焊接速度，不能太慢，运条应均匀，坡口尺寸应合理等
弧坑		一般焊接收尾处形成低于焊缝高度的凹陷坑，一般存在低熔点共晶物、夹杂物、火口裂纹等缺陷	主要是熄弧停留时间过短，薄板焊接时电流过大	焊条电弧焊收弧时焊条应在熔池处稍作停留或环形运条，待熔池金属填满后再引向一侧熄弧
气孔		熔池中的气体未在金属凝固前逸出，残存于焊缝之中所形成的空穴。气孔可分为密集气孔、条虫状气孔和针状气孔等	焊材不干净；焊接线能量过小且熔池冷却速度大，气体难以逸出；焊缝金属脱氧不足增加了氧气孔	清理焊材与工件表面；采用碱性焊条、焊剂，并彻底烘干；采用直流反接并用短电弧施焊。焊前预热，减缓冷却速度
夹渣		焊后有非金属夹杂物残留在焊缝表面及内部	焊接过程中的层间清渣不干净；焊接电流过小；焊接速度太快；焊接过程中操作不当；焊接材料与母材化学成分匹配不当；坡口设计加工不合适等	选择脱渣性好的焊条；认真地清理层间熔渣；合理地选择焊接工艺参数；调整焊条角度和运条方法
咬边		沿着焊件边缘，在母材部分产生的凹陷或沟槽	焊接电流过大；运条速度过小；角焊缝焊接时焊条角度不对或电弧长度不正确	改进操作技术；规范运条方式；焊角焊缝时，用交流焊代替直流焊
未熔合		焊缝金属与母材金属或焊缝金属之间未完全熔化结合在一起	层间清渣不彻底；焊接电流过小；电弧指向偏斜；焊条摆幅太小等	适当加大焊接电流；正确地选择焊接工艺参数；注意坡口及层间部位的清洁
未焊透		母材金属未熔化，焊缝金属没有进入接头根部	焊接电流小，熔深浅；坡口钝边过大；磁偏吹影响；焊条偏芯度太大；层间及焊根清理不良	使用较大焊接电流；焊角焊缝时，用交流代替直流以防止磁偏吹；合理设计坡口并加强清理；用短弧焊等措施

焊接缺陷产生的原因是多方面的，缺陷的存在必然会影响接头的力学性能和密封性、耐腐蚀等性能。在这些缺陷中，裂缝、未焊透和条状夹渣危险最大，尤其是裂缝，GB/T 6417.1—2005《金属熔化焊接接头缺欠分类及说明》规定中为第一类别。对于重要的焊接接头，一旦发现缺陷，必须进行修补，否则会造成严重的后果。对于严重的缺陷，一旦产生，焊接工件只有报废。

8.5.2 焊接的质量检验

1. 焊接检验过程

焊接工艺被广泛地应用于工程建设中，是工程施工生产中极为重要的一环。焊接质量的优劣直接关系到产品的运行安全和人民生命财产的安全。因此，焊接的质量控制是工程建设质量控制的关键。

焊接过程中焊接出现缺陷是不可能完全避免的，要控制焊接的质量，焊接检验过程是必不可少的。焊接检验贯穿于焊接生产的始终，包括焊前、焊接生产过程中和焊后成品检验。焊前检验主要包括原材料检验、技术文件检查、焊接设备检查、工件装配质量检查、焊工资格考核、焊接环境检查等。焊接中检验主要是检查焊接中是否执行了焊接工艺要求，以便发现缺陷问题及时补救，通常以自检为主。焊后成品检验是焊接质量检验的关键，是焊件质量最后的评定。针对不同类型的焊接缺陷，通常采用破坏性检验和非破坏性检验。非破坏检验主要包括 4 个方面：① 外观检查，主要是肉眼观察；② 强度检验，如水压试验、气压试验等；③ 致密性检验，如气密性检验、吹气试验等；④ 无损检验，如射线探伤、超声波探伤等。破坏性检验主要有力学性能试验、化学分析试验、金相组织检验等。焊接的质量检验方法如图 8-15 所示。

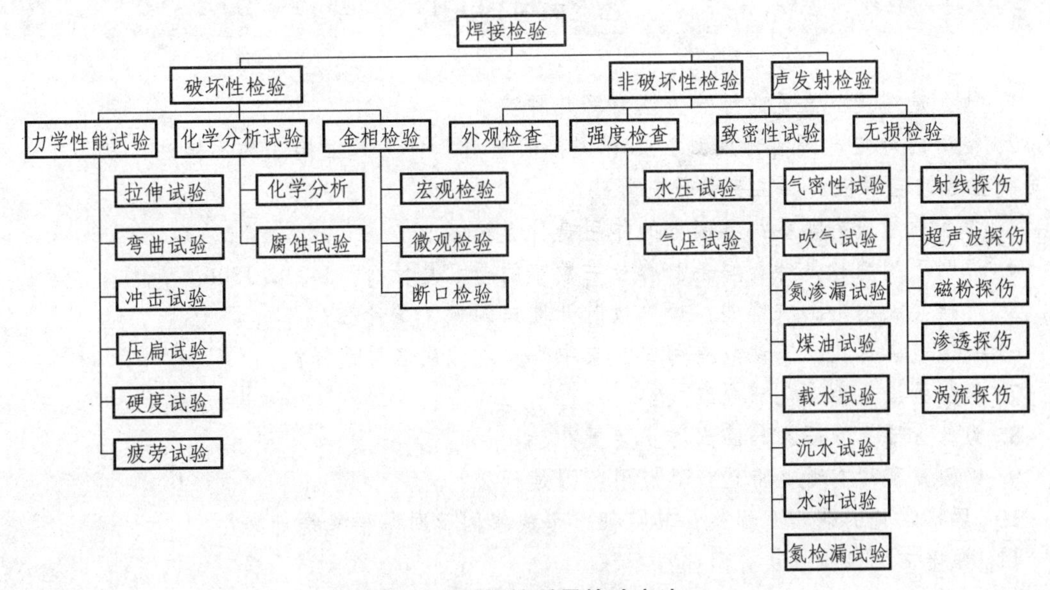

图 8-15 焊接质量检验方法

2. 焊接检验方法

焊接质量检验的主要目的是检查焊接缺陷，应根据产品的技术要求以产品检验技术标准对焊件进行质量检验，产品达标后方可使用。对于破坏性检验与非破坏性检验两大类检验方法，非破坏性检验是检验的重点，具体检验方法有：

1）外观检验

（1）用肉眼或低倍数放大镜观察焊缝表面是否有咬边、夹渣、气孔、裂纹等表面缺陷。

（2）用焊接检验尺测量焊缝余高、焊瘤、凹陷、错口等。

（3）检验焊件是否变形。

对于大型立式圆柱形储罐焊接外观检验要求，对接焊缝的咬边深度，不得大于 0.5 mm；咬边的连续长度，不得大于 100 mm；焊缝两侧咬边的总长度，不得超过该焊缝长度的 10%；咬边深度的检查，必须将焊缝检验尺与焊道一侧母材靠紧。

2）致密性检验

（1）吹气检验：用压缩空气通入容器或管道内，外部焊缝涂肥皂水检查是否有鼓泡渗漏。

（2）氨气检验：焊缝一侧通入氨气，另一侧焊缝贴上浸过酚酞-酒精、水溶液的试纸，若有渗漏，试纸上呈红色。

（3）煤油检验：在焊缝一侧涂刷白垩粉水，另一侧浸煤油。若有焊接缺陷，煤油会在白垩上留下油渍。

3）强度检验

（1）液压强度试验常用水进行，试验压力为设计压力的 1.25 ~ 1.50 倍。

（2）气压强度试验用气体为介质进行强度试验，试验压力为设计压力的 1.15 ~ 1.20 倍。

思考与练习

1. 什么是焊接？常见的焊接方法有哪几种？

2. 常用的焊接电源有哪两种？哪种焊接质量好？什么是正接法和反接法？实习中你用了哪种型号的电焊机？其主要参数有哪些？

3. 焊条的组成有哪些？各部分的作用是什么？

4. 说明下列牌号是什么焊条？牌号中数字的含意是什么？J421，J506。

5. 焊接接头的形式有哪些？焊厚板时开坡口的意义是什么？

6. 手工电弧焊的工艺参数有哪些？其中焊接电流应怎样选择？

7. 气焊的设备由哪几部分组成？

8. 为什么要有减压阀和回火防止装置？

9. 钨极氩弧焊有哪些特点？其应用范围是什么？

10. 焊接常见的缺陷有哪些？其特征、形成原因及防范措施是什么？

11. 焊接常见检验方法有哪些？

第 9 章　粉末冶金

粉末冶金是用几种不同的金属粉末（或金属粉末与非金属粉末的混合物）作为原料，经过混合、成形和烧结，制造金属材料、复合材料以及各种其他类型制品的一种工艺技术方法。由于粉末冶金法可生产难熔金属及其化合物，可制取高纯度的材料，以及可很大程度地节省材料，等等，这一系列的优点使它在新材料的发展中起着举足轻重的作用。

9.1　粉末冶金的基本原理

9.1.1　粉末冶金的发展史

粉末冶金的方法由来已久。早在 1000 多年前，我国就出现了采用机械粉碎法制得金、银、铜和青铜的粉末，用以制作陶器等的装饰涂料的方法。

18 世纪下半叶和 19 世纪上半叶，俄、英、西班牙等国曾以工场规模制取海绵铂粒，经过热压、锻和模压、烧结等工艺制造钱币和贵重器物。

1890 年，美国的库利吉发明用粉末冶金方法制造灯泡用钨丝，奠定了现代粉末冶金的基础。

到 1910 年左右，人们已经用粉末冶金法制造了钨钼制品、硬质合金、青铜含油轴承、多孔过滤器、集电刷等，逐步形成了整套粉末冶金技术。20 世纪 30 年代旋涡研磨铁粉和碳还原铁粉问世以后，用粉末冶金法制造铁基机械零件获得了很快的发展。第二次世界大战后粉末冶金技术发展迅速，新的生产工艺和技术装备、新的材料和制品不断出现，开拓出一些能制造特殊材料的领域，成为现代工业中重要的组成部分。

9.1.2　粉末冶金的原理及特点

粉末冶金是一种制取材料和制品的特殊的冶金方法，它的基本过程是制备粉末，经过压制，成形为一定尺寸的压坯，然后在低于物料基本组元熔点的温度下烧结成所需的成品，由于粉末冶金工艺与陶瓷生产工艺在形式上类似，所以，粉末冶金制品通常又被称作金属陶瓷制品。由于粉末冶金生产工艺的特殊性，它在技术上和经济上具有一系列的特点。

首先，从制取材料方面来看，粉末冶金方法能生产具有特殊性能的结构材料、功能材料和复合材料。

（1）粉末冶金方法能生产普通熔炼法无法生产的具有特殊性能的材料：

① 能控制制品的孔隙度；

② 能利用金属和金属、金属和非金属的组合效果，生产各种特殊性能的材料；

③ 能生产各种复合材料。

（2）粉末冶金方法生产的某些材料，与普通熔炼法相比，性能优越：

① 高合金粉末冶金材料的性能比熔铸法生产的好；

② 生产难熔金属材料和制品，一般要依靠粉末冶金法。

另外，从制造机械零件方面来看，粉末冶金法制造的机械零件是一种少切削、无切削的新工艺，可以大量减少机加工量，节约金属材料，提高劳动生产率。

总之，粉末冶金法既是一种能生产具有特殊性能材料的技术，又是一种制造廉价优质机械零件的工艺。

9.1.3 粉末冶金的生产过程

粉末冶金的生产过程包括粉末生产、成形、烧结及后处理。

（1）粉末生产。粉末的生产过程包括粉末的制取、粉料的混合等步骤。为改善粉末的成型性和可塑性通常加入汽油、橡胶或石蜡等增塑剂。

（2）粉末成形。粉末在 500～600 MPa 压力下，压成所需形状。粉末的压制成型通常有模压成型、挤压成型、注射成型，等等。

（3）烧结。烧结在保护气氛的高温炉或真空炉中进行。烧结不同于金属熔化，烧结时至少有一种元素仍处于固态。烧结过程中粉末颗粒间通过扩散、再结晶、熔焊、化合、溶解等一系列的物理化学过程，成为具有一定孔隙度的冶金产品。通常情况下，烧结分为预烧结与成品烧结，预烧结的主要目的是排除粉末中的增塑剂，以及使产品初步具有一定的强度和硬度，在此基础上，成品烧结可制成最终产品。预烧结一般在保护性气体中进行，常用的有氮气、氩气和氢气等。成品烧结目前一般在真空烧结中进行，对于一些特殊的产品，也常在保护性气体中进行。

（4）后处理。一般情况下，烧结好的制件可直接使用。但对于某些尺寸要求精度高并且有高的硬度、耐磨性的制件还要进行烧结后处理。后处理包括精压、滚压、挤压、淬火、表面淬火、浸油及熔渗等。

粉末冶金制品的主要工艺过程如下：

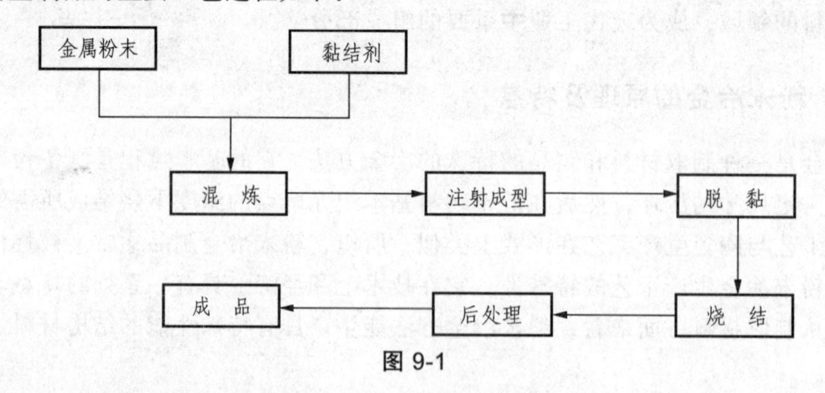

图 9-1

9.1.4 粉末冶金的主要工艺

粉末冶金的主要工艺包括粉末制取、粉末成形、烧结成型的工艺及参数。

1. 粉末制取

粉末制取中的主要工艺参数包括粉末的几何性能、力学性能、化学性能、物理性能和表面性能等，其中对工艺过程影响最大的是几何性能和工艺性能。

1）粉末的几何性能

粉末的几何性能包括粒度、颗粒形状、比表面积等。

（1）粒度。以纳米或微米表示的单个粉末颗粒的大小称为粒度，它影响粉末的加工成形、烧结时收缩和产品的最终性能。某些粉末冶金制品的性能几乎和粒度直接相关。生产实践中不会存在同一种粒度的粉末，而是在一定的粒度范围以内，并且有几乎连续的各种尺寸的粉末。按一定的粒度范围可以将粉末分成很多级，各级粉末的百分含量就叫作粉末的粒度组成（见图 9-2）。通常生产上讲的粉末平均粒度是指一定粒度组成的粉末的平均粒度，测定粉末粒度及粒度组成的方法很多，主要有筛分析法、显微镜分析法、沉降法、淘析法，等等。

粉末的粒度越小，活性越大，表面就越容易氧化和吸水。当小到一定程度时量子效应开始起作用，其物理性能会发生巨大变化，如铁磁性粉会变成超顺磁性粉，熔点也随着粒度减小而降低。

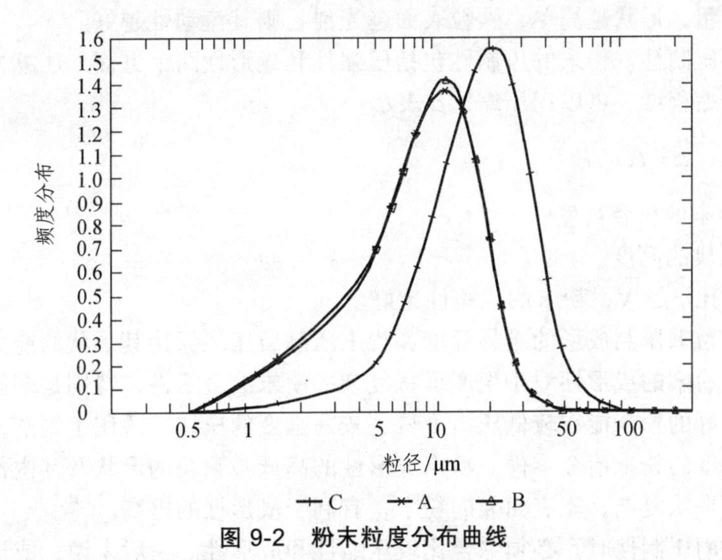

图 9-2　粉末粒度分布曲线

（2）粉末的颗粒形状。粉末的颗粒形状多种多样，主要取决于制粉方法，如还原法制得的铁粉颗粒呈海绵片状；电解法制得的粉末，颗粒呈树枝状；气体雾化法制得的基本上是球状粉。此外，有些粉末呈卵状、盘状、针状、洋葱头状等。粉末颗粒的形状会影响到粉末的流动性和松装密度，由于颗粒间机械啮合，不规则粉的压坯强度也大，特别是树枝状粉其压制坯强度最大。但对于多孔材料，采用球状粉最好。

（3）比表面积。单位质量粉末的总表面积，可通过实际测定。粉末的比表面积的大小与粉末的粒度密切相关。比表面积的大小影响着粉末的表面能、表面吸附及凝聚等表面特性。比表面积越大，表面吸附及凝聚等能力越强。

粉末的比表面积的测定方法主要是吸附法和透过法。

2）粉末的工艺性能

粉末的工艺性能又称为粉末的力学性能，它是粉末冶金成形工艺中的重要工艺参数。粉末的工艺性能主要包括松装密度、流动性、压制性和活性等。粉末的松装密度是在压制时用容积法称量的依据；粉末的流动性决定着粉末对压模的充填速度和压机的生产能力；粉末的压制性决定压制过程的难易和施加压力的高低；而粉末的活性则影响生产过程中产品质量的稳定。

（1）粉末的松装密度。粉末自由松装时，单位容积的质量叫作粉末的松装密度，它是粉末生产炉前分析的重要数据。生产实践中，影响粉末松装密度的主要因素包括粉末的颗粒大小、颗粒形状、颗粒的内空隙、表面氧化物以及粉末的球磨时间，等等。

（2）粉末的流动性。粉末的流动性是 50 g 粉末从标准的流速漏斗流出所需的时间，单位为 s/50 g，其倒数是单位时间内流出的粉末的质量。此外，也可以根据粉末的自然堆积角（又称安息角）测定流动性。让粉末通过一个筛网自然流下并堆积在直径为 1 英寸的圆板上。但粉末堆满圆板后，以粉末堆的圆锥底角（又称为堆积角）来衡量粉末的流动性，堆积角越小，粉末的流动性就越好。

粉末的流动性是一个复杂的综合性能，它取决于粉末的粒度、颗粒形状及粉末的内摩擦系数等，粉末越粗，形状越简单，颗粒表面越光滑，则其流动性越好。

（3）粉末的压制性。粉末的压制性包括压缩性和成形性两个方面。压缩性是指在一定的压力下粉末的压缩程度，可以用压缩比α表示：

$$\alpha = H_{松}/H_{压} \tag{9-1}$$

式中 $H_{松}$——粉末的松装高度；

$H_{压}$——压块的高度。

显然，压缩比α越大，粉末的压缩性越好。

成形性是指粉末压制成形的难易程度和粉末压制后压坯保持其形状的能力，通常以压坯的强度来表示。粉末的成形性对于生产形状复杂的粉末冶金零件，特别是多孔性的结构件非常重要。成形性好的粉末能在较低压力下得到较高强度的压坯，适用于制造多孔性的形状复杂的低密度中强度的粉末冶金零件。粉末成形性的高低与颗粒的形状及其内部结构形态有着密切关系。颗粒形状复杂、比表面大的粉末，有利于成形性的提高。

在评价粉末的压制性时，必须综合比较压缩性和成形性。一般来说，成形性好的粉末，往往压缩性差；压缩性好的粉末，成形性差。

2．粉末成形

粉末成形是使金属粉末密实成具有一定形状、尺寸、密度和强度的坯块的工艺过程，它是粉末冶金工艺的基本工序之一。粉末成形前一般要将金属粉末进行粉末预处理以符合成形的要求。混料时，一般须加入一定量的粉末成形添加剂。

粉末成形分为粉末压制成形、粉末冷等静压成形、粉末轧制成形、粉末挤压成形、粉浆浇注成形、粉末注射成形等。20 世纪 80 年代出现金属粉末注射成形，在美国、日本发展非常迅速，它可以生产高精度、不规则形状制品和薄壁零件。

下面主要简述粉末压制成形的工艺过程。

1）压制成形

粉末压制成形又称粉末模压成形，简称压制，它是粉末冶金生产中使用最普遍的成形方法，压制是在压模中利用外加压力使粉末成形的方法。压制成形过程由装粉、压制和脱模组成。

（1）压制过程：粉末压制成形是粉末冶金生产的基本成形方法。在压模中填装粉末，然后在压力机下加压，脱模后得到所需形状和尺寸的压坯制品。压制过程大致可以分为3个阶段：第一阶段，压块密度随压力增加而迅速增大，此时孔隙急剧减少；第二阶段，压块密度增加缓慢，因孔隙在第一阶段中大量消除，继续加压只是让颗粒发生弹性屈服变形；第三阶段，压力的增大可能达到粉末材料的屈服极限和强度极限，粉末颗粒在此压力下产生塑性变形或脆性断裂。因颗粒的脆性断裂形成碎块填入孔隙，压块密度随之增大。

（2）压制压力。压制压力分为两部分，一是在没有摩擦的情况下，使粉末压实到一定程度所需的压力为“静压力”（P_1），二是克服粉末颗粒和压模之间摩擦的压力为“侧压力”（P_2）。

$$压制压力\ P = P_1 + P_2 \tag{9-2}$$

侧压系数 = 侧压力 P_2 ÷ 压制压力 P = 粉末的泊松系数μ ÷（$1-\mu$）= $\tan^2$（45°自然度角 Φ ÷ 2），侧压力越大，脱模压力就越大，硬质合金粉末的泊松系数一般为0.2 ~ 0.25。

（3）压制过程中的压力分布。引起压力分布不匀的主要原因是粉末颗粒之间以及粉末与模壁之间的摩擦力。压块高度越高，压力分布越不均匀。实行双向加压或增大压坯直径，能减少压力分布的不均匀性。

2）压制工艺

（1）压模。主要涉及压缩比和线收缩系数。

压缩比（或填充系数）：混合料越细，则松装比容越大，要压制成给定密度压块的压缩比也越大。一般在2.5 ~ 4倍；压模在压制过程中发生弹性变形往往造成脱模后压块的横向裂纹。

线收缩系数：压块尺寸与烧结制品相应尺寸之比。压块密度越大，线收缩系数越小。

（2）压制工艺。模压成形包括称料、装模、压制、脱模以及压块干燥、修边、半检和简单机械加工；压力机操作比较简单，关键在于调整好单重和尺寸，以及处理由于设备故障及物料不稳定带来的一些问题。此外，由于无论是油压机还是自压机，都存在构造简单，长久操作易疲劳等问题，因此要格外注意安全。

（3）压制废品。主要包括分层、裂纹和未压好。

分层。沿压块的棱出现，与受压面呈一定角度，形成整齐的分界面叫分层。造成压块分层的原因是压块中的弹性内应力或弹性张力。如混合料钴含量低，碳化物硬度高，粉末或料粒较细，成型剂太少或分布不均匀，混合料过湿或过干，压制压力过大，单重过大，压块形状复杂，模具光洁度太差，台面不平，均有可能造成分层。提高压块强度，减少压块内应力和弹性后效是解决分层的有效方法。

裂纹。由于压块内部的拉伸应力大于压块的抗张强度，压块中出现不规则局部断裂的现象叫裂纹。压块内部拉伸应力来自于弹性内应力。值得注意的是，影响分层的因素同样影响裂纹。另外，延长保压时间或多次加压，减少压力或单重，改善模具设计和适当增加模具厚度，加快脱模速度，增加成型剂，提高物料松装密度等，可以减少裂纹。

未压好。尽管压块孔隙度可达到40%左右，但由于压制时物料或压力降低的原因，压坯孔隙是不均匀的；如果局部空隙尺寸太大，烧结中无法消除，叫未压好。料粒太硬，料粒过粗，物料松装太大；松装料粒在模腔中分布不均匀，单重偏低，等等，均可能造成未压好（显颗粒）。

3）烧结工艺

烧结是粉末或粉末压坯加热到低于其中基本成分的熔点的温度，然后以一定的方法和速度冷却到室温的过程。烧结的结果是粉末颗粒之间发生黏结，烧结体的强度增加，把粉末颗粒的聚集体变成为晶粒的聚结体，从而获得所需的物理、机械性能的制品或材料。

（1）烧结机理。在烧结过程中粉末体要经历一系列的物理化学变化，如水分或有机物的蒸发或挥发，吸附气体的排除，应力的消除，粉末颗粒表面氧化物的还原，颗粒间的物质迁移、再结晶、晶粒长大等，因而使颗粒间的晶体接触面增加，孔隙收缩甚至消失。出现液相时，还会发生固相的溶解与析出。这些过程彼此间并无明显的界限，而是互相重叠，互相影响。再加上其他烧结工艺条件，使整个烧结过程的反应复杂化。烧结是粉末冶金制品的最终成型阶段，对产品的质量和性能起着决定性的作用。

不同的粉末冶金产品烧结的过程相差很大，如是多相还是单相，固相还是液相，阶段的划分，共晶点，等等，都存在很大差异。对于粉末冶金的典型产品硬质合金，其烧结过程可划分为以下 4 个阶段。

① 脱除成型剂和预烧阶段（≤800 °C）：烧结初期，随温度升高，成型剂逐渐热裂，并排出烧结体，同时，成型剂或多或少使烧结体增碳。氢气烧结时，800 °C 以下能还原粉末表面的氧化物，同时，粉末间接触应力逐渐消除，黏结金属粉末开始产生回复和再结晶，颗粒表面扩散，强度提高。

② 固相烧结阶段（800 °C ~ 共晶温度）：所谓共晶温度，是指缓慢升温到烧结体开始出现共晶液相的温度。对于 WC-CO 类硬质合金，其平衡烧结时的共晶温度为 1 340 °C。在出现液相之前的温度下，除了继续上一阶段所发生的过程外，烧结体中的某些固相反应加剧，扩散速度增加，颗粒的塑料流动加强，使烧结体出现明显的收缩。

③ 液相烧结阶段（共晶温度 ~ 烧结温度）：当烧结体出现液相后，烧结体的收缩很快完成，碳化物晶粒长大并形成骨架，从而奠定了合金的基本组织结构。

④ 冷却阶段（烧结温度 ~ 室温）：在这一阶段，合金的组织和黏结相成分随着冷却条件的不同而产生某些变化。冷却后，得到最终组织结构的合金。

（2）烧结工艺。硬质合金的烧结工艺一般分为氢气烧结和真空烧结，传统的硬质合金的生产都是氢气烧结，自从 20 世纪 80 年代真空烧结工艺被广泛应用以来，由于其显而易见的优点（产品纯度、湿润性、烧结温度等），目前已经成为硬质合金生产领域的主流。

真空烧结工艺与氢气烧结过程类似，但增加了排除成型剂工序，此外，装舟时不使用填料。目前，一般的真空烧结工艺的脱蜡阶段仍然需要在氢气保护中进行，但并非氢气烧结，也不用在氢气烧结炉内进行，而是一种专用的氢气脱蜡炉，其温度更低。一般缓慢升温到 200 °C 左右保温 30 ~ 60 min，使成型剂充分挥发干净，随后将炉温缓慢升温到 750 °C 左右，进行预烧，预烧时间不宜过长，约为 30 min，以防止烧结体与氢气中的水分反应而脱碳。

经过脱蜡和预烧后的烧结体，就可以进行真空烧结了，真空烧结在真空烧结炉内进行，先将烧结体放入专门的石墨舟板上，将舟板放入真空炉内的固定位置，层层叠放，然后关闭真空炉，抽真空，待真空度达到规定的工艺要求，则可以放电升温，根据产品的不同，升温速度和保温时间不尽相同，对于 WC-CO 类硬质合金，一般烧结温度为 1 350 ~ 1 500 °C，阶段保温可在 800 °C 左右，总体的烧结时间为 4 ~ 5 h，烧结过程中要严格观察炉内真空度的变化，以防意外发生。

真空烧结工艺的舟板选择主要根据制品的大小，确定合适的高度，然后将制品整齐放置于舟板上，层层叠放时，应留有少量的空间。

此外，真空烧结过程中，应严格保证冷却水的畅通，如发生停水事故，应该立即切断升温电源，并保持真空机的正常进行，同时，应该马上开放备用冷却水，在真空度正常的情况下缓慢降温，直到冷却水正常后才可重新升温。

9.1.5　粉末冶金工艺的主要设备

1. 球磨机

球磨机是粉末混合时使用的设备，主要用来制取粉末冶金制品的粉末。其主要工作原理是，主要部件筒体水平放置在轴承上，依靠电动机经减速装置驱动以一定的工作转速旋转。筒体内装有各种类型的衬板，用以保护筒体并将球磨机内粉磨介质提升到一定的高度。由于介质本身质量的作用，产生抛落或泻落，冲击筒体底部的物料，同时在磨机筒体回转过程中，粉磨介质还有滑动和滚动，使介于其间物料受到磨剥作用，这样不断地冲击和磨剥而将物料粉磨成细粉。球磨机内物料在承受粉磨介质冲击与研磨的同时，又由于筒体相邻两个横断面上的料面高差所形成的粉体动压力，物料缓慢地向球磨机卸料端移动，直至卸出球磨机外，完成粉磨作业。球磨机的规格一般用不带球磨机衬板的筒体内径和筒体长度（D×L）来表示。有时，间歇式球磨机以装填物料的数量（t）来表示。

球磨机的类型和规格较多，但是它们的结构基本相同，主要由筒体、衬板、隔仓板、轴承、进卸料装置和传动装置等组成。如图 9-3 所示是溢流式圆筒形球磨机的结构图。

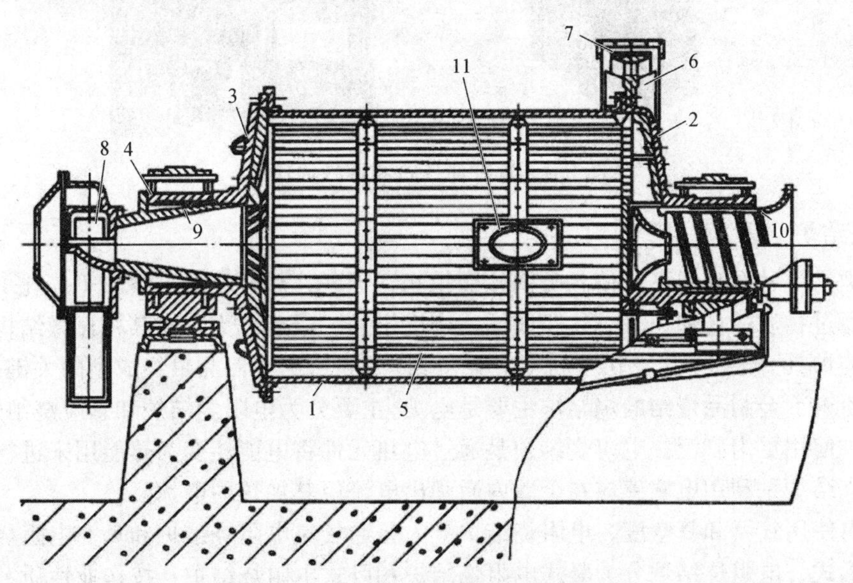

图 9-3　溢流式圆筒形球磨机的结构图

1—圆筒；2，3—端盖；4—主轴承；5—衬板；6—小齿轮；7—大齿圈；
8—给矿器；9—锥形衬套；10—轴承衬套；11—检修孔

2．液压机

粉末冶金的成形都是在液压机的作用下完成的，液压机由主机及控制机构两大部分组成。液压机主机部分包括机身、主缸、顶出缸及充液装置等。动力机构由油箱、高压泵、低压控制系统、电动机及各种压力阀和方向阀等组成。动力机构在电气装置的控制下，通过泵和油缸及各种液压阀实现能量的转换，调节和输送，完成各种工艺动作的循环。

按传递压强的液体种类来分，液压机有油压机和水压机两大类。用于粉末冶金工艺的液压机通常是油压机（见图 9-4），油压机的工作原理是利用液体压力来传递动力和进行控制，液压装置是其主要部件，液压装置是由液压泵，液压缸（液压马达等执行机构），液压控制阀和液压辅助元件组成，各部分的主要作用是：

液压泵：将机械能转换成液压能的转化装置。

液压缸（液压马达等执行机构）：将液压能转化为机械能。

控制阀：控制液压油的流量、流向、压力、液压执行机构的工作顺序等及保护液压回路。

辅助元件：包括油箱（用来储油，散热，分离油中空气和杂质）、油管及油管接头、滤油器、压力表和密封元件等。

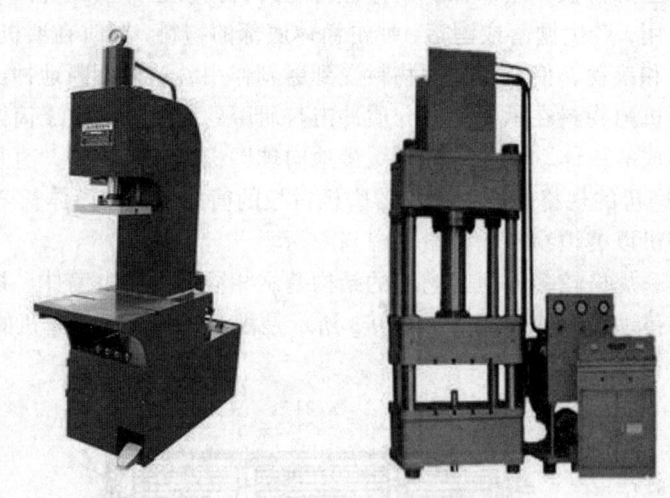

图 9-4 单柱油压机和四柱油压机

3．烧结炉

烧结炉是一种在高温下，使各类固体颗粒相互键联，晶粒长大，空隙（气孔）和晶界渐趋减少，通过物质的传递，其总体积收缩，密度增加，最后成为具有某种显微结构的致密多晶烧结体的炉具。烧结炉广泛用于粉末冶金领域，是粉末冶金制品最终成型的关键设备之一。

用于粉末冶金制品烧结的烧结炉主要是电炉，主要分为电阻烧结炉和感应烧结炉两大类，电阻烧结炉使用更为广泛。电阻烧结炉是通过电热元件将电能转变为热能用来进行烧结的电炉；感应烧结炉是利用电磁感应在金属内激励出电流使其加热的电炉。

按炉内使用气氛和真空度，电阻烧结炉分为普通气氛电阻烧结炉和真空电阻烧结炉；按炉子结构形式，电阻烧结炉分为竖式电阻烧结炉和卧式电阻烧结炉；按作业性质，电阻烧结炉分为间断式电阻烧结炉和连续式电阻烧结炉。

按电热元件的不同，烧结炉可分为金属电热元件烧结炉和非金属电热元件烧结炉两大类。

金属电热元件有：铂（最高使用温度 1 400 °C）、钼（最高使用温度 1 600 °C）、钨（最高使用温度 2 100 ~ 2 500 °C）、钽（最高使用温度 2 500 °C）等；非金属电热元件有：碳化硅（最高使用温度 1 450 °C）、硅化钼（最高使用温度 1 700 °C）、石墨（最高使用温度 3 000 °C）等。

金属电热元件烧结炉可分为钼丝炉、钨丝炉、钨棒炉、钼片炉、钽片炉、镍铬丝炉和铁铬铝丝炉等。其中最有代表性的是钼丝炉，应用也较广泛。钼丝烧结炉的结构示意图如图 9-5 所示，工作温度 1 500 °C，常用来烧结粉末冶金材料和制品，特别是烧结硬质合金。如果需要使用真空，便可制成真空钼丝炉、真空钨棒炉等。

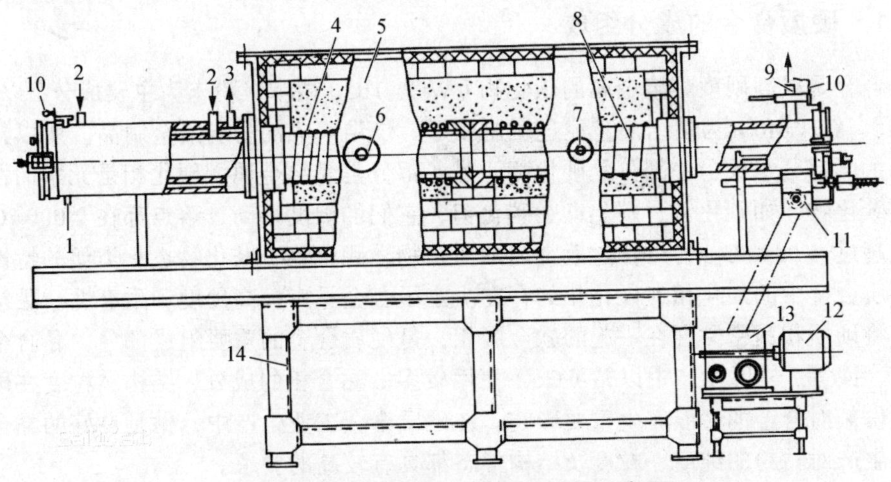

图 9-5　卧式连续钼丝烧结炉结构示意图

1—冷却水进口；2—氢气进口；3—冷却水出口；4—钼丝；5—炉壳；6—高温测温计；7—热电偶；8—镍铬片；9—氢气出口；10—点火装置；11—推舟装置；12—电动机；13—减速器；14—炉架

非金属电热元件烧结炉可分为碳化硅棒炉、碳管炉、碳布炉等。其中碳管炉加装真空系统可制作成真空碳管炉，它的工作温度为 1 200 ~ 1 800 °C，主要用作碳化，有时也可用作烧结炉。碳管炉的结构示意图如图 9-6 所示。

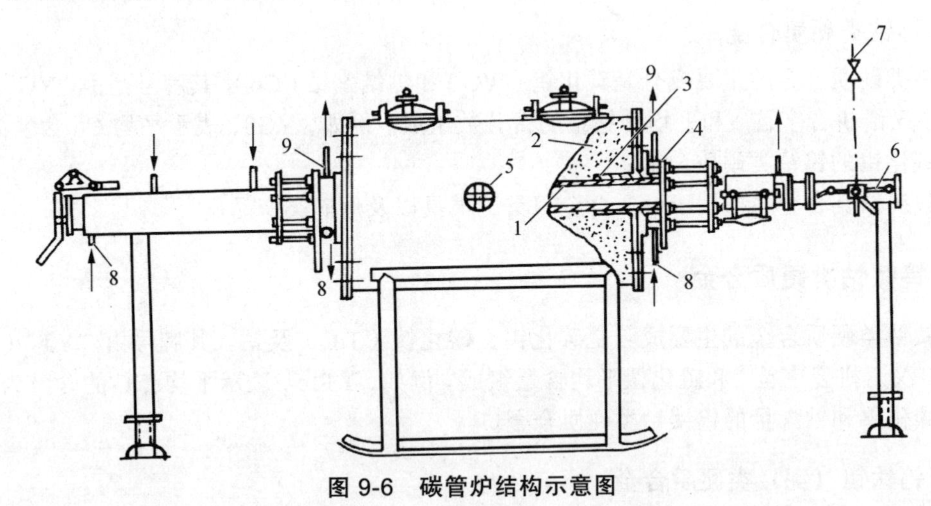

图 9-6　碳管炉结构示意图

1—石墨管；2—炭黑；3—石墨套；4—导电钢套；5—辐射高温计孔；6—推舟装置；7—压缩空气；8—冷却水入口；9—冷却水出口

9.2 硬质合金

硬质合金是由难熔金属的硬质化合物和黏结金属通过粉末冶金工艺制成的一种合金材料，硬质合金是最典型的粉末冶金产品之一，其生产工艺符合粉末冶金的基本原理。由于硬质合金具有硬度高、耐磨、强度和韧性较好、耐热、耐腐蚀等一系列优良性能，因而具有广泛的用途。

9.2.1 硬质合金的成分组成

硬质合金是以高硬度难熔金属的碳化物（WC、TiC）微米级粉末为主要成分，以钴（Co）或镍（Ni）、钼（Mo）为黏结剂，经过压制成形，烧结而成的粉末冶金制品。所以，硬质合金的基体由两部分组成：一部分是硬化相，另一部分是黏结金属。硬化相是元素周期表中过渡金属的碳化物，如碳化钨、碳化钛、碳化钽，它们的硬度很高，熔点都在 2 000 °C 以上，有的甚至超过 4 000 °C。另外，过渡金属的氮化物、硼化物、硅化物也有类似的特性，也可以充当硬质合金中的硬化相，硬化相的存在决定了合金具有极高硬度和耐磨性。黏结相是硬质合金中将硬质相紧密黏合在一起的软金属相，是硬质合金的重要组成部分。黏合金属主要有钴、镍、铁等，实际生产中以钴（Co）使用较多。黏合相的成分、结构、粒度在硬质合金中所占的份额对合金的性能产生重要影响。在硬质合金工业生产中，钴是良好的黏合金属。硬质合金生产对钴粉的纯度、粒度及结构形态都具有较高的要求。

在硬质合金中，硬化相的数量占主要部分，一般占到总质量的 80% ~ 90%，黏合相占到总质量的 20%以下。

9.2.2 硬质合金的分类与牌号

根据硬质相和黏合相的不同，硬质合金主要分为钨钴类硬质合金、钨钛钴类硬质合金、钨钛钽（铌）类硬质合金。

1. 钨钴类硬质合金

钨钴类硬质合金的主要成分是碳化钨（WC）和黏结剂钴（Co）。其牌号是由“YG”（“硬、钴”两字汉语拼音字首）和平均含钴量的百分数组成。例如，YG8，表示平均 Co 含量为 8%，其余为碳化钨的钨钴类硬质合金。

一般钨钴类合金主要用于硬质合金刀具、模具以及地矿类产品。

2. 钨钛钴类硬质合金

钨钛钴类硬质合金的主要成分是碳化钨、碳化钛（TiC）及钴。其牌号由“YT”（“硬、钛”两字汉语拼音字首）和碳化钛平均含量组成。例如，YT15，表示平均 TiC 的含量为 15%，其余为碳化钨和钴含量的钨钛钴类硬质合金。

3. 钨钛钽（铌）类硬质合金

钨钛钽（铌）类硬质合金的主要成分是碳化钨、碳化钛、碳化钽（或碳化铌）及钴。这类硬质合金又称通用硬质合金或万能硬质合金。其牌号由“YW”（“硬”、“万”两字汉语拼音字首）加顺序号组成，如 YW1。

4．硬质合金的牌号

根据硬质合金的分类，硬质合金的牌号可分为 YG 类、YT 类和 YW 类，但这只是国内的通常命名叫法，在国际标准中，另有一套硬质合金的牌号命名方法，表 9-1 是国际牌号与国内牌号的对比。

表 9-1　硬质合金国际牌号与国内牌号的对比

ISO 标准牌号	P10	P20	P30	M10	M20	K10	K15	K20	K30
国内标准牌号	YT15	YT14	YT5	YW1	YW2	YG6A YG6X	YG6	YG6 YG8N	YG8 YG8N

9.2.3　硬质合金的用途

硬质合金具有硬度高、耐磨、强度和韧性较好、耐热、耐腐蚀等一系列优良性能，特别是它的高硬度和耐磨性，即使在 500 °C 的温度下也基本保持不变，在 1 000 °C 时仍有很高的硬度。因此，硬质合金具有广泛的用途。

硬质合金广泛用作刀具材料，如车刀、铣刀、刨刀、钻头、镗刀等，用于切削铸铁、有色金属、塑料、化纤、石墨、玻璃、石材和普通钢材，也可以用来切削耐热钢、不锈钢、高锰钢、工具钢等难加工的材料。现在新型硬质合金刀具的切削速度等于碳素钢的数百倍。

由于卓越的耐磨性和耐腐蚀性，硬质合金又被广泛地用来制作凿岩工具、采掘工具、钻探工具、测量量具、耐磨零件、金属磨具、气缸衬里、精密轴承、喷嘴、五金模具（如拉丝模具、螺栓模具、螺母模具，以及各种紧固件模具，硬质合金的优良性能逐步替代了以前的钢铁模具）。

20 世纪 90 年代以来，随着涂层硬质合金问世并越来越广泛地使用，硬质合金的用途得到了前所未有的拓展。涂层硬质合金通常指在韧性的碳化钨或碳化钛基硬质合金基体上通过化学气相沉积或物理沉淀等方法，涂上几微米厚的 TiC、TiN、Ti（C、N）、Al_2O_3 之类的硬质化合物。刀具的基体是钨钛钴硬质合金或钨钴硬质合金，表面碳化钛涂层的厚度不过几微米，但是与同牌号的合金刀具相比，使用寿命延长了 3 倍，切削速度提高 25% ~ 50%。20 世纪 70 年代已出现第四代涂层工具，可用来切削很难加工的材料。

9.2.4　硬质合金的生产工艺

硬质合金的生产工序可以追溯到钨精矿的冶炼，经过一系列的工序，分别产出 APT、钨酸、三氧化钨、钨粉、碳化钨粉，再经过湿磨、压制和烧结，产出混合料、硬质合金。但目前国内大多数的工厂都是从混合料的生产开始的。所以，本书所述硬质合金生产从混合料的生产开始。

1．混合料生产

以碳化钨、碳化钛、复式碳化物和金属钴粉、钼粉、镍粉为原料，经配料、球磨、干燥等工序，制成有规定化学成分和物理性能的混合料的过程称为硬质合金混合料的制备。混合料制备的具体过程大致如下：

按工艺配方称取所需的各组分原料（如果是 YG 合金，则是碳化钨粉末和钴粉末）及少量添加剂，装入滚动球磨机或搅拌球磨机，在球磨机中合金球研磨体的冲击、研磨作用下，各组分原料在研磨介质中得到细化和均匀分布，在喷雾干燥前（或湿磨后期）加入一定量液态石蜡，卸料后经喷雾干燥、振动过筛（或真空干燥、均匀化破碎过筛）制成有一定成分和粒度要求的掺蜡混合料，以满足压制成型和真空烧结的需要，如图 9-7 所示。

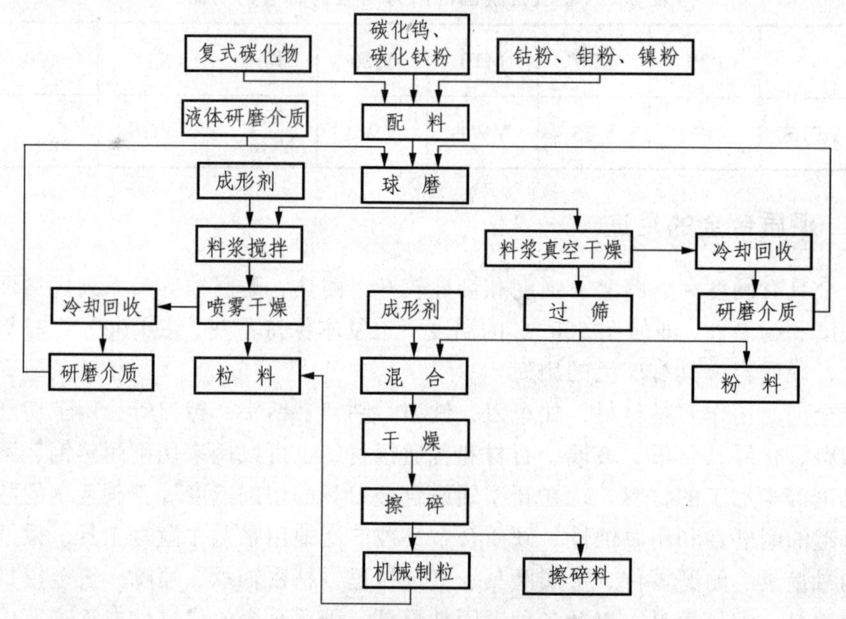

图 9-7　混合料制备工艺流程示意图

混合料制备的主要过程是球磨和干燥。

1）球　磨

制备硬质合金混合料的球磨一般采用湿磨。所谓湿磨，是用液体介质加入球磨主体，一起参与球磨。液体介质要具有与物料不发生化学反应、沸点低、易挥发、表面张力小、无毒、无嗅等性质。具备这些要求的液体介质有酒精、汽油、丙酮、已烷和其他有机溶液等。国内大多数厂家采用酒精，也有的选用丙酮或已烷。实践中，具体选用须与所采用的成形剂结合考虑。

为改善混合料粉末的流动性，减少粉末在成形过程中的内、外摩擦力，通常须往混合料中加入一种或多种有机物作为成形剂。成形剂要具有较良好的黏性、塑性和润滑性；熔点低，在常温下最好能呈液态或能溶解于易挥发性的溶剂中；纯度高，在较低的温度下，能全部蒸发排除掉，或虽残留微量物质，但不致造成次品或废品。具备这些条件的成形剂一般有石蜡、聚乙二醇（PEG）和人造合成橡胶等。对特殊模压成形毛坯（如形状较复杂、单重较大等）的混合料，选用人造合成橡胶。

制备混合料的球磨设备有搅拌式球磨机和滚动式球磨机。

（1）滚动式球磨机。滚动式球磨机由给料部、出料部、回转部、传动部（减速机，小传动齿轮，电机，电控）等主要部分组成。

滚动式球磨机的工作原理是，磨料与试料在研磨罐内高速翻滚产生强大的压力和摩擦力，对物料产生强力冲击、碾压、剪切，从而达到粉碎、研磨物料的目的。滚动式球磨机能很好地实现各种工艺参数要求，模拟生产中的各项指标，同时其具有小批量、低功耗、低价位的优点。

与搅拌式球磨机相比，虽然滚动球磨机研磨时间长、效率低，但混合破碎均匀，质量有保证，因此目前仍然是众多硬质合金生产商广泛选用的球磨设备，通常用于复式碳化物与钴粉的研磨。

（2）搅拌式球磨机。搅拌式球磨机由一个固定的立式球磨筒、搅拌轴、传动装置和循环系统组成。工作时不受临界转速的限制，可以采用高转速，同时还可采用小研磨体，球磨的研磨效率要比滚动式球磨机高几倍，甚至几十倍。制备硬质合金混合料一般采用强制循环系统，以有利于破碎均匀，其能耗低，占地面积小，装卸料方便。

与滚动式球磨机相比，搅拌式球磨机的主要缺点是研磨不均匀，易形成死角，从而严重影响硬质合金混合料的质量。

2）干　燥

料浆从球磨机出来后，进入下一个工序——干燥，干燥通常分为喷雾干燥和真空干燥。将料浆输入喷雾干燥器内，直接制成粒料。具有生产工序少、周期短、产能大、返回料少和回收率高、物料不易氧化、脏化，粒料呈空心球形，均匀性、稳定性和流动性均好等特点，特别适合于自动压力机成形。一般小规模、小批量的湿磨料，采用真空干燥工艺制取粉料，往粉料中掺入成形剂（依产品牌号、单重，可选择汽油橡胶溶液或汽油石蜡溶液），再经干燥，擦碎得到流动性较差的擦碎料，能满足一般特殊成形的需要。该工艺流程长，工序多，劳动条件较差，但生产易掌握。

用于混合料浆的干燥设备主要有喷雾干燥器和真空干燥器等。

（1）喷雾干燥器由干燥塔，喷嘴，进出料系统，热气系统，气体循环系统，冷凝系统，清洗系统和电气、仪表控制系统等组成。产能 60 ~ 300 kg/h，产品质量好，机械化、自动化程度高，适用于规模大，品种、牌号不多的生产。但设备各系统较复杂，操作技术要求较高，价格较昂贵。

（2）真空干燥器有真空干燥箱（锅）、行星真空干燥器和回转双圆锥真空干燥器等。这些设备由主体干燥箱（锅、筒、双圆锥）、真空系统和介质冷凝回收系统组成。采用热水或电热油加热，适用于品种、牌号多，批量小的生产，设备较简单，操作方便。如图 9-8 所示为真空干燥器的示意图。

2. 压　制

硬质合金的压制成形有多种方式，通常有模压成形、挤压成形、注塑成形，等等。其中，模压成形最为常见。

硬质合金的压制工艺详见 9.1.4 小节的粉末成形。

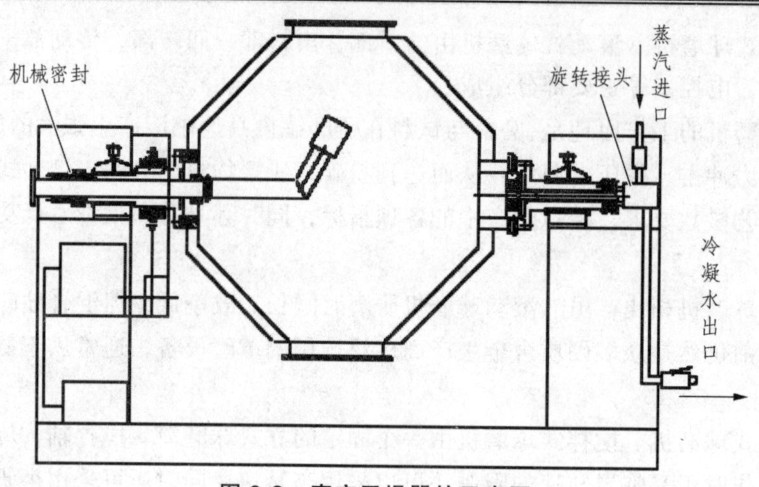

图 9-8 真空干燥器的示意图

3. 烧 结

硬质合金烧结的关键是工艺参数的选择。

1）烧结温度

合金的烧结温度与其他化学成分有关，通常应高于基体碳化物与黏结金属的共晶温度 40 ~ 100 °C，不同合金的大致烧结温度范围如下：

牌号	烧结温度
YG6	1 400 ~ 1 420 °C
YG8	1 400 ~ 1 420 °C
YG15	1 390 ~ 1 410 °C
YG20C	1 450 ~ 1 470 °C
YG11C	1 450 ~ 1 470 °C
YG6X	1 370 ~ 1 390 °C
YG6A	1 360 ~ 1 380 °C

实践证明，烧结温度在一个相当宽的范围内变化，都能使合金有足够的密度，因此，在生产实践中最经常考虑的问题是如何使合金有适当的晶粒度和性能。而往往以合金的使用性能为主要依据来确定烧结温度。例如，对拉伸模具、耐磨零件和精加工用的切削工具，要求合金有较高的耐磨性，则应选取矫顽磁力出现极大值的烧结温度；对于地质钻探和采掘工具，冲击负荷较大的切削加工工具，要求合金具有较高的强度，则可适当地采用较高的烧结温度；高 Co 合金的使用条件通常是要求尽可能高的抗弯强度，所以对这类合金来说，合金抗弯强度出现极大值的温度应当是最适宜的烧结温度。

2）烧结时间

必须保证足够的时间，才能完成烧结过程的组织转变。尽管在一定范围内，烧结温度和时间可以相互补充，如高温快速或低温慢速，但是这个范围是有限的，如果温度不够，再延长时间也是没有用的。

通常为了在最高烧结温度下，能够达到平衡状态，并有充分的组织转变时间，保温1～2 h是适当的。

但是烧结时间的确定还受其他因素的影响，如制品大小就是因素之一，一般情况下，大制品的烧结时间要比小制品长。

3）升温速度

升温速度以单位时间内上升的温度数来表示。升温速度根据设备状况及工艺特点而定，一般在出现液相之前的升温速度较快，之后较慢。

9.2.5　硬质合金生产中的常见质量缺陷

1. 膨　泡

硬质合金制品内部有孔洞，并在其相应部位的表面出现凸起的曲面，这种现象叫膨泡，形成膨泡的基本原因是烧结体内有比较集中的气体。

1）空气在烧结体内集中

烧结体致密化过程中，空气由内部移向表面，如果烧结体内部存在具有一定尺寸的杂质（如硬质合金碎屑、铁、钴屑等），空气向此集中，待到烧结体出现液相，并致密化以后，空气无法逸出，在烧结体阻力最小的表面形成凸起，因此，可以认为膨泡不过是由于空气集中产生的畸形。

2）有生成气体的化学反应

烧结体中某些氧化物在高于液相出现的温度下能够被碳还原生成气体，从而使合金膨泡。在实际生产中，钨钛钴合金膨泡通常与复式碳化物碳化不完全有关，而钨钴合金膨泡则一般由混合料中的氧化物所引起。

2. 孔　洞

在硬质合金低倍组织观察时，通常把40 μm以上的孔隙叫作孔洞。能够造成膨泡的因素均可形成孔洞，只是不如膨泡那样有大量的气体存在。此外，当烧结体内存在不为黏结金属所润湿的杂质，存在一些如未压好之类的大孔，或者烧结体存在严重的固相与液相的偏析等都可以形成孔洞。

3. 变　形

烧结体产生外形的不规则变化叫作变形。弯曲也是一种变形，变形是由于烧结体不同部分体积收缩不同而造成的。

产生变形的主要原因有：

1）压块密度分布不均匀

通常合金都能达到相同的密度，压块密度大的部分收缩少，密度小的部分收缩大，因而使合金变形。

2）局部严重缺碳

烧结体缺碳的部分由于出现液相的温度较高，液相数量过少，在通常的烧结时间内收缩不完全，因而体积较其他地方大，造成变形。在特殊情况下，由于某些原因，如压块与炉气的相互作用，可以造成同一烧结体不同部位出现含碳量梯度，使制品产生弯曲。

3）装舟不合理

如垫板不平也造成长条弯曲，使压块密度均匀分布，改善装舟操作，是防止制品变形的重要措施。

4. 裂　纹

1）压制裂纹

压制裂纹是在压制过程中产生的，通常是由于应力弛豫，压制后没有立即显出裂纹，烧结时在低温区内弹性回复较快，因而产生裂纹。对于压紧性差的物料应特别注意防止裂纹的产生。

2）氧化裂纹

这种裂纹是由于压块干燥时局部严重氧化而引起的，由于氧化部分的热膨胀与未氧化部分不一样，烧结时受热则产生裂纹，应该仔细检查干燥后的压块是否有裂纹，如果压块预烧后经过放大镜或低倍显微镜检查，一般就不易出现裂纹废品。

5. 过　烧

当烧结温度偏高或烧结时间过长时，产品过烧，制品表面晶粒长大，孔隙增大，断面组织较粗糙，合金性能明显下降，轻者只观察到数量较多的闪光点，严重者表面有时出现膨泡或呈蜂巢状。

有膨泡、孔洞、变形、裂纹和过烧等缺陷的制品不能再处理，属于生产过程中的废品。

6. 渗　碳

渗碳一般是由于混合料的总碳含量偏高，混合料掺胶过多，脱胶时的真空度过低等导致，合金断口有细小的石墨夹杂黑点或巢形斑点，严重渗碳的合金表面光亮发黑，用手或白纸在其上揩擦，可以使手或纸变黑。产品渗碳会造成硬度过低，从而会影响使用性能。

7. 脱　碳

脱碳产品表面有银白色亮点或闪光条状，合金断口有银白色闪光点，其组织结构出现脱碳相，严重时其断面可观察到蝌蚪形的坑点。产品脱碳主要造成强度过低，同样会影响使用性能。

8. 欠　烧

欠烧合金的表面通常为灰白色，无明显的金属光泽，判断欠烧最简便的方法是用钢笔在断面上滴上一滴墨水，若墨水迅速渗开，则表明结构疏松，是欠烧的特征。欠烧的制品由于烧结未完全成型，强度和硬度都会降低。

渗碳、脱碳、欠烧等缺陷是由于工艺、设备及操作不当而导致的中间废品，一般可通过适当的再处理工艺使合金的组织结构恢复正常。实践中，一般可以根据不同的牌号以及其用途和要求，视不同情况分别返烧处理或返回处理。

思考与练习

1. 粉末冶金包括哪些主要的工艺过程？

2. 粉末的工艺性能包括哪些？分别对压制成型有什么影响？

3. 粉末压制成型时的压力分为哪几种？它们是怎样影响压制过程的？

4. 硬质合金制品在烧结过程中分为哪几个阶段？每个阶段制品内部发生什么变化？

5. 生产粉末冶金制品的烧结炉可分为哪几种？

6. 根据硬质相和黏合相的不同，硬质合金主要分为哪几种？每种的典型制品是什么？主要用途是什么？

7. 制备硬质合金混合料的球磨设备有哪几种类型？每种设备的主要结构包括哪些？试比较其优缺点。

8. 制备硬质合金混合料干燥工序的主要目的是什么？工序的主要设备包括哪些类型？

9. 硬质合金烧结工艺的主要参数有哪些？

10. 硬质合金生产过程的主要缺陷有哪些？哪些是可以再处理的？哪些是不能处理的？为什么？

第10章 锻 压

锻压是锻造和冲压的合称，是利用锻压机械的锤头、砧块、冲头或通过模具对坯料施加压力，使之产生塑性变形，从而获得所需形状、尺寸和内部组织的制件的成形加工方法。

10.1 锻 造

锻造是一种利用锻压机械对金属坯料施加压力，使其产生塑性变形以获得具有一定机械性能、一定形状和尺寸锻件的加工方法，锻造是锻压（锻造与冲压）的两大组成部分之一。通过锻造能消除金属在冶炼过程中产生的铸态疏松等缺陷，优化微观组织结构，同时由于保存了完整的金属流线，锻件的机械性能一般优于同样材料的铸件。所以重要的机器零件和工具部件，如车床主轴、高速齿轮、曲轴、连杆、锻模和刀杆等大都采用锻造制坯。锻造的工艺方法主要有自由锻、模锻和胎膜锻。

10.1.1 自由锻

自由锻造是利用冲击力或压力使金属在上下砧面间各个方向自由变形，不受任何限制而获得所需形状及尺寸和一定机械性能的锻件的一种加工方法，简称自由锻。

1．锻件的加热

进行自由锻时，首先要将锻件加热到一定温度范围，这是因为，金属材料在一定温度范围内，随温度的上升其塑性会提高，变形抗力会下降，用较小的变形力就能使坯料稳定地改变形状而不出现破裂。如图 10-1 所示是锻件在锻造加热。

图 10-1 锻件锻造加热

锻造中锻件温度参数主要有始锻温度与终锻温度。允许加热达到的最高温度称为始锻温度，停止锻造的温度称为终锻温度。由于化学成分不同，每种金属材料的始锻和终锻温度都是不一样的。

加热锻件的主要设备是加热炉。加热炉的使用燃料一般为焦炭、重油等，有的加热炉也采用电能加热，典型的电能加热设备是高效节能红外箱式炉。

2. 空气锤

自由锻常用设备有空气锤和液压机等。空气锤一般适合小型锻件的制造，而液压机则适用于大型锻件的生产。

空气锤是由锤身、压缩缸、工作缸、传动机构、操纵机构、落下部分及砧座等组成。

空气锤的工作原理是：电动机通过减速机构和曲柄，连杆带动压缩气缸的压缩活塞上下运动，产生压缩空气。当压缩缸的上下气道与大气相通时，压缩空气不进入工作缸，电机空转，锤头不工作，通过手柄或脚踏杆操纵上下旋阀，使压缩空气进入工作气缸的上部或下部，推动工作活塞上下运动，从而带动锤头及上砧铁的上升或下降，完成各种打击动作。旋阀与两个气缸之间有 4 种连通方式，可以产生提锤、连打、下压、空转 4 种动作，如图 10-2 所示。

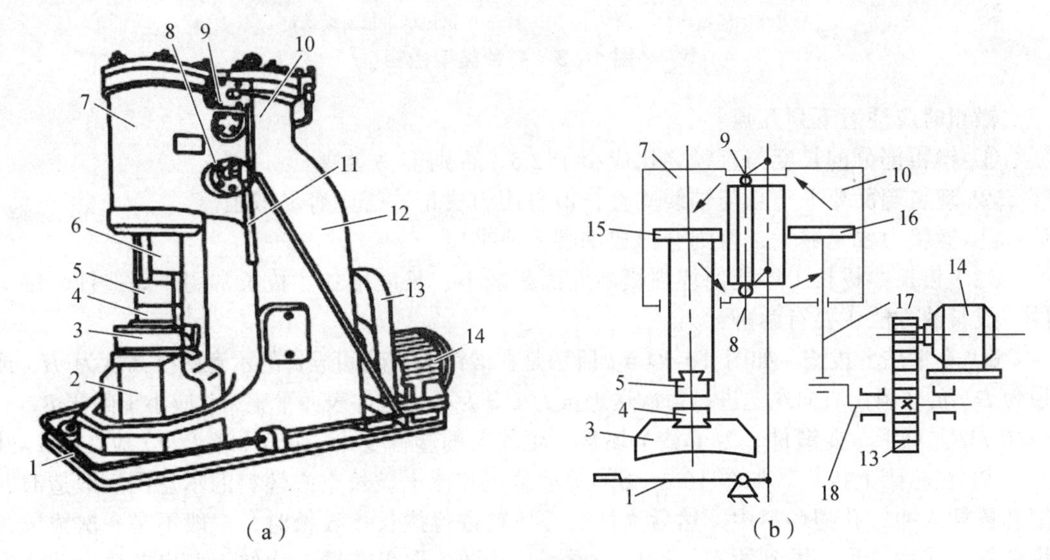

图 10-2 空气锤

1—踏杆；2—砧座；3—砧垫；4—下砧；5—上砧；6—锤杆；7—工作缸；8—下旋阀；9—上旋阀；10—压缩气缸；11—手柄；12—锤身；13—减速器；14—电动机；15—工作活塞；16—压缩活塞；17—连杆；18—曲柄

3. 自由锻的基本工序

自由锻造时，锻件的形状是通过一些基本变形工序将坯料逐步锻成的。自由锻造是指锻造过程中使金属产生塑性变形，从而达到锻件所需形状和尺寸的工艺过程，包括镦粗、拔长、冲孔、弯曲、扭转和切割等。

（1）镦粗。镦粗是对原坯料沿轴向锻打，使其高度减低、横截面增大的操作过程。镦粗分为完全镦粗、端面锻粗和中间镦粗等，如图 10-3 所示。

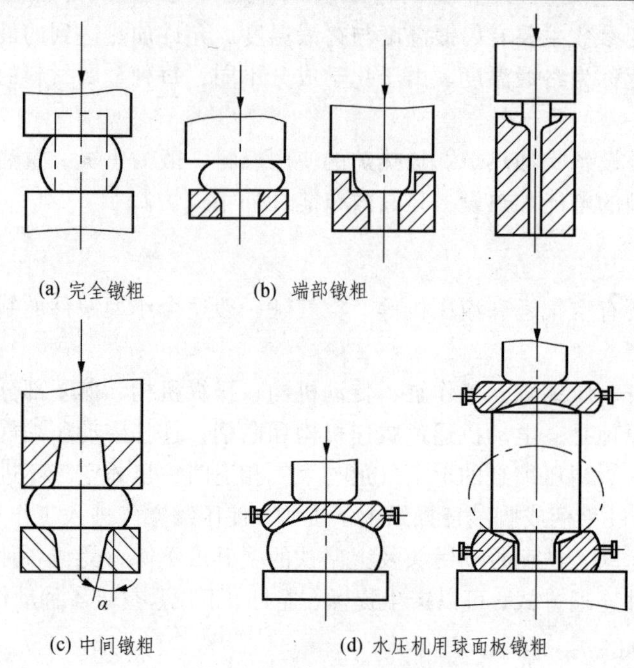
(a) 完全镦粗　(b) 端部镦粗

(c) 中间镦粗　(d) 水压机用球面板镦粗

图 10-3　各种类型镦粗

镦粗时应注意下列几点：

① 镦粗部分的长度与直径之比应小于 2.5，否则容易镦弯。

② 坯料端面要平整且与轴线垂直，锻打用力要正，否则容易锻歪。

③ 镦粗力要足够大，否则会形成细腰形或夹层。

（2）拔长。拔长工序能使坯料横断面面积减小、长度增加。拔长常用于锻造杆、轴类零件。拔长的方法主要有两种：

① 在平砧上拔长。如图 10-4（a）所示是在锻锤上下砧间拔长的示意图。高度为 H（或直径为 D）的坯料由右向左送进，每次送进量为 L。为了使锻件表面平整，L 应小于砧宽 B，一般 $L \leqslant 0.75B$。对于重要锻件，为了整个坯料产生均匀的塑性变形，L/H（或 L/D）应在 0.4 ~ 0.8。

② 在芯棒上拔长。如图 10-4（b）所示是在芯棒上拔长空心坯料的示意图。锻造时，先把芯棒插入冲好孔的坯料中，然后当作实心坯料进行拔长。拔长时，一般不是一次拔成，先将坯料拔成六角形，锻到所需长度后，再倒角滚圆，取出芯棒。为便于取出芯棒，芯棒的工作部分应有 1∶100 左右的斜度。这种拔长方法可使空心坯料的长度增加，壁厚减小，而内径不变，常用于锻造套筒类长空心锻件。

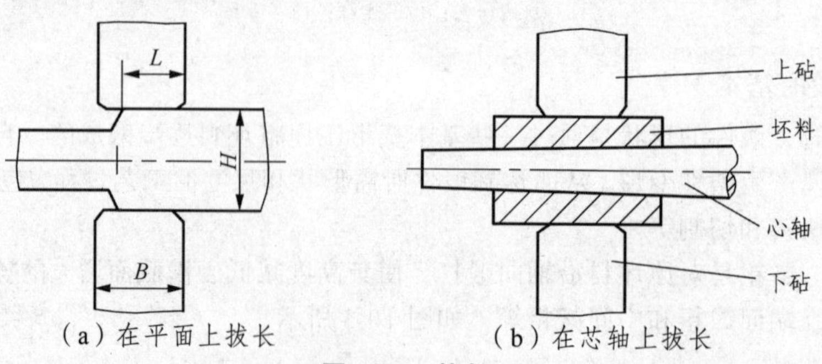

（a）在平面上拔长　（b）在芯轴上拔长

图 10-4　拔长

（3）冲孔。用冲子在坯料上冲出通孔或不通孔的锻造工序，冲孔过程如图 10-5 所示。

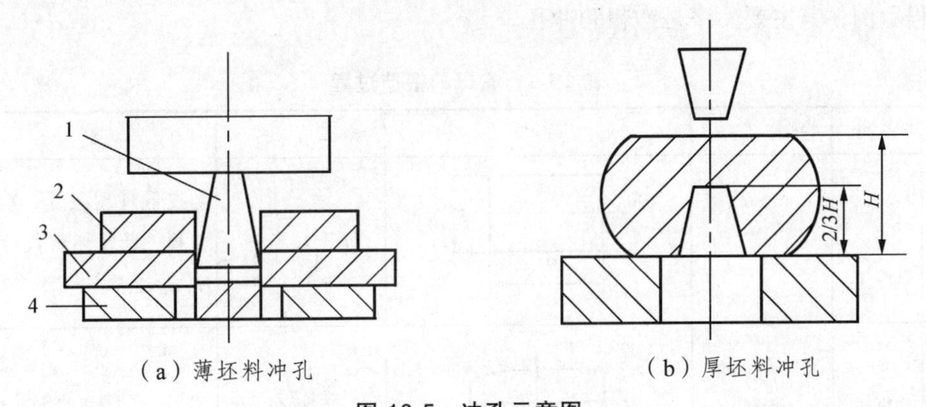

（a）薄坯料冲孔　　（b）厚坯料冲孔

图 10-5　冲孔示意图

1—冲头；2—坯料；3—垫环；4—芯料

（4）弯曲。使坯料弯曲成一定角度或形状的锻造工序，如图 10-6 所示。

（5）扭转。使坯料的一部分相对另一部分旋转一定角度的锻造工序，如图 10-7 所示。

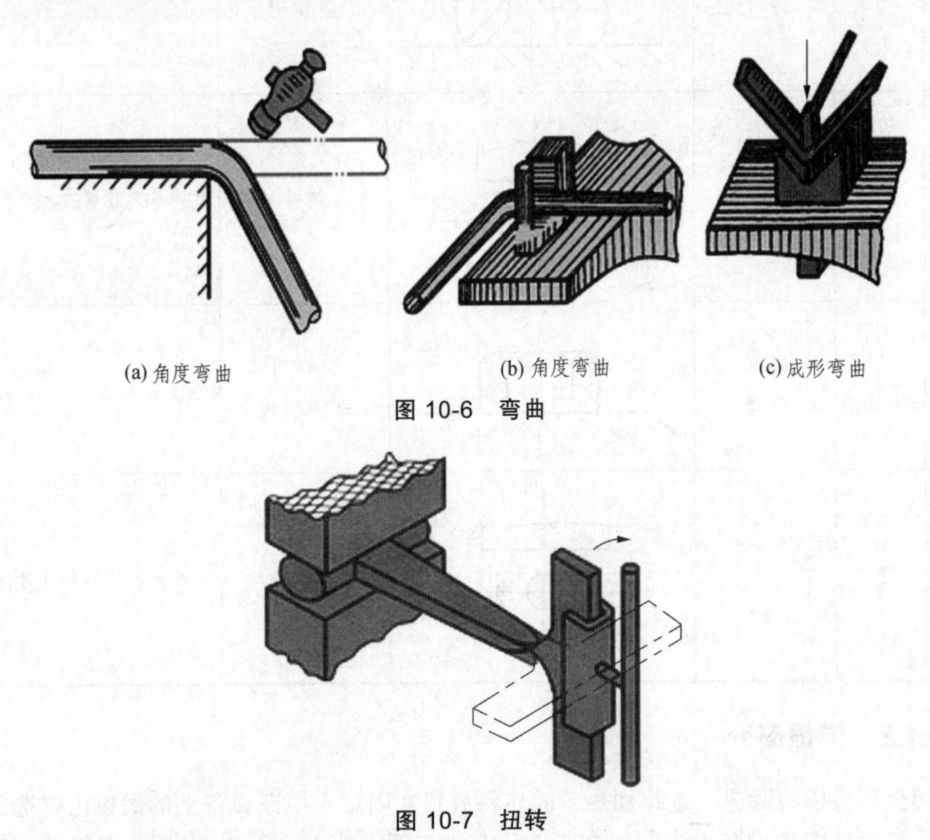

(a) 角度弯曲　　(b) 角度弯曲　　(c) 成形弯曲

图 10-6　弯曲

图 10-7　扭转

（6）切割。分割坯料或切除料头的锻造工序。

4．锻件的锻造过程示例

任何锻件往往是经若干个工序锻造而成的，在锻造前要根据锻件形状、尺寸大小及坯料形状等具体情况，合理选择基本工序和确定锻造工艺过程。如表 10-1 所示为六角螺母的锻造工艺过程示例，其主要工序是镦粗和冲孔。

表 10-1 螺母的锻造过程

序号	火次	操作工序	简图	工 具	备 注
1		下料	d_0 H_0	錾子或剪床	按锻件图尺寸，考虑料头烧损，计算坯料尺寸，并使 $H_0/d_0<2.5$
2	1	镦粗		尖口钳	
3	2	冲孔		尖口钳 圆钩钳 冲 子	
4	3	锻六角		芯棒	用芯棒插入孔中，锻好一面转 60°锻第二面，再转 60°即锻好
5	3	罩圆 倒角		尖口钳 罩圆凹模	
6	3	修整		芯棒 平锤	修整温度可略低于 800 °C

10.1.2 模锻简介

模锻全称为模型锻造，是将加热后的坯料放置在固定于模锻设备上的锻模内锻造成型。

模锻可以在多种设备上进行。在工业生产中，锤上模锻大都采用蒸汽-空气锤，吨位在 5 ~ 300 kN（0.5 ~ 30 t）。压力机上的模锻常用热模锻压力机，吨位在 25 000 ~ 63 000 kN。

模锻的锻模结构有单模膛锻模和多模膛锻模，如图 10-8 所示为单模膛锻模。

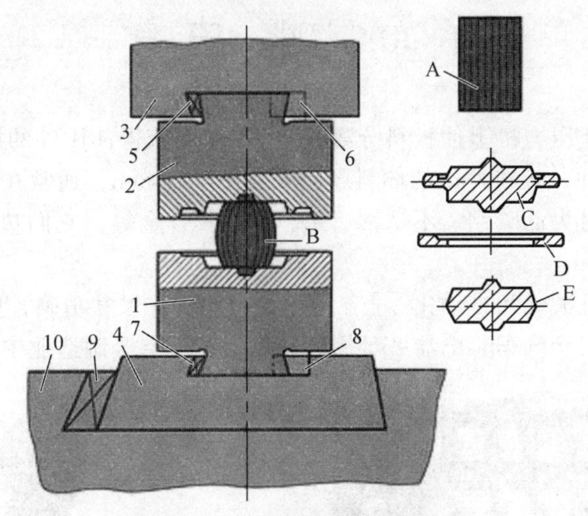

图 10-8 单模膛锻模及其固定

1—下模；2—上模；3—锤头；4—模座；5—上模用楔；6—上模用键；
7—下模用楔；8—下模用键；9—模座楔 10—砧座；
A—坯料；B—变形；C—带飞边的锻件；
D—切下的飞边；E—锻件

10.1.3 胎模锻简介

胎模锻是在自由锻设备上使用胎模生产模锻件的工艺方法。胎模锻一般采用自由锻方法制坯，然后在胎模中成形。

胎模的种类较多，主要有扣模、筒模及合模 3 种。

（1）扣模。如图 10-9（a）所示，扣模用来对坯料进行全部或局部扣形，生产长杆非回转体锻件，也可以为合模锻造进行制坯。用扣模锻造时，坯料不转动。

（2）筒模。如图 10-9（b）、（c）所示，筒模主要用于锻造齿轮、法兰盘等盘类锻件。如果是组合筒模，采用两个半模（增加一个分模面）的结构，可锻出形状更复杂的胎模锻件，能扩大胎模锻的应用范围。

（3）合模。如图 10-9（d）所示，合模由上模和下模组成，并有导向结构，可生产形状复杂、精度较高的非回转体锻件。

由于胎模结构较简单，可提高锻件的精度，不需昂贵的模锻设备，故扩大了自由锻生产的范围。

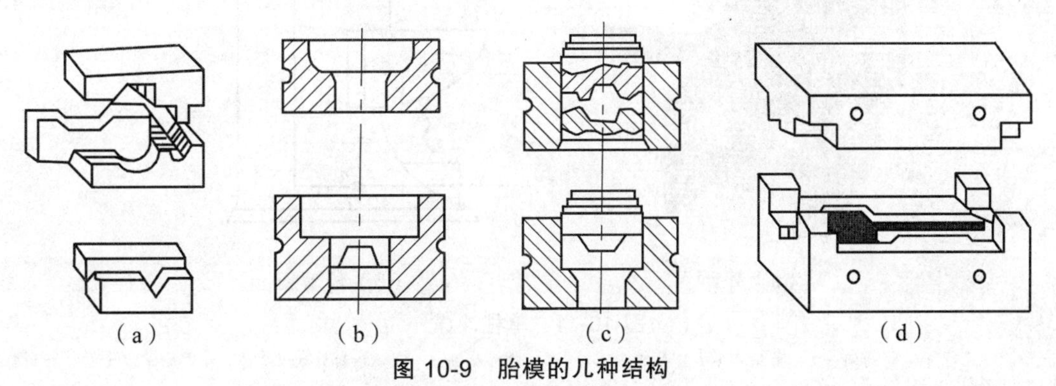

图 10-9 胎模的几种结构

10.2 冲 压

冲压是利用冲模在压力机上使板料分离或变形，从而获得冲压件的加工方法。如图 10-10 所示是板料冲压成形件。板料冲压的坯料厚度一般小于 4 mm，通常在常温下冲压，故又称为冷冲压。常用的板材为低碳钢、不锈钢、铝、铜及其合金等，它们塑性高，变形抗力低，适合于冷冲压加工。

板料冲压易实现机械化和自动化，生产效率高；冲压件尺寸精确，互换性好；表面光洁，无须机械加工；广泛用于汽车、电器、日用品、仪表和航空等制造业中。

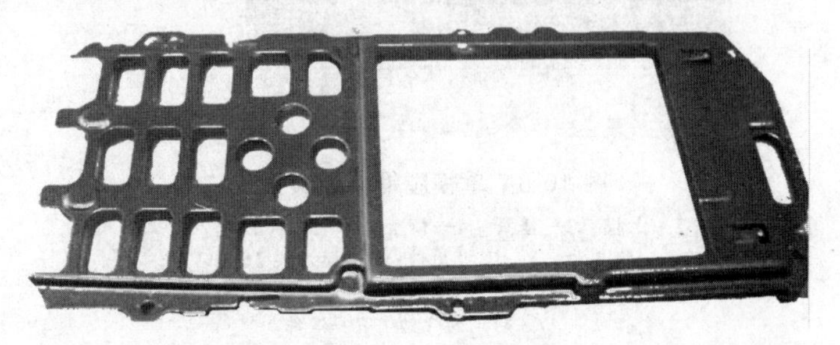

图 10-10 板料冲压成形件

10.2.1 冲床结构及其工作原理

冲床是压力机的一种，主要用于冲模上的板料冲压。冲床的种类很多，主要有单柱冲床、双柱冲床、双动冲床等。如图 10-11 所示是单柱冲床外形及传动示意图。电动机 5 带动飞轮 4 通过离合器 3 与单拐曲轴 2 相接，飞轮可在曲轴上自由转动。曲轴的另一端则通过连杆 8 与滑块 7 连接。工作时，踩下踏板 6 离合器将使飞轮带动曲轴转动，滑块做上下运动。放松踏板，离合器脱开，制动闸 1 立即停止曲轴转动，滑块停留在待工作位置。

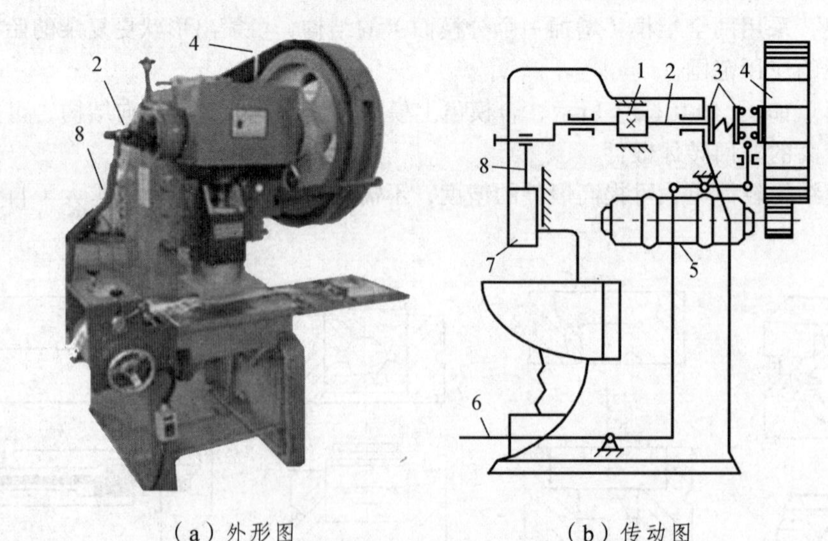

（a）外形图　　（b）传动图

图 10-11 单柱冲床

1—制动闸；2—曲轴；3—离合器；4—飞轮；5—电动机；6—踏板；7—滑块；8—连杆

10.2.2　冲模及冲压工序

1. 冲　模

冲模是板料冲压时使板料产生分离或变形的工具。冲模通过冲床加压将金属或非金属板材或型材分离、成形或接合得到所需制件，它由上模和下模两部分组成。上模的模柄固定在冲床的滑块上，随滑块上下运动，下模则固定在冲床的工作台上。

冲头和凹模是冲模中使坯料变形或分离的工作部分，用压板分别固定在上模板和下模板上。上、下模板分别装有导套和导柱，以引导冲头和凹模对准。而导板和定位销则分别用以控制坯料送进方向和送进长度。卸料板的作用，是在冲压后使工件或坯料从冲头上脱出。典型的冲模结构如图 10-12 所示。

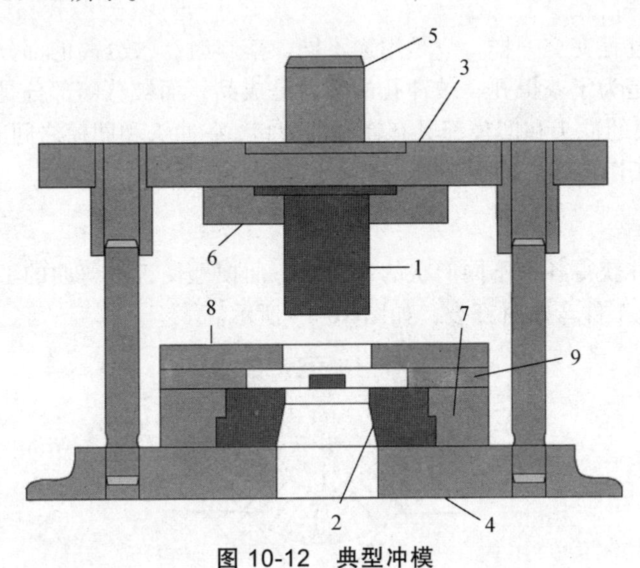

图 10-12　典型冲模

1—凸模；2—凹模；3—上模；4—下模板；5—模柄；6—压板；
7—压板；8—卸料板；9—导板

冲模一般可分为简单模、连续模和复合模 3 种，其中简单模的应用较为广泛，在新产品试制和小批量生产冲压件中普遍采用，这种冲模不仅结构简单，而且还具有制造方便、成本低廉的特点，并能满足一定的加工质量要求。

简单冲模是在冲床的一次冲程中只完成一个工序的冲模。如图 10-12 所示即是落料或冲孔用的简单冲模。工作时条料在凹模上沿两个导板 9 之间送进，凸模向下冲压时，冲下的零件（或废料）进入凹模孔，而条料则夹住凸模并随凸模一起回程向上运动。条料碰到卸料板 8 时（固定在凹模上）被推下，这样，条料继续在导板间送进。重复上述动作，冲下第二个零件。

2. 冲压基本工艺

冲压的基本工序有落料、冲孔、弯曲和拉深。

1）*落料和冲孔*

落料和冲孔是使坯料分离的工序，如图 10-13 所示。

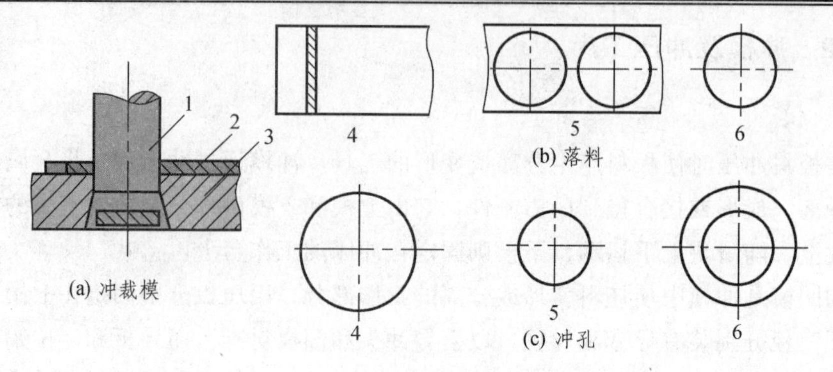

图 10-13 落料及冲孔

1—凹模；2—坯料；3—冲头；4—坯料；5—余料；6—产品

落料和冲孔的过程完全一样，只是用途不同。落料时，被分离的部分是成品，剩下的周边是废料；冲孔则是为了获得孔，被冲孔的板料是成品，而被分离部分是废料。落料和冲孔统称为冲裁。冲裁模的冲头和凹模都具有锋利的刃口，在冲头和凹模之间有相当于板厚 5%~10%的间隙，以保证切口整齐而少毛刺。

2）弯　曲

弯曲就是使工件获得各种不同形状的弯角。弯曲模上使工件弯曲的工作部分要有适当的圆角半径 r，以避免工件弯曲时开裂，如图 10-14 所示。

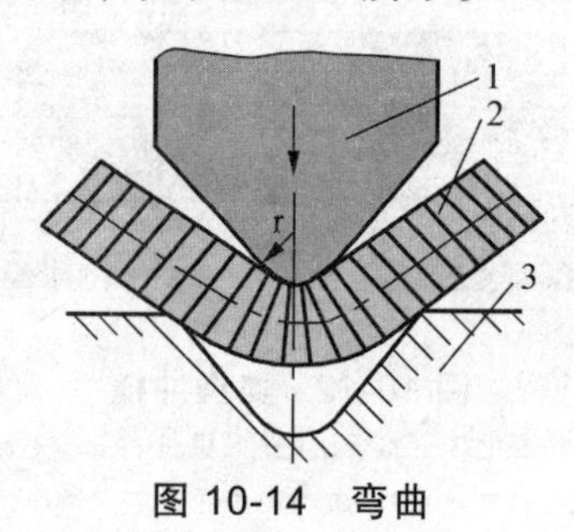

图 10-14 弯曲

1—凸模；2—板料；3—凹模

3）拉　深

拉深是将平板坯料制成杯形或盒形件的加工过程。拉深模的冲头和凹模边缘应做成圆角以避免工件被拉裂。冲头与凹模之间要有比板料厚度稍大一点的间隙（一般为板厚的 1.1~1.2 倍），以便减少摩擦力。为了防止褶皱，坯料边缘需用压板（压边圈）压紧，如图 10-15 所示。

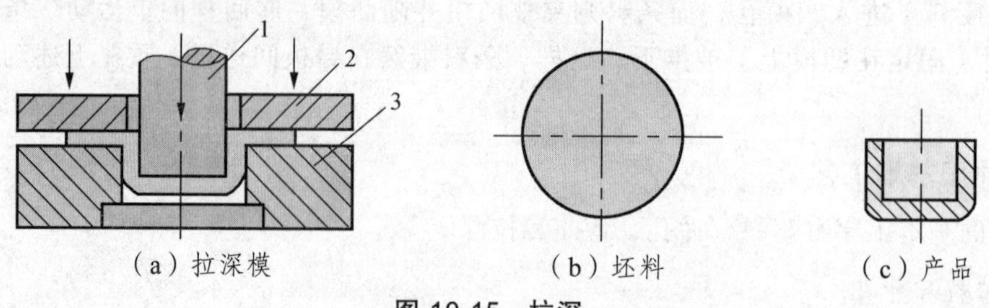

图 10-15 拉深

1—冲头；2—压边圈；3—下模

思考与练习

1. 锻造加工有哪些特点？锻造毛坯与铸造毛坯相比，其内部组织、力学性能有何不同？

2. 自由锻的基本工序有哪些？

3. 镦粗应注意什么？镦粗时对坯料的高径比有何限制？为什么？

4. 试从设备、模具、锻件精度、生产效率等方面分析比较自由锻、模锻和胎模锻之间有何不同？

5. 试述冲床的工作原理。

6. 冲模有哪几类？简单冲模包括哪些部分？其功能是什么？

7. 冲压基本工序包括哪些？其作用是什么？

8. 镦粗时的一般原则是什么？

9. 锻造前坯料加热的目的是什么？

10. 试分析如图10-16所示的几种镦粗缺陷产生的原因（设坯料加热均匀）。

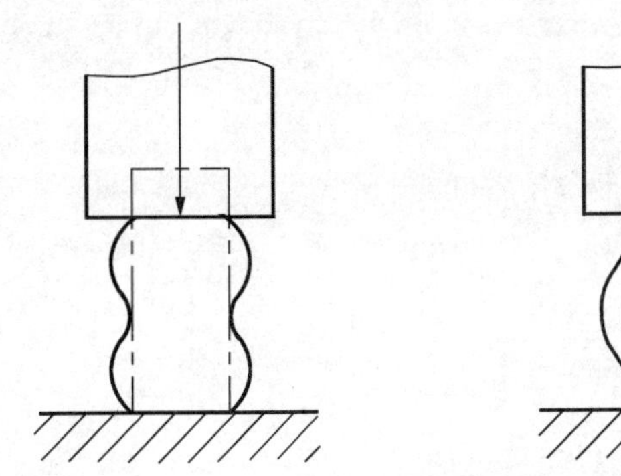
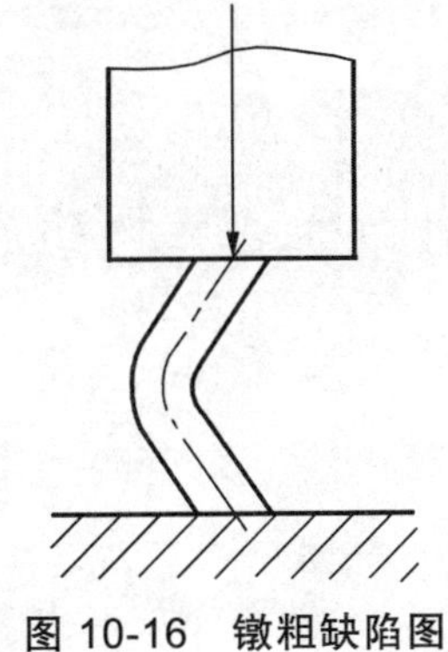
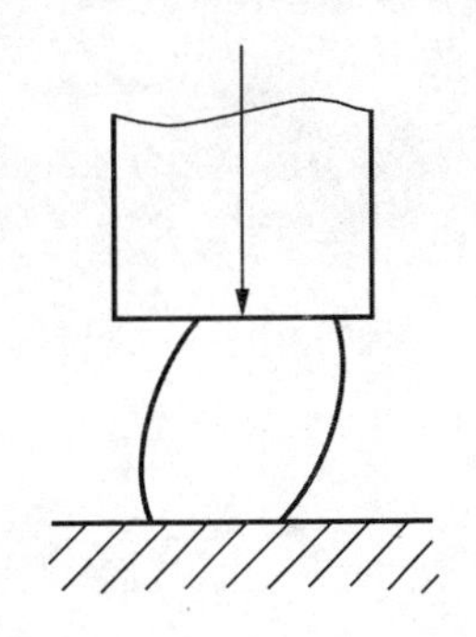

图10-16 镦粗缺陷图

11. 如图10-17所示，通常碳钢采用平砧拔长，高合金钢采用V形砧拔长，试分析砧形对钢的变形有何影响？

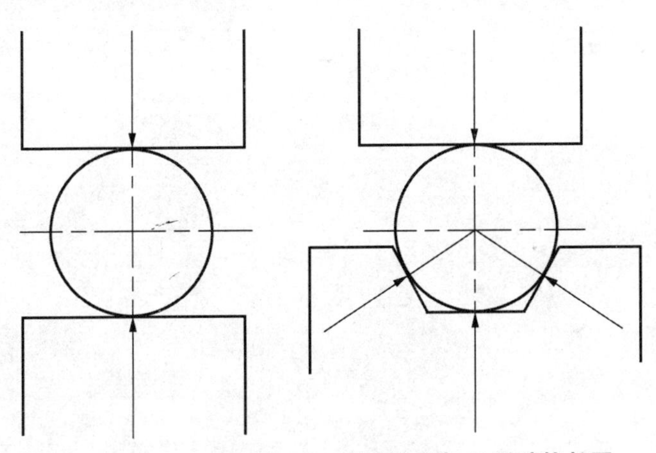

图10-17 平砧拔长与V形砧拔长图

12. 如图 10-18 所示支座零件，采用自由锻制坯，试修改零件结构设计不合理处。

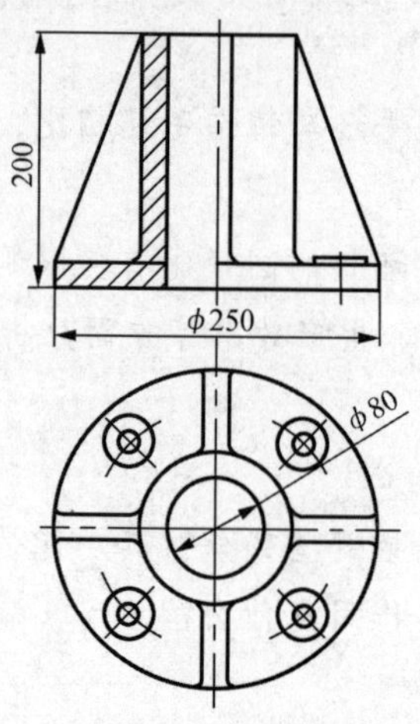

图 10-18　支座零件图

第11章 铸 造

11.1 概 述

11.1.1 铸造的定义、特点及应用

铸造是将金属熔炼成符合一定要求的液体并浇进铸型里，待其冷却凝固后，清整处理后得到有预定形状、尺寸和性能的铸件的工艺过程。用铸造方法得到的金属件称为铸件。由于铸件还需要进一步机加工才能使用，故铸件一般为机械毛坯件，某些特种铸造铸件也可直接作为零件使用。

铸造在社会生产中有着极为广泛的应用，与其他成形加工方法对比，有如下特点：

（1）铸造经济实用。铸造采用的材料如金属合金、型砂等，来源广泛、材料价格低廉，铸件毛坯形成与零件相近，加工余量较少，节省了材料、能源和加工所需的成本，生产效率高。

（2）铸造工艺灵活性大，适用性广。铸造可以生产形状复杂和结构特殊的铸件，铸件的大小几乎不受限制，尺寸从几毫米到几十米，质量从几克到到几百吨。

（3）铸件材料利用率高。铸造所产生的废品废料可以重新回炉熔炼，减少了材料的浪费，极大地提高了材料的利用率。

（4）铸件的使用性能和工艺性能良好，尤其是减震性能、耐磨性能、切削加工性能等。

但是，铸造生产工艺复杂，生产周期长，劳动条件差，铸件质量不稳定且力学性能较差，铸造过程不易综合控制，易出现浇不足、缩孔、夹渣、气孔等缺陷，废品率一般较高。

11.1.2 铸造的分类

铸造生产的历史悠久，现使用的铸造种类很多，分类方法也较多，根据生产类型，铸造常见的分类方法如图 11-1 所示。

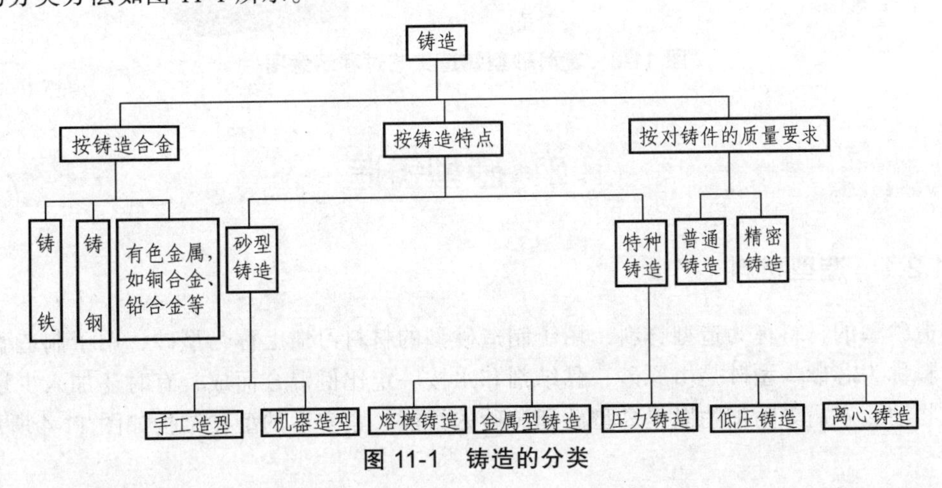

图 11-1 铸造的分类

11.1.3 铸造的生产过程

铸造的方法很多，按照铸造特点可分为砂型铸造和特种铸造两大类，其中以砂型铸造的应用最广泛，目前通过砂型铸造生产的铸件约占铸件总量的90%以上，与砂型铸造不同的其他铸造方法统称为特种铸造，包括熔模铸造、离心铸造、压力铸造、连续铸造等。铸造的一般生产流程如图 11-2 所示。

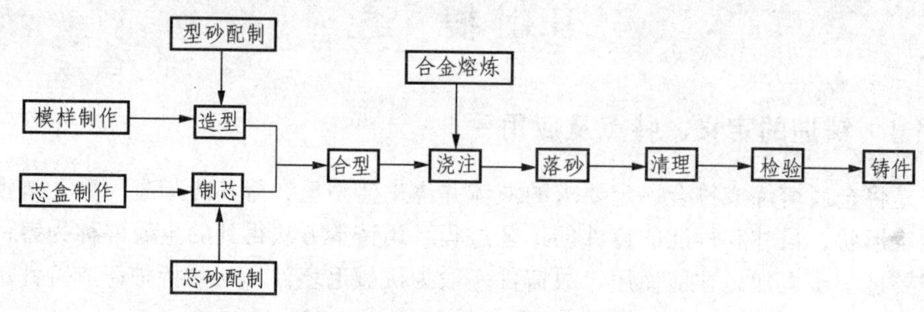

图 11-2 铸造的一般生产流程

砂型铸造是在砂型中生产铸件的铸造方法，钢、铁和大多数有色合金铸件都可用砂型铸造方法获得。砂型铸造的典型工艺过程包括模样和芯盒的制作、型砂和芯砂配制、造型制芯、合箱、熔炼金属、浇注、落砂、清理及检验。如图 11-3 所示是套筒铸件的铸造生产工艺过程。

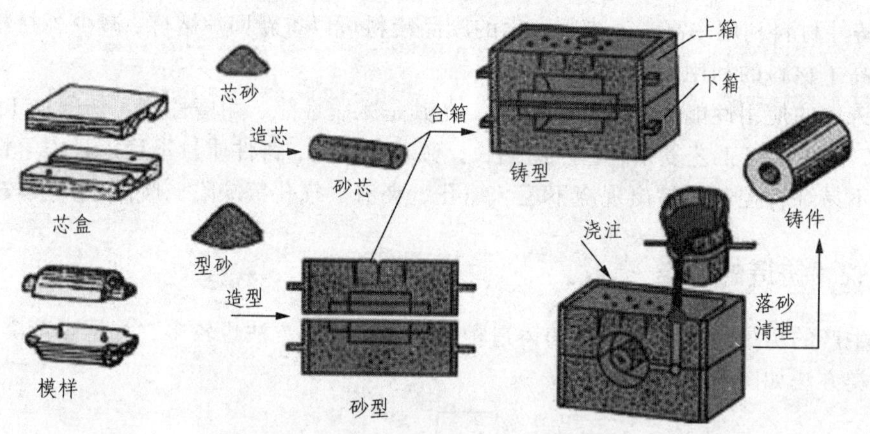

图 11-3 套筒砂型铸造工艺过程示意图

11.2 砂型铸造

11.2.1 造型材料

制造砂型的材料称为造型材料，用于制造砂型的材料习惯上称为型砂，用于制造砂芯的造型材料称为芯砂。型砂是由原砂、黏结剂和水按一定比例混合而成，有时还加入少量如煤粉、植物油、木屑等附加物以提高型砂和芯砂的性能。紧实后的型砂结构如图 11-4 所示。

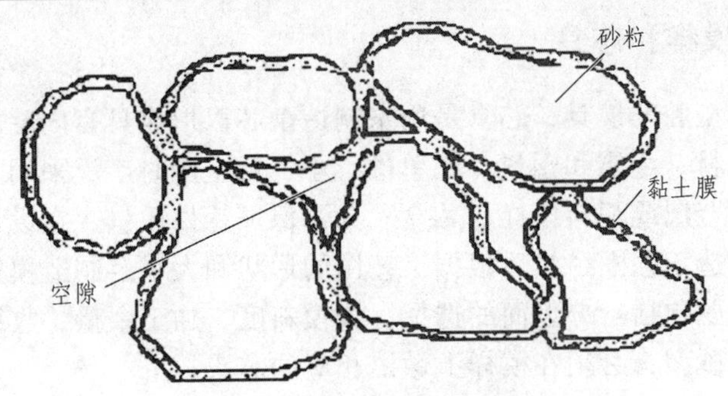

图 11-4 型砂结构示意图

1. 型（芯）砂的性能要求

砂型的质量直接影响铸件的质量，砂型质量不好会使铸件产生气孔、砂眼、黏砂、夹砂等缺陷。良好的砂型必须具备下列性能：

（1）透气性。砂型能让气体透过的能力称为透气性。高温金属液浇入铸型后，型内充满大量气体，这些气体必须由铸型内顺利排出去，否则将会使铸件产生气孔、浇不足等缺陷。

（2）耐火性。型砂经受高温热作用的能力称为耐火性。耐火性差，铸件易产生黏砂。型砂中 SiO_2 含量越多，型砂颗粒越大，耐火性越好。

（3）强度。型砂抵抗外力破坏的能力称为强度。型砂必须具备足够高的强度才能在造型、搬运、合箱过程中不引起塌陷，浇注时也不会破坏铸型表面。但型砂的强度过高，又会因透气性、退让性的下降而使铸件产生缺陷，因此型砂的强度选择要适中。

（4）可塑性。指型砂在外力作用下变形，去除外力后能完整地保持已有形状的能力。可塑性好，造型操作方便，制成的砂型形状准确、轮廓清晰，也便于起模。

（5）退让性。指铸件在冷凝时，型砂可被压缩的能力。退让性差，铸件易产生内应力或开裂。型砂越紧实其退让性越差。为了提高退让性，通常在型砂中加入木屑等物。

2. 型（芯）砂的组成

（1）原砂。即硅砂，主要成分是石英（SiO_2），是型（芯）砂的主要成分，其颗粒坚硬，耐火温度高达 1 700 °C。高质量的原砂必须要保证石英的含量在 85%以上，含量越高，粒度越大，耐火性越高。形状为圆形、粒度均匀而大的，其透气性好。

（2）黏结剂。矿砂颗粒之间是松散且没有黏合力的，黏结剂的作用就是把砂粒黏结起来，使得型砂具有一定的强度。铸造常用的黏结剂主要有：黏土、水玻璃和合成树脂、合脂及油类等有机黏结剂。

（3）附加物。在型（芯）砂中，除了原砂、黏结剂及水分外，有时还加入一些辅助材料，用于改善型（芯）砂的某些性能。如加入煤粉、重油等以降低铸件内外腔表面的粗糙度；加入锯末、纸屑、木屑等以利于提高其退让性和透气性。

（4）涂料与扑料。为了提高铸件表面的质量，防止型砂与高温液态金属直接发生作用，造成铸件黏砂现象，故采用涂抹（对于铸型）或散撒（对于湿铸型），用来降低铸件表面的粗糙度。干砂型或型芯用石墨粉等制成悬浊液，涂刷在型（芯）砂表面；对于湿型撒石墨粉，称为扑料，直接将石墨粉等喷晒在砂（芯）表面。

11.2.2 制造模样和芯盒

模样是形成铸型型腔的模具，芯盒是用来制造型芯以形成具有内腔的铸件。制造模样和芯盒常用的材料有木材、金属和塑料。在单件、小批量生产时广泛采用木质模样和芯盒，在大批量生产时多采用金属或塑料模样、芯盒。为了保证铸件质量，在设计和制造模样和芯盒时，必须先设计出铸造工艺图，然后根据工艺图的形状和大小，制造模样和芯盒。在设计工艺图时，要考虑的问题包括：分型面的选择、拔模斜度、加工余量、收缩量、铸造圆角和芯头，等等。有砂芯的砂型，必须在模样上做出相应的芯头。

如图 11-5 所示是制造模样过程中的模样和零件图。

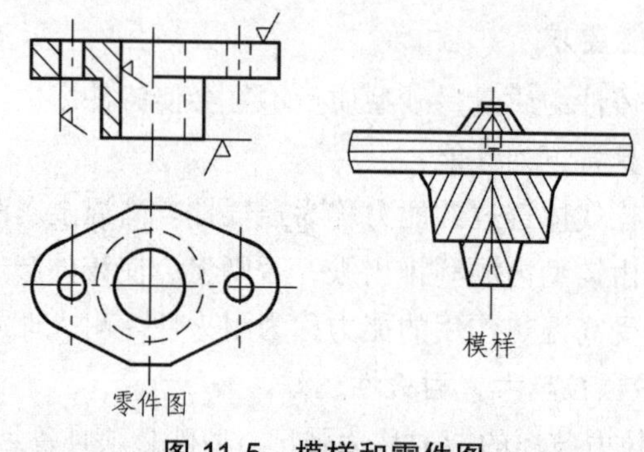

图 11-5 模样和零件图

11.2.3 造 型

用型砂及模样等工艺装备制造铸型的过程称为造型。造型的方法分为手工造型和机器造型两大类。手工造型操纵灵活，无论铸件结构复杂程度、尺寸大小如何，都能适应。因此，在单件小批生产中，特别是不能用机器造型的重型复杂铸件，常采用手工造型。但手工造型生产率低，铸件表面质量差，要求工人技术水平高，劳动强度大，随着现代化生产的发展，机器造型已代替了大部分的手工造型，机器造型不但生产率高，而且质量稳定，是成批大量生产铸件的主要方法。

1. 手工造型

手工造型的方法很多：按砂箱特征分有两箱造型、三箱造型、地坑造型等；按外观特征分有整模造型、分模造型、挖砂造型、假箱造型、活块造型和刮板造型等。常用的手工造型方法如下：

1）整模造型

当零件的最大截面在端部，并选它作分型面，将模样做成整体的造型方法称为整模造型。整模造型是铸造中最常用的一种手工造型方法。其特点是方便灵活、适应性强。由于模样是一个整体，只有一个分型面，整模造型的型腔全在一个砂箱里，能避免错箱等缺陷，且铸件的形状、尺寸精度较高，模样制造和造型较简单。整模造型多用于最大截面在端部、形状简单的铸件生产。

当零件的最大截面在模样一端且为平面，可选端部的最大截面作分型面，将模样做成整体。如图 11-6 所示是盘类零件的整模两箱造型过程。

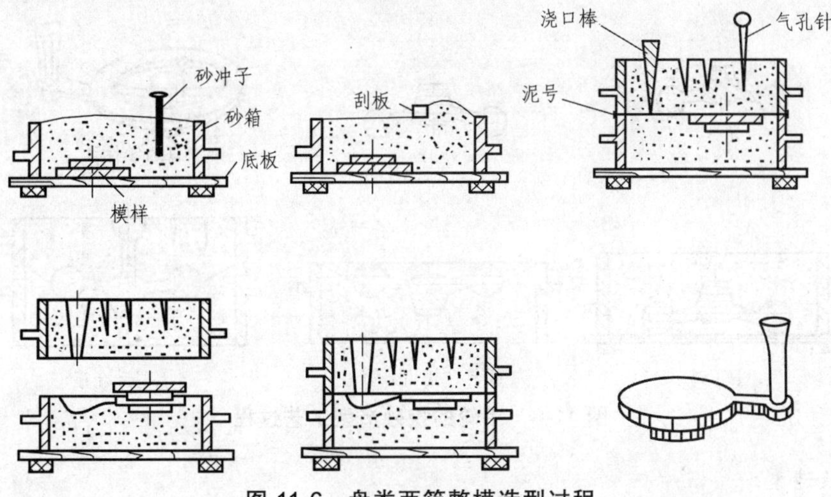

图 11-6 盘类两箱整模造型过程

2）分模造型

当铸件不适宜用整模造型时，通常采用分模造型。分模造型的特点是：模样是分开的，模样的分开面（称为分模面）必须是模样的最大截面，以利于起模；分型面与分模面相重合。分模造型过程与整模造型基本相似,不同的是造上型时增加放上模样和取上半模样两个操作。两箱分模造型主要应用于某些没有平整表面、最大截面在模样中部的铸件，如套筒、管子和阀体等以及形状复杂的铸件。套管的分模两箱造型过程如图 11-7 所示。

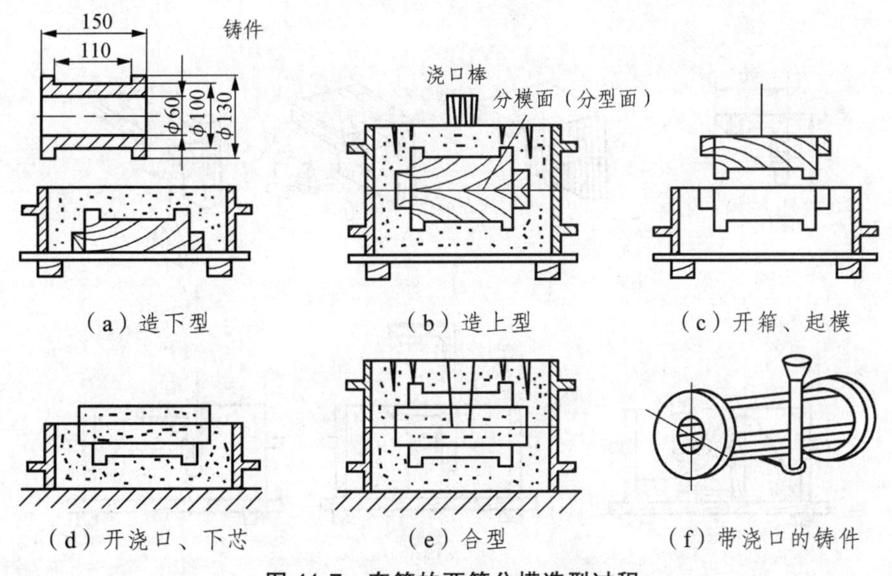

图 11-7 套筒的两箱分模造型过程

3）挖砂造型

当铸件按结构特点需要采用分模造型，但由于条件限制又需要做成整模时，为了便于起模，下型分型面需挖成曲面等不平分型面，这种方法叫作挖沙造型。如图 11-8 所示为手轮的挖砂造型过程示意图。

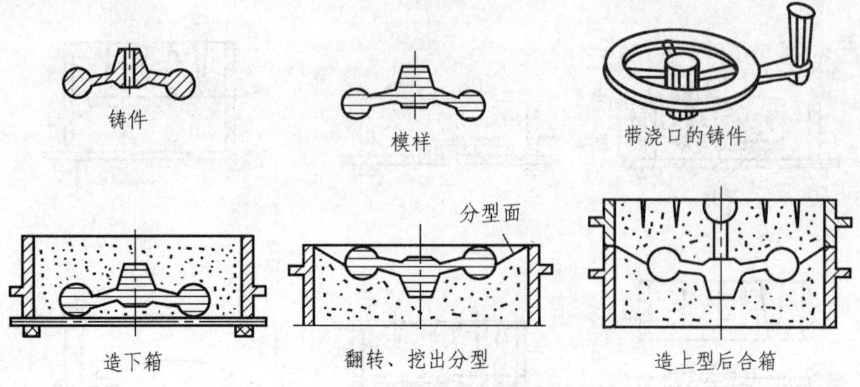

图 11-8 手轮的挖砂造型工艺过程

4）刮板造型

刮板造型是利用和零件截面形状相适应的特制刮板代替模样进行造型的方法。造型时将刮板绕固定的中心轴旋转，在铸型中刮出所需的型腔。刮板造型能节省模样材料和模样加工时间，但操作费时，生产率较低，适用于单件或小批量生产大型旋转体的铸件，如大直径的皮带轮、大直径齿轮坯等。

5）活块造型

当零件侧面有小的凸起部分时，造型后将影响模样的取出。故模样制造时可将这部分做成活块，用销钉或燕尾槽的形式镶在模样上，这种造型方法称为活块造型。活块造型如图 11-9 所示。

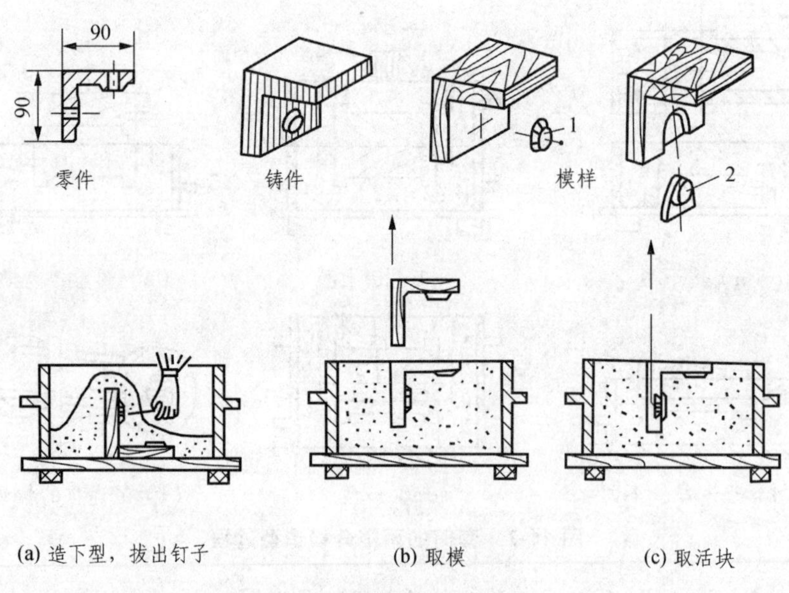

图 11-9 活块造型过程

2. 机器造型

用机器全部完成或至少完成紧砂操作的造型方法称为机器造型。机器造型主要由填砂、紧砂、起模、修型等工序组成。与手工造型相比，机器造型具有生产率高、铸件质量较稳定、铸件精度和表面质量高、工人劳动强度低等优点。机器造型的特点之一是用模板造型。固定着模样、浇冒口的底板称为模板，模板上有定位销与专用砂箱的定位孔配合，模板用螺钉紧固在造型机工作台上，可随造型机上下振动。机器造型的特点之二是只通用于两箱造型，这是因为造型机无法造出中型，所以不能进行三箱造型。机器造型按紧实方式的不同分为：震压式造型、微震压实造型、射压式造型、抛砂造型等。

11.2.4 制造砂芯

为了获得铸件的内腔或局部外形，用芯砂或其他材料制成的、安放在型腔内部的铸型组件称为型芯。绝大部分型芯是用芯砂制成的。砂芯的作用是形成铸件的内腔，砂芯的质量主要依靠配制合格的芯砂及采用正确的造芯工艺来保证。砂芯是用芯盒制造而成的，其工艺过程和造型过程相似，如图 11-10 所示。做好的砂芯，用前必须烘干。

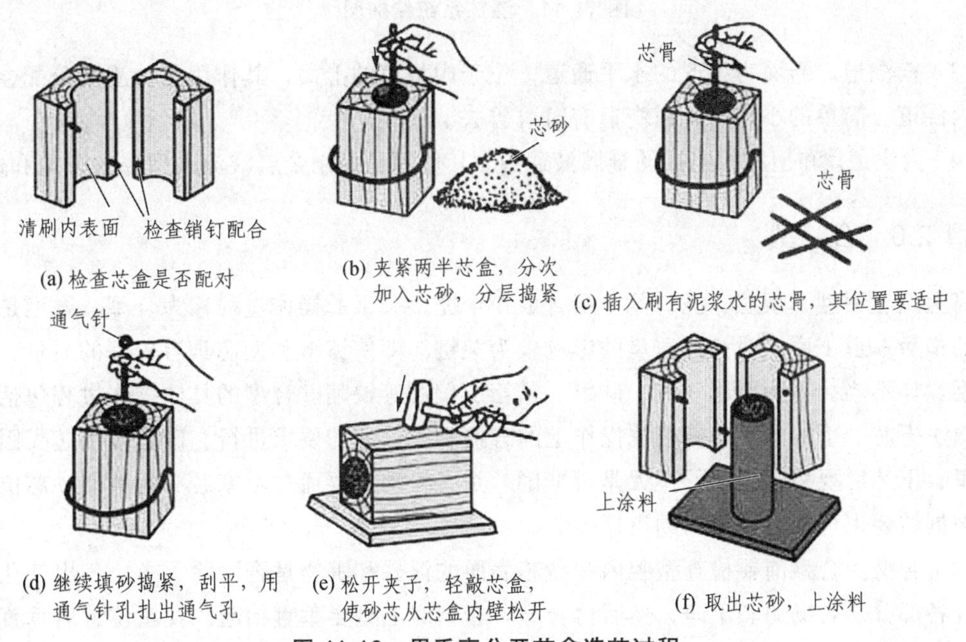

图 11-10 用垂直分开芯盒造芯过程

11.2.5 浇注系统

浇注系统是为将液态金属引入铸型型腔而在铸型内开设的通道。其作用主要是：控制金属液充填铸型的速度及充满铸型所需的时间；使金属液平稳地进入铸型，避免紊流和对铸型的冲刷；阻止熔渣和其他夹杂物进入型腔；浇注时不卷入气体，并尽可能使铸件冷却时符合顺序凝固的原则。

造型时必须开出引导液体金属进入型腔的通道，这些通道称为浇注系统。典型的浇注系统由外浇口、直浇道、横浇道和内浇道组成。如图 11-11 中所示的冒口是为了保证铸件质量而增设的，其作用是排气、浮渣和补缩。对厚薄相差大的铸件，都要在厚大部分的上方适当开设冒口。

（1）外浇口。又称浇口杯，一般为池形，或漏斗形。它的作用是减轻金属液流的冲击，使金属平稳地流入直浇道。

（2）直浇道。是圆锥形的垂直通道，其作用是使液体金属产生一定的静压力，并引导金属液迅速充填型腔。

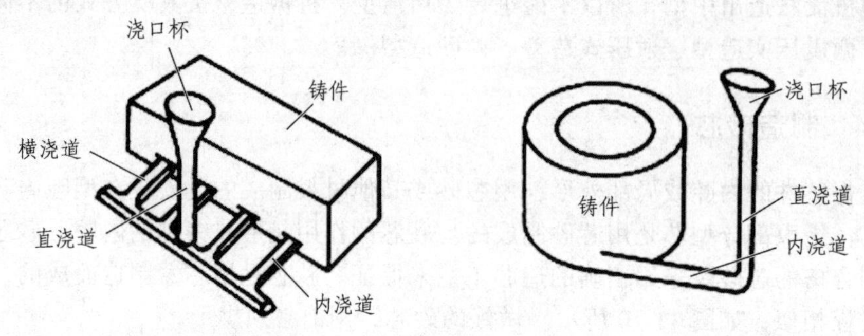

图 11-11　浇注系统结构图

（3）横浇道。断面为梯形的水平通道，位于内浇道的上面，其作用是挡渣及分配金属液进入内浇道。简单的小铸件，横浇道有时可省去。

（4）内浇道。和型腔相连接的金属液通道，其作用是控制金属液流入型腔的方向和速度。

11.2.6　合　型

将上型、下型、型芯、浇口盆等组合成一个完整铸型的操作过程称为合型。合型是制造铸型的最后一道工序，对铸件质量的影响较为关键。即使铸型和型芯具有较好的质量，但如果合型操作不当，也会引起气孔、砂眼、错箱、偏芯等缺陷。合型的具体操作过程包括：

（1）下芯。下芯的次序应根据操作上的方便和工艺上的要求进行。砂芯多用芯头固定在砂型里，下芯后要检验砂芯的位置是否准确、是否松动。要通过填塞芯头间隙使砂芯位置稳固。根据需要也可用芯撑来辅助支撑砂芯。

（2）合型。合型前要检查型腔内和砂芯表面的浮砂和脏物是否清除干净，各出气孔、浇注系统各部分是否畅通和干净，然后再合型。合型时上型要垂直抬起，找正位置后垂直下落按原有的定位方法准确合型。

（3）铸型的紧固。为避免由于金属液作用于上砂箱引发的抬箱力而造成的缺陷，装配好的铸型需要紧固，小型铸件的抬型力不大，可使用压铁压牢。中、大型铸件的抬型力较大，可用螺栓或箱卡固定。

11.3　铸件常见缺陷分析

在实际生产中，常需对铸件缺陷进行分析，其目的是找出产生缺陷的原因，以便采取措施加以防止。铸件的缺陷很多，常见的铸件缺陷名称、特征及产生的主要原因见表 11-1。

表 11-1　常见的铸件缺陷及产生原因

缺陷名称	特　征	产生的主要原因
气孔	在铸件内部或表面有大小不等的光滑孔洞	① 炉料不干或含氧化物、杂质多；② 浇注工具或炉前添加剂未烘干；③ 型砂含水过多或起模和修型时刷水过多；④ 型芯烘干不充分或型芯通气孔被堵塞；⑤ 舂砂过紧，型砂透气性差；⑥ 浇注温度过低或浇注速度太快等
缩孔与缩松	缩孔多分布在铸件厚断面处，形状不规则，孔内粗糙	① 铸件结构设计不合理，如壁厚相差过大，厚壁处未放冒口或冷铁；② 浇注系统和冒口的位置不对；③ 浇注温度太高；④ 合金化学成分不合格，收缩率过大，冒口太小或太少
砂眼	在铸件内部或表面有型砂充塞的孔眼	① 型砂强度太低或砂型和型芯的紧实度不够，型砂被金属液冲入型腔；② 合箱时砂型局部损坏；③ 浇注系统不合理，内浇口方向不对，金属液冲坏了砂型；④ 合箱时型腔或浇口内散砂未清理干净
黏砂	铸件表面粗糙，黏有一层砂粒	① 原砂耐火度低或颗粒度太大；② 型砂含泥量过高，耐火度下降；③ 浇注温度太高；④ 湿型铸造时型砂中煤粉含量太少；⑤ 干型铸造时铸型未刷涂斜或涂料太薄
夹砂 金属片状物	铸件表面产生的金属片状突起物，在金属片状突起物与铸件之间夹有一层型砂	① 型砂热湿拉强度低，型腔表面受热烘烤而膨胀开裂；② 砂型局部紧实度过高，水分过多，水分烘干后型腔表面开裂；③ 浇注位置选择不当，型腔表面长时间受高温铁水烘烤而膨胀开裂；④ 浇注温度过高，浇注速度太慢
错型	铸件沿分型面有相对位置错移	① 模样的上半模和下半模未对准；② 合箱时，上下砂箱错位；③ 上下砂箱未夹紧或上箱未加足够压铁，浇注时产生错箱
冷隔	铸件上有未完全融合的缝隙或洼坑，其交接处是圆滑的	① 浇注温度太低，合金流动性差；② 浇注速度太慢或浇注中有断流；③ 浇注系统位置开设不当或内浇道横截面面积太小；④ 铸件壁太薄；⑤ 直浇道（含浇口杯）高度不够；⑥ 浇注时金属量不够，型腔未充满
浇不足	铸件未被浇满	
裂纹	铸件开裂，开裂处金属表面有氧化膜	① 铸件结构设计不合理，壁厚相差太大，冷却不均匀；② 砂型和型芯的退让性差，或舂砂过紧；③ 落砂过早；④ 浇口位置不当，致使铸件各部分收缩不均匀

11.4 特种铸造

砂型铸造虽然具有适用性强、灵活性大和经济性好等优点，被广泛用于制造业，但是砂型铸造生产的铸件工艺过程复杂、尺寸精度低、表面粗糙、力学性能差、劳动强度大等缺点制约了其发展。为了弥补砂型铸造的这些不足，人们在此基础上，通过改变铸型的制造工艺或材料，通过改善液体金属充填铸型及随后的冷凝条件等创造出一些新的铸造方法。人们通常把这些不同于砂型铸造的其他铸造方法称为特种铸造，主要有熔模铸造、金属型铸造、压力铸造、低压铸造、离心铸造等。

11.4.1 熔模铸造

熔模铸造又称“失蜡铸造”。先用易熔材料（如蜡料）制成模样，然后在蜡模表面涂上数层耐火材料，待其硬化干燥成壳后，将其中的蜡模加热熔去而制成型壳，再经过高温焙烧，最后进行浇注，从而获得铸件。由于获得的铸件具有较高的尺寸精度和表面光洁度，故又称“熔模精密铸造”。典型零件的熔模铸造工艺过程如图 11-12 所示。

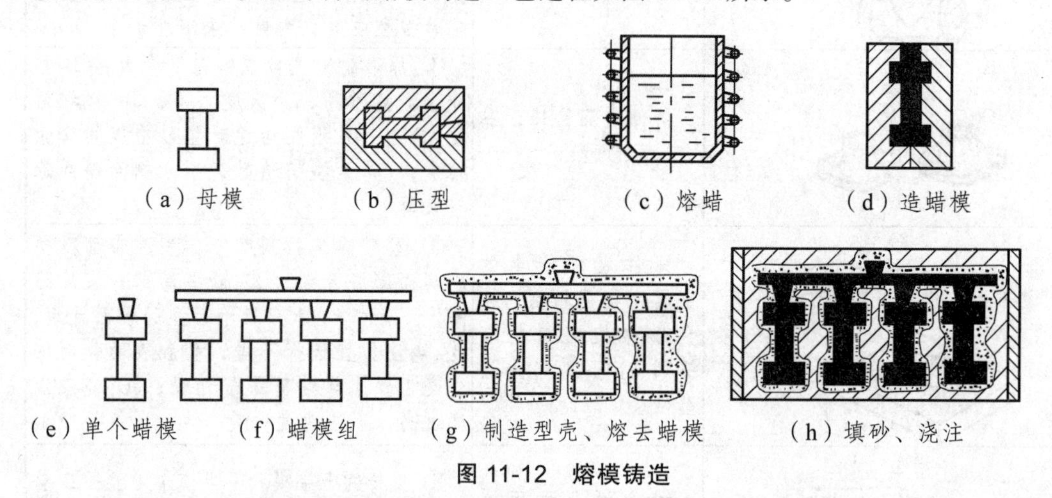

图 11-12 熔模铸造

熔模铸造生产的铸件精度及表面质量比较高，可以节省加工工时，对一些精度要求不高的零件，无须再进一步的加工，可以直接装配使用，是少切削或不切削加工的重要工艺方法。熔模铸造适用于生产的合金种类有碳素钢、合金钢、耐热合金、不锈钢、精密合金、永磁合金、轴承合金、铜合金、铝合金、钛合金和球墨铸铁等，使用范围广，生产批量不受限制，尤其适用于耐热钢等高熔点及难切削加工的高合金钢的复杂铸件生产。

但由于工艺过程较为复杂，生产周期长，生产效率低，劳动强度大等，且蜡模强度低，蜡模较大时易变形，故不宜生产大型铸件，因此熔模铸造主要适用于各种铸造合金，生产批量为中、小型精密铸件的生产，如涡轮发动机叶片，汽轮机、水泵叶片等。

11.4.2 金属型铸造

金属型铸造俗称硬模铸造，是在重力作用下将熔融金属浇入由金属制成的铸型以获得铸件的工艺方法。由于金属型可以重复浇注几百次至几万次，故金属型铸造又称为永久型铸造或铁模铸造。金属型铸造既适用于大批量生产形状复杂的铝合金、镁合金等非铁合金铸件，也适合于生产钢铁金属的铸件、铸锭等。金属型铸造工艺流程如图 11-13 所示。

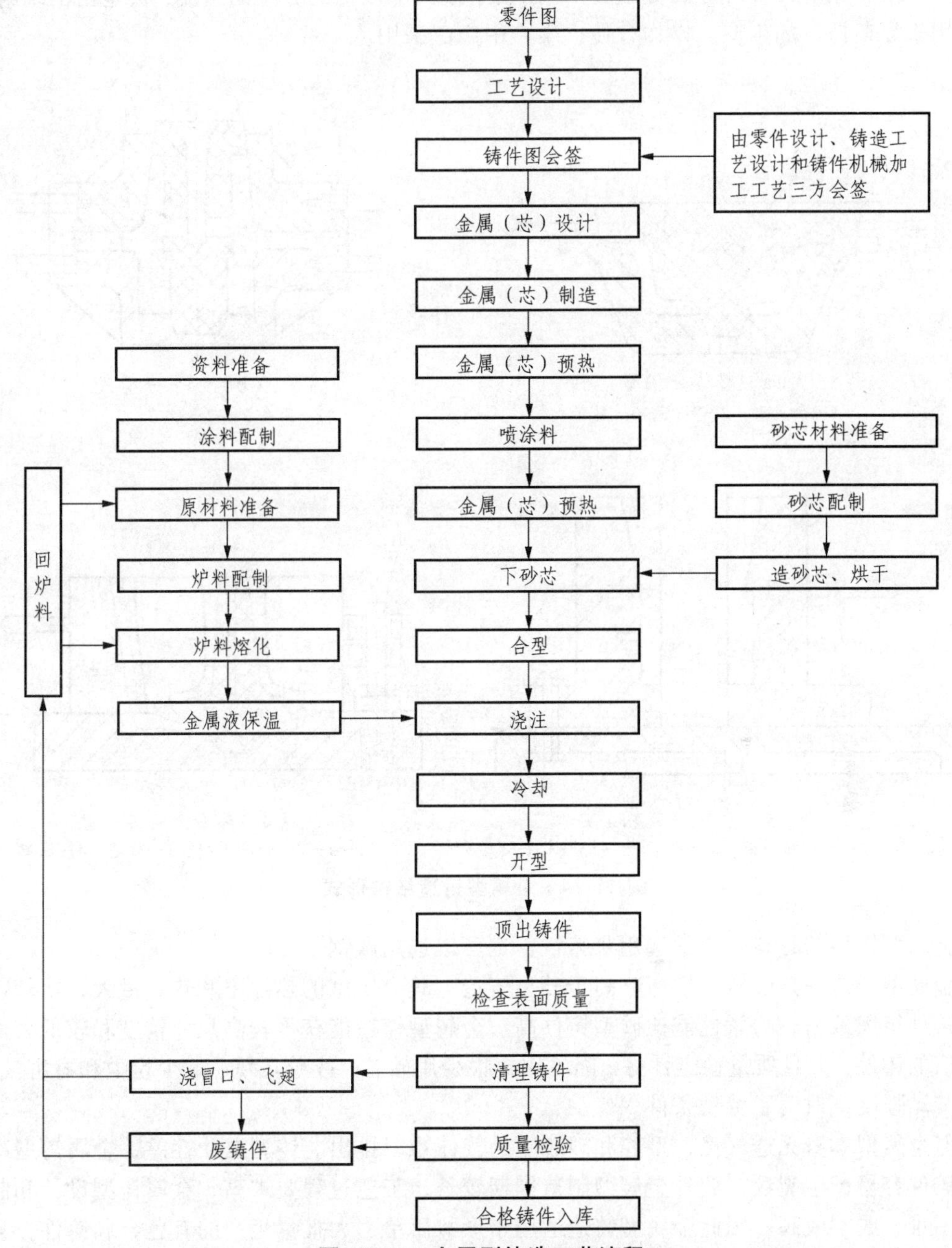

图 11-13 金属型铸造工艺流程

金属型根据分型面特点的不同可以分为几种不同的结构形式，常见的有：

（1）整体金属型［见图 11-14（a）］，铸型没有分型面，结构简单，只适用于形状简单和无分型面的铸件。

（2）水平分型式［见图 11-14（b）］，适用于薄壁轮状铸件。

（3）垂直分型式［见图 11-14（c）］，便于开设浇冒口和排气系统，开合型方便，容易实现机械化生产，多用于生产简单的小铸件，应用最广。

（4）综合分型式［见图 11-14（d）］，由两个或两个以上的分型面组成，甚至由活块组成，一般用于复杂铸件的生产。操作方便，生产中广泛采用。

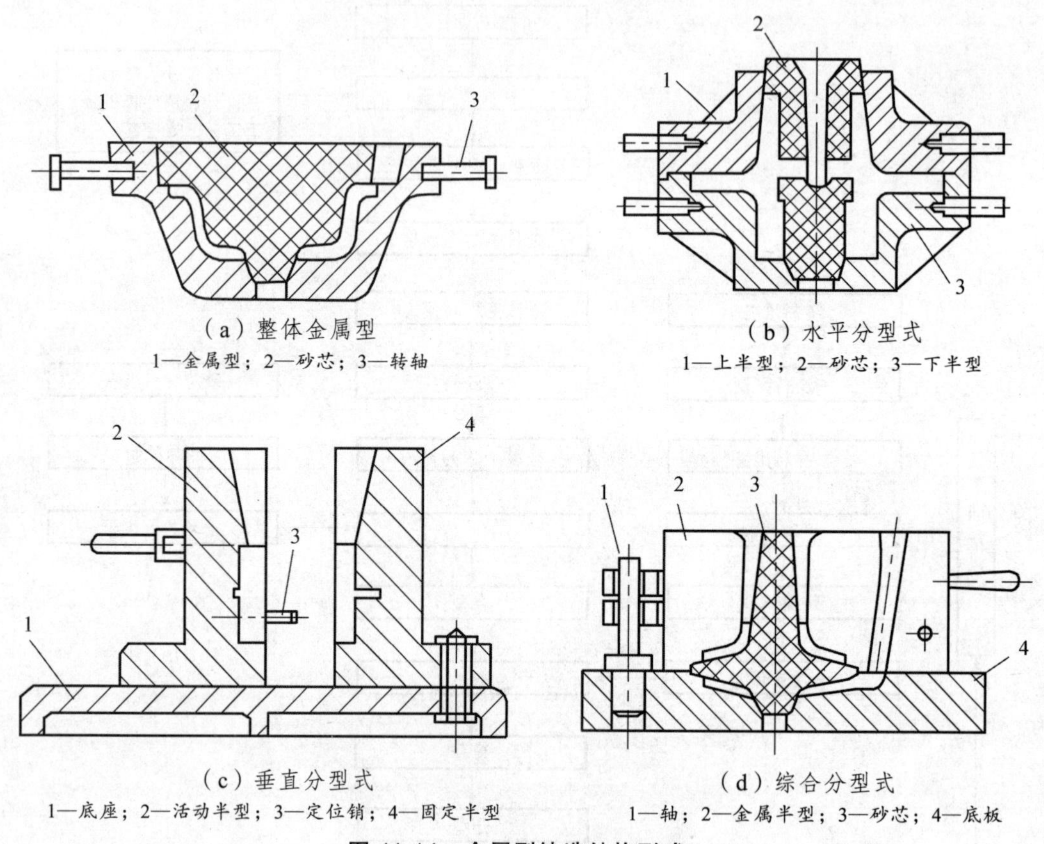

图 11-14 金属型铸造结构形式

金属型铸型的材料，通常选用灰铸铁，也可以选用碳钢。

金属型铸造一型多铸，生产率高于砂型铸造，其金属型的热导率和热容量大，冷却速度快，铸件组织致密，力学性能比砂型铸件高。金属型铸造能获得较高尺寸精度和较低表面粗糙度值的铸件，并且质量稳定性好。因不用或很少用砂芯，改善环境、减少粉尘和有害气体、降低劳动强度，改善了劳动条件。

但金属型本身无透气性，型腔和砂芯中的气体难以排出。铸型退让性差，金属铸型冷却快，铸件容易产生裂纹。此外金属型制造周期较长，工艺过程要求高，金属铸型设计和制造较为困难，成本较高。因此金属型铸造适用于形状简单、大批量生产的有色金属铸件，只有这样，才能显示出好的经济效果。

11.4.3 压力铸造

压力铸造是指将金属液在高压状态下，高速注入铸型型腔内，并在压力下冷却凝固后获得铸件的一种先进铸造方法，简称压铸。高压高速时压力铸造有别于普通金属型铸造的重要特征，其所用压力通常为 5 ~ 150 MPa，充填速度为 0.5 ~ 50 m/s，充填时间为 0.01 ~ 0.2 s。由于高压高速，故压铸铸型一般采用耐热合金钢制造。压力铸造工艺过程如图 11-15 所示。

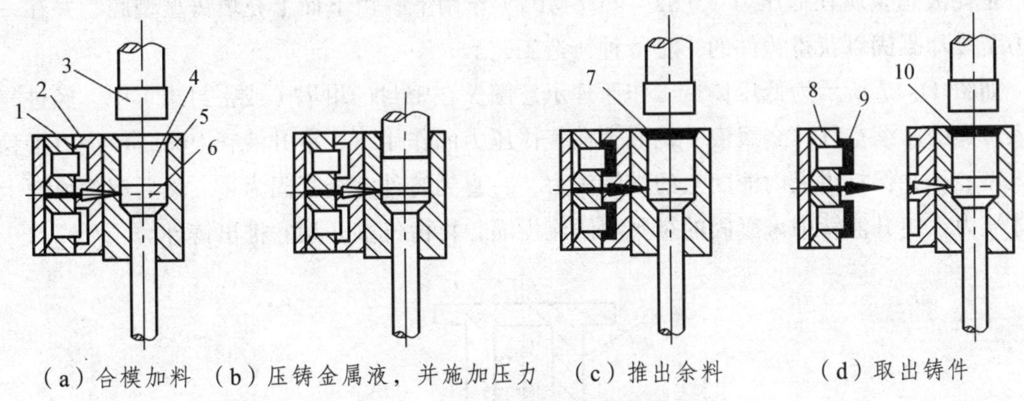

图 11-15 压力铸造工艺过程

1—型腔；2—直浇道；3—压射冲头；4—金属液；5—压射缸；6—反料冲头；7—余料；8—动模；9—铸件；10—定模

压铸过程主要由压铸机来实现，其主要结构包括合型压紧机构、注射金属液的活塞机构、开型机构以及顶出铸件机构。压铸机种类很多，按压射部分特征可分为热压室式和冷压室式两大类，目前广泛应用的是冷压室式压铸机。压铸机按压射冲头的运动方向分为立式和卧式两大类，生产上卧式压铸机采用较多。压铸机的压射结构如图 11-16 所示。

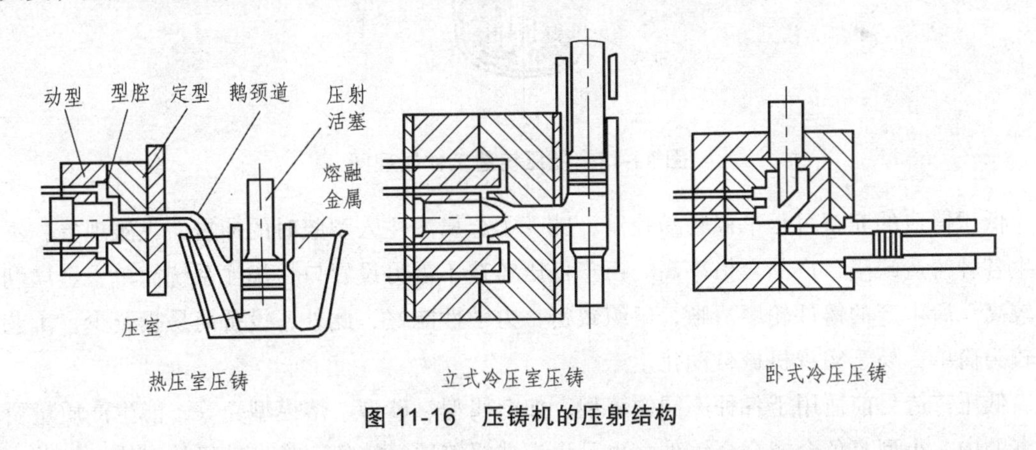

图 11-16 压铸机的压射结构

压铸铸造生产的铸件精度高、强度高，可以生产出极复杂、薄壁的精密铸件，表面质量好，大部分铸件都不需要或少量机加工后就可直接装配使用，压铸生产率高，易于实现自动化生产。但由于压铸速度高，型腔内气体难以排除，故铸件内部常有小孔，影响铸件质量，允许的工作温度不宜过高，也不宜进行切削加工和热处理，且压铸设备投资大，制造压型费用高、周期长，只适用于大批量生产类型，压铸适用范围受到限制。

目前，压力铸造主要适用于有色金属合金的小型、薄壁、复杂精密铸件的大量生产，被广泛应用于汽车、仪器仪表、通信、航空以及日用五金制品中。

11.4.4 低压铸造

低压铸造是介于如砂型、金属型铸造等重力铸造和压力铸造之间的一种铸造方法。低压铸造是使液态金属在低压力（0.02 ~ 0.07 MPa）作用下，由下而上充填铸型型腔，并在一定压力下冷却凝固以获得铸件的一种特种铸造工艺。

如图 11-17 所示为低压铸造工作原理示意图。在密封的坩埚（或密封罐）中，经进气管通入干燥的压缩空气，金属液（铝液）在气体压力的作用下，沿升液管上升，经浇口平稳地进入型腔，并保持坩埚内液面上的气体压力，一直到铸件完全凝固为止。然后解除液面上的气体压力，使升液管中未凝固的金属液回流坩埚，再由气缸开型并推出铸件。

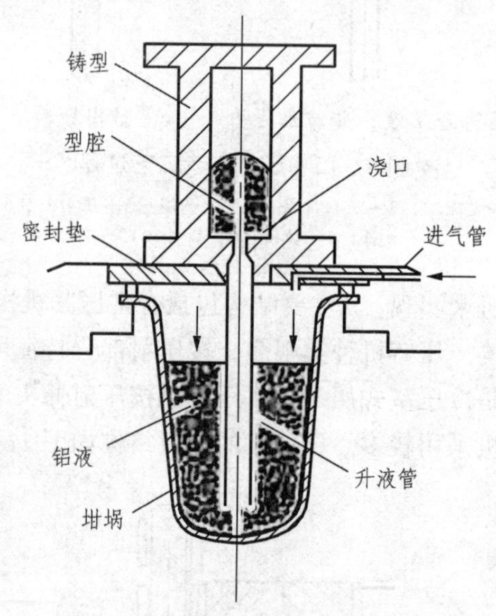

图 11-17 低压铸造工作原理图

低压铸造的充型过程平稳且易控制，减少了金属液注入型腔时的冲击、飞溅现象，不易产生各种铸造缺陷，产品合格率高。由于低压铸造不需另设冒口，浇注系统简单，金属利用率较高。所生产的铸件轮廓清晰，组织致密，力学性能好，此外，设备简易投资少，工艺过程较为简单，易于实现机械自动化生产。

低压铸造目前适用于各种不同的铸型，如金属型、砂型、熔模型壳等，能生产质量要求较高的中、小型有色金属合金铸件，也可生产球墨铸铁等铸件，如发动机的缸体、缸盖、球墨铸铁曲轴、高速内燃机活塞等。

11.4.5 离心铸造

将金属液浇注入高速旋转（250 ~ 1 500 r/min）的铸型型腔中，使其在离心的作用下充填铸型并冷却得到铸件的一种铸造方法，称为离心铸造。如图 11-18 所示为离心铸造工艺过程示意图。

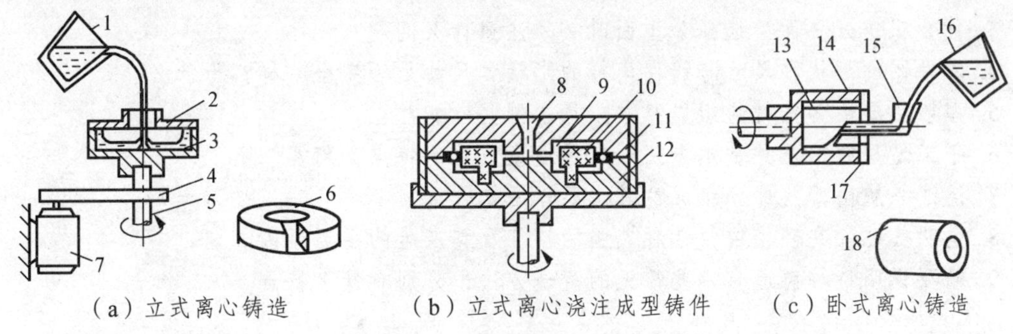

（a）立式离心铸造　（b）立式离心浇注成型铸件　（c）卧式离心铸造

图 11-18　离心铸造工艺过程

1，16—浇包；2，14—铸型；3，13—液体金属；4—带轮和带；5—旋转轴；6—铸件；7—电动机；8—浇注系统；9—型腔；10—型芯；11—上型；12—下型；15—浇注槽；17—端盖

离心铸造必须在离心铸造机上进行，根据铸型的旋转轴方向不同，离心铸造机主要分为卧式和立式两种。卧式离心铸造机上的铸型是绕水平轴旋转的［见图 11-18（c）]，主要用于浇注各种管状铸件，如灰铸铁、球墨铸铁的水管和煤气管，管径最小 75 mm，最大可达 3 000 mm，此外，可浇注造纸机用大口径铜辊筒，各种碳钢、合金钢管以及要求内外层有不同成分的双层材质钢轧辊。立式离心铸造机的铸型是绕垂直轴旋转［见图 11-18（a）]，主要用以生产各种环形铸件和较小的非圆形铸件。

离心铸造几乎不存在浇注系统和冒口系统的金属消耗，节省材料，提高工艺出品率。生产中空铸件时可不用型芯，故在生产长管形铸件时可大幅度地改善金属充型能力，降低铸件壁厚对长度或直径的比值，简化套筒和管类铸件的生产过程。铸件致密度高，气孔、夹渣等缺陷少，机械性能好。由于离心力的作用，离心铸造便于制造筒、套类复合金属铸件，如钢背铜套、双金属轧辊等，也可生产薄壁铸件。

但离心铸造用于生产异形铸件时有一定的局限性，所生产铸件的内腔尺寸不够精确，内孔表面比较粗糙，质量较差，加工余量大。铸件易产生比重偏析，因此不宜铸造易偏析的合金及轻合金的铸件，如铅青铜、铝合金、镁合金等，尤其不适合于铸造杂质密度大于金属液的合金。

目前，离心铸造广泛应用于冶金、矿山、交通、排灌机械、航空、国防、汽车等行业中生产钢、铁及非铁碳合金铸件。其中尤以离心铸铁管、内燃机缸套和轴套等铸件的生产最为普遍。对一些成形刀具和齿轮类铸件，也可以对熔模型壳采用离心力浇注，既能提高铸件的精度，又能提高铸件的机械性能。

思考与练习

1. 什么是砂型铸造？它的主要特点是什么？
2. 在设计工艺图时，要考虑哪些问题？

3. 什么叫作分型面？选择分型面时必须注意什么问题？
4. 零件图的形状和尺寸与铸件模样的形状和尺寸是否完全一样？为什么？
5. 型砂主要由哪些材料组成？它应具备哪些性能？
6. 手工造型有哪几种基本方法？各种造型方法的特点如何？
7. 浇注系统由哪些部分组成？其主要作用是什么？
8. 说明气孔、夹砂、裂纹 3 种缺陷的特征及其产生的主要原因。
9. 简要说明特种铸造有哪些常见的铸造方法，分别有什么特点。

第 12 章　电火花线切割加工

12.1　电火花线切割加工的基本原理

电火花线切割加工（Wire Cut Electrical Discharge Machining，简称 WEDM）简称“线切割”，是电火花加工的一个分支，它是利用移动的细金属丝（钼丝或铜丝）作为工具电极，在金属丝与工件间通以脉冲电流，利用脉冲放电的电腐蚀作用对工件进行切割加工。由于后来使用数控技术来控制工件和金属丝的切割运动，因此常称为数控线切割加工。如图 12-1 所示为线切割所加工出来的产品。

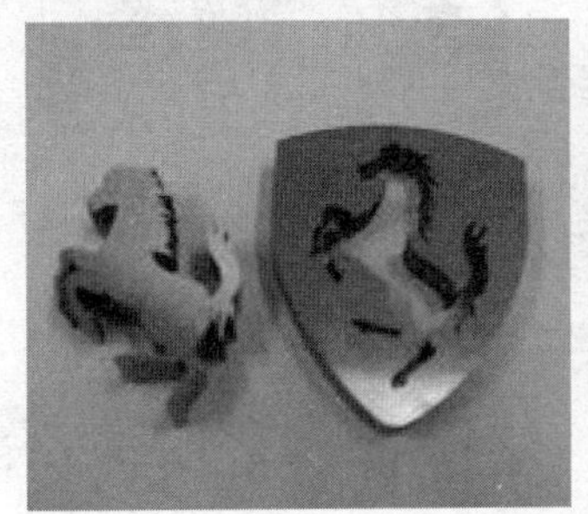

图 12-1　线切割产品

电火花线切割加工的基本原理如图 12-2 所示，是利用连续移动的丝电极（接负极）与工件（接正极）在工作液中的脉冲放电来蚀除金属。因放电高温不仅使工件该处金属熔化、气化，也使工件与电极丝间的工作液气化。气化的金属和工作液蒸气瞬间迅速热膨胀，并具有爆炸特性。靠这种热膨胀和局部微爆炸，抛出熔化和气化了的金属材料而实现对工件的电蚀切割加工。

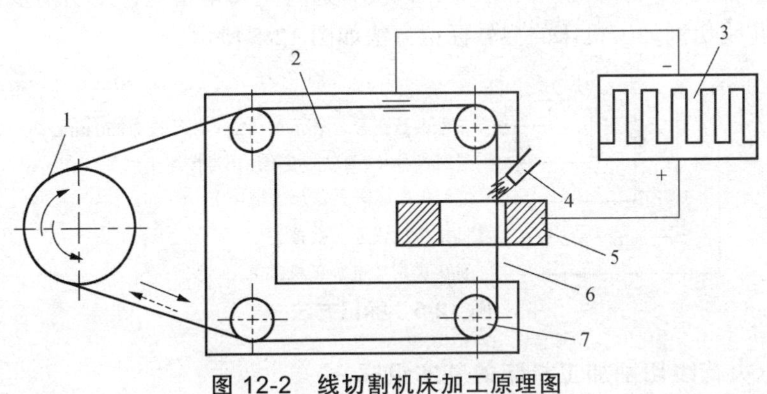

图 12-2　线切割机床加工原理图

1—储丝筒；2—丝架；3—脉冲电源；4—工作液；5—工件；6—钳丝；7—导轮

12.1.1 线切割机床的分类与组成

1. 线切割机床的分类

（1）电火花线切割机床是电火花加工机床的一种，根据走丝速度和加工精度不同，分快走丝和慢走丝 2 种：

快走丝：0.08 ~ 0.22 mm 的钼丝作电极，往复循环使用，走丝速度为 8 ~ 10 m/s，加工精度为 ± 0.01 mm。表面粗糙度 R_a1.6 ~ 6.3 μm。工作液为乳化液，如图 12-3 所示为快走丝线切割机床。

慢走丝：走丝速度是 3 ~ 12 m/min，电极丝广泛使用铜丝，单向移动，电极丝只使用一次，不重复使用。能自动穿电极丝和自动卸除加工废料，实现无人操作。加工精度可达到 ± 0.001 mm，表面粗糙度为 R_a0.1 ~ 0.2 μm，价格比快走丝高，工作液为去离子水。如图 12-4 所示为慢走丝线切割机床。

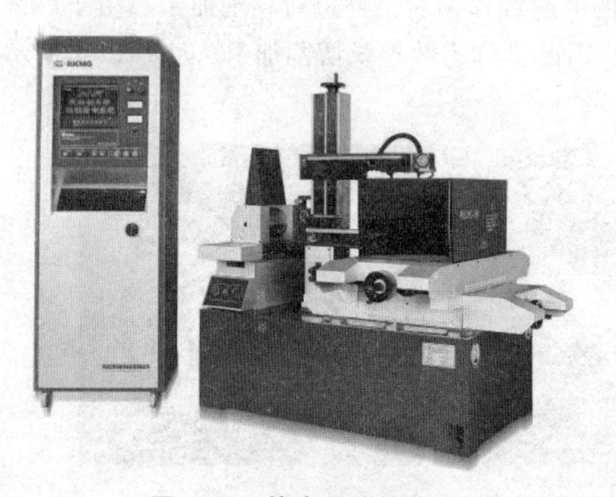

图 12-3 快走丝线切割

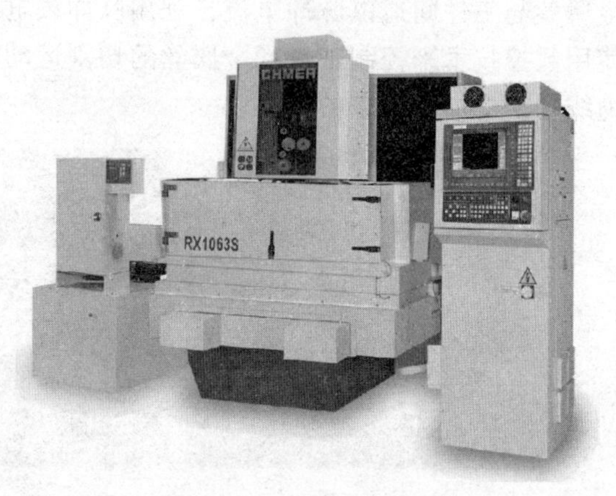

图 12-4 慢走丝线切割

（2）按控制方式分：有靠模仿形控制、光电跟踪控制、数字程序控制以及微机控制等，前两种方法现已很少采用。

（3）按脉冲电源形式分：有 RC 电源、晶体管电源、分组脉冲电源以及自适应控制电源等，RC 电源现已基本不用。

（4）按加工特点分：有大、中、小型，以及普通直壁切割型与锥度切割型等。

数控电火花线切割加工机床的型号标记方法如图 12-5 所示。

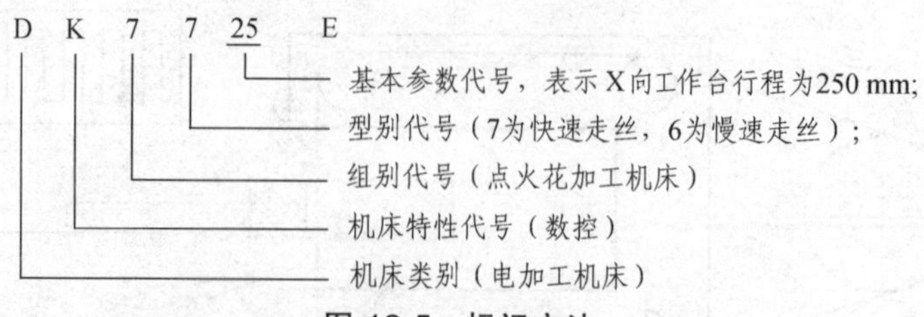

图 12-5 标记方法

2. 数控电火花线切割加工机床的基本组成

线切割机床基本组成是由脉冲电源、机床本体、控制系统和工作液循环系统 4 大部分组成。

1）脉冲电源

线切割机床的脉冲电源采用小功率、窄脉冲、高频率、大峰值电流的高频脉冲电源。

一般电源的电规准有几个挡，以调整脉冲宽度和脉冲间隙时间，满足不同加工要求。

2）机床本体

机床本体包括：床身、坐标工作台、走丝机构。

（1）床身。床身一般为铸件，是坐标工作台、走丝机构的固定基础。床身内部安置脉冲电源和工作液箱。考虑电源会发热和工作液泵有振动，有些机床将脉冲电源和工作液箱移出床身另行安放。

（2）坐标工作台。坐标工作台安置在床面上，包括上层工作台面、中层中拖板、下层底座，还有减速齿轮和丝杠螺母等构件。两个步进电动机经过齿轮减速，带动丝杠螺母，从而驱动工作台在 XY 平面上移动。控制器每发出一个进给脉冲信号，工作台就移动 1 μm，则称该机床的脉冲当量为 1 μm/脉冲。

（3）走丝机构。快走丝机构的作用是保证电极丝能进行往复循环的高速运行，由电动机传动储丝筒作高速正反向转动。通过齿轮副传动走丝机构拖板的丝杠螺母，使电极丝均匀地卷绕在储丝筒上。

慢走丝机构，电极丝多采用成卷的黄铜丝或镀锌黄铜丝，工作时单向运行，经放电加工后不再使用，电极丝的张力可调节。

对于能割斜度的走丝机构，通过电极丝上导轮在纵、横两个方向的偏移，使电极丝倾斜，可加工带锥度的工件。

上导轮和工作台分别由 4 个步进电机驱动，由计算机同时控制。如图 12-6 所示为线切割机床主机示意图。

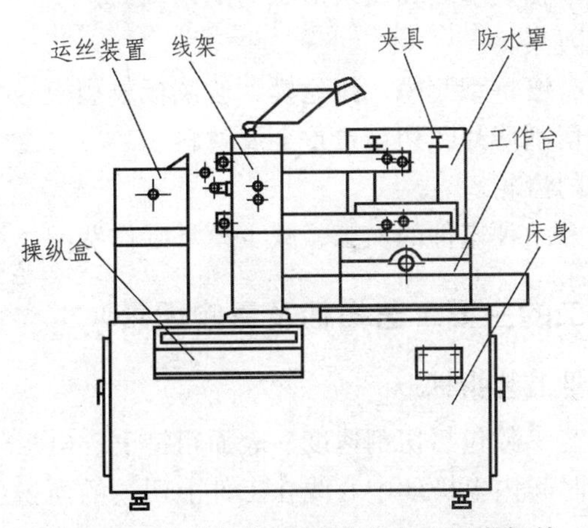

图 12-6　电火花线切割机床主机组成部件

3）控制系统

控制系统按程序自动控制电极丝和工件之间的相对运动轨迹和进给速度，完成对工件的加工。同时，根据放电间隙大小和放电状态，使进给速度和工件的蚀除速度相平衡，维持正常的稳定加工。

4）工作液循环系统

快走丝用的工作液是乳化液，慢走丝用的工作液是去离子水。去离子水是通过离子交换树脂净化器将水中的离子去除，并通过电阻率控制装置，控制去离子水的电阻率。

工作液循环系统的作用：与电火花成形相同，主要是及时排除电蚀产物，对工件和电极丝进行冷却。

12.1.2　线切割加工的特点及应用

1. 线切割加工的主要特点

（1）不需要制造复杂的成形电极，大大降低了成型工具电极的设计和制造费用，可缩短生产周期。

（2）电极丝通常比较细，能够方便快捷地加工薄壁、窄槽、异形孔等复杂结构零件。由于切缝窄，金属的实际去除量很少，因此材料的利用率高，尤其在加工贵重金属时，可大大节省费用。

（3）一般采用精规准一次加工成形，在加工过程中大都不需要转换加工规准。

（4）由于采用移动的长电极丝进行加工，使单位长度电极丝的损耗较少，从而对加工精度的影响比较小。

（5）工作液多采用水基乳化液，很少使用煤油，不易引燃起火，容易实现安全无人操作运行。

（6）脉冲电源的加工电流较小，脉宽较窄，属于中、精加工范畴。

2. 线切割机床加工的应用

线切割加工具有广泛的用途，主要表现在以下方面：

（1）广泛应用于加工各种冲模。

（2）可以加工微细异形孔、窄缝和复杂形状的工件。

（3）加工样板和成型刀具。

（4）加工粉末冶金模、镶拼型腔模、拉丝模、波纹板成型模。

（5）加工硬质材料，切割薄片，切割贵重金属材料。

（6）加工凸轮，特殊的齿轮。

（7）适合于小批量、多品种零件的加工，减少模具制作费用，缩短生产周期。

12.1.3　线切割加工的主要工艺指标及影响因素

1. 线切割加工的主要工艺指标

线切割加工的主要工艺参数包括切割速度、表面粗糙度、电极丝损耗量和加工精度等。

（1）切割速度。单位时间内电极丝中心线在工件上切过的面积总和称为切割速度，单位为 mm^2/min，与加工电流大小有关。

（2）表面粗糙度。高速走丝线切割 $R_a1.25 \sim 2.5$ mm，低速走丝线切割 $R_a1.25$ mm，最佳可达 $R_a0.2$ mm。

（3）电极丝损耗量。用电极丝切割 10 000 mm^2 面积后直径的减少量来表示，不大于 0.01 mm。

（4）加工精度。工件尺寸精度、形状精度的总称。快速走丝线切割 0.01 ~ 0.02 mm，低速走丝线切割 0.002 ~ 0.005 mm。

2. 影响数控线切割加工工艺指标的主要因素

这些因素包括电参数和非电参数。电参数包括脉冲宽度、脉冲间隔、开路电压、放电峰值电流和放电波形等；非电参数包括电极丝的直径、电极丝松紧程度、电极丝垂直度、电极丝走丝速度和工件厚度等。

切割速度与脉冲电源的电参数有直接的关系，它将随单个脉冲能量的增加和脉冲频率的提高而提高。但有时也受到加工条件或其他因素的制约。因此，为了提高切割速度，除了合理选择脉冲电源的电参数外，还要注意其他因素的影响。如工作液种类、浓度、脏污程度的影响，线电极材料、直径、走丝速度和抖动的影响，工件材料和厚度的影响，切割加工进给速度、稳定性和机械传动精度的影响等。合理地选择搭配各因素指标，可使两极间维持最佳的放电条件，以提高切割速度。

表面粗糙度主要取决于单个脉冲放电能量的大小，但线电极的走丝速度和抖动状况等因素对表面粗糙度的影响也很大，而线电极的工作状况则与所选择的线电极材料、直径和张紧力大小有关。

加工精度主要受机械传动精度的影响，但线电极的直径、放电间隙大小、工作液喷流量大小和喷流角度等也影响加工精度。

因此，在线切割加工时，要综合考虑各因素对工艺指标的影响，善于取其利，去其弊，以充分发挥设备性能，达到最佳的切割加工效果。

12.2　线切割加工的工艺

线切割的加工工艺主要是电加工参数和机械参数的合理选择。电加工参数包括脉冲宽度和频率、放电间隙、峰值电流等。机械参数包括进给速度和走丝速度等。应综合考虑各参数对加工的影响，合理地选择工艺参数，在保证工件加工质量的前提下，提高生产率，降低生产成本。

12.2.1　电加工参数的选择

正确选择脉冲电源加工参数，可以提高加工工艺指标和加工的稳定性。粗加工时，应选用较大的加工电流和大的脉冲能量，可获得较高的材料去除率(即加工生产率)。而精加工时，应选用较小的加工电流和小的单个脉冲能量，可获得加工工件较低的表面粗糙度。

加工电流就是指通过加工区的电流平均值，单个脉冲能量大小，主要由脉冲宽度、峰值电流、加工幅值电压决定。脉冲宽度是指脉冲放电时脉冲电流持续的时间，峰值电流指放电加工时脉冲电流峰值，加工幅值电压指放电加工时脉冲电压的峰值。

12.2.2　机械参数的选择

对于普通的快走丝线切割机床，其走丝速度一般都是固定不变的。进给速度的调整主要是电极丝与工件之间的间隙调整。切割加工时进给速度和电蚀速度要协调好，不要欠跟踪或跟踪过紧。进给速度的调整主要靠调节变频进给量，在某一具体加工条件下，只存在一个相应的最佳进给量，此时钼丝的进给速度恰好等于工件实际可能的最大蚀除速度。欠跟踪时使加工经常处于开路状态，无形中降低了生产率，且电流不稳定，容易造成断丝，过紧跟踪时容易造成短路，也会降低材料去除率。一般调节变频进给，使加工电流为短路电流的 0.85 倍左右（电流表指针略有晃动即可），就可保证为最佳工作状态，即此时变频进给速度最合理、加工最稳定、切割速度最高。

12.2.3 线切割加工前的准备工作

线切割加工前的准备工作包括工艺准备以及工件的装夹和位置校正。

1. 工艺准备

工艺准备主要包括电极丝准备、工件准备和工作液配制。

1）电极丝准备

（1）电极丝应具有良好的导电性和抗电蚀性，抗拉强度高、材质均匀。常用电极丝有钼丝、钨丝、黄铜丝和包芯丝等。钨丝抗拉强度高，直径在 0.03 ~ 0.1 mm，一般用于各种窄缝的精加工，但价格昂贵。黄铜丝适合于慢速加工，加工表面粗糙度和平直度较好，蚀屑附着少，但抗拉强度差，损耗大，直径在 0.1 ~ 0.3 mm，一般用于慢速单向走丝加工。钼丝抗拉强度高，适于快速走丝加工，所以我国快速走丝机床大都选用钼丝作电极丝，直径在 0.08 ~ 0.2 mm。

（2）电极丝直径的选择。电极丝直径 d 应根据工件加工的切缝宽窄、工件厚度及拐角尺寸大小等来选择。电极丝直径 d 与拐角半径 R 的关系为 $d \leqslant 2(R-d)$。若加工带尖角、窄缝的小型模具宜选用较细的电极丝；若加工大厚度工件或大电流切割时应选较粗的电极丝。

（3）电极丝的安装。如图 12-7 所示为穿丝示意图，如图 12-8 所示为机床走丝系统图。上丝前，先把电机的运丝速度调到最慢，目的是保证上丝过程中电极丝有均匀的张力，避免电极丝重叠。转动储丝筒 10，使储丝筒 10 上电极丝的左端与张紧轮 7 对齐。将电极丝从上丝盘 6 上取下线头，绕过张紧轮 7，并通过储丝筒 10 外圆左端螺钉紧固电极端头。左边行程挡杆盖住左边丝筒换向接近开关，右边行程挡杆移至最右端。

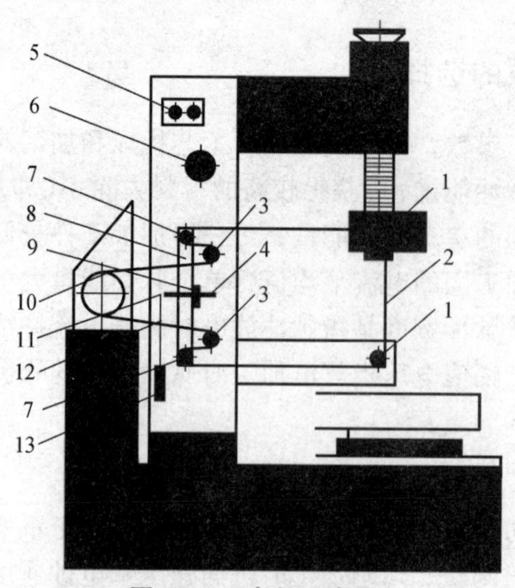

图 12-7 穿丝示意图

1—主导轮；2—电极丝；3—辅助导轮；4—直线导轨；5—工作液旋钮；6—上丝盘；7—张紧轮；8—移动板；9—导轨滑块；10—储丝筒；11—定滑轮；12—绳索；13—重锤；14—导电块

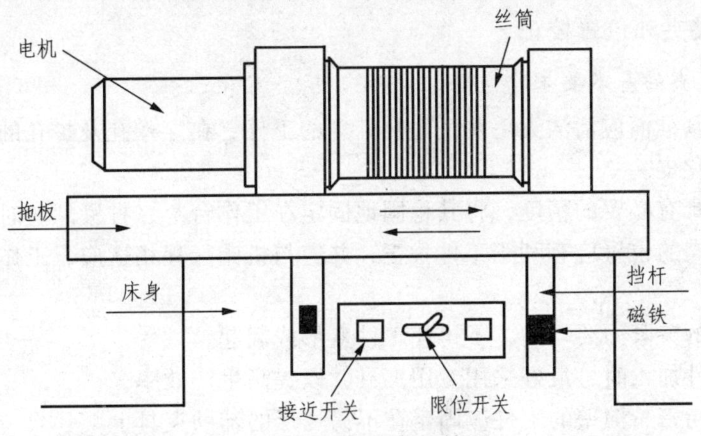

图 12-8　机床走丝系统图

启动运丝电机，使电极均匀地绕满线筒的外圆表面。上满后，从上丝盘 6 上把电极丝剪断，取下丝头进行穿丝。将电极丝从丝架各导轮（3、7、1）及导电块 14 穿过后，把丝头固定在丝筒外圆右端紧固螺钉处，右边行程挡杆盖住右边丝筒换向接近开关。丝装好后用紧丝轮拉紧。当操作熟练后，可用手拿布压住丝盘后，开机上丝，丝的张力靠人工压紧丝轮的松紧调节。穿丝中要注意控制左右行程挡杆，使储丝筒左右往返换向时，储丝筒左右两端留有 3 ~ 5 mm 的余量，如图 12-9 所示。

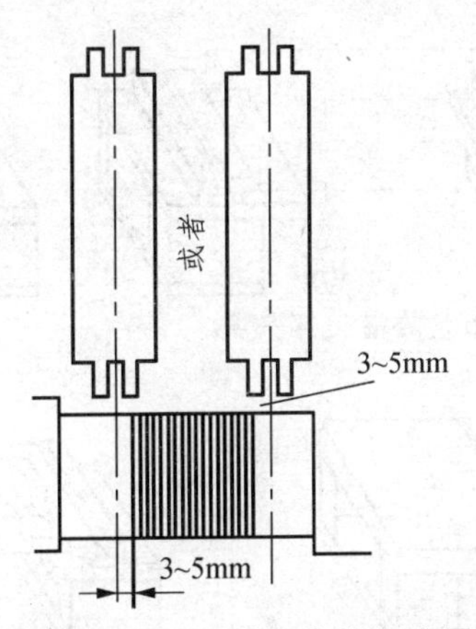

图 12-9　储丝筒左右换向余量

2）工件准备

工件准备主要是工件材料的选择和处理、工件加工基准的选择、穿丝孔的确定以及切割路线的确定。

3）工作液的选择

线切割加工中，工作液是脉冲放电的介质，对加工工艺指标的影响很大，对切割速度、表面粗糙度和加工精度也有影响。应根据线切割机床的类型和加工对象，选择工作液的种类、浓度及导电率等。

2．工件的装夹和位置校正

1）对工件装夹的基本要求

（1）工件的基准面应清洁无毛刺，经热处理的工件，在穿丝孔及扩孔的台阶处，要清除热处理残物及氧化皮。

（2）夹具应具有必要的精度，将其稳固地固定在工作台上，拧紧螺丝时用力要均匀。

（3）工件装夹的位置应有利于工件找正，并应与机床行程相适应，工作台移动时工件不得与丝架相碰。

（4）对工件的夹紧力要均匀，不得使工件变形或翘起。

（5）大批零件加工时，最好采用专用夹具，以提高生产效率。

（6）细小、精密、薄壁的工件应固定在不易变形的辅助夹具上。

2）工件的装夹方式

装夹工件时，必须保证工件的切割部位位于机床工作台纵向、横向进给的允许范围之内，避免超出极限。同时应考虑切割时电极丝的运动空间。夹具应尽可能选择通用（或标准）件，所选夹具应便于装夹，便于协调工件和机床的尺寸关系。在加工大型模具时，要特别注意工件的定位方式，尤其在加工快结束时，工件的变形、重力的作用会使电极丝被夹紧，影响加工。工件的装夹方式包括悬臂支撑方式、两端支撑方式、桥式支撑方式、板式支撑方式和复式支撑方式，如图 12-10 所示。

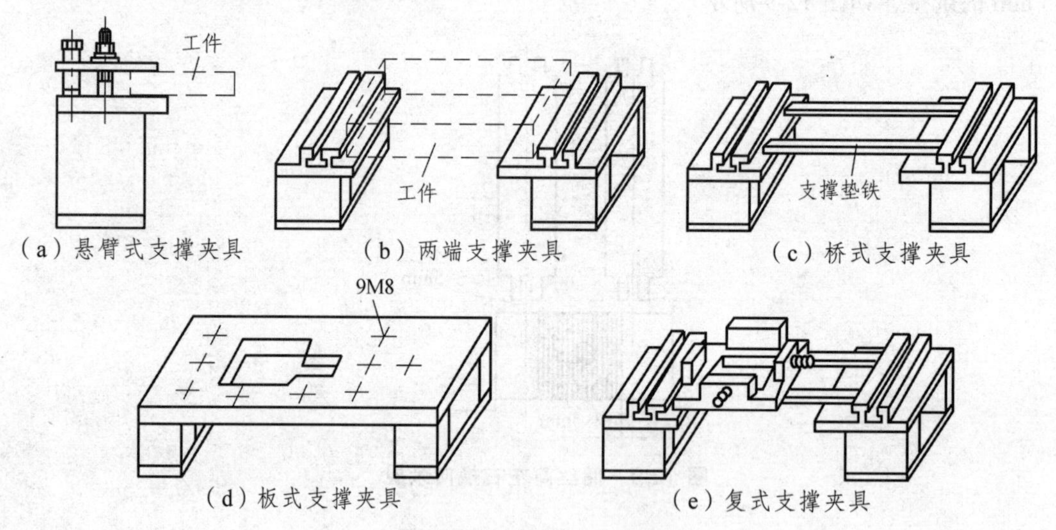

（a）悬臂式支撑夹具　（b）两端支撑夹具　（c）桥式支撑夹具

（d）板式支撑夹具　（e）复式支撑夹具

图 12-10　工件的装夹方式

3）工件的找正

工件的找正包括拉表法和划线法，如图 12-11 所示。

（1）拉表法。利用磁力表架将百分表固定在丝架或其他固定位置上，百分表头与工件基面接触，往复移动床鞍，按百分表指示数值调整工件。校正应在 3 个方向上进行。

（2）划线法。工件待切割图形与定位基准相互位置要求不高时，可采用划线法。固定在丝架上的一个带有顶丝的零件将划针固定，划针尖指向工件图形的基准线或基准面，移动纵（或横）向床鞍，根据目测调整工件进行找正。该方法也可以在粗糙度较差的基面校正时使用。

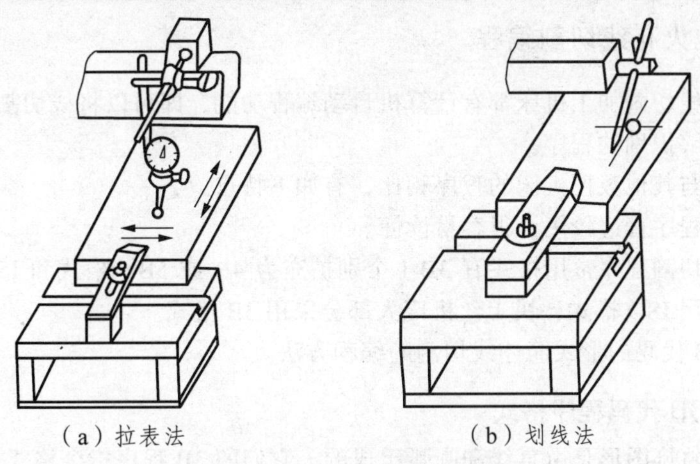

（a）拉表法　（b）划线法

图 12-11　工件的找正方式

4）电极丝位置的调整

线切割加工之前，应将电极丝调整到切割的起始坐标位置上，其调整方法有以下几种，如图 12-12 所示。

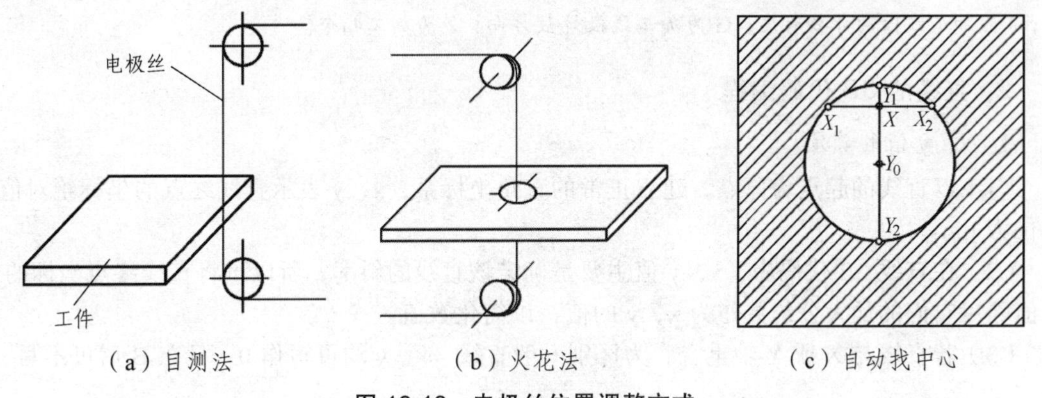

（a）目测法　（b）火花法　（c）自动找中心

图 12-12　电极丝位置调整方式

（1）目测法。对于加工要求较低的工件，在确定电极丝与工件基准间的相对位置时，可以直接利用目测或借助 2 ~ 8 倍的放大镜来进行观察。例如，可利用穿丝处划出的十字基准线，分别沿划线方向观察电极丝与基准线的相对位置，根据两者的偏离情况移动工作台，当电极丝中心分别与纵横方向基准线重合时，工作台纵、横方向上的读数就确定了电极丝中心的位置。

（2）火花法。调整位置时，移动工作台使工件的基准面逐渐靠近电极丝，在出现火花的瞬时，记下工作台的相应坐标值，再根据放电间隙推算电极丝中心的坐标。此法简单易行，但往往因电极丝靠近基准面时产生的放电间隙与正常切割条件下的放电间隙不完全相同而产生误差。

（3）自动找中心。所谓自动找中心，就是让电极丝在工件孔的中心自动定位。此法是根据线电极与工件的短路信号来确定电极丝的中心位置。

12.2.4 电火花线切割编程

目前生产的线切割加工机床都有计算机自动编程功能，即可以将线切割加工的轨迹图形自动生成机床能够识别的程序。

线切割程序与其他数控机床的程序相比，有如下特点：

（1）线切割程序普遍较短，很容易读懂。

（2）国内线切割程序常用格式有 3B（个别扩充为 4B 或 5B）格式和 ISO 格式。其中慢走丝机床普遍采用 ISO 格式，快走丝机床大部分采用 3B 格式。

以下通过 3B 代码的形式简述线切割的编程方法。

1. 线切割 3B 代码程序格式

线切割加工轨迹图形是由直线和圆弧组成的，它们的 3B 程序指令格式见表 12-1。

表 12-1 3B 程序指令格式

B	X	B	Y	B	J	G	Z
分隔符	X 坐标值	分隔符	Y 坐标值	分隔符	计数长度	计数方向	加工指令

注：B 为分隔符，它的作用是将 X、Y、J 数码区分开来；X、Y 为直线的终点或圆弧起点的坐标值；J 为加工线段的计数长度；G 为加工线段计数方向；Z 为加工指令。

2. 直线的 3B 代码编程

1）x，y 值的确定

（1）以直线的起点为原点，建立正常的直角坐标系，x，y 表示直线终点的坐标绝对值，单位为 μm。

（2）在直线 3B 代码中，x，y 值主要是确定该直线的斜率，所以可将直线终点坐标的绝对值除以它们的最大公约数作为 x，y 的值，以简化数值。

（3）若直线与 X 或 Y 轴重合，为区别一般直线，x，y 均可写作 0，且在 B 后可不写。

2）G 的确定

G 用来确定加工时的计数方向，分 G_x 和 G_y。直线编程的计数方向的选取方法是：以要加工的直线的起点为原点，建立直角坐标系，取该直线终点坐标绝对值大的坐标轴为计数方向。具体确定方法为：若终点坐标为（x_e，y_e），令 $x = |x_e|$，$y = |y_e|$，若 $y<x$，则 $G = G_x$，如图 12-13（a）所示；若 $y>x$，则 $G = G_y$，如图 12-13（b）所示；若 $y = x$，则在一、三象限取 $G = G_y$，在二、四象限取 $G = G_x$。由上可见，计数方向的确定以 45°线为界，取与终点处走向较平行的轴作为计数方向，具体如图 12-13（c）所示。

3）J 的确定

J 为计数长度，以 μm 为单位。以前编程应写满 6 位数，不足 6 位前面补零，现在的机床基本上可以不用补零。

J 的取值方法为：由计数方向 G 确定投影方向，若 $G = G_x$，则将直线向 X 轴投影得到长度的绝对值即为 J 的值；若 $G = G_y$，则将直线向 Y 轴投影得到长度的绝对值即为 J 的值。

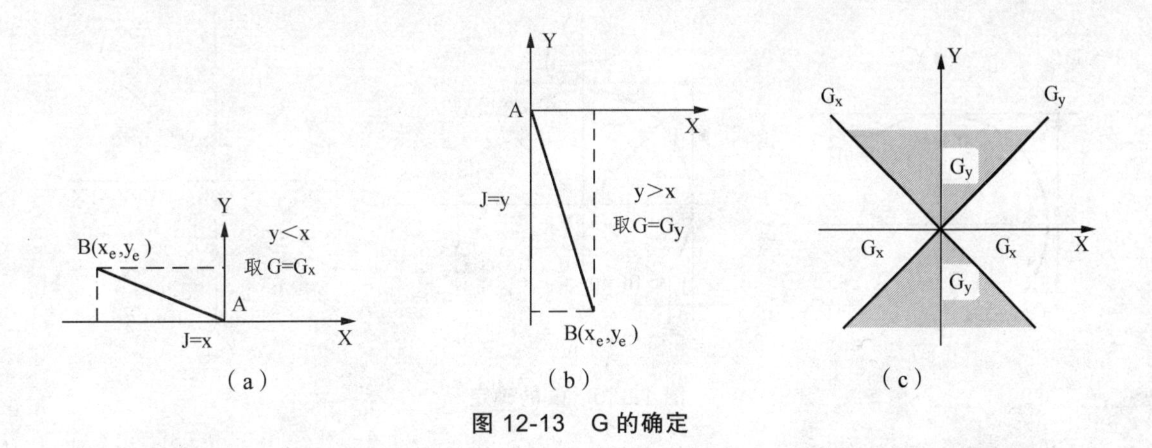

图 12-13　G 的确定

4）Z 的确定

加工指令 Z 按照直线走向和终点的坐标不同可分为 L_1、L_2、L_3、L_4，其中与 + X 轴重合的直线算作 L_1，与 – X 轴重合的直线算作 L_3，与 + Y 轴重合的直线算作 L_2，与 – Y 轴重合的直线算作 L_4。如图 12-14 所示。

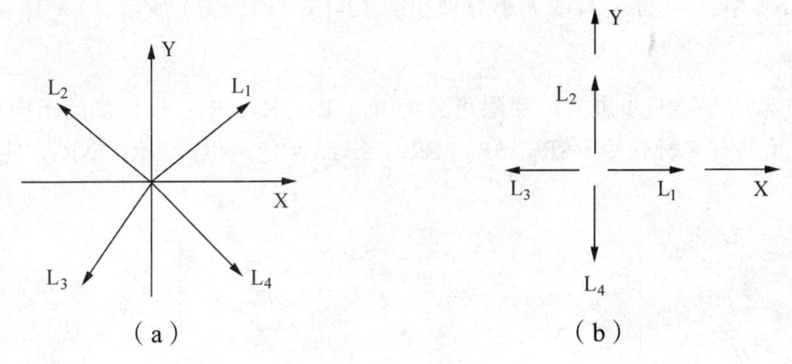

图 12-14　Z 的确定

3. 圆弧的 3B 代码编程

1）x，y 值的确定

以圆弧的圆心为原点，建立正常的直角坐标系，x，y 表示圆弧起点坐标的绝对值，单位为μm。

如图 12-15（a）所示，x = 30 000，y = 40 000；如图 12-15（b）所示，x = 40 000，y = 30 000。

2）G 的确定

G 用来确定加工时的计数方向，分 G_x 和 G_y。圆弧编程的计数方向的选取方法是：以某圆心为原点建立直角坐标系，取终点坐标绝对值小的轴为计数方向。具体确定方法为：若圆弧终点坐标为（x_e，y_e），令 $x = |x_e|$，$y = |y_e|$，若 $y<x$，则 $G = G_y$［见图 12-15（a）］；若 $y>x$，则 $G = G_x$［见图 12-15（b）］；若 $y = x$，则 G_x、G_y 均可。

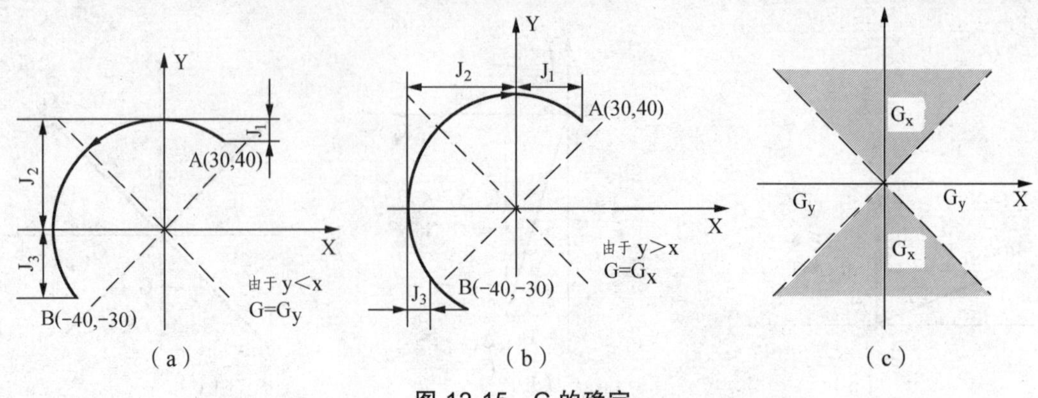

图 12-15　G 的确定

由上可见，圆弧计数方向由圆弧终点的坐标绝对值大小决定，其确定方法与直线刚好相反，即取与圆弧终点处走向较平行的轴作为计数方向，具体如图 12-15（c）所示。

3）J 的确定

圆弧编程中 J 的取值方法为：由计数方向 G 确定投影方向，若 $G = G_x$，则将圆弧向 X 轴投影；若 $G = G_y$，则将圆弧向 Y 轴投影。J 值为各个象限圆弧投影长度绝对值的和。如在图 12-15（a）、（b）中，J_1、J_2、J_3 的大小分别如图 12-15（a）、（b）所示，$J = |J_1| + |J_2| + |J_3|$。

4）Z 的确定

加工指令 Z 按照第一步进入的象限可分为 R_1、R_2、R_3、R_4；按切割的走向可分为顺圆 S 和逆圆 N，于是共有 8 种指令：SR_1、SR_2、SR_3、SR_4、NR_1、NR_2、NR_3、NR_4，具体如图 12-16 所示。

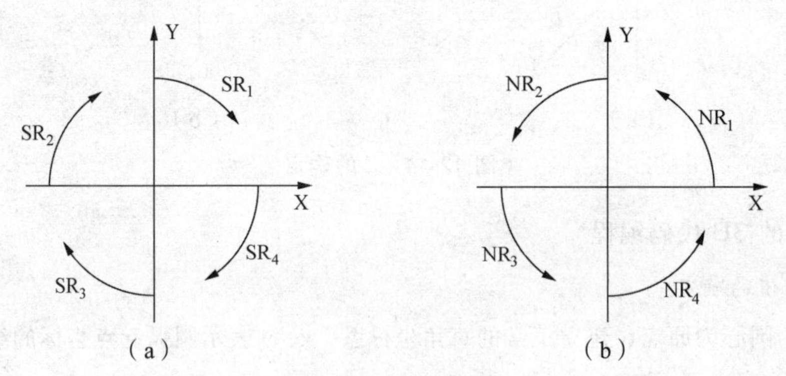

图 12-16　Z 的确定

4. 手工 3B 代码编程实例

【例题 1】　请写出如图 12-17 所示轨迹的 3B 程序。

解　对图 12-17（a），起点为 A，终点为 B，

$$J = J_1 + J_2 + J_3 + J_4 = 10\,000 + 50\,000 + 50\,000 + 20\,000 = 130\,000$$

故其 3B 程序为：

B30000　B40000　B130000　GY　NR_1

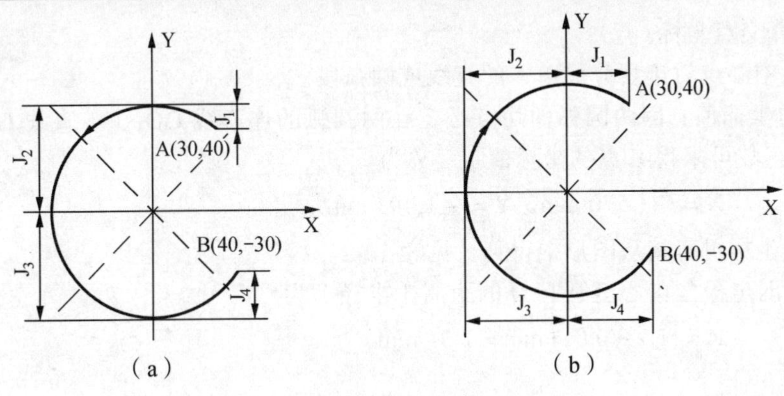

图 12-17

对图 12-17（b），起点为 B，终点为 A，

$$J = J_1 + J_2 + J_3 + J_4 = 40\ 000 + 50\ 000 + 50\ 000 + 30\ 000 = 170\ 000$$

故其 3B 程序为：

B40000　B30000　B170000　GX　SR4

【例题 2】　将如图 12-18 所示的凸凹模零件用 3B 格式编写程序单。电极丝直径为 ϕ0.1 mm 的钼丝，单面放电间隙为 0.01 mm。

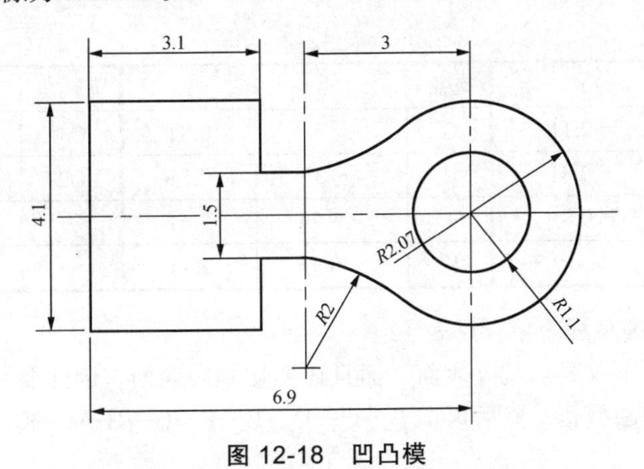

图 12-18　凹凸模

解　（1）确定计算坐标系。

由于图形上、下对称，孔的圆心在图形对称轴上，圆心为坐标原点（见图 12-19）。因为图形对称于 X 轴，所以只需求出 X 轴上半部（或下半部）钼丝中心轨迹上各段的交点坐标值，从而使计算过程简化。

（2）确定补偿距离。

补偿距离为：

$$\Delta R = (0.1/2 + 0.01)\ \text{mm} = 0.06\ \text{mm}$$

钼丝中心轨迹，如图 12-19 中双点画线所示。

（3）计算交点坐标。

将电极丝中心点轨迹划分成单一的直线或圆弧段。

求 E 点的坐标值：因两圆弧的切点必定在两圆弧的连心线 OO_1 上。直线 OO_1 的方程为 $Y=(2.75/3)X$。故可求得 E 点的坐标值 X、Y 为

$$X=-1.570\ \text{mm},\ Y=-1.493\ \text{mm}$$

其余各点坐标可直接从图形中得到，见表 12-2。

切割型孔时电极丝中心至圆心 O 的距离（半径）为

$$R=(1.1-0.06)\ \text{mm}=1.04\ \text{mm}$$

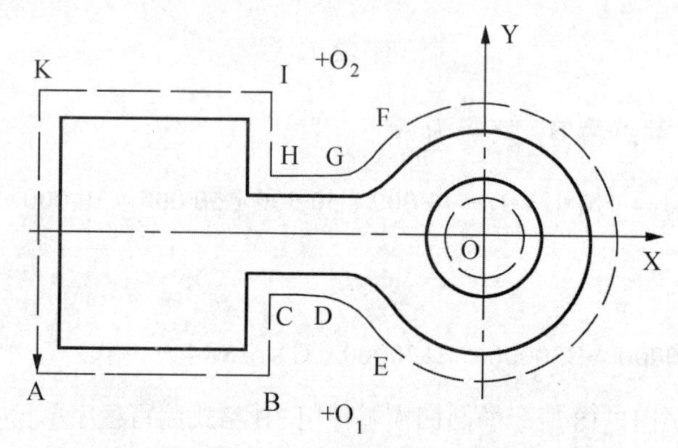

图 12-19 凹凸模编程示意图

表 12-2

交点	X	Y	交点	X	Y	圆心	X	Y
B	－3.74	－2.11	G	－3	0.81	O1	－3	－2.75
C	－3.74	－0.81	H	－3	0.81	O2	－3	－2.75
D	－3	－0.81	I	－3.74	2.11			
E	－1.57	－1.439 3	K	－6.96	2.11			

（4）用 3B 格式编写程序单，见表 12-3。

切割凸凹模时，不仅要切割外表面，而且还要切割内表面，因此要在凸凹模型孔的中心 O 处钻穿丝孔。先切割型孔，然后再按 B→C→D→E→F→G→H→I→K→A→B 的顺序切割。

表 12-3

序号	B	X	B	Y	B	J	G	Z	说明
1	B		B		B	001040	Gx	L3	穿丝切割
2	B	1040	B		B	004160	Gy	SR2	
3	B		B		B	001040	Gx	L1	
4								D	拆卸钼丝
5	B		B		B	013000	Gy	L4	空走
6	B		B		B	003740	Gx	L3	空走
7								D	重新装上钼丝

续表

序号	B	X	B	Y	B	J	G	Z	说明
8	B		B		B	012190	Gy	L2	切入并加工 BC 段
9	B		B		B	000740	Gx	L1	
10	B		B	1940	B	000629	Gy	SR1	
11	B	1570	B	1439	B	005641	Gy	NR3	
12	B	1430	B	1311	B	001430	Gx	SR4	
13	B		B		B	000740	Gx	L3	
14	B		B		B	001300	Gy	L2	
15	B		B		B	003220	Gx	L3	
16	B		B		B	004220	Gy	L4	
17	B		B		B	003220	Gx	L1	
18	B		B		B	008000	Gy	L4	退出
19								D	加工结束

12.3　线切割加工的安全技术规程

（1）开启控制台主机进入软件菜单编辑好加工件程序并进行模拟切割，确认无误后再调入加工页面。

（2）装夹加工件，小件可用磁铁吸住、大件必须用固定块固定牢固，再用百分表对工件三面校正，确认工件安装位置正确，然后把标准垂直校正块放入工件基准面校正好钼丝垂直度。

（3）装夹完成后再对程序和参数进行最后确认，确保加工过程中无干涉和碰撞可能，确认无误后再开启加工。

（4）开机的顺序，先按走丝按钮，再按工作液泵按钮，使工作液顺利循环，先空转 10 min 后，再按高频电源按钮开始进行切割加工。

（5）加工过程中要注意观察加工轨迹、加工状态有无异常，以便及时修正。

（6）每次新安装完钼丝，先空运转 3 ~ 5 min，再调整钼丝。

（7）操作储丝筒后，应及时将手摇柄取出，防止储丝筒转动时将手摇柄甩出伤人。

（8）换下来的废旧钼丝不能放在机床上，应放入指定位置，防止混入电器和走丝机构中，造成电器短路、触电和断丝事故。

（9）加工过程中出现意外情况时必须先关掉高频电源，让加工过程保持暂停状态再进行问题处理。

（10）加工过程中认真观察各电加工数值，防止断丝、短路及工作液不足等状况，确保机床、工具的正常运行，保证加工件的质量。

（11）加工时一次开启设备上的走丝、水泵、高频开关和控制台上的加工键。根据材质、料厚、加工精度的不同调节脉宽、间隔及变频微调等参数。

（12）正常停机情况下，一般把钼丝停到丝筒的一边，以防碰断钼丝造成整筒丝报废。

（13）关机必须先按关机开关，在自动关机程序未结束前，不得将主开关调至 OFF。

（14）断电后清扫设备并加油，清点、擦拭专用工具或夹具，并摆放整齐。

（15）认真做好工作记录。

12.4　电火花线切割的操作（以宝玛 DK7740 为例）

12.4.1　手工编程实例

在一块 1 mm 厚的不锈钢板上加工一个边长为 40 mm 的正方形，刀具起始点为坐标原点，其终点也是原点，走刀方向为逆时针。

12.4.2　机床的操作

以下简要介绍电火花线切割的操作方法。

1. 开　机

首先检查机床状态是否正常，然后拉起控制面板上的急停按钮，顺时针旋转机床的主电源旋钮，启动机床控制柜主电源键和电脑主机电源键，等待机器进入操作系统。

2. 对　刀

把要加工的不锈钢板固定在机床导轨上，可直接采用两根导轨夹紧工件的方法将工件固定。然后通过控制机床 X 轴和 Y 轴的进给手柄，使钼丝逐渐靠近工件。对刀原则是钼丝刚好接触工件即可，不能超程让钼丝受力弯曲。同时也可以采用加工界面中的“对边”功能自动对刀。

3. 全绘编程

在电脑桌面打开“线切割 HL 编程软件”，进入软件后，点击 全绘编程 ，进入绘图界面，如图 12-20 所示，点击 清　屏 按钮，把上次绘图的残留轨迹清除，然后点击 绘直线 按钮开始绘图。图案生成前必须先定义起点，点击 取轨迹新起点，用键盘输入加工起点，一般定义为坐标原点。如图 12-21 所示，输入完后用键盘按“ENTER”。

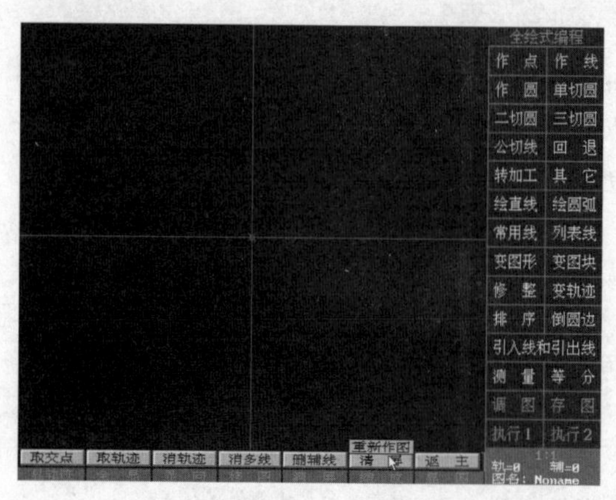

图 12-20　清屏

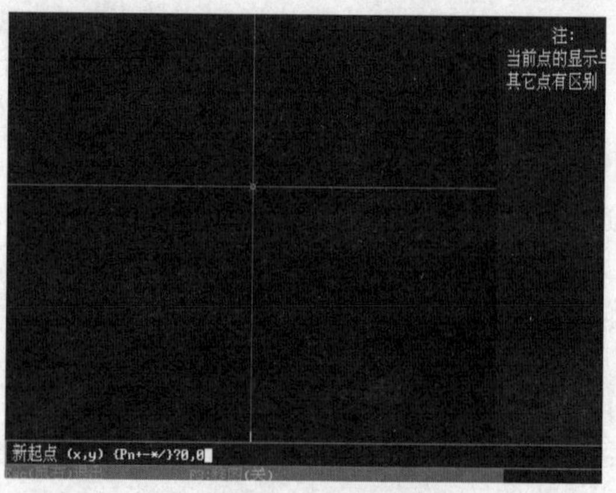

图 12-21　定义新起点

起点定义完毕后，根据加工要求，输入终点坐标。点击 直线：终点 ，走刀方向为逆时针，输入第一个坐标终点（40，0）按“ENTER”，输入第二个坐标终点（40，40）按“ENTER”，输入第三个坐标终点（0，40）按“ENTER”，最后输入第四个坐标终点（0，0）按“ENTER”回到坐标原点。所有坐标点定义完毕后，图案自动生成，这时在键盘上按“ESC”退出绘图界面，用鼠标点击 退出....回车 ，全绘编程完成。

4. 生成加工代码

点击 执行 1 进入刀具补偿界面，在 间隙补偿值(mm)(单边,一般)>=0,也可<0) f= 后面输入“0.1”，用键盘按“ENTER”。点击 8 后　置 进行后处理，这时可以选择生成 G 代码或者 3B 代码。以生成 G 代码为例，先点击 (1)　生成平面G代码加工单... ，然后点击 (3)　G代码加工单存盘(平面) 对程序进行命名和保存，输入存盘的文件名[.2NC]如“123”后，连续用键盘按 3 次“ENTER”。

5. 加　工

在软件主界面上，点击 加　工 ，开始选择加工程序，点击 读盘 ，根据所生成的代码形式选择程序。点击 读G代码程序 ，在程序目录下导出所生成的文件。检查加工轮廓和代码是否正确，根据工件的材料类型和厚度，变频参数设置为“3”等级。然后在机床控制柜的操控面板上打开“运丝启停”、“水泵启停”、“高频启停”这 3 个加工参数，如图 12-22 所示为以上 3 个参数满足，状态指示灯常。最后在软件上点击 切割 ，线切割进行自动加工。加工过程中要注意观察放电情况，机床工作液尽量沿着钼丝往下流动，保证切屑被冲走和钼丝有足够的冷却。

图 12-22　加工时提供的参数

6. 关　机

工件加工完毕后，要保证工件完全离开钼丝后才能卸下，清理机床，然后将机床控制柜上的电脑关机，最后逆时针旋转机床的主电源旋钮关机。

12.5　CAXA 线切割软件编程的方法

CAXA 线切割是一个面向线切割机床数控编程的软件系统，在我国线切割加工领域有广泛的应用。它可以为各种线切割机床提供快速、高效率、高品质的数控编程代码，极大地简化数控编程人员的工作。下面以国内较为通用的北航海尔软件公司推出的“CAXA 线切割 V2/xp”软件为例，介绍 CAXA 软件自动编程的方法与技巧。

12.5.1 图形绘制

可利用 CAXA 软件的 CAD 功能很方便地绘出加工零件图。为准确定位穿丝点位置，方便作引入线，凸模类零件建议利用平移命令把图形的起始切割点移到（0，0）点，凹模类零件把图形的穿丝点位置移到（0，0）点。

同时 CAXA 软件具有与其他软件兼容功能，可以通过菜单中“文件—数据接口—文件读入”来调入其他软件中绘制的图形。如图 12-23 所示，在 AutoCAD 软件中绘制二维图形，通过“文件—数据接口—DWG/DXF 文件读入”可导入在 AutoCAD 软件中绘制的任何图形，直接利用CAXA软件的自动编程功能即可，这解决了不会用CAXA 软件作图的问题。如图 12-24 所示为所调入的图形。

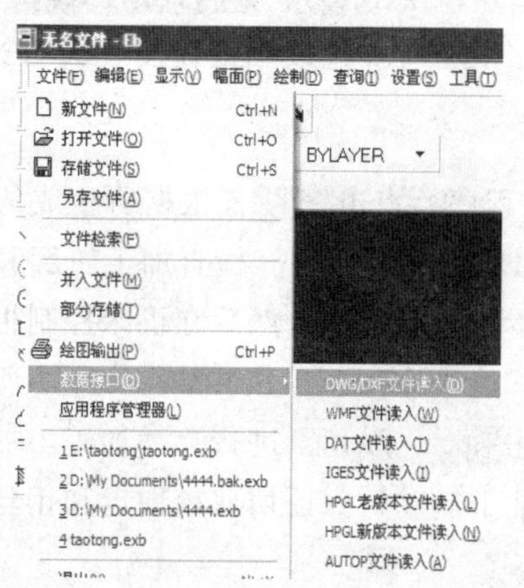

图 12-23 CAXA 软件导入 DWG/DXF 文件步骤

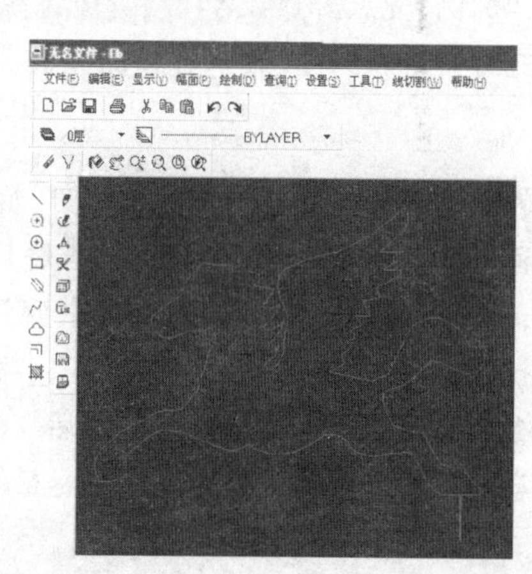

图 12-24 CAXA 软件导入的 DXF 文件

12.5.2 生成加工轨迹

轨迹生成是在已经构造好轮廓的基础上，结合线切割加工工艺，给出确定的加工方法和加工条件，由计算机自动计算出加工轨迹的过程。点击“线切割”菜单下的“轨迹生成”项，在弹出的对话框中，如图 12-25、图 12-26 所示设置各项加工参数。

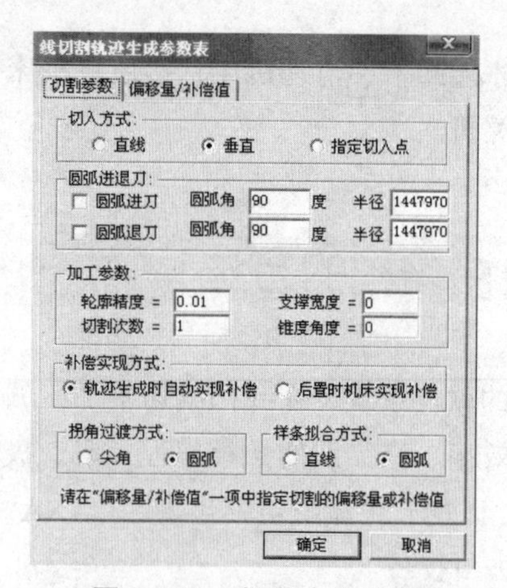

图 12-25 切割参数设置

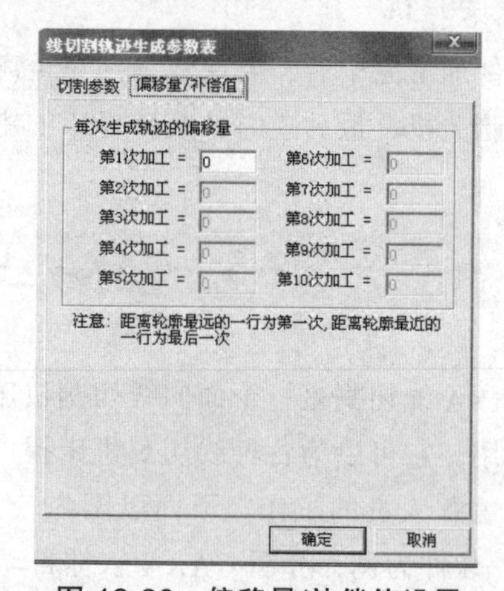

图 12-26 偏移量/补偿值设置

当系统切割参数和偏移量设置完毕、确定后，系统提示“选择轮廓”，选择导入图形中的其中一条引入线，被选取的切入线变为虚线，并沿轮廓方向出现一对正反向箭头，如图 12-27 所示，注意轨迹选择时最先选择的线段即为起始切割段。系统提示“选取链拾取方向”，选择指向往上的箭头后，整个所需加工的图形会成虚线，最后单击鼠标右键确认。接着系统提示“输入穿丝点位置”，根据现在所选择切入线，选择线段的下末端作为穿丝点，另外一条线段作为切出线，也是选择线段的下末端作为穿丝点。选择完毕后，整个图形线条颜色变成绿色。

12.5.3　生成程序代码

点击“线切割”菜单下的“生成 3B 加工代码”，系统弹出“生成 3B 加工代码”对话框，要求用户输入文件名，选择存盘路径，单击保存按钮。CAXA 系统下方提示“拾取加工轨迹”，然后选绿色的加工轨迹，右键单击结束轨迹拾取，系统自动生成 3B 程序，并在本窗口中显示程序内容，如图 12-28 所示。生成好的 3B 程序代码传输到机床上即可加工。

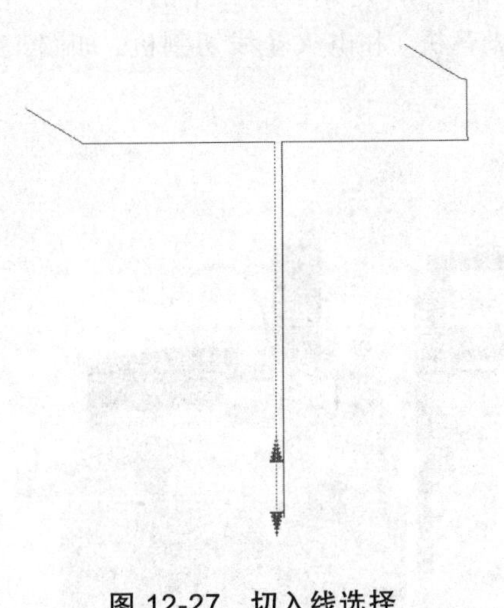

图 12-27　切入线选择

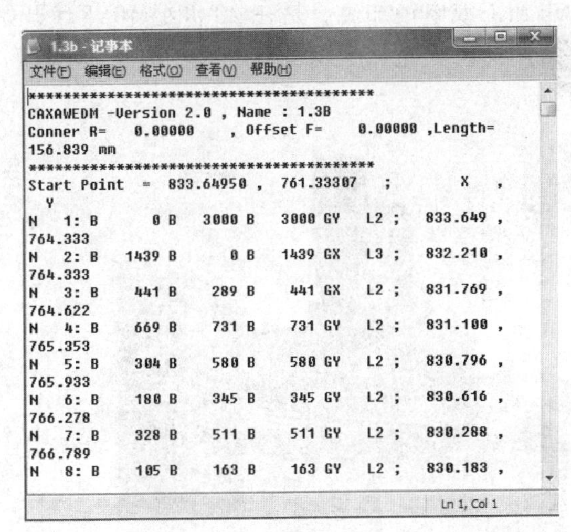


```
****************************************
CAXAWEDM -Version 2.0 , Name : 1.3B
Conner R=    0.00000    , Offset F=     0.00000 ,Length=
156.839 mm
****************************************
Start Point  =  833.64950 ,  761.33307   ;        X   ,
  Y
N   1: B      0 B   3000 B   3000 GY   L2 ;   833.649 ,
764.333
N   2: B   1439 B      0 B   1439 GX   L3 ;   832.210 ,
764.333
N   3: B    441 B    289 B    441 GX   L2 ;   831.769 ,
764.622
N   4: B    669 B    731 B    731 GY   L2 ;   831.100 ,
765.353
N   5: B    304 B    580 B    580 GY   L2 ;   830.796 ,
765.933
N   6: B    180 B    345 B    345 GY   L2 ;   830.616 ,
766.278
N   7: B    328 B    511 B    511 GY   L2 ;   830.288 ,
766.789
N   8: B    105 B    163 B    163 GY   L2 ;   830.183 ,
```

图 12-28　生成出的 3B 程序代码

思考与练习

1. 简述数控线切割机床的加工原理。
2. 电火花线切割加工主要应用于哪些领域？
3. 电火花线切割加工机床由哪几部分组成？
4. 简述电火花线切割机床安装钼丝步骤。
5. 简述用 CAXA 线切割软件编程的主要步骤。

第13章 电火花加工

13.1 概 述

电火花是脉冲电源产生的一种自激放电，电火花加工是利用电能转化而成的热能进行加工的方法。在加工过程中，使工具电极和工件之间不断产生脉冲性的放电火花，靠放电时局部、瞬时产生的高温把金属蚀除下来。因加工过程中不断地有火花产生，故称电火花加工，亦称电加工或电蚀加工，是在20世纪40年代开始研究和逐步应用到生产中的。

常用的电火花加工设备有电火花成型机（简称电火花机）和电火花线切割机，如图13-1，13-2所示。

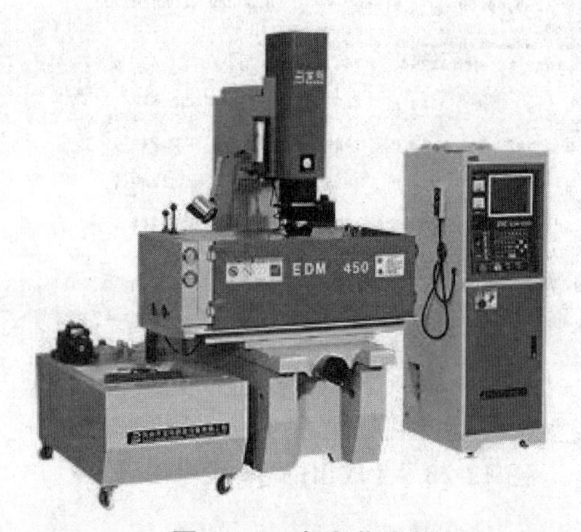

图13-1 电火花成型机

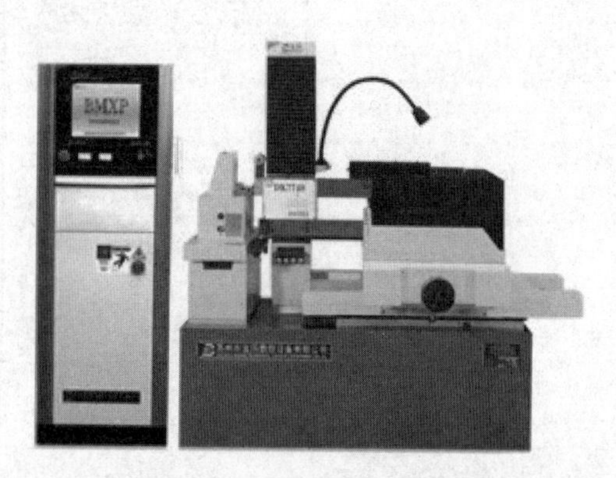

图13-2 电火花线切割

13.2 电火花成型加工

电火花加工（Electrical Discharge Machining，简称EDM）是在加工过程中通过工具电极（铜公）和工件电极间脉冲放电时的电腐蚀作用进行加工的一种工艺方法。这一工艺已广泛用于加工各种高熔点、高强度、高韧性材料，如淬火钢、不锈钢、模具钢、硬质合金等，以及用于加工模具等具有复杂表面和有特殊要求的零件。

电火花成型加工机分为普通电火花成型机床和数控电火花成型加工机床；也可分为小型（D7125以下）、中型（D7125 ~ D7163）和大型（D7163以上）；也可分为标准精度型和高精度型；也可分为电极液压进给、电极步进电动机进给、电极直流或交流伺服电动机进给驱动等类型。

随着模具工业的需要，已经出现微机三坐标数字控制的电火花加工机床，以及带工具电极库能按程序自动更换电极的电火花加工中心。

13.2.1　电火花加工原理

电火花加工的原理是基于工具和工件（正、负电极）之间脉冲性火花放电时的电腐蚀现象来蚀除多余的金属，以达到对工件的尺寸、形状及表面质量预定的加工要求。

如图 13-3 所示，进行电火花加工时，工具电极和工件分别接脉冲电源的两极，并浸入工作液中，或将工作液充入放电间隙。通过间隙自动控制系统控制工具电极向工件进给，当两电极间的间隙达到一定距离时，两电极上施加的脉冲电压将工作液击穿，产生火花放电。

在放电的微细通道中瞬时集中大量的热能，温度可高达 1×10^4 °C 以上，压力也有急剧变化，从而使这一点工作表面局部微量的金属材料立刻熔化、气化，并爆炸式地飞溅到工作液中，迅速冷凝，形成固体的金属微粒，被工作液带走。这时在工件表面上便留下一个微小的凹坑痕迹，放电短暂停歇，两电极间工作液恢复绝缘状态。

紧接着，下一个脉冲电压又在两电极相对接近的另一点处击穿，产生火花放电，重复上述过程。这样，虽然每个脉冲放电蚀除的金属量极少，但因每秒有成千上万次脉冲放电作用，就能蚀除较多的金属，具有一定的生产率。

在保持工具电极与工件之间恒定放电间隙的条件下，一边蚀除工件金属，一边使工具电极不断地向工件进给，最后便加工出与工具电极形状相对应的形状来。因此，只要改变工具电极的形状和工具电极与工件之间的相对运动方式，就能加工出各种复杂的型面。

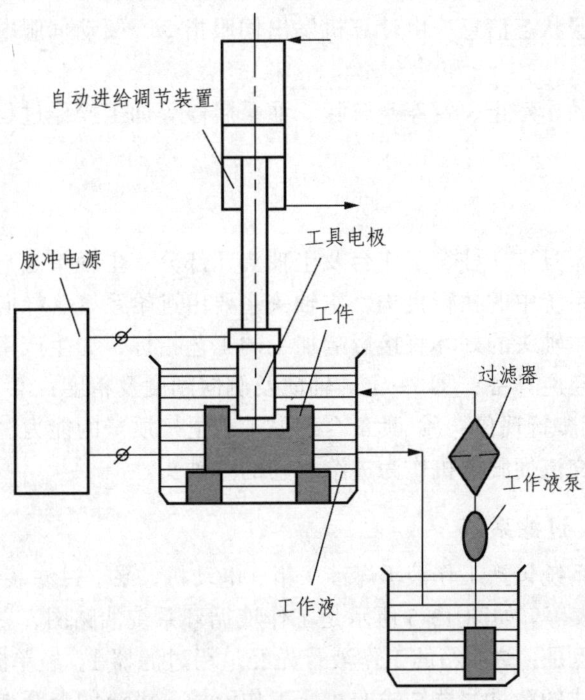

图 13-3　电火花成型加工原理

13.2.2 电火花成型加工机床的组成

电火花成型加工机床主要由控制柜、主机及工作液净化循环系统 3 大部分组成。其中控制柜包含了脉冲电源及控制系统，主机又包括床身、立柱、xy 工作台及主轴头等几部分，如图 13-4 所示。

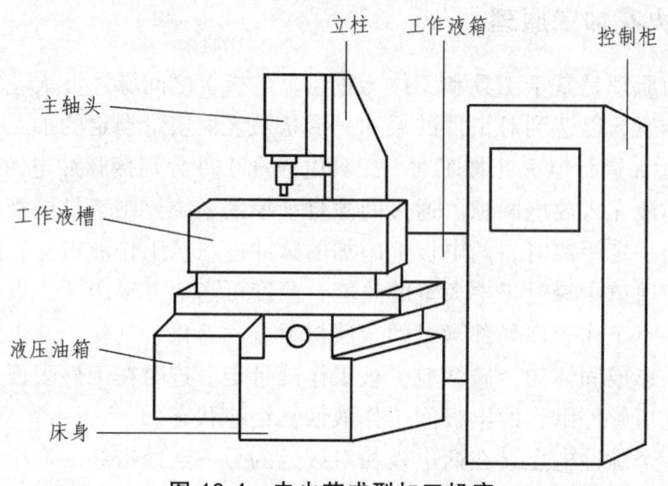

图 13-4 电火花成型加工机床

1. 控制柜

控制柜是完成控制、加工操作的部分，是机床的中枢神经系统。

脉冲电源系统包括脉冲波形产生和控制电路、检测电路、自适应控制电路、功率板等。该部是控制柜的核心部分，产生脉冲波形，形成加工电流，监测加工状态并进行自适应调整。

伺服系统产生伺服状态信息，由计算机发出伺服指令，驱动伺服电机进行高速高精度定位操作。

手控盒集中了点动、停止、暂停、解除、油泵启停等加工操作过程中使用频率高的键，更加便于操作。

2. 机床主机

主机主要包括：床身、立柱、工作台及主轴头几部分。主轴头是电火花成型机床中关键的部件，是自动调节系统中的执行机构，主轴头主要由进给系统、导向防扭机构、电极装夹及其调节环节组成。主轴头的好坏直接影响加工的工艺指标，如生产率、几何精度以及表面粗糙度。主轴头同时还应具备：① 一定的轴向及侧向刚度及精度；② 足够的进给和回升速度；③ 灵敏度高，无爬行现象；④ 具备合理的承载电极质量的能力。目前普遍采用木金电极、直流伺服电极、交流伺服电机作为进给驱动的主轴头。

3. 工作液循环、过滤系统

工作液循环过滤系统包括工作液（煤油）箱、电动机、泵、过滤装置、工作液槽、油杯、管道、阀门、测量仪表等。如图 13-5 所示是工作液循环系统油路图，它既能实现冲油，又能实现抽油。其工作过程是：储油箱的工作液首先经过粗过滤器 1，经单向阀 2 吸入油泵 3，这时高压油经过不同形式的精过滤器 7 输向机床工作液槽，溢流安全阀 5 使控制系统的压力不超过 400 kPa，补油阀（快速进油控制阀）11 为快速进油用。待油注满油箱时，可及时调节冲油选择阀 10，由压力调节阀 8 来控制工作液循环方式及压力。当阀 10 在冲油位置时，补油冲油都不通，这时油杯中油的压力由阀 8 控制；当阀 10 在抽油位置时，补油和抽油两路都通，这时压力工作液穿过射流抽吸管 9，利用流体速度产生负压，达到实现抽油的目的。

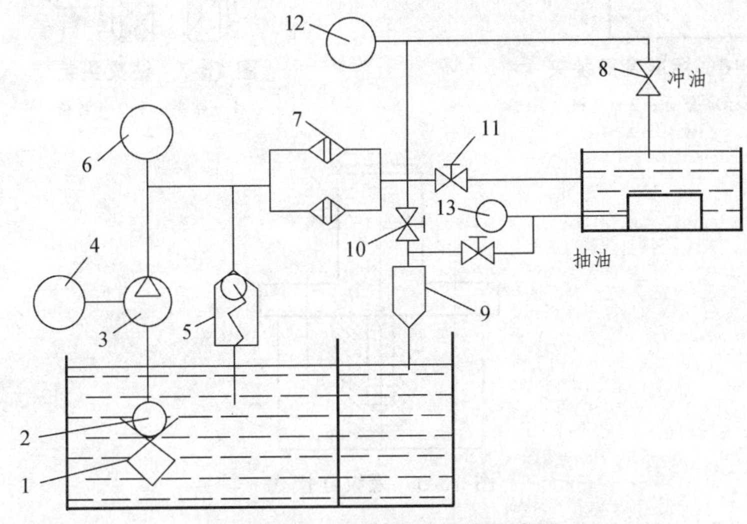

图 13-5　工作液循环系统油路图

1—粗过滤器；2—单向阀；3—油泵；4—电极；5—安全阀；6—压力表；7—精过滤器；8—压力调节阀；9—射流抽吸管；10—冲油选择阀；11—快速进油控制阀；12—冲油压力表；13—抽油压力表

13.2.3　电火花加工的特点

电火花加工的特点主要包括：

（1）适用的材料范围广。

（2）适于加工特殊及复杂形状的零件。

（3）脉冲参数可以在一个较大的范围内调节，可以在同一台机床上连续进行粗、半精及精加工。

（4）直接利用电能进行加工，便于实现自动化。

13.2.4　电火花成型机床的操作

1．准备阶段

在操作之前，首先有个准备阶段，包括看懂被加工件的图纸和各项工艺要求，对电极进行装夹与校正，同时对工件进行预处理和装夹。

电极在安装时，一般使用通用夹具或专用夹具直接将电极装夹在机床主轴的下端。装夹方法有下面几种：

小型的整体式电极多数采用通用夹具直接装夹在机床主轴下端，采用标准套筒、钻夹头装夹，如图 13-6、图 13-7 所示；对于尺寸较大的电极，常将电极通过螺纹连接直接连在夹具上，如图 13-8 所示。

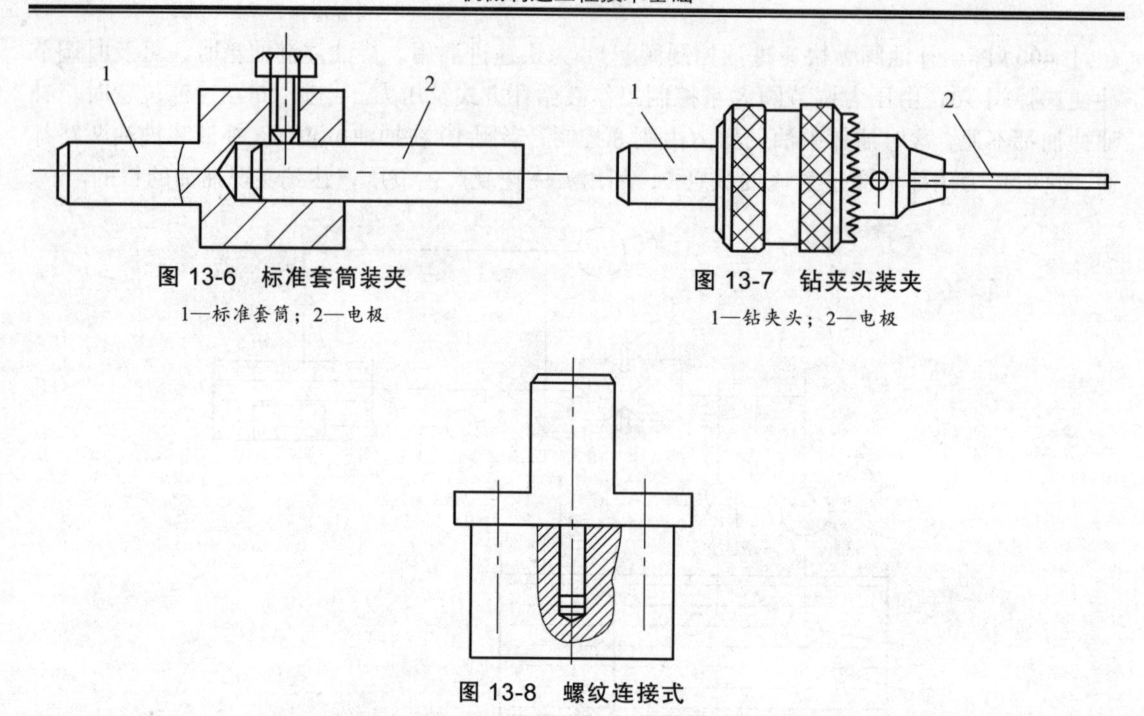

图 13-6 标准套筒装夹

1—标准套筒；2—电极

图 13-7 钻夹头装夹

1—钻夹头；2—电极

图 13-8 螺纹连接式

电极夹好后，必须进行校正才能加工，即不仅要调节电极与工件基准面垂直，而且需在水平面内调节、转动一个角度，使工具电极的截面形状与将要加工的工件型孔或型腔一致。电极与工件基准面垂直常用球面铰链来实现，工具电极的截面形状与外形定位靠主轴与工具电极安装面相对转动机构来调节，垂直度与水平转角调节正确后，都应用螺钉夹紧，如图 13-9 所示。

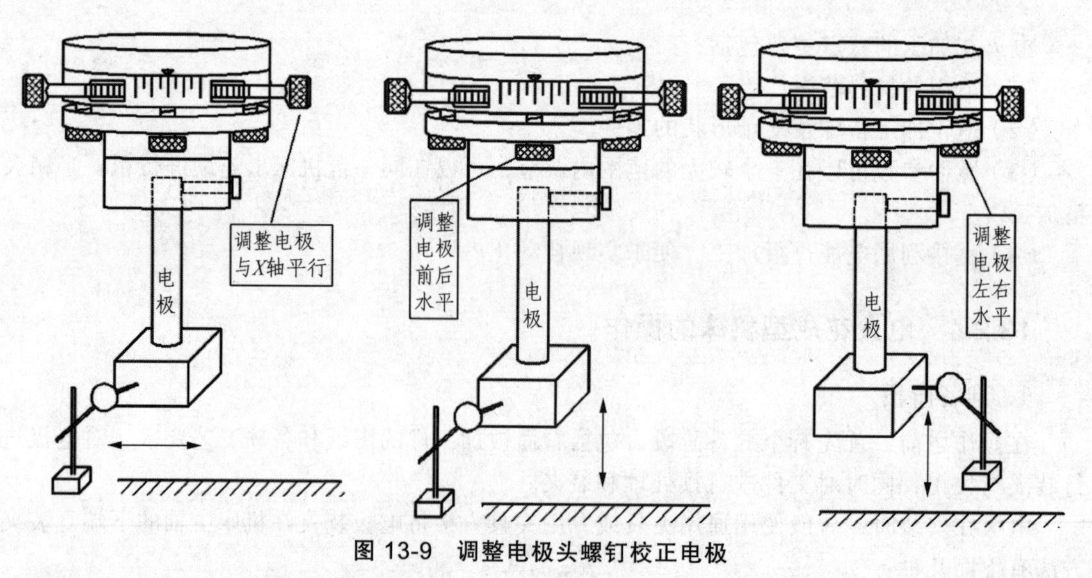

图 13-9 调整电极头螺钉校正电极

竖直和水平转角调节装置的夹头电极装夹到主轴上后，必须进行校正，一般的校正方法有：

（1）根据电极的侧基准面，采用千分表找正电极的垂直度，如图 13-10 所示。

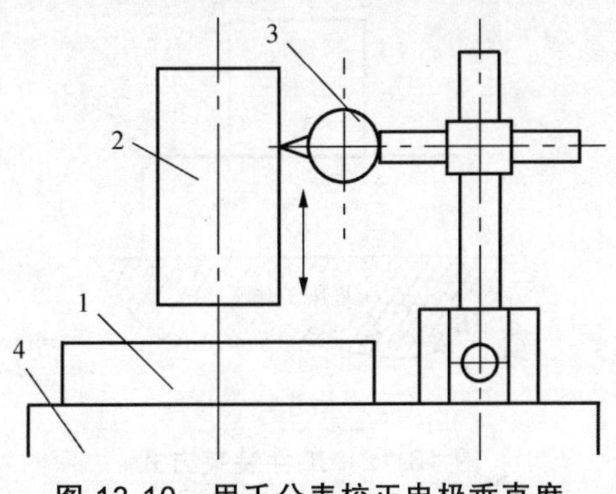

图 13-10　用千分表校正电极垂直度

1—凹模；2—电极；3—千分表；4—工作台

（2）电极上无侧面基准时，将电极上端面作辅助基准找正电极的垂直度。

工件的准备主要考虑工件的预加工和热处理工序的安排。

（1）工件的预留加工余量。预加工要注意余量适合，一般情况下，余量单边留 0.3 ~ 1.5 mm，尽量做到余量均匀，否则会影响型腔表面粗糙度和电极不均匀的损耗，破坏型腔的仿形精度。余量的大小，应以能补偿电火花加工的定位找正误差及机械加工误差为宜。处理方式如图 13-11 所示。

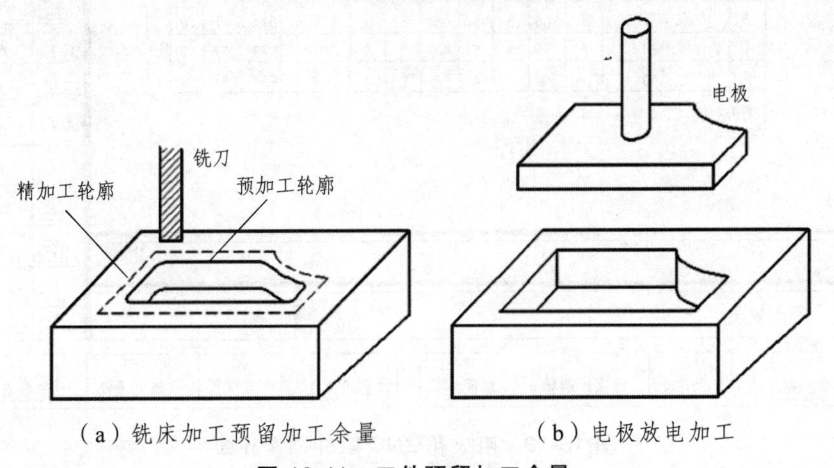

（a）铣床加工预留加工余量　　（b）电极放电加工

图 13-11　工件预留加工余量

（2）工件的热处理。工件在预加工后（预孔、螺孔、销孔均加工出来），即可转入热处理进行淬火，这样可以避免热处理变形对型腔加工后的影响。在生产中，可根据型腔模具的要求、工件材料热处理变形情况等具体条件，恰当地安排热处理工序。

在工件的装夹定位方式中，对于非磁性材料或底面不平整的工件，可采用螺栓加垫块固定；对于磁性材料且底面较为平整的工件，可采用永磁吸盘固定，如图 13-12 所示。

2. 确认参数

根据加工型孔的厚度、尺寸公差和表面粗糙度的要求，确定脉冲规准，按粗、中、精关系，选择电压、电流、脉宽、间隔，确保稳定加工。如图 13-13 所示为电火花 ZNC 软件操作界面，加工前需确认如下参数：

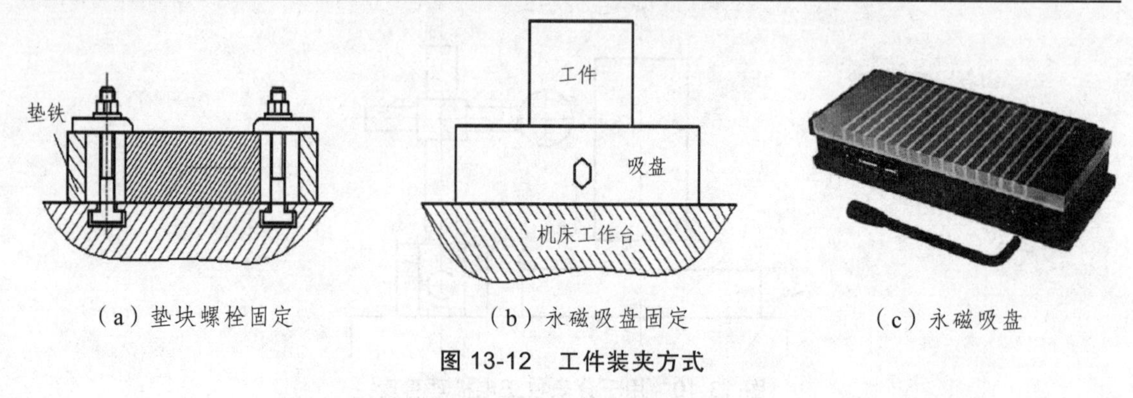

（a）垫块螺栓固定　　（b）永磁吸盘固定　　（c）永磁吸盘

图 13-12　工件装夹方式

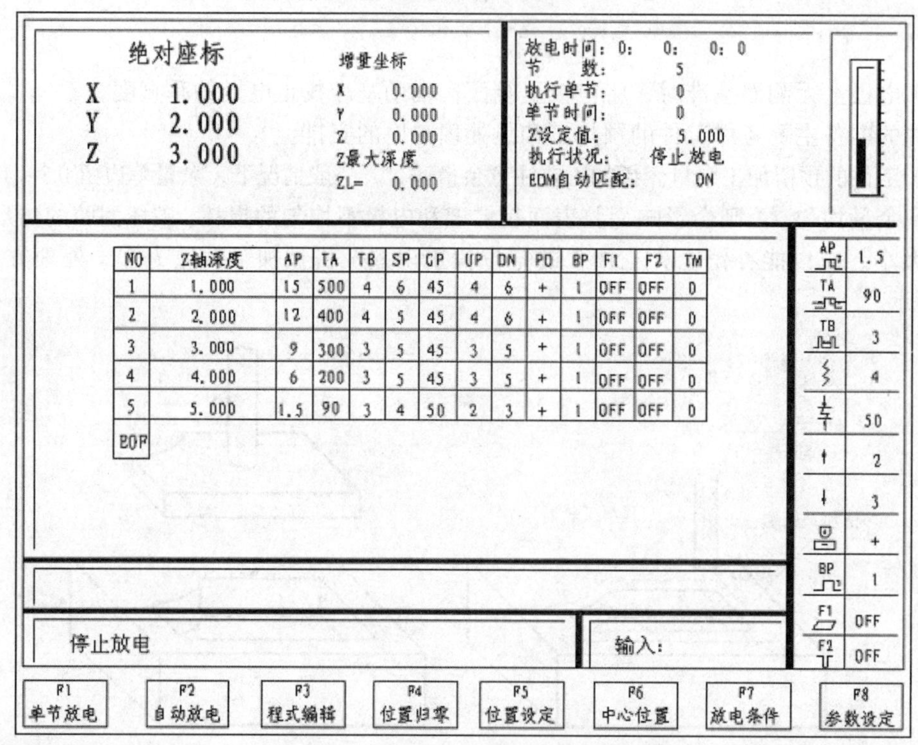

图 13-13　电火花 ZNC 软件操作界面

（1）高压电流（BP）：高压脉冲的主要作用是形成先导击穿，有利于加工稳定和提高加工效率。一般加工时高压电流选为 0 ~ 2，在加工大面积或深孔时可适当加大高压电流，以利于防积碳。高压电流加大时，电极损耗会稍有增加。

（2）低压电流（AP）：在脉间和脉宽一定时，低压电流增大，加工速度提高，电极损耗增大。低压电流的选择应根据电极放电面积确定，若电流密度过大，则容易产生拉弧烧伤，因此一般选择低压电流使得通过电极加工表面每平方厘米面积的电流不超过 6 A。

（3）脉宽（PA）：一般来说，在峰值电流一定的条件下，脉宽越大，光洁度越差，但电极损耗越小，所以一般粗加工时选 150 ~ 600；精加工时逐渐减小。

（4）脉间（PB）：脉间增大时，电极损耗会增大，但有利于排渣。本机设有 EDM 自动匹配功能，一般情况下脉间由自动匹配而定，若发现积碳严重时可将自动匹配后的脉间再加大一挡。例如自动匹配后的脉间为 3，就可改为 4。

（5）伺服敏感度（SP）：机头上升、下降时间一般由 EDM 自动匹配而定，在积碳严重时，可以减少下降时间或加大上升时间来解决。

（6）间隙电压（GP）：粗加工时选取较低值，以利于提高加工效率：精加工时选取较高值，以利于排渣，一般情况下由 EDM 自动匹配即可。

（7）跳跃放电时间（DN）：设定工具电极跳跃下降放电时间的参数是 DN。参数要设定得使放电状态稳定。DN 值过大时，放电重复次数多，电蚀切屑量多，排屑状况恶化，二次放电和电弧放电的危险性就增大。

（8）跳跃上升时间（UP）：在电火花成型加工过程中，为了排除电蚀废屑，工具电极要进行往复跳跃运动（抬刀）。这样加工的稳定得到保证。设定跳跃上升时间的参数是 UP。UP 值增大，排屑状况改善，加工稳定，生产效率降低。

（9）工具电极极性（PO）：铜电极对钢，或钢电极对钢，选“+”极性；铜电极对铜，或石墨电极对铜，或石墨电极对硬质合金，选“−”极性；铜电极对硬质合金，选“+”或“−”极性都可以；石墨电极对钢，加工半径为 15 μm 以下的孔，选“−”极性；加工半径为 15 μm 以上的孔，选“+”极性。

3．工作液槽充油

一切准备好后，可给工作液槽充油（工作液）。油面高低可根据加工的面积及粗、中、精规准确定，一般高出工件表面 20 ~ 100 mm，并调好冲油或抽油的压力大小。如果冲油压力过大，将造成液压头受反作用力过大，且会增加电极损耗；抽油力过大容易引起油杯内空洞，引起放炮现象，抽力过小则排屑条件不好，加工不稳定。

适宜的排屑是保证加工稳定顺利进行的关键。一般排屑常采用在电极或工件上进行冲油（喷流）、抽油（吸流），电机与工件间侧冲油，以及利用抬刀过程进行挤压排屑等方式进行。对排屑不良的情况，如在盲孔和在电极或工件上没有冲油孔的型腔加工中，应采用定时抬刀或自适应抬刀以利于排屑。若要求表面粗糙度越小，则每分钟抬刀次数也应越多。

型腔模加工大多采用上冲油形式，冲油压力一般在 49 kPa。冲油压力过大，电极损耗大，过小则排屑条件不好。型腔加工的深度控制与冲模不一样，主要是按被加工型腔的尺寸要求来定。

13.2.5　电火花成型加工工艺参数的确定

1．电极材料

理论上任何导电材料都可以用来制作电极，在生产中通常选择损耗小、加工过程稳定、生产率高、机械加工性能好、来源丰富、价格低廉的材料作为电极材料。常用的材料有紫铜、石墨、铜钨合金、银钨合金、黄铜、钢等。这些材料的性能见表 13-1。

表 13-1 电火花加工常用电极材料的性能

电极材料	电加工性能		机加工性能	说明
	稳定性	电极损耗		
钢	较差	中等	好	在选择电规准时注意加工稳定性
铸铁	一般	中等	好	为加工冷冲模时常用的电极材料
黄铜	好	大	尚好	电极损耗太大
紫铜	好	较大	较差	磨削困难，难与凸模连接后同时加工
石墨	尚好	小	尚好	机械强度较差，易崩角
铜钨合金	好	小	尚好	价格贵，在深孔、直壁孔、硬质合金模具加工中使用
银钨合金	好	小	尚好	价格贵，一般少用

紫铜来源广泛，具有良好的导电性，在较困难的条件下也能稳定加工，不容易产生电弧，加工损耗小；可获得较高的精度，采用精细加工能达到优于 R_a1.25 μm 的表面粗糙度。加工过程可保持尖锐的棱角、细致的形状。不足之处：机械加工性能不如石墨，磨削困难；机械强度低，不利于加工中的装夹、校正和维持较长时间的稳定加工；密度大，既增加了加工进给系统的负担，提高了对系统的要求，也不利于电极的安装、校正。

石墨与紫铜电极相比的优点是：电极损耗小，粗加工时为紫铜的 1/5 ~ 1/3；加工速度快，为紫铜的 1.5 ~ 3 倍；机械加工性能好，切削阻抗为紫铜的 1/4；加工效率为紫铜的 2 倍；密度小，为紫铜的 1/5，可用于大型电极；耐高温，热膨胀系数低，约为紫铜的 1/4。不足之处：有脆性（在工作液中浸泡可减少脆性），易损坏；容易产生电弧烧伤现象；精加工损耗大，表面粗糙度只能达到 R_a2.5 μm；不易做成薄片和尖棱。

铜钨和银钨合金电极因其有铜的高热导率、低损耗率、低热膨胀性和钨的高熔点，广泛应用于模具钢和碳化钨工件以及精密加工。铜钨和银钨合金的被切削性相当，加工稳定性好，电极损耗小，但价格贵，大约分别是铜的 40 倍、100 倍。

黄铜电极损耗大，加工速度也比紫铜慢，但放电时短路少，加工稳定。目前在火花机成型加工中一般不使用黄铜电极，但低速走丝线切割加工中仍使用。

钢作为电极材料，机械加工性好，但加工稳定性较差，在钢冲模等加工中，加工速度为紫铜的 1/3 ~ 1/2，电极损耗比为 15% ~ 20%，不能实现低损耗。

2. 电极结构

电极的结构形式应根据模具型孔或型腔的尺寸大小、复杂程度及电极的加工工艺性等来确定，常用的电极结构有下列几种形式：

1）整体式电极

整体式电极由一整块材料制成，是一种最常用的结构形式。特别适合尺寸较小，不太复杂的型孔加工。如果型孔的加工面积较大，需要减轻电极本身的重量，可以在电极上加工一些“减轻孔”或者将其“挖空”。如图 13-14 所示即为型腔加工用整体电极的结构形式。

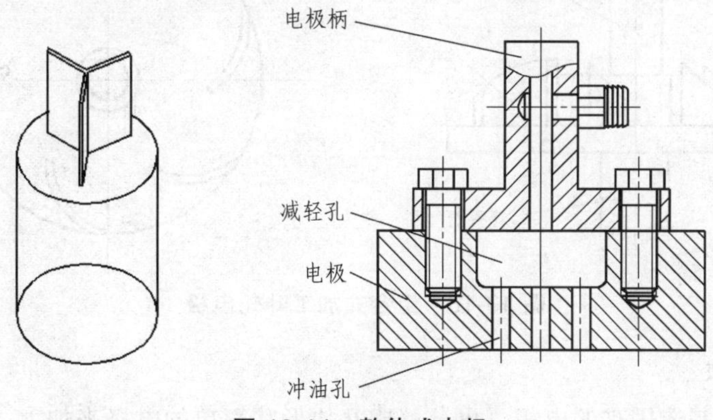

图 13-14　整体式电极

对于穿孔加工，有时为了提高生产率和加工精度，降低表面粗糙度，可以采用阶梯式整体电极。所谓阶梯式整体电极就是在原有的电极上适当增长，而增长部分的截面尺寸适当均匀减小（f= 0.1 ~ 0.3 mm），呈阶梯形。如图 13-15 所示，L_1 为原有电极的长度，L_2 为增长部分的长度（为型孔深度的 1.2 ~ 2.4 倍）。加工时利用电极增长部分来粗加工，蚀除掉大部分金属，只留下很少余量，让原有的电极进行精加工。阶梯电极有许多优点：能充分发挥粗加工的作用，大幅度提高生产效率，使精加工的加工余量降低到最小，特别适宜小斜度型孔的加工，易保证模具的加工质量，并且可减少电规准的转换次数。组合式电极是为了简化定位工序，提高型孔之间的位置精度和加工速度而采取的加工方式。

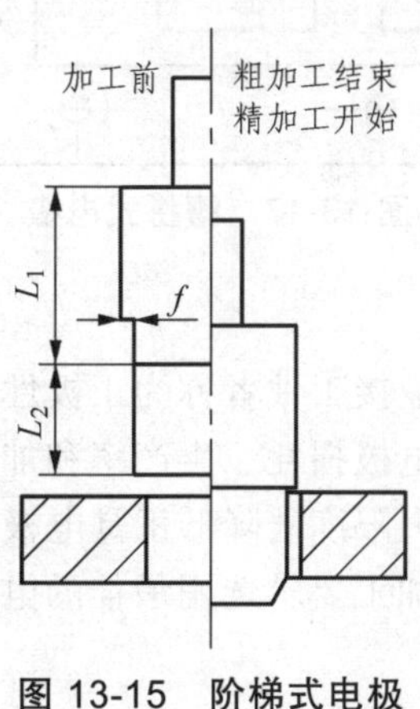

图 13-15　阶梯式电极

2）组合式电极

组合电极是将若干个小电极组装在电极固定板上，可一次性同时完成多个成型表面电火花加工的电极。如图 13-16 所示的加工叶轮的工具电极是由多个小电极组装而构成的。

采用组合电极加工时，生产率高，各型孔之间的位置精度也较准确。但是对组合电极来说，一定要保证各电极间的定位精度，并且每个电极的轴线要垂直于安装表面。

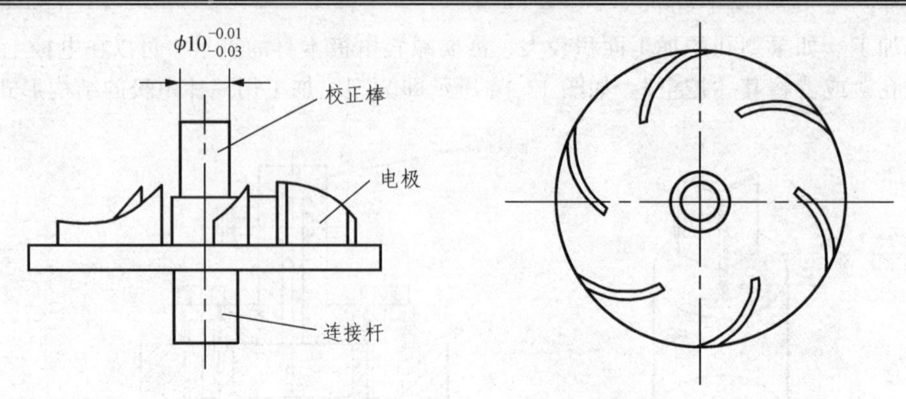

图 13-16 组合式加工叶轮电极

3）镶拼式电极

对形状复杂而制造困难的电极，可分解成几块形状简单的电极来加工，加工后镶拼成整体的电极来电加工型孔，该电极即为镶拼式电极。如图 13-17 所示，是将 e 字形硅钢片冲模所用的电极分成 3 块，加工完毕后再镶拼成整体。这样既可保证电极的制造精度，得到了尖锐的凹角，又简化了电极的加工，节约了材料，降低了制造成本。但在制造中应保证各电极分块之间的位置准确，配合要紧密牢固。

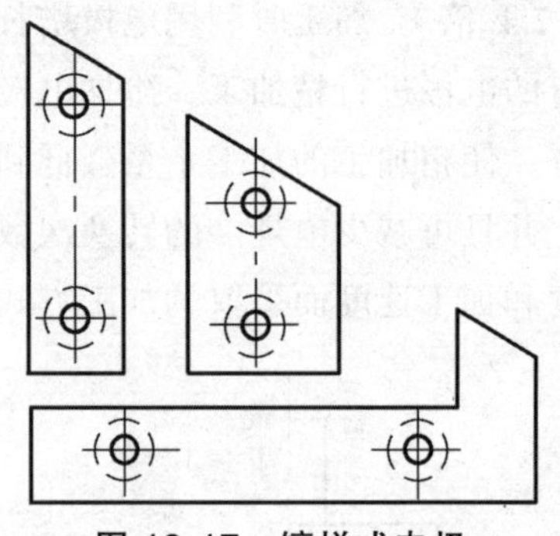

图 13-17 镶拼式电极

3. 电极极性的选择

电火花加工中，将脉冲电源正极接工件者称为正极性加工；脉冲电源负端接工件者称为负极性加工。极性对电火花加工的电极损耗、生产率和加工稳定性等影响很大。

为了充分地利用极性效应，最大限度地降低工具电极的损耗，应合理选用工具电极的材料，根据电极对材料的物理性能、加工要求选用最佳的电参数，正确地选用极性，使工件的蚀除速度最高，工具损耗尽可能小。

用紫铜及石墨材料作电极对钢工件加工时，粗加工由于脉冲宽度较大（一般大于 50 μs），采用负极性电极损耗较小；精加工由于脉冲宽度较小（一般小于 50 μs），采用正极性电极损耗较小。用钢或铸铁作电极，对钢质工件加工时，均采用负极性。

4. 脉宽、脉间、主电源峰值电流值的选择

1）脉　宽

此参数用于设定脉冲放电的时间，一般从 1 ~ 1 250 μs（微秒）的范围内选择。脉冲放电

时间对电极损耗、粗糙度、加工表面变质层及斜度等均有影响。此外，它对加工稳定性，决定加工极性以及是否容易烧弧也有影响。

其他条件不变时，增大放电脉宽，可使电极损耗减小，表面粗糙度变大，间隙增大，生产率提高、表面变质层增厚，斜度变大。一般脉宽较大时加工稳定性会好些。

2）脉　间

在放电脉冲间歇中，电极与工件之间被击穿的工作介质液恢复绝缘，同时电蚀产物被排出，所以这一参数主要决定加工稳定性，避免电弧的产生。它对生产率有明显的影响，对电极损耗也有一定影响。一般加大脉冲间隙时间加工稳定性提高，但电极表面温度降低，电蚀产物对电极的覆盖效应减小，电极损耗会有所增加。加工形状复杂的盲孔时，排屑不好，可增大脉冲间歇时间。

3）主电源峰值电流值

主电源峰值电流值对生产率、表面粗糙度、放电间隙、电极损耗、表面变质层均有明显作用。对加工稳定性的影响也较大。

一般提高峰值电流将使生产率提高、加工表面粗糙度变大，间隙增大、电极损耗上升，表面变质层加深，能改善加工稳定性。

提高峰值电流虽然能提高生产率，但有个限度，超过这个限度，加工稳定性会破坏，电极和工件会产生拉弧烧伤。对于一般电火花成型机床选峰值电流值 $I_P = 2 \sim 4$ A，对于现代数控电火花成形机床选 $I_P < 10$ A。

主电源峰值电流值 I_P、脉宽、脉间，是电脉冲设定的 3 个重要参数，对加工指标的影响较大，它们之间的关系及选用的数值要根据工件要求，通过实践摸索。

国产电火花加工机床推荐值为：

$$I_P = (0.04 - 0.07) \times \text{放电脉宽微秒值}$$

5. 电极制造

工具电极是电火花加工中必不可少的工具之一，因此方便而又准确地制造出电极是一个十分重要的问题。由于电极的材料、类型、几何形状复杂程度及精度要求的不同，则采用的加工方法也各有不同。

1）机械加工方法

对几何形状比较简单的电极，可用一般的切削方法来进行加工，如圆形电极可直接在车床上一次加工成形。矩形、多边形等铸铁或钢电极可在刨床、铣床或到插床上加工后，再由平面磨床进行磨削加工，经钳工修整后即可使用。对形状比较复杂的电极，往往需要经过多道工序才能加工成形，达到图样要求。

机械加工电极除采用一般的加工方法外，已广泛采用成形磨削。对根据凹模尺寸设计出的电极，最后用成形磨削的方法进行精加工，可以提高电极的尺寸精度、形状精度和降低表面粗糙度，用此电极对凹模进行电火花加工，再由凹模按间隙要求配制凸模，这种方法适合于凸、凹模配合间隙比放电间隙大 0.10 mm 以上，或凸、凹模配合间隙小于 0.01 mm 的场合。

对于纯铜、黄铜一类的电极，由于不能用成形磨削加工，一般可用仿形刨床加工而成，并经钳工锉削进行最后修整。

2）由线切割加工电极

除用机械方法制造电极以外，在比较特殊需要的场合下也可用线切割加工电极。如异形截面和薄片电极，用机械加工方法就无法胜任，或很难保证精度。如图 13-18（a）所示的电极，在用机械加工方法制造时，通常是把电极分成 4 部分来加工，然后再镶拼成一个整体，如图 13-18（b）所示。由于分块加工中的误差及拼合时的接缝间隙和位置精度的影响，使电极产生一定的形状误差。如果使用线切割加工机床对电极进行加工，则很容易制作，并能很好地保证其加工精度。

（a）机械加工电极

（b）线切割加工电极

图 13-18　机械加工与线切割加工电极比较

3）石墨电极的加工

石墨电极是电火花型腔加工中最常用的电极之一。石墨电极的制作一般是采用传统的机械加工，即车、铣、刨、磨、手工修磨、样板检验等方法。但在加工时，石墨材料易碎裂、粉末飞扬、劳动条件差，最好采用湿式加工（把石墨先在机油中浸泡），但对精度高和形状复杂的电极较难制造。且加工电极的重复精度差。适用于单件或少量电极的加工。

当要批量生产石墨电极时，可采用压力振动加工方法方便地将石墨制成各种所需的电极形状。压力振动加工石墨电极的方法，需要制造钢质母模，并需配有专用的压力振动加工机床，制作的石墨电极与母模的仿形性较好，加工重复精度较高。

不论是整体式和拼合式的石墨电极，都应使石墨压制时的施压方向与电火花加工时的进给方向垂直，如图 13-19 所示，且拼合的石墨电极应采用同一牌号石墨。

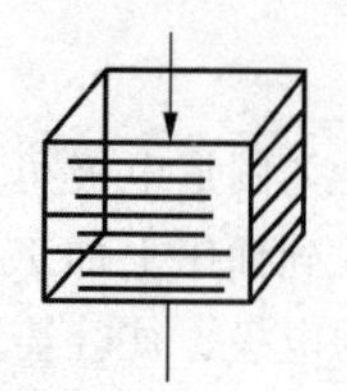

（a）石墨压制时的施压方向

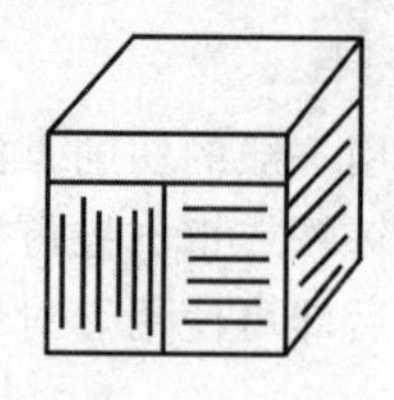

（b）拼合不合理

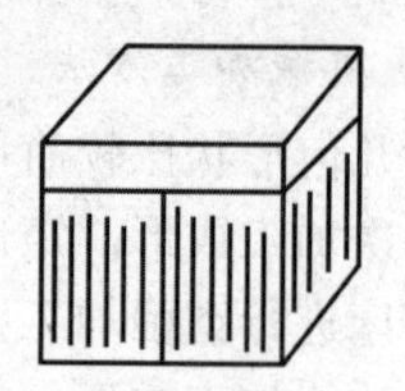

（c）拼合合理

图 13-19　石墨电极方向性和拼合方向

利用各种电极材料可以加工不同需要的电极。许多电极要求比较复杂的曲面，因此大多数的电极利用数控机床加工。电极加工应注意：电极的手柄应该和水平面垂直；电极底部四周应该铣出四平行边以便对刀；如果电极加工对象需要光滑表面则应多次放电加工，因此需做粗加工电极和精加工电极。如图 13-20 所示为典型的铜电极和石墨电极。

（a）铜电极

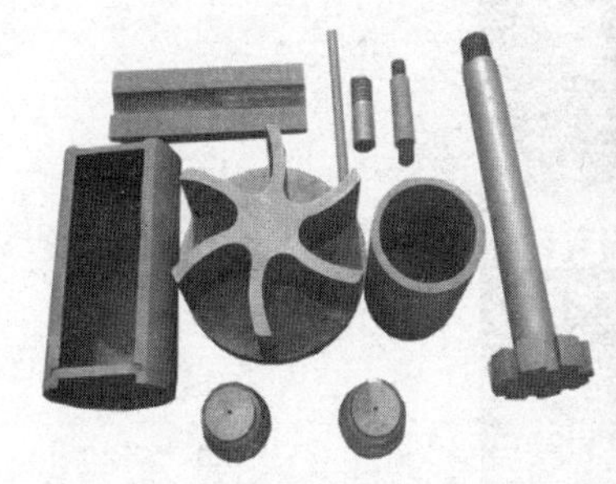
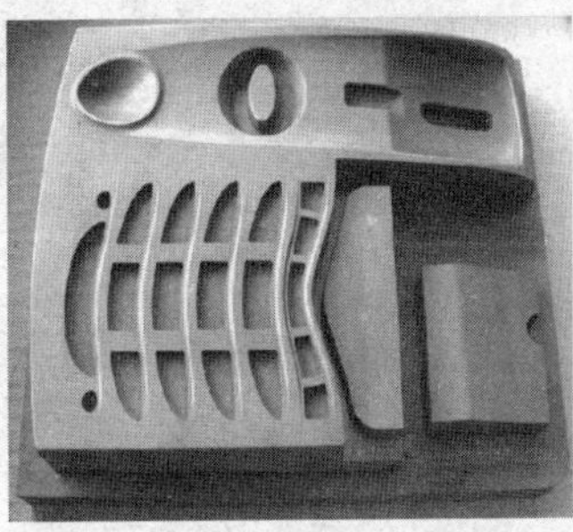

（b）石墨电极

图 13-20　电火花加工用电极

13.2.6　电火花成型加工中的安全规程

电火花成型机床加工操作中应遵守如下的安全规程：

（1）每次开机后，须进行回原点操作，并观察机床各方向运动是否正常。

（2）开机后，开启油泵电源，检查工作液系统是否正常。

（3）在电极找正及工件加工过程中，禁止操作者同时触摸工件及电极，以防触电。

（4）加工时，加工区与工作液面距离应大于 50 mm。

（5）禁止操作者在机床工作过程中离开机床。

（6）禁止攀登到机床和系统部件上。

（7）禁止未经培训人员操作或维修机床。

（8）按机床说明书要求定期添加润滑油。

（9）禁止使用不适用于放电加工的工作液或添加剂。

（10）绝对禁止在机床存放的房间内吸烟及燃放明火，机床周围应存放足够的灭火设备。

（11）加工结束后，应切断控制柜电源和机床电源。

（12）工程实践场所禁止吸烟，实现教学场地“无烟区”。

13.2.7　电火花成型机的操作（以宝玛 EDM-2000 为例）

1. 控制面板

不同的品牌电火花成型机有不同的控制系统，其操作面板的形式也不相同，但其各种开关、功能及操作方法大致相同。如图 13-21 所示为宝玛 EDM-2000 型号的控制面板。

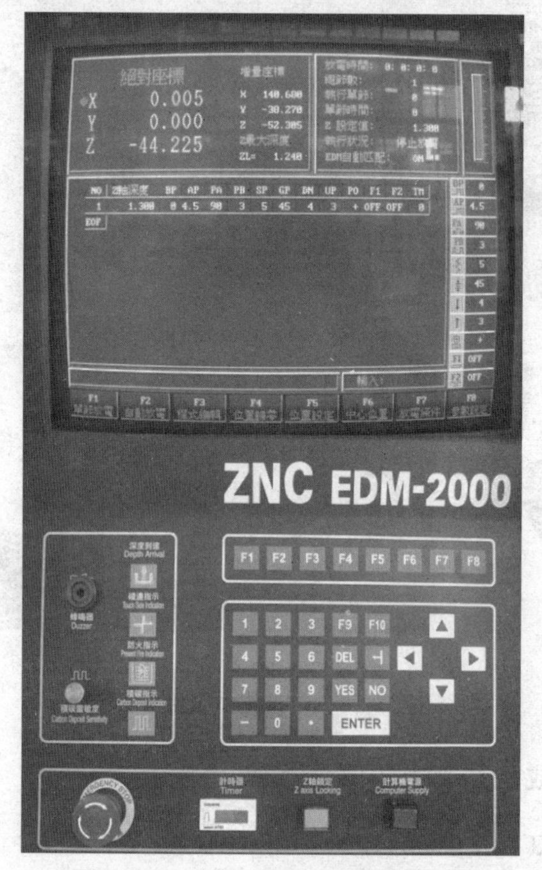

图 13-21 宝玛 EDM-2000 控制面板

2．机床的操作

以下通过上述机床为例，简要介绍电火花成型机的操作方法。加工样例采用如图 13-22 所示的小汽车铜电极，该电极尺寸为 15（L）×6（W）×5（H），单位为 mm，安装好铜电极和工件后，需要加工的深度为 5 mm。

图 13-22 汽车铜电极

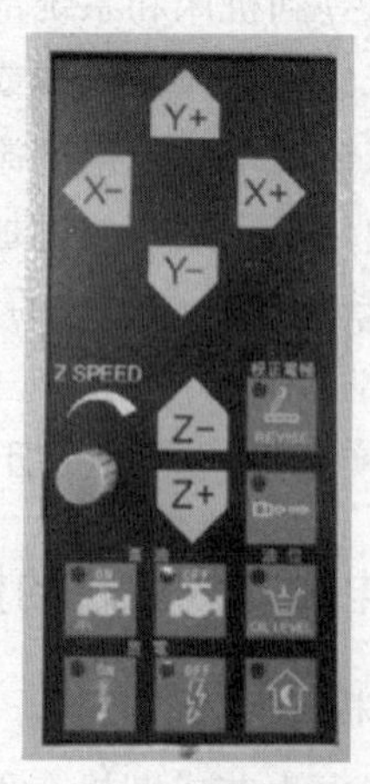

图 13-23 手持遥控面板

1）开　机

首先检查机床状态是否正常，然后拉起控制面板上的急停按钮，顺时针旋转机床的主电源旋钮，等待机器进入操作系统。

2）对　刀

通过控制机床X轴和Y轴的进给手柄，使铜电极位于工件的上方，再通过手持遥控面板（见图13-23）上的“Z+”，使铜电极的下表面靠近工件的上表面。当铜电极将要贴近工件时，逆时针旋转调节Z轴的向下进给倍率，使铜电极缓慢跟工件上表面接触。当听到警报声后，碰边指示灯亮，这时按一下“Z-”，随即消除警报，对刀过程完毕。

3）绝对坐标清零

机器控制面板上的“F4 位置归零”按钮，显示光标移动到绝对坐标中的X轴，屏幕提示“X轴是否归零Y/N”，按“YES”，X轴绝对坐标变成零。然后按控制面板上的“▽”，分别将光标移动到绝对坐标中的Y轴和Z轴，同样按“YES”，将Y轴和Z轴的绝对坐标归零。

4）设定加工深度

按“F3 程式编辑”，进入参数设定菜单，按“F1 插入”，添加6段放电参数，加工深度分别为4.0、4.5、4.7、4.8、4.95、5.0，每输入完一个加工深度后按“ENTER”，然后通过“F3条件减少”和“F4条件增加”，分别设置这6段程序中的AP（峰值电流）和PA（脉宽），其他参数自动匹配。设定原则为前端粗加工，后段精加工，AP和PA数值逐渐减少。如图13-24所示为放电参数设定条件。

NO	Z轴深度	BP	AP	PA	PB	SP	GP	DN	UP	PO	F1	F2	TM
1	4.000	0	6	150	3	5	45	3	2	+	OFF	OFF	0
2	4.500	0	4.5	120	3	5	45	3	2	+	OFF	OFF	0
3	4.700	0	4.5	90	3	5	45	3	2	+	OFF	OFF	0
4	4.800	0	3	60	3	5	50	2	2	+	OFF	OFF	0
5	4.950	0	3	30	2	5	50	2	2	+	OFF	OFF	0
6	5.000	0	1.5	15	2	5	50	2	2	+	OFF	OFF	0
EOF													

图13-24　电火花成型机加工参数设定

5）加　工

参数设定好后，按“F8 跳出”，回到主界面，然后按“F2 自动放电”，再通过手提遥控面板，把“进油 ON”打开，由于该铜电极尺寸较小，不需要采用工作液浸泡的方法，可直接采用冲油的形式，因此，这时需要人工选择“油位”，让其工作灯亮，最后按“放电ON”，机器开始放电加工零件。

6）关　机

工件加工完毕后，机器控制面板上“深度到达”指示灯会亮，同时会有警报声，这时按一下手提遥控面板上的“Z-”，声音消除后，卸下工件，清理机床，然后逆时针旋转机床的主电源旋钮关机。

13.3 电火花小孔放电机加工

如图 13-25 所示，电火花小孔放电机加工工艺是近年来新发展起来的。它属于电火花加工（Electro Spark Erosion），又称放电加工（Electro Discharge Machining）。电火花小孔放电机又称小孔机、打孔机、穿孔机，和快走丝、中走丝、慢走丝、电火花成型机和电火花内孔、外圆磨床一样都是电火花加工机床。

小孔放电机根据应用的介质不同大致分为两种，一种是液体小孔放电机，由于液体加工时要通过铜棒小孔，可能堵塞铜棒小孔，所以最小可加工 0.15 mm 的细孔，深度也只能加工 20 mm，是普遍应用的。另外一种是气体小孔放电机，经过铜棒小孔的介质采用的是气体，所以不易被堵塞，可加工更精密的小孔。

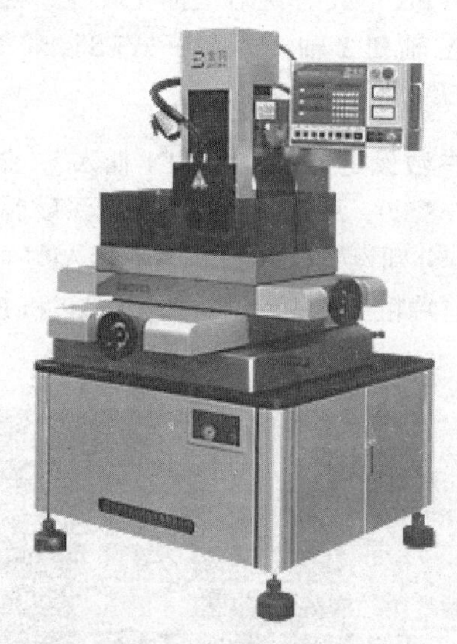

图 13-25　电火花小孔放电机

13.3.1 小孔放电机加工原理

小孔放电机的工作原理是利用连续移动的细金属管状（称为电极丝）作电极，与电火花线切割机床、成型机不同的是，它的电极是空心铜棒，如图 13-26 所示。对工件进行脉冲火花放电蚀除金属、切割成型。管状电极加工时电极作回转和轴向进给运动，管电极中通入 1 ~ 5 MPa 的高压工作液，如图 13-27 所示。高压工作液能迅速将电极产物排除，且能强化火花放电的蚀除作用。此加工方法的最大特点是加工速度高，一般小孔加工速度可达 60 mm/min 左右，比普通钻孔速度还要快。最适合加工 0.3 ~ 3 mm 的小孔且深径比可超过 100，最小可加工 0.015 mm 的小孔，也可加工带有锥度的小孔，被广泛使用在精密模具加工中，一般被当作电火花线切割机床的配套设备，用于电火花线切割加工的穿丝孔，化纤喷丝头、喷丝板的喷丝孔，滤板、筛板的群孔，发动机叶片、缸体的散热孔，液压、气动阀体的油路、气路孔等，同时可用于加工超硬钢材、硬质合金、铜、铝及任何可导电性物质的细孔。

图 13-26 空心铜棒

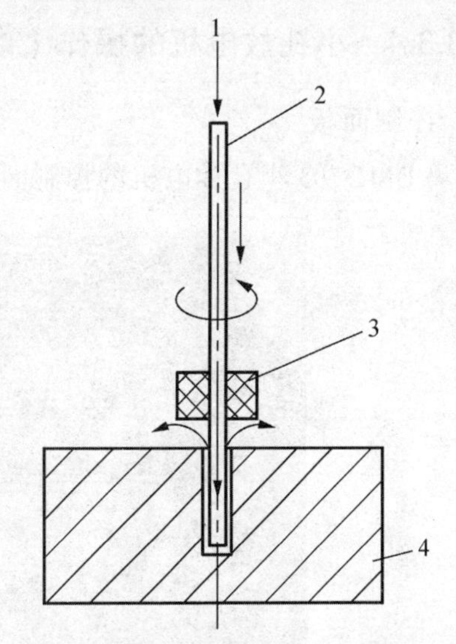

图 13-27 电火花小孔放电机加工原理示意图

1—高压工作液；2—管电极；3—导向器；4—工件

13.3.2 小孔放电机加工的特点

（1）适用于加工不锈钢、淬火钢、硬质合金、铜、铝等各种导电材料。

（2）加工孔径ϕ0.3 ~ 3.0 mm，最大深径比能达 200∶1 以上。

（3）加工速度每分钟最大可达 20 ~ 60 mm。

（4）直接从斜面、曲面穿入，直接使用自来水为工作液。

（5）工作台 X、Y、Z 轴配有数显装置。

（6）具有电极自动修整功能。

（7）主轴升降具有快速上下功能。

（8）具有加工电压可调功能。

（9）具有靠边定位功能。

13.3.3 小孔放电机加工的安全规程

（1）严禁使用不纯净工作液。

（2）严禁在水泵泵体油箱缺油状态使用。

（3）水泵压力不允许超过 9 MPa。

（4）严禁脱水状态下工作。

（5）严禁使用酒精、汽油、盐酸等易燃、易腐蚀液体作清洗液。

（6）丝杆要一个星期或两个星期加机油一次，特别是 C 轴丝杆，即旋转头升降丝杆的加机油。

（7）水泵过滤器要定期清洗，根据水质，一个星期到一个月清洗一次。

（8）旋转夹头、导向器等要放在柴油里浸泡，使之润滑清洗。

13.3.4 小孔放电机的操作（以宝玛 BMD703 为例）

1. 控制面板

宝玛 BMD703 小孔放电机的控制面板如图 13-28 所示。

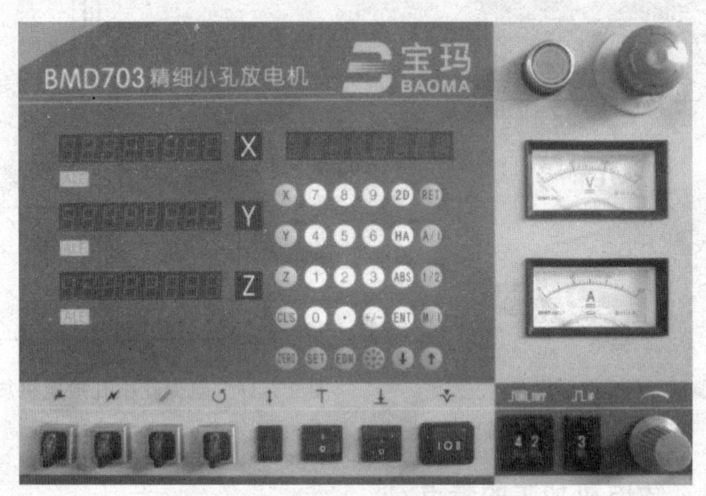

图 13-28 宝玛 BMD703 控制面板

2. 机床的操作

以下通过上述机床为例子，简要介绍小孔放电机的操作。加工采用ϕ1.0 mm 的空心铜棒，在 20（L）×10（W）×10（H）(单位 mm）的铝材上加工深度为 6.5 mm 深的小孔。

1）开 机

首先检查机床状态是否正常，然后拉起控制面板上的急停按钮，启动绿色电源键，等待机器进入操作系统。

2）对 刀

由于加工的铝材尺寸较小，不能直接把工件放在导轨上，避免空心铜棒在加工时旋转引起位置偏移，因此需要用夹具将工件固定。通过控制机床 X 轴和 Y 轴的进给手柄，使空心铜棒位于工件的上方，然后在机床立柱上按白色按钮调节 Z 轴，使放电电极逐渐靠近工件上表面。当电极将要贴近工件时，点动白色按钮，两者接触后停止按动，对刀过程完毕。

3）绝对坐标清零

每次加工前，必须设定加工起点，一般设定为坐标原点，即分别将 X、Y、Z 3 个坐标轴清零。在机床控制面板上，按蓝色“X”按钮，再按“CLS”，把 X 轴清零；按蓝色“Y”按钮，再按“CLS”，把 Y 轴清零；按蓝色“Z”按钮，再按“CLS”，把 Z 轴清零。

4）加 工

加工前先设定要加工的深度，按照上述加工要求，深度设定为 6.5 mm。在机床控制面板上，按“EDM”，屏幕进入深度设定界面，输入“6.5”后“ENT”确定。然后，依次从左到右打开 3 个加工参数，分别为“冷却水打开”、“脉冲放电”、“Z 轴旋转”，如图 13-29 所示顺时针旋转开关。3 个指示灯都亮时，在控制面板上按橙色“↓”按钮，即可开始加工。

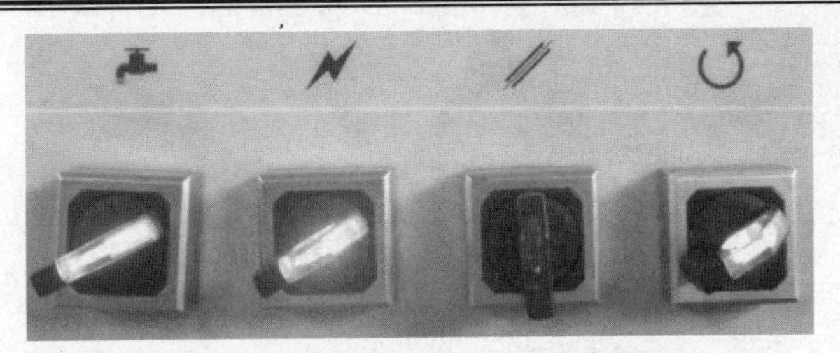

图 13-29　小孔放电机 3 个加工参数

5）关　机

工件加工完毕后，空心铜棒会自动提高 10 mm 的安全高度，将以上 3 个加工参数按钮从右到左逆时针旋转，然后将工件从夹具中取出，清理机床，最后将控制面板上的急停开关按下使机床关机。

思考与练习

1. 简述数控电火花成型加工的基本原理。
2. 简述电火花成型加工机床的分类方法。
3. 电火花成型机床由哪几部分组成？
4. 电极极性的选择原则是什么？
5. 简述电火花小孔放电机的工作原理。
6. 电火花小孔放电机主要应用于哪些领域？

第 14 章　激光加工

14.1　激光及其加工系统

与普通光源相比，激光具有高亮度、高方向性、高单色性和高相干性等优异特性。激光的优异性能来源于其受激辐射的本质特征。

激光加工主要利用激光与材料相互作用的热效应。在加工过程中，激光通过光学系统的变换，可以对被加工对象实现不同能量密度的辐射，使材料升温而产生固态相变、熔化或气化等现象，实现各种加工。激光加工与传统的机械加工相比，加工速度快、热影响区小、变形小，尤其适合高熔点、高硬度、脆性材料和复合材料的加工，能对零部件局部进行精确处理，与电子技术和精密机械相结合，易于实现自动化加工。

激光加工系统一般由激光发生器、导光系统和加工机床构成，激光加工原理如图 14-1 所示。

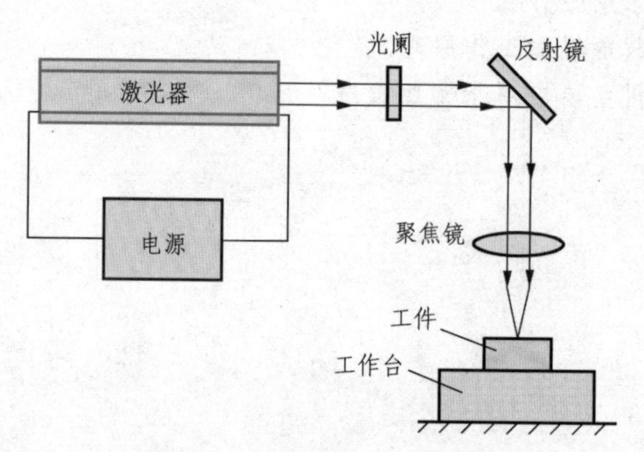

图 14-1　激光加工原理示意图

激光器主要由工作物质、激励系统、光学谐振腔 3 部分构成，是产生激光的实际装置，它使工作物质激活，产生受激放大作用，并使受激辐射维持在腔内形成持续的振荡，最初由自发辐射产生的微弱光经过选择性受激放大，沿光轴的光得到优先强化，部分振荡光能耦合输出便成为激光。目前激光器种类繁多，适用于工业加工的激光器主要有 CO_2 激光器、YAG（掺铷钇铝石榴石）激光器和半导体激光器等。

CO_2 激光器：CO_2 气体激光器是利用封闭在容器内的 CO_2 气体（实际上是 CO_2、N_2 和 He 的混合体）作为工作物质经受激振荡后产生的光放大。CO_2 气体激光器的基本结构如图 14-2 所示。气体通过施加高压电形成辉光放电状态，借助设在容器两端的反射镜使其在反射镜之间的区域不断受激励并产生激光。

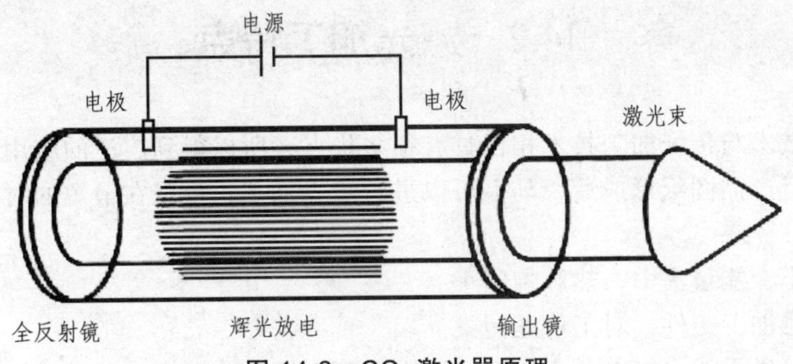

图 14-2　CO_2 激光器原理

YAG 激光器：YAG 固体激光器的结构原理如图 14-3 所示。它是借助光学泵作用将电能转化的能量传送到工作介质中，使之在激光棒与电弧灯周围形成一个泵室。同时通过激光棒两端的反光镜，使光对准工作介质，对其进行激励以产生光放大，从而获得激光。

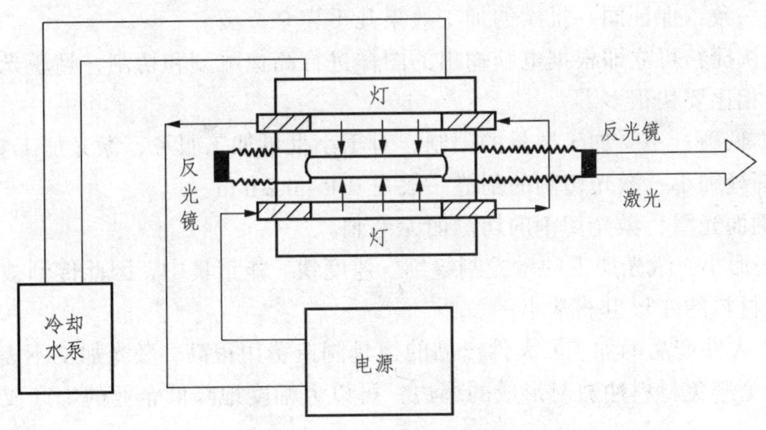

图 14-3　YAG 激光器原理

半导体激光器：半导体激光器是用半导体材料作为工作物质的激光器，由于物质结构上的差异，不同种类产生激光的具体过程比较特殊，如图 14-4 所示。常用工作物质有砷化镓（GaAs）、硫化镉（CdS）、磷化铟（InP）、硫化锌（ZnS）等。激励方式有电注入、电子束激励和光泵浦 3 种形式。

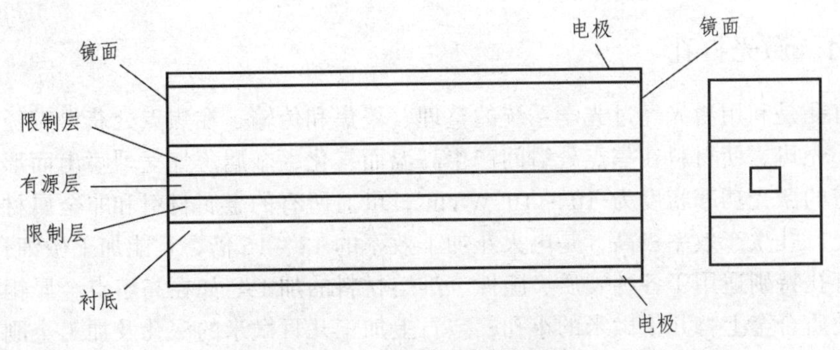

图 14-4　半导体激光器原理

14.2 激光加工特点

激光加工技术与传统加工技术相比具有很多优点，所以得到广泛的应用，尤其适合新产品的开发：一旦产品图纸形成后，马上可以进行激光加工，可以在最短的时间内得到新产品的实物。

（1）光点小，能量集中，热影响区小。

（2）不接触加工工件，对工件无污染。

（3）不受电磁干扰，与电子束加工相比应用更方便。

（4）激光束易于聚焦、导向，便于自动化控制。

（5）范围广泛：几乎可对任何材料进行雕刻切割。

（6）安全可靠：采用非接触式加工，不会对材料造成机械挤压或机械应力。

（7）精确细致：加工精度可达到 0.1 mm。

（8）效果一致：保证同一批次的加工效果几乎完全一致。

（9）高速快捷：可立即根据电脑输出的图样进行高速雕刻和切割，且激光切割的速度与线切割的速度相比要快很多。

（10）成本低廉：不受加工数量的限制，对于小批量加工服务，激光加工更加便宜。

（11）切割缝细小：激光切割的割缝一般在 0.1 ~ 0.2 mm。

（12）切割面光滑：激光切割的切割面无毛刺。

（13）热变形小：激光加工的激光割缝细、速度快、能量集中，因此传到被切割材料上的热量小，引起材料的变形也非常小。

（14）适合大件产品的加工：大件产品的模具制造费用很高，激光加工不需任何模具，而且激光加工完全避免材料冲剪时形成的塌边，可以大幅度地降低企业的生产成本，提高产品的档次。

（15）节省材料：激光加工采用电脑编程，可以把不同形状的产品进行材料的套裁，最大限度地提高材料的利用率，大大降低了企业材料成本。

14.3 激光加工分类

14.3.1 激光打孔

激光打孔是利用激光经过光学系统的整理、聚焦和传输，在焦点处获得直径为几十至几微米的细小光斑，使材料在焦点处瞬间产生高温而气化，金属蒸气猛烈喷出而形成孔洞。激光打孔所需的激光功率密度为 $10^7 \sim 10^9$ W/cm^2，可对所有的金属材料和非金属材料进行打孔加工。激光打孔生产效率极高，是电火花加工效率的 12 ~ 15 倍，且能加工微细孔及异形孔。

激光打孔特别适用于各种硬质、脆性、难熔材料的加工。如在高熔点金属钼板上打微米级的孔、硬质合金上打几十微米的小孔；宝石上加工几百微米的深孔及加工金刚石拉丝模、化学纤维的喷丝头等。这一类加工任务，用常规机械加工方法很难甚至根本不可能进行，而激光打孔却不难实现。

14.3.2　激光切割

在激光打孔的基础上，令打孔光束与材料产生相对移动，使孔洞连续形成切缝，称为激光切割。激光切割可切割各种材料，不受材料的硬度影响。切割金属时，深宽比可达 20：1 左右；对非金属可达 100：1 以上。精度高，工件基本没有变形，且速度快。如切割丙烯板材的效率为机械切割法的 7 倍，切割钛合金板材的效率比氧-乙炔切割方法的效率提高 30 倍，而热影响区仅为氧-乙炔切割的 1/10，成本可降低 70%～90%。

激光切割可实现高难度、复杂形状的自动化加工，且与计算机结合，可整张板排料，节省材料，特别适应多品种小批量生产的要求。

14.3.3　激光焊接

激光焊接是将高强度的激光束辐射至待焊工件结合处，使该处材料熔化而形成焊缝。是一种高质量的精密焊接方式，所需的功率密度为 10^5～10^8 W/cm^2。

激光焊接与其他焊接相比，具有焊缝强度高、深宽比大、变形小、无污染等优点，可焊接难熔材料如钛合金、石英等，并能对异种材料施焊。焊接后一般不需后续加工，生产效率高，易于实现自动化生产。

激光焊接主要用于仪表、仪器、电器、半导体工业精密微型焊接，例如，激光焊接集成电路引线、钟表游丝、显像管电子枪等，也广泛用于机械、汽车、航空等工业的大件焊接，如金刚石锯片、轿车车厢、汽车同步齿轮等部件的焊接。

激光加工中还包括了激光热处理、激光钻孔、激光微调等。

14.4　激光加工操作步骤及案例解析

14.4.1　激光雕刻

1．图像处理

图片格式为 JPG、GIF、PNG、PSD 的图片需要处理成 BMP 格式，才能在机器上进行雕刻、切割。各种格式可应用美图秀秀、Photoshop 等软件处理。

用 Photoshop 来处理图片是雕刻中最常用的，较简单的图片直接灰度化就能进行加工了。步骤如下：

第一步：文件—打开。

第二步：图像—模式—灰度。如图 14-5 所示。

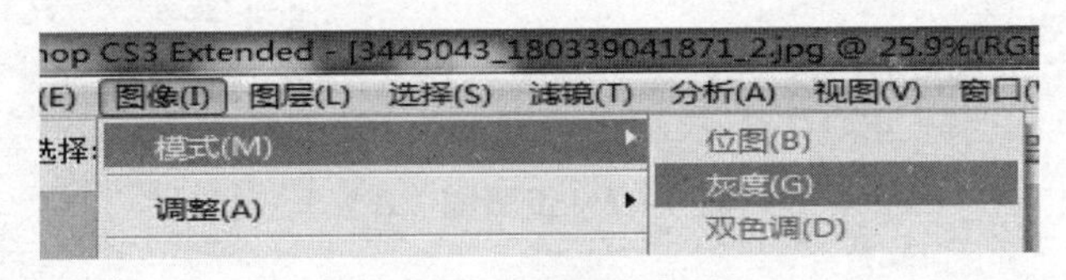

图 14-5　步骤图（1）

较复杂的图片就要进行更多的处理了，常用的图片处理方法如下：

第一步：文件—打开。

第二步：图像灰度化，图像—调整—亮度\对比度。如图 14-6 所示。

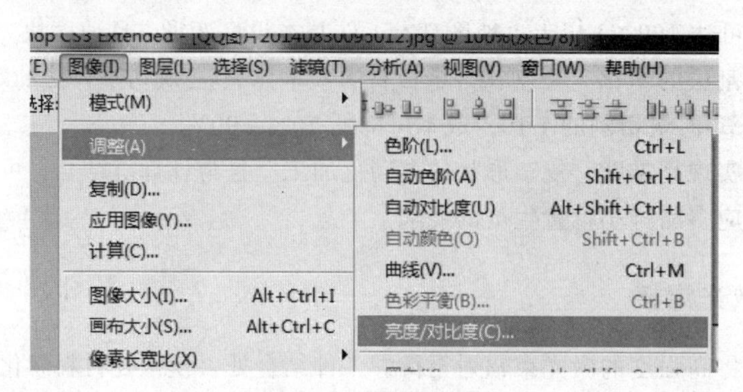

图 14-6 步骤图（2）

直接用 Photoshop 进行雕刻，能把要雕刻的图片清楚地加工出来，一般用来加工照片或较精细的图片。但加工完成后把成品从材料上切割下来是 Photoshop 加工的一个缺陷，图片不能一次性地加工完成，后序的加工还要利用 CorelDraw 来完成切割。要在不同的软件里找出同一位置是切断的关键。操作步骤如下：

第一步：文件—打印，找出图片的大小和相对位置。如图 14-7 所示。

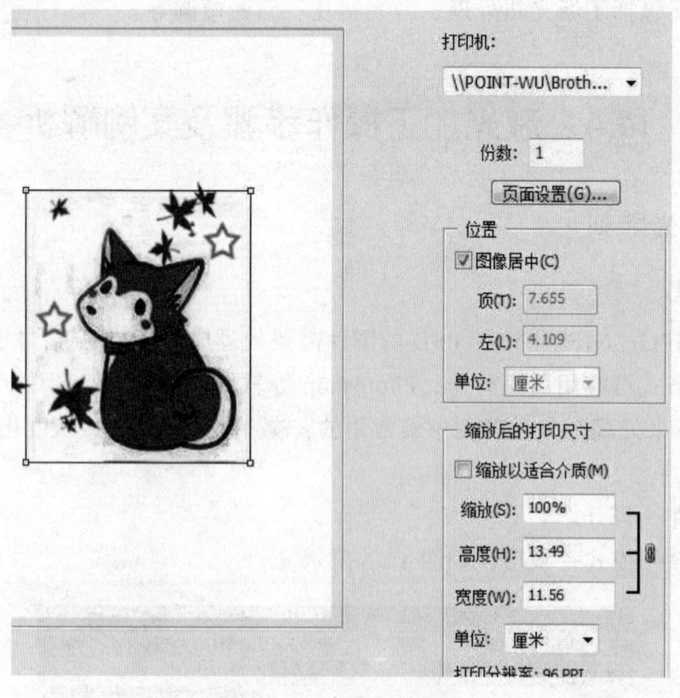

图 14-7 步骤图（3）

第二步：确定图片的大小和相对位置如图 14-8 所示。

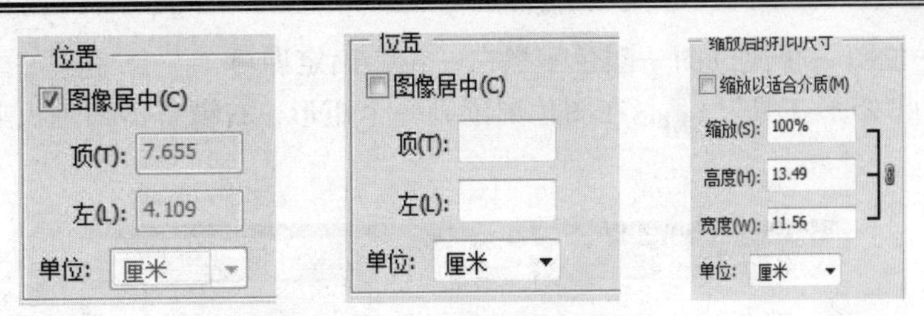

图 14-8　步骤图（4）

第三步：打开 CorelDraw，选择” ILS-3NM”，设置加工界面大小为 660.0 mm 459.0 mm。

第四步：单击画矩形的图标，在界面里画一个矩形，鼠标右键单击调色板上的色块，边框变成要进行切割加工的颜色即可。

第五步：在 里输入相同的数据即可。

第六步：单击文件—打印，设置好机器参数，文件输出到机器，操作机器进行加工。

2. CorelDraw 软件处理图像及打印

导入图片，步骤如下：

第一步：左上角文件—导入（或者复制粘贴）。

第二步：点击图片，单击左上角纸张大小，选择“ILS-3NM”修改参数，设置图片的大小。

第三步：单击图片，点击工具栏的“位图—转换为位图—颜色—黑白一位”，设置成单色位图。

第四步：单击画矩形的图标，在图片周围画一个矩形，鼠标右键单击调色板上的色块，边框变成要加工的颜色就可以。

第五步：单击文件—打印，设置好机器参数，文件输出到机器，操作机器进行加工。

3. 实例解析

打开 CorelDraw 软件，选择新建。

单击 ，在下拉菜单中选择“ILS-3NM”，导入图片。

单击图片，设置大小，如图 14-9 所示，大小设置成宽与设备加工界面相同大小。

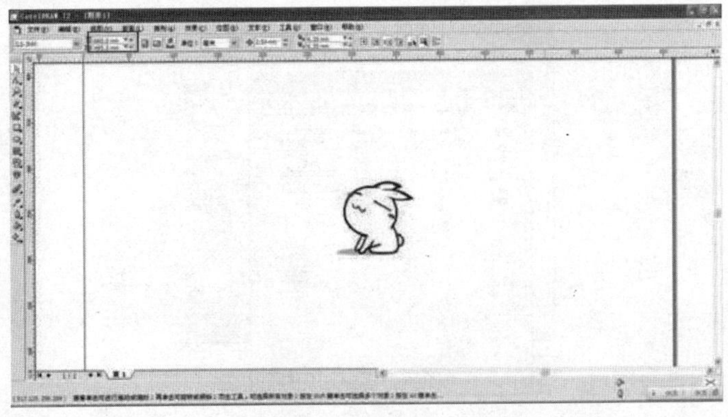

图 14-9　设置图片大小

单击图片—位图—转换位图—颜色—黑白一位，确定即可。

单击左面的“矩形工具”，在图片周围画一个矩形，右键单击调色板上的红色，如图14-10所示。

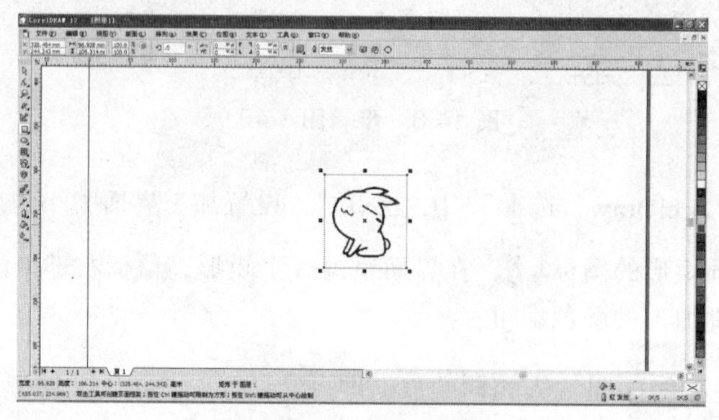

图 14-10　制图片外框

点击图片，单击左面的“椭圆工具”，在左上角画一个圆，在左上角设置大小为宽 4 mm 高 4 mm，单击圆，右键单击调色板上的绿色，如图 14-11 所示。

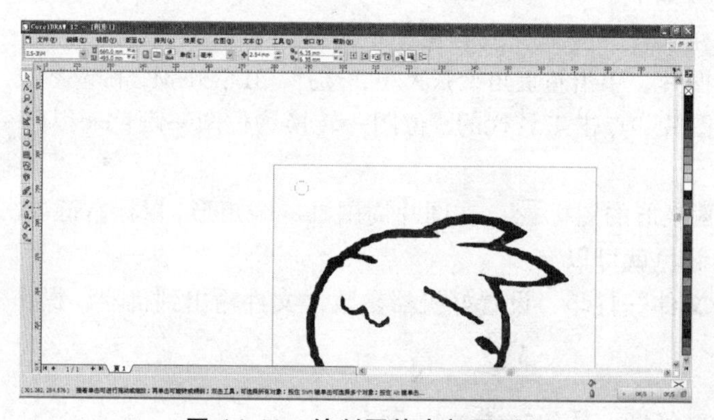

图 14-11　绘制图片内部图形

点击文件—打印—属性。弹出的窗口里，雷射设定中黑色图标功率 72%，速度 91%；红色图标功率 91%，速度 1%；绿色图标功率 91%，速度 1%。如图 14-12 所示。

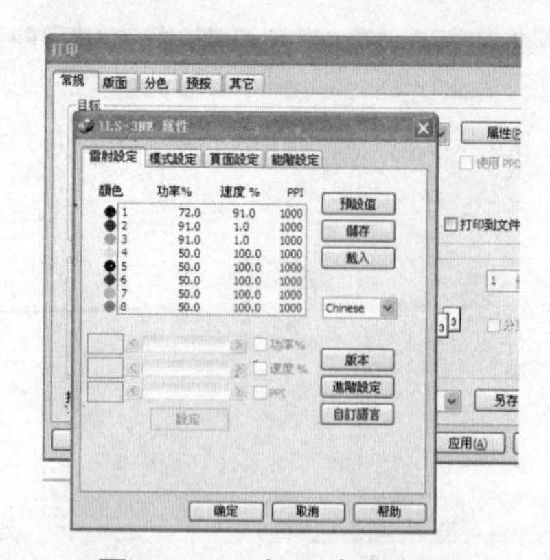

图 14-12　加工参数设置

模式设定，切割雕刻选项里，切割框打钩，选择红色、绿色；雕刻框打钩，选择黑色。确定—应用—打印即可，如图 14-13 所示。

图 14-13　加工模式设置

14.4.2　激光切割

与激光雕刻不同，激光切割是在图文的外轮廓线上进行的。

激光切割技术广泛应用于金属和非金属材料的加工中，可大大减少加工时间，降低加工成本，提高工件质量。激光切割是应用激光聚焦后产生的高功率密度能量来实现的。与传统的板材加工方法相比，激光切割具有高的切割质量、高的切割速度、高的柔性（可随意切割任意形状）、广泛的材料适应性等优点。

14.4.3　激光熔化切割

在激光熔化切割中，工件被局部熔化后借助气流把熔化的材料喷射出去。因为材料的转移只发生在其液态情况下，所以该过程被称作激光熔化切割。

激光光束配上高纯惰性切割气体促使熔化的材料离开割缝，而气体本身不参与切割。

（1）激光熔化切割可以得到比气化切割更高的切割速度。气化所需的能量通常高于把材料熔化所需的能量。在激光熔化切割中，激光光束只被部分吸收。

（2）最大切割速度随着激光功率的增加而增加，随着板材厚度的增加和材料熔化温度的增加而几乎反比例地减小。在激光功率一定的情况下，限制因数就是割缝处的气压和材料的热传导率。

（3）激光熔化切割对于铁制材料和钛金属可以得到无氧化切口。

（4）产生熔化但不到气化的激光功率密度，对于钢材料来说，为 $10^4 \sim 10^5$ W/cm^2。

14.4.4 激光火焰切割

激光火焰切割与激光熔化切割的不同之处在于激光火焰切割使用氧气作为切割气体。借助于氧气和加热后的金属之间的相互作用，产生化学反应使材料进一步加热。对于相同厚度的结构钢，采用该方法可得到的切割速率比熔化切割要高。

另外，该方法和熔化切割相比可能切口质量更差。实际上它会生成更宽的割缝、明显的粗糙度、更大的热影响区和更差的边缘质量。

（1）激光火焰切割在加工精密模型和尖角时是不好的（有烧掉尖角的危险）。可以使用脉冲模式的激光来限制热影响。

（2）所用的激光功率决定切割速度。在激光功率一定的情况下，限制因数就是氧气的供应和材料的热传导率。

14.4.5 激光气化切割

在激光气化切割过程中，材料在割缝处发生气化，此情况下需要非常高的激光功率。

为了防止材料蒸气冷凝到割缝壁上，材料的厚度一定不要大大超过激光光束的直径。该加工因而只适合于应用在必须避免有熔化材料排除的情况下。该加工实际上只用于铁基合金很小的使用领域。

该加工不能用于像木材和某些陶瓷等，那些没有熔化状态因而不太可能让材料蒸气再凝结的材料。另外，这些材料通常要达到更厚的切口。

（1）在激光气化切割中，最优光束聚焦取决于材料厚度和光束质量。

（2）激光功率和气化热对最优焦点位置只有一定的影响。

（3）所需的激光功率密度要大于 10^8 W/cm^2，并且取决于材料、切割深度和光束焦点位置。

（4）在板材厚度一定的情况下，假设有足够的激光功率，最大切割速度受到气体射流速度的限制。

通常使用此模式在木材、亚克力、纸张等材料上进行穿透切割，也可在多种材料表面进行打标操作。以下用大象笔盒进行实例解析。

（1）分析模型构成，用 AutoCAD 等软件绘制各零部件，并把图像转换成 DXF 格式，如图 14-14 所示。

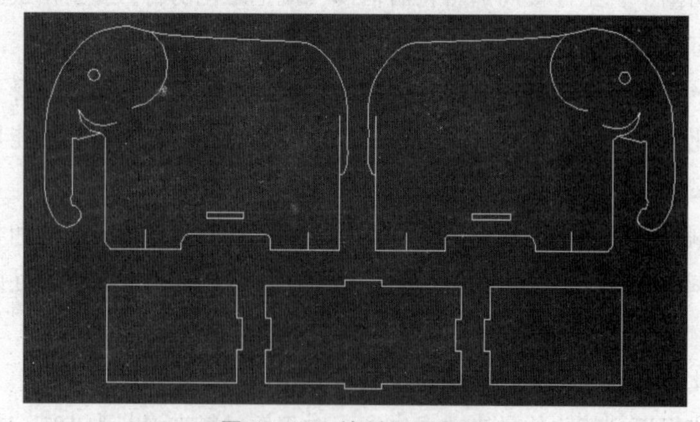

图 14-14 绘制平面图形

（2）将 DXF 文件导入电脑，设置好切割参数并进行加工。在激光机里切割出各个零部件，注意：模型尺寸是否适当，与槽口尺寸配合是否正确，如图 14-15 所示。

图 14-15　激光切割零件

（3）组装模型。除了固有的装配关系，组装模型时，可用胶水适当辅助，如图 14-16 所示。

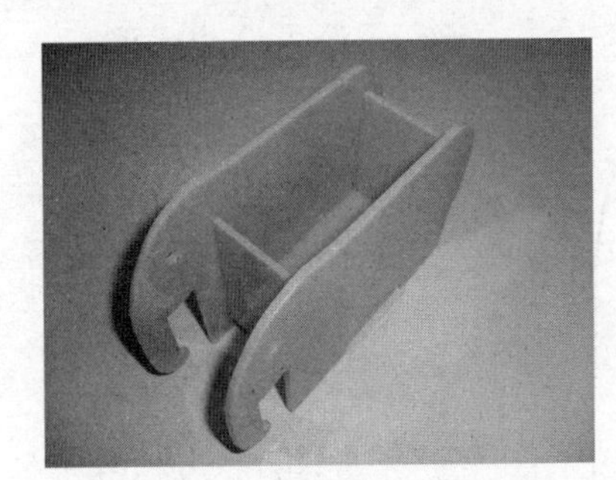
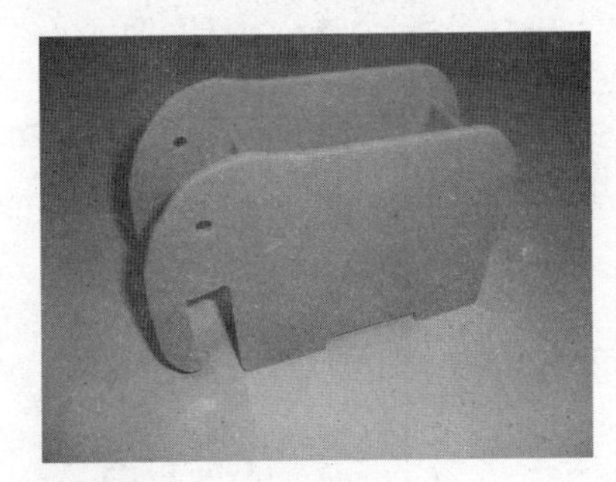

图 14-16　组装模型

（4）通过不同颜色材料的拼贴和装配可加工完成多样化的作品，如图 14-17 所示。

图 14-17　激光切割作品展示

14.5 激光内雕

14.5.1 概 述

在水晶礼品的柜台前，经常看到一些内部雕刻有一些图案的玻璃、水晶工艺品，欣赏着这些璀璨夺目、晶莹剔透的水晶制品，很多人纳闷，这些图案是怎么雕刻进去的呢？ 其实，通常见到的工艺品大多不是真正的水晶，而是人造水晶。“激光”则是对人造水晶（也称“水晶玻璃”）进行“内雕”最有用的工具。内雕机发展到现在衍生出了白色激光内雕、单色着色激光内雕、多色着色激光内雕等技术。

激光之所以能在透明物体内产生损伤点，主要是利用材料对高强度激光的非线性“异常吸收”现象。如图 14-18 所示为石英玻璃的透过率 T 与波长为 1.06 μm 激光束强度的曲线图。

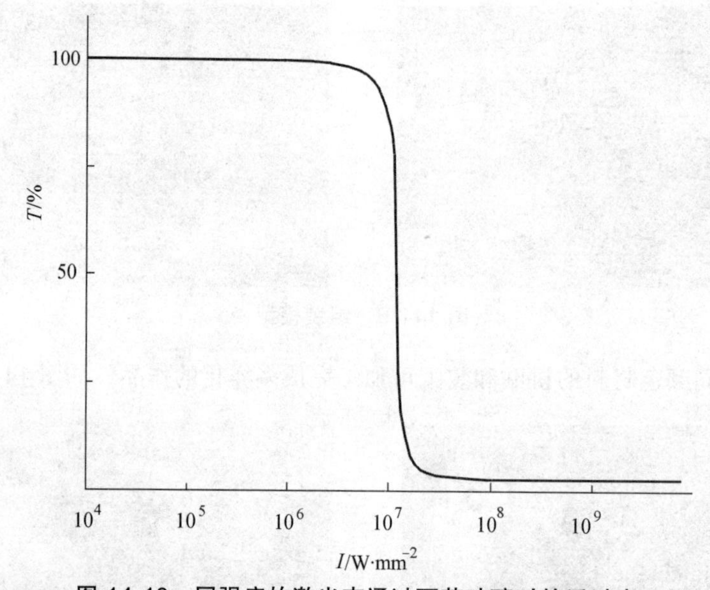

图 14-18 同强度的激光束通过石英玻璃时的透过率

传统的白色激光内雕的原理主要是利用纳秒脉冲激光器(通常是铬铝石榴石激光的基频、倍频或 3 倍频)，把激光聚焦在玻璃内部，通过扫描实现三维（3D）内雕。要实现激光雕刻，在玻璃中激光聚焦点的激光能量密度必须大于使玻璃破坏的临界值，称为损伤阈值。而激光在该处的能量密度与它在该点光斑的大小有关。对于同一束激光来说，光斑越小所产生的能量密度越大。通过聚焦，可以使激光的能量密度在到达要加工区之前低于玻璃的破坏阈值，而在希望加工的区域则超过这一临界值。脉冲激光的能量可以在瞬间使玻璃受热炸裂，从而产生微米至毫米数量级的微裂纹，由于微裂纹对光的散射而呈白色。通过已经设定好的计算机程序控制在玻璃内部雕刻出特定的形状，玻璃的其余部分则保持原样。激光内雕机是一种集激光技术、机械设计技术、计算机技术、电子技术、三维控制技术、传动技术为一体的高科技设备，其系统组成如图 14-19 所示。

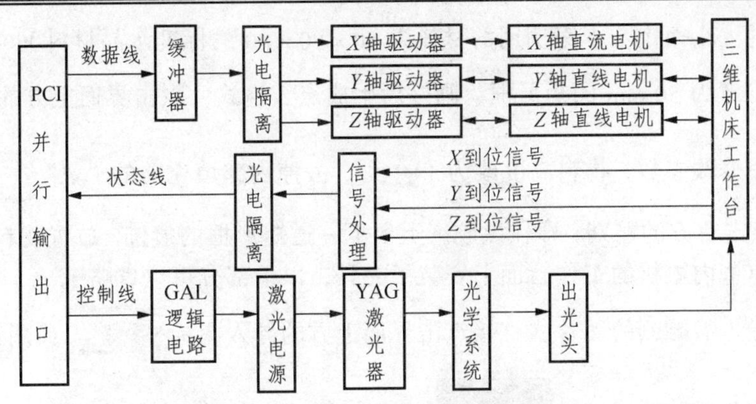

图 14-19　激光内雕机系统组成框图

14.5.2　CRYSZOVE B2 绿激光内雕机

CRYSLOVEB2 绿激光内雕机主要用于 3D 图形和 2D 图片的水晶内部雕刻。机器采用先进的半导体泵浦激光器，振镜扫描方式，具有雕刻速度快，稳定性好，图形雕刻精细等特点。CRYSLOVEB2 设计紧凑、小巧、美观大方，用电省耗小，环保无污染。

1. CRYSLOVE 绿激光内雕机组成

（1）雕刻机主机：激光器，激光器电源，工作台和配套电路。

（2）控制系统：电脑或者笔记本（USB）控制。

2. 主要技术参数

激光波长：532 nm

冷却方式：风冷

雕刻范围：120 mm × 120 mm × 80 mm

激光最高频率：2 500 Hz（2 500 点/秒）

分辨率：500DPI

整机最大耗电功率：600 W

主机尺寸：750 mm × 480 mm × 635 mm

整机质量：95 kg

图 14-20　CRYSLOVE 绿激光内雕机

3. 应用范围和材料

水晶工艺品礼品加工。

个性化水晶礼品加工（搭配 3D 数码相机）。

亚克力，玻璃和透明材料的加工。

14.5.3　案例说明

放置物料的平台一般用黑色胶纸铺满整个加工界面，是为了防止光的折射。

第一步：打开 Mgraver.exe 

。在加工前要在工作界面里画一个矩形框，形状大小根据水晶材料的大小而定（本案例用的材料为 50×50×80 的标准水晶材料）。在界面中画一个长为 80 mm，宽为 50 mm 的矩形框，画好后生成点云格式，点击界面上方的雕刻。在弹出的对话里修改参数，物料高度改为 1，去掉内部填充前的“√”，其余参数不变。点击右方的雕刻，即在黑胶纸上留下一道矩形框的痕迹。放置物料在矩形框上，用磁石固定（有些内雕机的工作台面上安装了夹具，以上部分可以省略）。

第二步：导入需雕刻的图片，直接点击界面上方的导入图标或用菜单上的文件—导入。导入图片后的样效果。

第三步：生成点云格式，。生成点云格式后图片会由之前的蓝色变成白色。

第四步：点击右方居中以确定图片的位置在正中心位置。居中后图片的“x”“y”“z”位置为“0”，图上的大小为导入图片的大小，视材料的大小而定。

第五步：点击上方的雕刻，在弹出的界面里修改物料高度为 50，点击工作台回零。等到工作台回零后点击右方的开始雕刻即可完成图案的加工。

14.5.4 雕刻过程中出现的问题及解决方案

雕刻水晶实验中也包括了球面体、矩形体和圆柱体形状等图形，有些特殊形状需用特殊的模具来完成雕刻。在雕刻中出现的问题及其解决方案如下：

1. 打裂水晶块的现象

主要原因：打标电流过大，生成点云的密度过大或两个平行面的面积过大且间距过小，打标点过于集中。

解决方案：① 减小雕刻电流，电流范围 17.4～19.6；在点云形成时增大点间距，如由 0.2 mm 增大到 0.3 mm，可明显减少打裂水晶块的现象出现；② 增大有效矢量步长值。

2. 雕刻后图形侧面不够清晰

主要原因：激光在水晶块内烧蚀的斑痕在三维上不是点，而在 XY 平面上是点，在 YZ，XZ 平面上是很小的线段。所以图形侧面的清晰度稍差。

3. 雕刻后的图形右侧比同平面的图形偏高

主要原因：Z 轴的移动与激光在 XY 平面扫描雕刻不同步，或振镜扫描器的反射镜超出平面扫描范围，如图 14-21 所示。

图 14-21　右侧偏高

解决方案：须对整机运动控制部分和位置进行调整。

4．雕刻后图案的侧面出现一条密度不均的细线

主要原因：Z 轴的移动与激光在 XY 平面扫描雕刻不同步，如图 14-22 所示。

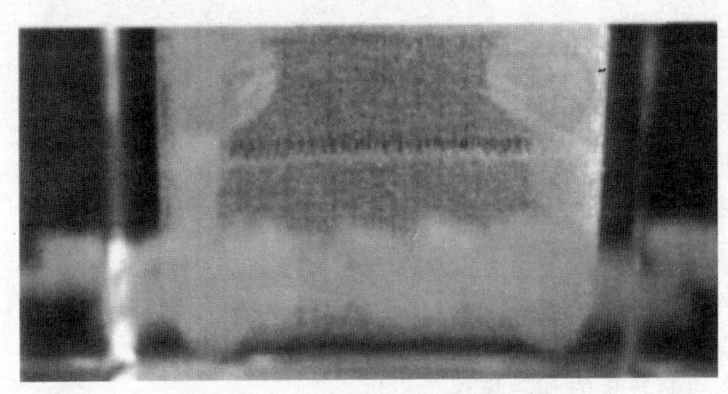

图 14-22　平面密度不均的细线

解决方案：增大形成点云时的层间距可得到改善，须对整机运动控制部分和位置进行调整。

5．雕刻前图形是正的，雕出后图形是反的

主要原因：XY 轴方向设置不正确。

解决方案：在雕刻软件的“校正设置”中选择“用户自定义坐标系方式”选择合适的坐标系。

6．编辑时球体图形出现缺失现象

主要原因：DXF 格式只支持 64K 个面，有些图形的面数超过 64K 个，在导出时会被计算机自动忽略。

解决方案：在 3D MAX 的修改器中进行优化，减少面数。

7．雕刻出的图形出现部分缺失现象

主要原因：水晶块表面有污垢，手印等阻挡了激光。

14.5.5 激光内雕作品展示

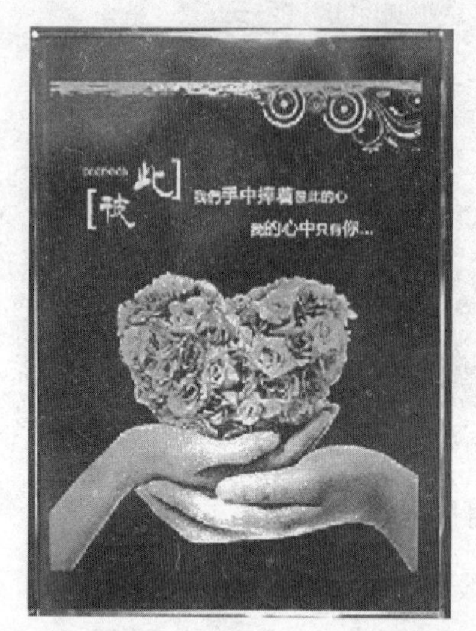

图 14-23 水晶内雕作品

思考与练习

1. 简述数控电火花成型加工的基本原理。
2. 简述电火花成型加工机床的分类方法。
3. 电火花成型机床由哪几部分组成?
4. 电极极性的选择原则是什么?
5. 简述数控线切割机床的加工原理。
6. 电火花线切割加工主要应用于哪些领域?
7. 电火花线切割加工机床由哪几部分组成?
8. 简述激光加工及其系统组成?
9. 简述激光加工的应用?
10. 请结合实际生活，想想激光加工还有什么应用。

参考文献

[1] 张木青. 于兆勤. 机械制造工程训练[M]. 广州：华南理工大学出版社，2007.
[2] 周世权. 工程实践[M]. 武汉：华中科技大学出版社，2003.
[3] 贺小涛，曾去疾，唐小红. 机械制造工程训练[M]. 长沙：中南大学出版社，2003.
[4] 张力真，徐永长. 金属工艺学实习教材[M]. 北京：高等教育出版社，2001.
[5] 柳秉毅，黄明宇，徐钟林. 金工实习[M]. 北京：机械工业出版社，2002.
[6] 清华大学金属工艺学教研室. 金属工艺学实习教材[M]. 北京：高等教育出版社，2002.
[7] 余能真，罗在银，等. 车工职业技能鉴定教材[M]. 北京：中国劳动出版社，1998.
[8] 许兆丰，梁君豪. 车工工艺学[M]. 北京：中国劳动出版社，2002.
[9] 王爱玲. 现代数控编程技术与应用[M]. 北京：国防工业出版社，2002.
[10] 吴明友. 数控机床加工技术编程与操作[M]. 南京：东南大学出版社，2000.
[11] 赵万生，刘晋春，等. 实用电加工技术[M]. 北京：机械工业出版社，2002.
[12] 全燕鸣. 金工实训[M]. 北京：机械工业出版社，2001.
[13] 金禧德，王志海. 金工实习[M]. 北京：高等教育出版社，2001.
[14] 魏华胜. 铸造工程基础[M]. 北京：机械工业出版社，2002.
[15] 张木青，宋小春. 制造技术基础实践[M]. 北京：机械工业出版社，2002.
[16] 滕向阳. 金属工艺学实习教材[M]. 北京：机械工业出版社，2004.
[17] 萧泽新. 金工实习教材[M]. 广州：华南理工大学出版社，2010.